Arbeitswelten

Michaela Doutch • Anne Engelhardt •
Tatiana López • Saumya Premchander •
Miriam Wenner
(Hrsg.)

Arbeitswelten

Neue Perspektiven aus Räumen der Re/Produktion

Hrsg.
Michaela Doutch
Abteilung für Südostasienwissenschaft,
Rheinische Friedrich-Wilhelms-Universität Bonn
Bonn, Deutschland

Anne Engelhardt
Sozialwissenschaftliche Fakultät,
Georg-August-Universität Göttingen
Göttingen, Deutschland

Tatiana López
Institut für Geographie und Geologie,
Julius-Maximilians-Universtität Würzburg
Würzburg, Deutschland

Saumya Premchander
Abteilung für Humangeographie,
Georg-August-Universität Göttingen
Göttingen, Deutschland

Miriam Wenner
Abteilung für Humangeographie
Georg-August-Universität Göttingen
Göttingen, Deutschland

ISBN 978-3-662-70954-2
ISBN 978-3-662-70955-9 (eBook)
https://doi.org/10.1007/978-3-662-70955-9

Die Deutsche Nationalbibliothek verzeichnet diese Publikation in der Deutschen Nationalbibliografie; detaillierte bibliografische Daten sind im Internet über http://dnb.d-nb.de abrufbar.

Einbandabbildung: Mit freundlicher Genehmigung © Twisha Mehta

Planung/Lektorat: Simon Shah-Rohlfs
Springer Spektrum ist ein Imprint der eingetragenen Gesellschaft Springer-Verlag GmbH, DE und ist ein Teil von Springer Nature.
Die Anschrift der Gesellschaft ist: Heidelberger Platz 3, 14197 Berlin, Germany

Arbeitswelten

Neue Perspektiven aus Räumen der Re/Produktion

Kurzbiografien

Altenried, Moritz Moritz Altenried vertritt aktuell die Professur für Migration in globaler Perspektive am Institut für Europäische Ethnologie der Humboldt-Universität zu Berlin. Seine Schwerpunkte reichen von Arbeit und politischer Ökonomie über Migration und Mobilität zu digitalen Technologien und Infrastrukturen. In jüngeren Forschungsprojekten befasst er sich unter anderem mit Halbleiterproduktion, der politischen Ökonomie und Geographie künstlicher Intelligenz sowie Solidarität, Stadt und Migration.

Bertram, Henriette Henriette Bertram ist Juniorprofessorin für Genderperspektiven auf Technik und die gebaute Umwelt („Gender.Ing") an der TU Braunschweig. Sie ist Mitglied der Forschungsgruppe „Neue Suburbanität" und leitet darin das Teilprojekt zu Bedingungen von Sorgearbeit und Vereinbarkeit am Stadtrand. Sie studierte Kulturwissenschaften in Frankfurt (Oder) und promovierte in Stadtplanung an der Universität Kassel.

Chen, Ting-Chien Ting-Chien Chen ist Postdoktorandin an der Abteilung für Geographie der National Taiwan University. Ihr Forschungsschwerpunkt liegt auf Arbeitsmarktvermittler:innen und Arbeitsregimen innerhalb globaler Produktionsnetzwerke (GPNs), insbesondere in der Halbleiterindustrie in Taiwan und Japan. Sie hat sich mit dem Arbeitsmobilitätsregime in Form von Interaktionen zwischen Unternehmen, staatlichen Vorschriften und Unternehmensführung beschäftigt.

Doutch, Michaela Michaela Doutch ist Postdoktorandin und Wissenschaftliche Mitarbeiterin an der Abteilung für Südostasienwissenschaft der Universität Bonn. Seit 2015 arbeitet sie zum Thema *Labour* und *Labour Agency* in der globalen Bekleidungsindustrie. Ihre Forschungsinteressen umfassen Soziale Reproduktion, das Verhältnis von Re/Produktionsprozessen im Kontext von Arbeitskämpfen und Arbeiter:innenbewegungen sowie multiskalare Vernetzungs- und Organisationsstrategien von Arbeiter:innen in Globalen Re/Produktionsnetzwerken.

Engelhardt, Anne Anne Engelhardt lehrt und forscht als wissenschaftliche Mitarbeiterin an der Universität Göttingen, am Institut für Methoden und methodologische Grundlagen der Sozialwissenschaften. Ihre Forschungsschwerpunkte sind Theorien der kritischen/internationalen politischen Ökonomie mit Schwerpunkt Nord-Süd-Beziehungen; Arbeitssoziologie, insbesondere Arbeitsschutz und Arbeitsbedingungen; Theorien der sozialen Reproduktion und des Körpers sowie soziale, gewerkschaftliche und betriebliche (transnationale) Bewegungen.

Etzold, Benjamin Benjamin Etzold, Dr. rer.nat., arbeitet als Sozialgeograph und Migrationsforscher am internationalen Konfliktforschungsinstitut bicc (Bonn International Centre for Conflict Studies) und am Bonn Center for Dependency and Slavery Studies (BCDSS), einem Exzellenzcluster der Universität Bonn. In seiner Forschung setzt er sich mit Lebenssicherungsstrategien und Gewalterfahrungen verwundbarer Menschen, Migrations- und Fluchtbewegungen, transnationalen Netzwerken sowie langanhaltender Vertreibung auseinander.

Fuchs, Martina Martina Fuchs ist Professorin und arbeitet seit 2004 am Wirtschafts- und Sozialgeographischen Institut der Universität zu Köln. Ihre Aktivitäten in Forschung und Lehre richten sich auf Themen der Wirtschaftsgeographie und *Labour Geography*, Digitalisierung sowie auf soziale und ökologische Nachhaltigkeit.

Grenzdörffer, Sinje Sinje Grenzdörffer arbeitet als Post-Doc am Geographischen Institut, Unit Wirtschaftsgeographie, Universität Bern. Hier ist sie projektverantwortlich für das transformative Realexperiment-Projekt „Moving local economies, dancing for future? A transformative economic perspective on dance festivals and their local economic potential". Ihr Fokus liegt auf der Erkundung transformativer (Wirtschafts-)Räume und der Analyse von potentiellen Gestaltungsspielräumen für ein sozialökologisch gerechteres Wirtschaften und Zusammenleben. Dies war auch der Fokus in ihrem PhD-Projekt.

Haubner, Tine Tine Haubner hat Soziologie, Philosophie und Psychologie an der Friedrich-Schiller-Universität in Jena studiert. Sie hat anschließend in verschiedenen Arbeitsbereichen der Soziologie (darunter der Arbeitssoziologie und politischen Soziologie) als wissenschaftliche Mitarbeiterin zu sozialer Reproduktion, (Sorge-)Arbeit, Wohlfahrtsstaat und sozialer Ungleichheit geforscht und gelehrt. Seit 2024 arbeitet sie als Juniorprofessorin für Qualitative Methoden an der Fakultät für Gesundheitswissenschaften an der Universität Bielefeld.

Hürtgen, Stefanie Stefanie Hürtgen ist Soziologin und Geographin an der Universität Salzburg und assoziiertes Mitglied des Frankfurter Instituts für Sozialforschung. Sie forscht zu transnationalen Arbeits- und (Re-)Produktionsverhältnissen und zu der Frage, wie ein sozialökologischer Arbeitsbegriff und demokratische Selbstermächtigung von Arbeiter:innen zusammenhängen. Stefanie Hürtgen ist u. a. Mitglied des wissenschaftlichen Beirats der Rosa Luxemburg Stiftung, der International Conference on Labour and Social History sowie des Mattersburger Kreises für Entwicklungspolitik.

Jarczyk, Daniel Daniel Jarczyk hat einen Bachelor in Kulturwissenschaft und Europäischer Ethnologie und studiert aktuell im Masterprogramm „Ethnographie: Theorie – Praxis – Kritik“ an der Humboldt-Universität zu Berlin. Während er sich im Bachelor auf die Themen Ausstellungspraxen und Arbeit fokussierte, liegt der Schwerpunkt im Master auf den Verflechtungen zwischen *Heritage Studies* und urbanen Transformationsprozessen.

Keller, Marisol Marisol Keller war Teil der *Labour Geography Group* an der Universität Zürich und beschäftigte sich mit den Themen Geschlecht, Ungleichheit und Arbeit insbesondere im Schweizer Kontext. In ihrer Dissertation leitete sie ein Forschungsprojekt zu den sozialen, räumlichen und zeitlichen Auswirkungen digitaler Arbeitsvermittlungsplattformen auf die Lebensrealitäten von Arbeiter:innen. Nach erfolgreicher Promotion übernahm sie eine Position bei der Koordinationsstelle Teilhabe des Kantons Zürich.

Kiefer, Roman Roman Kiefer ist Soziologe und arbeitet als akademischer Mitarbeiter an der Pädagogischen Hochschule Freiburg. Er studierte Soziologie und Neuere und Neuste Geschichte an den Universitäten Freiburg, Basel und Sevilla. Zur Zeit promoviert er an der Albert-Ludwigs-Universität Freiburg und arbeitet primär zu den Themenfeldern Gesundheit, Bildung, Kritische Theorie und die Soziologie Pierre Bourdieus.

Kluzik, Vicky Vicky Kluzik arbeitet als wissenschaftliche Mitarbeiterin und Doktorandin am Institut für Soziologie der Goethe-Universität Frankfurt am Main. Ihre Lehr- und Forschungsinteressen liegen in der Wirtschafts-, Umwelt- und politischen Soziologie, *Science and Technology Studie* sowie soziologischen und feministischen Theorien. In ihrer Dissertation arbeitet sie an einer Genealogie ökonomischen Wissens und Regierens im Kontext ökologischer Krisen seit den 1960er Jahren.

López, Tatiana Tatiana López ist Wirtschafts- und Sozialgeographin. Ihre Forschungsinteressen sind Globale Produktionsnetzwerke, Arbeit und Digitalisierung. Zurzeit forscht und lehrt sie an der Universität Würzburg.

Premchander, Saumya Saumya Premchander ist Doktorandin am Geographischen Institut der Universität Göttingen. Ihre Forschung zu Kastenbeziehungen, Klasse, *Race*, Geschlecht und anderen Faktoren der sozialen Differenzierung in der Granitindustrie Indiens befindet sich an der Schnittstelle zwischen *Labour Geography* und Politischer Ökologie.

Repenning, Alica Alica Repenning ist Post-Doc in der Abteilung für Humangeographie an der Universität Greifswald. Sie promovierte in Wirtschaftsgeographie an der Humboldt Universität Berlin. Während ihrer Promotion hat sie als wissenschaftliche Mitarbeiterin am Leibniz-Institut für Raumbezogene Sozialforschung (IRS) gearbeitet. Ihre Forschungsschwerpunkte sind Kreativität, die Plattformökonomie, Diverse Ökonomien und Innovationen in krisengeschüttelten Zeiten.

Richardson, Lizzie Lizzie Richardson ist Humangeographin und forscht und lehrt an der Goethe-Universität in Frankfurt am Main. Ihr Forschungsschwerpunkt liegt auf den geographischen Dimensionen der Digitalisierung, mit einem besonderen Fokus auf Arbeit und Arbeitsplätzen in Großbritannien.

Schiller, Daniel Daniel Schiller ist Professor für Wirtschafts- und Sozialgeographie an der Universität Greifswald, Deutschland. Seine Forschungsinteressen sind wissensbasierte und nachhaltige Regionalentwicklung, die Transformation regionaler Ökonomien, räumliche Gerechtigkeit und die Zukunft der Globalisierung. Er hat sich eingehend mit globalen Produktionsnetzwerken in der Elektronik- und Halbleiterindustrie in Ost- und Südostasien beschäftigt.

Simon, Hendrik Hendrik Simon, Dr., Politikwissenschaftler und Historiker, ist Projektleiter („Principal Investigator") und wissenschaftlicher Koordinator am Forschungsinstitut Gesellschaftlicher Zusammenhalt (FGZ), Standort Frankfurt am Main, sowie assoziierter Forscher am Leibniz-Institut für Friedens- und Konfliktforschung (PRIF). Zu seinen Forschungsschwerpunkten gehören Gewalt, Recht, Solidarität und Vertrauen in der inter- und transnationalen Politik. Ausgewählte Publikationen: A Century of Anarchy? War, Normativity, and the Birth of Modern International Order, Oxford 2024 (ausgezeichnet mit dem 3. Jost-Delbrück-Preis für Friedenssicherungs- und Konfliktvölkerrecht); Entgrenzte Arbeit, (un-)begrenzte Solidarität? Bedingungen und Strategien gewerkschaftlichen Handelns im flexiblen Kapitalismus, Münster: Westfälisches Dampfboot 2021 (2., erweiterte Aufl., hrsg. mit Carmen Ludwig und Alexander Wagner).

Stephan, Hans-Christian Hans-Christian Stephan studierte Philosophie, Sozialwissenschaften und Gesellschaftstheorie in Leipzig, Athen und Jena. Derzeit promoviert er an der Ruhr-Universität Bochum zu Gewerkschaftsstrategien und Machtressourcen im Logistiksektor. Dabei unterstützt wurde er durch ein Promotionstipendium der Hans-Böckler-Stiftung.

Stingl, Isabella Isabella Stingl ist Postdoktorandin an der Universität Heidelberg. Sie ist Wirtschaftsgeographin und beschäftigt sich mit der Untersuchung von Arbeit, Unternehmertum, Migration und Geschlecht aus einer feministischen Perspektive.

Tecklenburg, Feline Feline Tecklenburg ist Politökonomin. Sie studierte Politikwissenschaften, Soziologie, Ökonomie und *Gender Studies* an den Universitäten Freiburg, Basel, Kassel und an der Hochschule für Gesellschaftsgestaltung. Sie forscht am Lehrstuhl für Lebensführung und Sozioökonomie des privaten Haushalts der Universität Paderborn und ist Co-Vorständin von Wirtschaft ist Care e. V.

Wallis, Mira Mira Wallis ist Doktorandin am Institut für Europäische Ethnologie der Humboldt-Universität zu Berlin und assoziiertes Mitglied des Berliner Instituts für Integrations- und Migrationsforschung (BIM). Schwerpunkte bilden (digitale) Arbeit und soziale Reproduktion, Plattformen, Logistik, Mobilität und Arbeitsmigration. In ihrer Dissertation untersucht sie Heimarbeit auf digitalen Plattformen in Deutschland und Rumänien und analysiert, wie die digitale Transformation der Arbeitswelt auch soziale Reproduktion, Mobilität und Migration wandelt.

Wenner, Miriam Miriam Wenner ist wissenschaftliche Mitarbeiterin am geographischen Institut der Universität Göttingen. Aktuell vertritt sie die Professur für Geographie des Globalen Wandels an der Universität Freiburg. In ihrer Forschung an der Schnittstelle zwischen Politischer, Kultur- und Wirtschaftsgeographie untersucht sie die umkämpfte Gestaltung raumwirksamer politischer und wirtschaftlicher Ordnungen, wobei sie besonders die Rolle von Ethik und Moral interessiert.

Wichterich, Christa Christa Wichterich, Dr.rer.pol., früher Gastprofessorin für Geschlechterpolitik an den Universitäten Kassel, Wien und Basel, jetzt freie feministische Soziologin mit den Arbeitsschwerpunkten feministische politische Ökonomie, derzeit *Global Care Chains*, feministische politische Ökologie und feministische Bewegungen.

Abkürzungsverzeichnis

AGU	Arbeiter:innen geführte Unternehmen
BMBF	Bundesministerium für Bildung und Forschung
EBR	Europäischer Betriebsrat
GATWU	Garment and Textile Workers Union
GIZ	Gesellschaft für Internationale Zusammenarbeit
GPN	Globales Produktionsnetzwerk
GRPN	Globale Re/Produktionsnetzwerke
HAW	Hochschule für Angewandte Wissenschaften
IDC	International Dockers' Council
IN	IG Nachtflugverbot
ISCED	International Standard Classification of Education
IT	Information Technology
ITF	Internationale Transportarbeiter:innenföderation
KEP	Kurier-, Express- und Paketlogistik
KI	Künstliche Intelligenz
LEJ	Frachtflughafen Leipzig-Halle (IATA-Code)
LPG	Landwirtschaftliche Produktionsgenossenschaft
MFAG	Mitteldeutsche Flughafen AG
MH	Mobility Hubs
MRA	Machtressourcenansatz
NTD	New Taiwan Dollar
NWI	Internationale Netzwerkinitiative
NUMSA	National Union of Metalworkers of South Africa
OECD	Organisation for Economic Co-operation and Development
OEM	Original Equipment Manufacturer
ÖSD	Ökosystemdienstleistungen
RBA	Responsible Business Alliance
SEAL	Sindicato dos Estivadores e da Actividade Logística (dt.: Gewerkschaft der Hafenarbeiter:innen und logistischen Aktivitäten)
SRT	Soziale Reproduktionstheorien
TEEB	The Economics of Biodiversity
TNU	Transnationales Unternehmen

TRAFIG	Transnational Figurations of Displacement (EU Forschungsprojekt)
TSOL	Total Social Organisation of Labour
UNHCR	United Nations High Commissioner for Refugees
WHO	World Health Organisation

Inhaltsverzeichnis

Autor:innen

Moritz Altenried Humboldt-Universität Berlin, Berlin, Deutschland

Henriette Bertram Institut für Bauklimatik und Energie der Architektur/Gender. Ing, TU Braunschweig, Braunschweig, Deutschland

Ting-Chien Chen National Cheng Kung University, College of Social Sciences, Tainan, Taiwan

Michaela Doutch Abteilung für Südostasienwissenschaft, Rheinische Friedrich-Wilhelms-Universität Bonn, Bonn, Deutschland

Anne Engelhardt Sozialwissenschaftliche Fakultät, Georg-August-Universität Göttingen, Göttingen, Deutschland

Benjamin Etzold bicc – Bonn International Centre for Conflict Studies gGmbH, Bonn, Deutschland

Martina Fuchs Wirtschafts- und Sozialgeographisches Institut, Universität zu Köln, Köln, Deutschland

Sinje Grenzdörffer Unit Wirtschaftsgeographie, Geographisches Institut, Universität Bern, Bern, Schweiz

Tine Haubner Fakultät für Gesundheitswissenschaften, Universität Bielefeld, Bielefeld, Deutschland

Stefanie Hürtgen Abteilung Sozialgeographie, Paris Lodron Universität Salzburg, Salzburg, Österreich

Daniel Jarczyk Humboldt-Universität Berlin, Berlin, Deutschland

Marisol Keller Statistisches Amt, Koordinationsstelle Teilhabe, Kanton Zürich (ehemalig Universität Zürich), Zürich, Schweiz

Roman Kiefer Institut für Soziologie, Pädagogische Hochschule Freiburg, Freiburg im Breisgau, Deutschland

Vicky Kluzik Institut für Soziologie, Goethe Universität Frankfurt, Frankfurt am Main, Deutschland

Tatiana López Institut für Geographie und Geologie, Julius-Maximilians-Universtität Würzburg, Würzburg, Deutschland

Saumya Premchander Abteilung für Humangeographie, Georg-August-Universität Göttingen, Göttingen, Deutschland

Alica Repenning Humangeographie, Universität Greifswald, Greifswald, Deutschland

Lizzie Richardson Institut für Humangeographie, Goethe Universität, Frankfurt, Deutschland

Daniel Schiller Institut für Geographie und Geologie, Universität Greifswald, Greifswald, Deutschland

Hendrik Simon Forschungsinstitut Gesellschaftlicher Zusammenhalt, Standort Frankfurt am Main an der Goethe-Universität Frankfurt, Frankfurt am Main, Deutschland

Hans-Christian Stephan Ruhr Universität Bochum, Bochum, Deutschland

Isabella Stingl Geographisches Institut, Universität Heidelberg, Heidelberg, Deutschland

Feline Tecklenburg Institut für Ernährung, Konsum und Gesundheit, Universität Paderborn, Paderborn, Deutschland

Mira Wallis Humboldt-Universität Berlin, Berlin, Deutschland

Miriam Wenner Abteilung für Humangeographie, Georg-August-Universität Göttingen, Göttingen, Deutschland

Christa Wichterich Universität Kassel/Global Partnership Network (GPN), Bonn, Deutschland

Part I
Einleitung

Arbeitswelten: Zwischen Geographien der Arbeit und *Labour Geography*

1

Michaela Doutch, Anne Engelhardt, Tatiana López, Saumya Premchander und Miriam Wenner

Inhaltsverzeichnis

M. Doutch (✉)
Abteilung für Südostasienwissenschaft, Rheinische Friedrich-Wilhelms-Universität Bonn, Bonn, Deutschland
E-Mail: michaela.doutch@uni-bonn.de

A. Engelhardt
Sozialwissenschaftliche Fakultät, Georg-August-Universität Göttingen, Göttingen, Deutschland
E-Mail: anne.engelhardt@uni-goettingen.de

T. López
Institut für Geographie und Geologie, Julius-Maximilians-Universtität Würzburg, Würzburg, Deutschland
E-Mail: tatiana.lopez-ayala@uni-wuerzburg.de

S. Premchander
Abteilung für Humangeographie, Georg-August-Universität Göttingen, Göttingen, Deutschland
E-Mail: Saumya.premchander@uni-goettingen.de

M. Wenner
Abteilung für Humangeographie, Georg-August-Universität Göttingen, Göttingen, Deutschland
E-Mail: miriam.wenner@uni-goettingen.de

M. Doutch et al. (Hrsg.), *Arbeitswelten*, https://doi.org/10.1007/978-3-662-70955-9_1

Zusammenfassung

In der Einleitung zum Sammelband „Arbeitswelten: Neue Perspektiven aus Räumen der Re/Produktion" skizzieren wir die Grundlagen der *Labour Geography*, erläutern die Ziele und Struktur des Buches und geben einen Überblick über die Themen und Kapitel. Zunächst grenzen wir *Labour Geography* von einer „Geographie der Arbeit" ab, und heben vier Merkmale einer *Labour Geography* hervor, die uns besonders wichtig erscheinen: den Fokus auf *Labour Agency*, ein ganzheitliches Arbeitsverständnis, Sichtweisen auf Raum als soziales Konstrukt, und ihren politischen Anspruch. Anschließend skizzieren wir den Begriff der „Arbeitswelten", der als Klammer für die vielfältigen Beiträge der sechs Themenblöcke des Buches dient. Insgesamt zeigt der Sammelband, dass die *Labour Geography* im deutschsprachigen Raum durch eine Pluralität von Perspektiven und Forschungsansätzen geprägt ist. Der ursprünglich in der anglophonen *Labour Geography* tonangebende klassenanalytische und (neo-)marxistische Ansatz wird dabei ergänzt durch vielfältige weitere Ansätze aus der Sozial-, Kultur- und Wirtschaftsgeographie. Wir schließen, dass sich *Labour Geography* in der deutschsprachigen Wissenschaftslandschaft aktuell in einem Suchprozess befindet, ein Prozess in Bewegung und ein Prozess in Arbeit ist.

Schlüsselwörter: Arbeitswelten, *Labour Geography*, *Labour Agency*, Klasse, Geographien der Arbeit

Abstract

In the introduction of the anthology "Arbeitswelten: New Perspectives from Spaces of Re/Production", we outline the foundations of labour geography, explain the aims and structure of the book, and provide an overview of the topics and chapters. First, we distinguish labour geography from a "geography of labour" and highlight four characteristics of labour geography that we consider particularly important: a focus on labour agency, a holistic understanding of labour, a view of spatialities as social constructs, and the political aspirations of labour geography. We then discuss the term "Arbeitswelten" (labour worlds/world of work), which serves as a descriptor for the diverse contributions in the book's six thematic blocks. Overall, the anthology shows that labour geography in the German-speaking world is characterized by a plurality of perspectives and research approaches. The class-analytical and (neo-)Marxist approach that originally set the tone in Anglophone labour geography is complemented by a variety of others from social, cultural, and economic geography. We conclude that labour geography in the German-speaking academic landscape is currently undergoing a search process, a process in motion and a process in progress.

Keywords: Arbeitswelten, labour geography, agency, class, geography of labour

1.1 Einleitung

Labour Geography ist eine Forschungsperspektive, in deren Zentrum die Zusammenhänge zwischen Arbeit, Raum und Macht im kapitalistischen Weltsystem stehen. Mit ihrem Fokus auf die Subjektivierung von *Labour* stellt der in den neunziger Jahren im anglo-amerikanischen Raum begründete Ansatz Arbeiter:innen als zentrale Akteur:innen mit Handlungsmacht ins Zentrum der Analyse kapitalistischer Landschaften (Herod 1997, 2001; Peck 2013). In der deutschsprachigen Geographie plädierten vor über 20 Jahren Christian Berndt und Martina Fuchs (Kap. 17) in der *Geographischen Zeitschrift* „für eine interdisziplinäre Forschungsagenda" (2002) im Sinne einer „Geographie der Arbeit" als eigene Sub-Disziplin. Dabei betonten sie die Pluralität der Perspektiven und Ansätze in der *Labour Geography*, die als „gemeinsame Klammer", die „ausdrückliche Kritik an der neoklassisch orientierten Arbeitsmarktgeographie und der einseitigen Fokussierung auf die Unternehmung in der Wirtschaftsgeographie" eint (ebd., S. 160). Nach dieser ersten Initiative von Berndt und Fuchs Anfang der 2000er Jahre, nahm das Projekt, die *Labour Geography* auch im deutschsprachigen Raum zu etablieren, jedoch nur zögerlich Fahrt auf. Insbesondere die (in der anglophonen *Labour Geography* so zentrale) kapitalismuskritische Auseinandersetzung mit Arbeit, Arbeitsprozessen und -strukturen sowie Forschungen zu Arbeiter:innen als eigensinnigen Subjekten stellten in der deutschsprachigen (Wirtschafts-)Geographie weiterhin eine periphere Perspektive dar. Seit einigen Jahren erfährt hier die kritische Auseinandersetzung mit Arbeit jedoch einen Aufschwung. Dieser kann auf zwei Momente zurückgeführt werden: zum einen auf die gesteigerte Sichtbarkeit und Aufmerksamkeit für kritische Forschung zu *Labour* in der Geographie mit der Gründung des Arbeitskreises *Labour Geography* im Jahre 2020 sowie zum anderen auf eine Reihe von Entwicklungen, welche zu einer Neuorganisation der Beziehungen zwischen Arbeit, Arbeiter:innen und Raum führen. Dies sind beispielsweise die zunehmende Internationalisierung von Warenketten, die Digitalisierung von Arbeitsprozessen sowie ein wachsender Autoritarismus und Protektionismus als globale politische Trends. Damit einher gehen Konflikte und Krisen sowie umkämpfte Bestrebungen nach sozial-ökologischer Transformation. Diese vermachteten, vieldimensionalen, multi-lokalen und multiskalaren Prozesse, implizieren Herausforderungen hinsichtlich sozialer und ökologischer Gerechtigkeit und der Verwirklichung individueller und kollektiver Lebensvorstellungen von Arbeiter:innen.

Das Ziel dieses Sammelbands ist es, aktuelle Forschungen aus dem Feld der *Labour Geography* im deutschsprachigen Raum sichtbar zu machen, ihre Potentiale zum Verständnis aktueller Prozesse aufzuzeigen, und gleichzeitig die Weiterentwicklung der Sub-Disziplin anzustoßen. Die Beiträge in diesem Buch stammen überwiegend von Mitwirkenden des Arbeitskreis *Labour Geography*, sowie des daraus hervorgegangenen DFG-Netzwerkes *Labour Geography* (2022–2025)[1]. Während die Beiträge nicht die Gänze des Feldes abdecken, illustrieren sie doch die Vielfalt aktueller Ansätze zum Verständnis der Beziehungen zwischen Arbeit, Arbeiter:innen und Raum. Sie tragen maßgeblich zu einer weiteren Institutionalisierung der *Labour Geography* im deutschsprachigen Raum bei, indem sie diese rahmen, weiterentwickeln und interdisziplinäre Anknüpfungspunkte aufzeigen.

Im Folgenden skizzieren wir, was eine *Labour Geography*-Perspektive nach unserem Verständnis ausmacht und wie sie zur Analyse aktueller Konflikte und Prozesse hinsichtlich der Verhältnisse zwischen Arbeit, Arbeiter:innen und Raum beiträgt (Abschn. 1.2). Dabei geht es uns auch darum zu erklären, warum eine Übersetzung der *Labour Geography* ins Deutsche schwerfällt und weshalb wir uns im Titel für den Begriff „Arbeitswelten" entschieden haben (Abschn. 1.3). Im Anschluss folgt ein Überblick über die Themenblöcke und die 18 Beiträge des Sammelbandes (Abschn. 1.4), bevor wir mit einem abschließenden Ausblick auf das Feld enden (Abschn. 1.5).

1.2 *Geography of Labour* und *Labour Geography* – ein Paradigmenwechsel in Arbeit

Bis in die 1980er Jahre dominierten in der deutschsprachigen Wirtschaftsgeographie raumanalytische Ansätze, bei denen das Thema Arbeit eher am Rande abgehandelt wurde und Arbeiter:innen als handelnde Subjekte ausgeblendet wurden. Entsprechend positivistischer und neoklassischer Paradigmen wurde Arbeit einseitig als ein objektiver Faktor betrachtet, der die räumlichen Entscheidungen wirtschaftlicher und staatlicher Akteur:innen beeinflusst oder gar determiniert (Stichwort: Standortvorteil; Braun und Schulz 2012, S. 10 ff.). Arbeit – und Arbeiter:innen im Besonderen – werden in dieser Sichtweise primär deskriptiv und als passive Produktionsfaktoren oder bestenfalls Anhängsel wirtschaftsgeographischer und politischer Prozesse behandelt. Andrew Herod bezeichnet diese Perspektive als „*Geography of Labour*" (Herod 2001, S. 17–18), die zu jener Zeit auch im angloamerikanischen Wissenschaftsraum dominierte. Um dem zu entgegnen, rief Herod Ende der 1990er Jahre zu einem Paradigmenwechsel auf: weg von einer *Geography of Labour* hin zu einer *Labour Geography* (Herod 1997). Er sah die Notwendigkeit, *Labour* aktiv(er) zu konzeptualisieren und als zentrale Akteur:innen mit Handlungsmacht und Möglichkeiten zu verstehen, die Raum und Räumlichkeiten mit formen und gestalten:

> „[W]orkers, too, make space in particular ways for their own ends and to ensure their own self-reproduction and, ultimately, survival – even if this is self-reproduction and survival *as workers in a capitalist society*." (Herod 2001, S. 16; Hervorhebung im Original)

[1] Zur Arbeitsagenda und zu den Themenkomplexen des AK *Labour Geography* siehe https://ak-labourgeography.de/ueber-uns/. Für Informationen zum DFG-Netzwerk „Globale Transformation und sozialökologische Reproduktion: Perspektiven der *Labour Geography* (im deutschsprachigen Raum)" https://ak-labourgeography.de/dfg-netzwerk/.

Einer *Labour Geography*-Perspektive zu folgen, bedeutet demnach Arbeiter:innen als raumproduzierende und raum(ver)handelnde Subjekte ins Zentrum der Analyse von vermachteten Landschaften zu stellen, die explizit als im kapitalistischen Weltsystem eingebunden verstanden werden:

> „[W]orking-class people both have a vested interest in trying to ensure that the geography of capitalism is produced in certain ways and not in others, and that they play active parts in seeking to bring this about." (Herod 2001, S. 2)

Während im angloamerikanischen Raum der Paradigmenwechsel von einer *Geography of Labour* hin zu einer *Labour Geography* aus einer marxistischen Tradition heraus argumentierend in klarer Abgrenzung zueinander ausgerufen wurde, erfolgte in der deutschsprachigen Wissenschaftslandschaft bis heute kein so deutlicher Paradigmenwechsel. So sind die Grenzen zwischen einer *Geography of Labour* und einer *Labour Geography* weniger deutlich (Doutch et al. 2025). Vielmehr ist die Forschung zu Arbeit und Arbeitenden in ihrem Verhältnis zu Raum bis heute konzeptionell und theoretisch heterogen. Beeinflusst vom *Cultural* und *Social Turn* entwickelten Humangeograph:innen im deutschsprachigen Raum in den 1990er und 2000er Jahren neue, interdisziplinäre Ansätze zum Verständnis von Arbeit, Raum und Re/Produktion (Berndt und Glückler 2006), beispielsweise zu Arbeit in globalisierten Produktionsprozessen (Fuchs 1995; Zeller 2003), Arbeit und ungleicher Entwicklung (Scholz 2002; Wissen und Naumann 2008) oder Arbeit und Geschlechterverhältnissen, sozialer Reproduktion und Umwelt/en (Sassen 1998; Bauriedl 2010). Damit entstand ein heterogenes Forschungsfeld zu Arbeit und Raum, das auf unterschiedliche Paradigmen und Denktraditionen (institutionalistische, marxistische, feministische, polit-ökologische Ansätze) aufbaute. In dieses breite Forschungsfeld wurde die *Labour Geography* als spezifische Forschungsperspektive – anknüpfend an den frühen Apell von Berndt und Fuchs 2002 – erst in den letzten Jahren systematischer eingeführt. Die Gründung des Arbeitskreises *Labour Geography* und des wissenschaftlichen Netzwerkes sind wichtige Pfeiler einer Institutionalisierung des Feldes. Die Einführung einer *Labour Geography* und der mit ihr verbundene Paradigmenwechsel lassen sich vor diesem Hintergrund als ein „Prozess in Arbeit" (Doutch et al. 2025) beschreiben.

Trotz der paradigmatischen Unschärfe wurden während der letzten Jahre zentrale theoretisch-konzeptionelle (Teil-)Diskurse und Debatten einer *Labour Geography* in deutschsprachigen Forschungen zu Arbeit und Raum eingeführt und weiterentwickelt. Auf vier zentrale Aspekte einer *Labour Geography*-Perspektive möchten wir kurz im Besonderen eingehen. Dies sind (1) die Auseinandersetzung mit Arbeiter:innen-Handlungsmacht oder *Labour Agency*, (2) das Verständnis von Arbeit, (3) die Konzeptualisierung von Raum und (4) der gesellschaftspolitische Anspruch.

1.2.1 *Labour Agency*

Die Handlungsmacht von Arbeiter:innen – *Labour Agency* – gehört zu den wohl meist diskutierten Schlüsselkonzepten der *Labour Geography* (vgl. Castree 2007; Coe und

Jordhus-Lier 2011; Carswell und de Neve 2013). Handlungsmacht und -möglichkeiten sind dabei vor dem Hintergrund des Wechselverhältnisses zwischen Arbeiter:innen und ihrer Einbettung in historisch spezifische und multiskalare Raum-Strukturen zu betrachten. Damit ist *Labour Agency* stets eingeschränkt (*Constrained*) – also von den gegebenen Strukturen abhängig oder bedingt (vgl. Coe und Jordhus-Lier 2011, 2023). Auf der anderen Seite ist *Labour Agency* sehr vielfältig und kann nicht auf formelle kollektive Formen (wie etwa Gewerkschaften) und Dimensionen konkreten Widerstandes (wie etwa Proteste und Streiks) reduziert werden (ebd.). Cindy Katz (2001) eröffnet an dieser Stelle mit ihren drei „Rs" – *Resilience, Reworking, Resistance* – eine mögliche theoretische Annäherung, *Labour Agency* in ihren Ausprägungen differenzierter zu fassen. Arbeiter:innen verkörpern *Agency* auf unterschiedliche Art und Weise. Handlungsmacht ist nicht nur komplex und vielfältig, sondern kann auch widersprüchlich sein (siehe dazu auch Hürtgen, Kap. 2). *Agency* ist damit keineswegs immer positiv konnotiert; auch die Richtung von Transformationen ist umkämpft. So gilt es *Labour* und Handlungsmöglichkeiten von Arbeiter:innen nicht zu romantisieren (vgl. Hastings 2016). Eine *Labour Geography*-Perspektive ermöglicht es die Widersprüche, Grenzen, Herausforderungen sowie die Potentiale von Handlungsmacht und -möglichkeiten von Arbeiter:innen zu thematisieren und systematisch herauszuarbeiten. Auf diese Erkenntnisse lässt sich strategisch, perspektivisch und zukunftsorientiert aufbauen, um Konflikte und Krisen um Arbeit, Arbeiter:innen und Raum nicht nur besser verstehen, sondern auch Lösungen vorzuschlagen.

1.2.2 Ein ganzheitliches Arbeitsverständnis

Ein zweiter wichtiger Aspekt der *Labour Geography* ist das Verständnis von Arbeit. In Abgrenzung zu anfänglichen *Labour Geography*-Studien mit ihrem starken Fokus auf Gewerkschaftsaktivismus in globalen Produktionsprozessen (beispielsweise Castree 2000 oder Rutherford et al. 2002), wurde insbesondere von feministischen Wissenschaftler:innen eine holistische Perspektive auf Arbeit entwickelt (vgl. McDowell 2015; Dutta 2016; Strauss 2020; siehe hierzu auch Hürtgen, Kap. 2). Diese reduziert Arbeit nicht auf Lohnarbeit, sondern schließt Tätigkeiten der Re/Produktion mit ein (vgl. Dutta 2020b; Doutch 2022). Arbeit umfasst demnach auch Prozesse, die dazu dienen sich selbst und die Familie am Leben zu halten, beziehungsweise zu reproduzieren (vgl. Fraser 2016; Bhattacharya 2017). Tithi Bhattacharya und Susan Ferguson bezeichnen dies (in ihrem Beitrag im Online-Blog von Pluto Press)[2] auch als „life-making processes". Damit sind lebensnotwendige und wichtige Prozesse wie kochen, essen, schlafen, emotionale Fürsorge gemeint, aber auch die Versorgung mit Gesundheit und Zugang zu guter Bildung (vgl. Bhattacharya 2017). Reproduktion bezeichnet also Prozesse, die für die Lebensgestaltung auf individueller und gesamtgesellschaftlicher Ebene zentral sind.

Dieses holistische Verständnis ermöglicht eine umfassendere Auseinandersetzung mit Arbeit, Arbeiter:innen und Raum. So können Räumlichkeiten der Re/Produktion

[2] https://www.plutobooks.com/blog/deepening-our-understanding-of-social-reproduction-theory/.

in ihrer Wechselwirkung als multiskalare Prozesse berücksichtigt (vgl. Dutta 2020b) und Arbeiter:innen als Subjekte der Re/Produktion (mit multiplen Identitäten und Subjektivitäten) verstanden werden (Coe und Jordhus-Lier 2011). Dies verdeutlicht auch, dass *Labour Agency* als vergeschlechtlicher, rassifizierter und multiskalarer Prozess begriffen werden muss (Doutch 2021). Ein ganzheitliches Verständnis von Arbeit beachtet die systemischen Unterschiede zwischen Prozessen der Produktion und sozialen Reproduktion und ermöglicht es Arbeitswelten als Lebenswirklichkeiten von Arbeiter:innen in ihrer Gänze zu greifen (vgl. Haubner und Pongratz 2021).

1.2.3 Raum

Drittens ist für die *Labour Geography* die Auseinandersetzung mit Raum und Raumkonzepten wie *Place*, *Space* oder *Scale* zentral. Im Anschluss an kultur- und sozialgeographische Sichtweisen (Werlen 1997; Crang 1990; Gebhardt et al. 2003) werden Räume als sozial konstruiert, verhandelt und von unterschiedlichen Akteur:innen und deren Interessen umkämpft aufgefasst (vgl. Massey 1994). Räume werden also nicht nur von staatlichen oder unternehmerischen Akteur:innen gestaltet und geprägt, sondern wesentlich von Arbeiter:innen (mit) re/produziert (vgl. Herod 2001). Räume sind damit auch Produkte gesellschaftlichen Handelns. Eine solche Betrachtungsweise eröffnet die Möglichkeit, unterschiedliche Räumlichkeiten auf verschiedenen Ebenen – Skalen – in Beziehungen zu setzen und ihre Wechselwirkungen zu betrachten. Dadurch werden nicht nur dichotome Betrachtungsweisen von „lokal" gegenüber „global" oder von „*Place*" zu „*Space*" aufgebrochen. Es wird eine multiskalare Perspektive geboten, die über zugeschriebene Größenordnungen von „das ortsgebundene und weniger handlungs-ermöglichende Lokale" vs. „das mobile und handlungsstarke Globale" hinausgeht (Jonas 1996, S. 330; Rainnie et al. 2013, S. 180; Cumbers et al. 2016, S. 94).

1.2.4 Politischer Anspruch

Viertens ist *Labour Geography* als wissenschaftliches und gesellschaftspolitisches Projekt zu verstehen:

> „[B]y writing a more active role for workers concerning how capitalism functions, workers, activists, and progressive scholars may begin to identify geographical possibilities and strategies through which workers may challenge, outmaneuver, and perhaps even beat capital." (Herod, 2001, S. 17)

Hier kommt zum Tragen, was Stefanie Hürtgen (Kap. 2) in ihrem programmatischen Beitrag betont: *Labour Geography* ist als kapitalismuskritische Perspektive zu verstehen. So argumentiert Hürtgen, dass eine *Labour Geography*-Perspektive an klassentheoretische Auseinandersetzungen rückgebunden sein muss. Nach marxistischer Lesart bedeutet das, Klasse als relationales, materialistisches Konzept zu verstehen. Die Klassenzugehörigkeit wird durch die Positionen im Produktionsprozess bestimmt. Diese lässt sich über Besitz und Menge von Produktionsmitteln (Land, Fabriken, Maschinen und andere Formen von Kapital) definieren und darüber wer wie stark von den gesellschaftlich erarbeiteten Gewinnen profitiert (Marx 1957, 512 f.; 800; Gallas 2024). Allerdings sind Klassen keine statischen Gebilde, sondern befinden sich aufgrund gegenseitiger Abhängigkeit und Machtasymmetrien in ständiger Auseinandersetzung (Poulantzas 1975: 14). Ein Punkt, der in seiner Konsequenz in deutschsprachigen Auseinandersetzungen zu Arbeit, Arbeiter:innen und Raum (noch) nicht vollständig durchgedrungen ist und die Einführung einer *Labour Geography* erneut als „Prozess in Arbeit" indiziert.

Auch andere betonen die in der *Labour Geography* inhärente normative Perspektive (vgl. Castree 2007; Bergene et al. 2010), die (mal mehr, mal weniger implizit) Werte wie Gerechtigkeit oder Gleichwertigkeit (im Sinne von *Equality*) adressiert (siehe Kap. 15 von Wenner und Grenzdörfer). Analytisch zeigen insbesondere historisch-materialistische Auseinandersetzungen um Arbeiter:innen (-handeln) und kapitalistischen Raum, dass Ungleichheiten nicht nur räumlich spezifisch sind, sondern von Arbeiter:innen konkret (leiblich) erfahren und durchlebt werden (Kap. 3 von Haubner und Kap. 4 von Engelhardt). Damit werden gesellschaftspolitische Fragen und Ansprüche um bessere Arbeitswelten und bessere Lebenswirklichkeiten aufgeworfen. Diese normativen und zugleich historisch-materialistisch fundierten Analysen ziehen auch methodische Konsequenzen nach sich (siehe Kap. 19 von Doutch).

Diese vier Aspekte einer *Labour Geography*-Perspektive dienen als zentrale Ausgangspunkte, um aktuelle Prozesse, Herausforderungen und Konflikte hinsichtlich der Verhältnisse zwischen Arbeit, Arbeiter:innen und Raum zu untersuchen. Diese Aspekte spiegeln sich auch in den Beiträgen.

1.3 Arbeitswelten als Lebenswelten

Die Titelwahl des Sammelbandes reflektiert die Schwierigkeiten, den mit der *Labour Geography* einhergehenden Paradigmenwechsel adäquat ins Deutsche zu übersetzen. Während Berndt und Fuchs (2002) ihr Plädoyer unter dem Titel „Geographien der Arbeit" fassten, diskutierten wir als Herausgeberinnen Übersetzungen wie etwa „Arbeitsgeographie" oder „Arbeiter:innen-Geographie". Dies entspricht aber nicht den vielfältigen Bedeutungen von *Labour*, was im Englischen nicht nur *Labour* als Prozess und Tätigkeit bedeuten kann, sondern eben auch *Labour* als Subjekt – und damit auch *Labour* als Klasse und soziale Bewegung.

Um trotz dieser scheinbaren Unübersetzbarkeit die Zentralität von Arbeitenden, ihre vielfältigen Perspektiven und Einbettungen in Strukturen der Produktion und Reproduktion abzubilden, entschieden wir uns für den Titel „Arbeitswelten". In Anlehnung an den Begriff der „Lebenswelt" nach Schütz und Luckmann (1979) sehen wir Arbeitswelten zum einen als Ausdruck von individuellen Sinnkonstitutionen im subjektiven Bewusstsein von Handelnden (sprich: Arbeiter:innen), andererseits aber auch als durch die Wirkhandlungen der Personen produziert. Während jede Person ihre eigene, subjektiv wahrgenommene Arbeitswelt hat, gibt es auch geteilte

Deutungsschemata (Hitzler und Eberle, 2012); die Arbeitswelt ist eine mit Anderen geteilte Welt. Dabei können sich Arbeitswelten unterschiedlicher Personen am selben Ort durchaus unterscheiden, je nachdem, welcher konkreten Tätigkeit sie nachgehen oder in welcher (machtvollen) Position sie sich (nicht) befinden. Die Arbeitswelt einer Professorin an der Universität unterscheidet sich durch ihre Aufgaben, Verantwortlichkeiten, Entlohnung und den in der Regel entfristeten Arbeitsvertrag von der einer befristet angestellten Doktorandin oder einer niedrig eingruppierten Reinigungskraft, obwohl alle drei am gleichen Ort arbeiten, Pausen machen, Essen und so weiter. Gleichzeitig ist die Gestaltung dieser Arbeitswelten von einer Vielzahl von Faktoren abhängig. Dazu gehören nicht nur Gesetze oder Finanzierungsmodalitäten der Forschung, sondern auch Führungsstil, kollegialer Zusammenhalt oder Zugang zu Technik und Laboren. Die Arbeitswelt Universität beinhaltet also unterschiedliche und gleichzeitig miteinander verschränkte Arbeitswelten. Aus welcher Perspektive diese Arbeitswelten betrachtet werden – aus der Perspektive der Professorin, der Doktorandin oder der Reinigungskraft – macht einen Unterschied. Daher sprechen wir hier bewusst nicht von *einer* Arbeitswelt, sondern von Arbeitswelten, die sich überlappen, ergänzen, aber auch im Widerspruch zueinander stehen können.

Arbeitswelten existieren in unterschiedlichen Formen. Erstens meinen wir mit Arbeitswelten die konkreten Orte und Räume, an denen Arbeit stattfindet und die durch Arbeit (mit-)gestaltet werden. Zweitens bezeichnet der Begriff abstrakte Räume, wie beispielsweise digitale Räume oder Genossenschaften. Drittens finden wir Arbeitswelten in Form von vorgestellten, imaginierten Räumen, also als Welten, die (noch) nicht (oder nicht mehr) an Orten manifest sind, aber einen Impuls zur Umgestaltung bestehender Arbeitswelten geben. Wichtig für uns ist, dass der Begriff der Welt nicht rein deskriptiv darauf zielt, gesellschaftliche Wahrnehmungen und individuelles Handeln zu beschreiben, sondern vielmehr impliziert, dass an Orten der Arbeit Ordnungen in Form von Logiken, Wertehierarchien, sozialen Beziehungen, Technologien, Regulationen und Konflikten vorliegen, welche Handlungsspielräume ermöglichen oder verschließen und Auswirkungen auf Körper und Natur haben. Eine machtsensible Analyse von Arbeitswelten ist sich darüber bewusst, dass diese Verhältnisse nicht naturgegeben sind, sondern das Resultat von dynamischen und veränderbaren Machtbeziehungen und Herrschaftsverhältnissen. Der „Welt"-Begriff ermöglicht es nicht nur zu betonen, dass Personen verschiedene Wahrnehmungen ihrer Arbeitswelt haben, sondern auch, dass sie als Akteur:innen eine gewisse Gestaltungsmacht haben, das heißt, sie können ihre Welt verändern und mit (auf)bauen. Gleichzeitig unterstreicht der Weltbegriff, dass Handeln immer vor dem Hintergrund vorhandener Strukturen und sozialer Netzwerke stattfindet, dass also unser Welt-Machen konditioniert und mitunter eingeschränkt ist.

Diese Spannungen zwischen strukturellem Rahmen – der für verschiedene Personen ermöglichend oder einschränkend wirkt – und Handeln stehen im Zentrum vieler Beiträge in diesem Buch. So werfen verschiedene Autor:innen die Frage auf, in wie weit Arbeitende durch ihr Handeln zu einer Veränderung ihrer Welten beitragen können (als „transformative labour agency"; siehe beispielsweise Themenblock VI) oder sie in ihrem Handeln stark eingeschränkt sind („constrained labour agency"; siehe Kap. 7 von Etzold). Dabei kommt eine konzeptionelle und theoretische Heterogenität der *Labour Geography* im deutschsprachigen Raum als ein bestimmendes Merkmal ans Licht. Diese Heterogenität und Breite des Forschungsfeldes um Arbeit, Arbeiter:innen (-Handlungsmacht) und Raum zeigt sich auch in der Entstehung dieses Bandes.

1.4 Ein Überblick über die Themen und Beiträge des Sammelbands

Vor dem Hintergrund der schwierigen Übersetzbarkeit von *Labour Geography* ins Deutsche entschieden wir uns als Herausgeberinnen zunächst für den Arbeitstitel „Geographien der Arbeit" für den Sammelband, wohlwissend, dass damit die Unterschiede zwischen einer *Geography of Labour* und einer *Labour Geography* verwischen. Doch während der *Call* (Forschungs-)Fragen explizit aus einer kritischen *Labour Geography*-Perspektive aufmachte, wurde anhand der Vielzahl an eingereichten Beiträgen mit unterschiedlichen Ausrichtungen und Schwerpunkten zu Themen um Arbeit und Raum deutlich, dass eine Perspektive, die *Labour* als Subjekt mit Handlungsmacht ins Zentrum einer kapitalismuskritischen Analyse rückt, im deutschsprachigen Raum (noch) keine Selbstverständlichkeit ist. Die Fülle an eingereichten Beiträgen spiegelt aber auch wider, wo sich die deutschsprachige Wissenschaft zu diesem dynamischen Forschungsfeld momentan verorten lässt, nämlich an einer fließenden Schnittstelle zwischen etablierten (Mainstream-) Diskursen aus der Wirtschaftsgeographie, verwandten Disziplinen (Arbeitssoziologie, Industriesoziologie, Ethnologie der Arbeit) und kapitalismuskritischen Diskursen und Debatten zu *Labour* (als Subjekt, als Klasse) und *Agency*. Genau an dieser Schnittstelle verortet sich der entstandene Sammelband. Die Beiträge zu dem Thema „Arbeit, Arbeiter:innen und Raum" aus der deutschsprachigen Wissenschaftslandschaft spiegeln entsprechend ein breites Spektrum an Ansätzen, Methoden und Analysen wider.

Der Sammelband fasst insgesamt 18 Beiträge unter sechs Themenblöcke zusammen. Nach der Einleitung und einem programmatischen Aufschlag von Stefanie Hürtgen folgen sechs inhaltliche Themenblöcke unter den Titeln (1) Soziale Reproduktion; (2) Migration und Prekarität; (3) Globale Produktions- und Logistiknetzwerke; (4) Digitale Ökonomien; (5) Arbeit, Transformation und Werte und (6) *Doing Labour Geography.* Alle Beiträge zeigen nicht nur inwiefern Perspektiven der *Labour Geography* für die Problem- und Fragestellungen in den einzelnen Beiträgen relevant sind, sondern demonstrieren auch ihren Nutzen zur Umsetzung und Interpretation empirischer Fallstudien. Dabei weisen sie eine große methodische Transparenz auf. Ziel der Zusammenstellung ist es zum einen die Vielzahl an Studien zum Themenkomplex „Arbeit, Arbeiter:innen (-Handeln) und Raum" im deutschsprachigen Wissenschaftsraum sichtbar zu machen. Die beiden englischsprachigen Beiträge von in Deutschland ansässigen Autor:innen verdeutlichen die Internationalisierung der Diskurse und Debatten der *Labour Geography*. Zum anderen liegt uns daran, einer breiten (allem voran studentischen) Leser:innenschaft zentrale Ideen der *Labour Geography* in Theorie, Methode und Forschungspraxis näher zu bringen. Darüber hinaus wollen wir Anstöße für Weiterentwicklungen der *Labour Geography* geben.

Wenngleich die Beiträge in den einzelnen Themenblöcken sehr heterogen sind und die Schnittstelle zwischen einer *Geography of Labour* und einer *Labour Geography* mal fließender und mal klarer erscheint, eint die Beiträge die subjektorientierte Analyse von Arbeitenden in spezifisch konstituierten, vermachteten Räumen und die Frage nach Handlungsmacht, -möglichkeiten oder -einschränkungen in kapitalistischen Landschaften.

1.4.1 Themenblock 1: Soziale Reproduktion

Arbeit ganzheitlicher zu fassen und damit (räumliche) Prozesse der Re/Produktion in Beziehung zueinander zu setzen, ist ein zentraler theoretisch-konzeptioneller Ausgangspunkt dieses Sammelbandes. So ist es kein Zufall, dass der Themenstrang „Soziale Reproduktion" den Sammelband inhaltlich eröffnet. Soziale Reproduktionstheorien (SRT) helfen die Zusammenhänge zwischen (räumlichen) Re/Produktionshandeln von Arbeiter:innen aus einer *Labour Geography*-Perspektive zu untersuchen. Nicht selten wird jedoch Reproduktion als primär un/bezahlte Sorgearbeit diskutiert, um die als „weiblich" oder „migrantisch" geframte Arbeit zu analysieren. Dabei riskiert ein solcher Ansatz Reproduktion als „Add-On" in Raum und arbeitsbezogene Studien zu integrieren – als eine Art „erweiterte Perspektive" (vgl. Haubner und Pongratz 2021).

Demgegenüber betrachten die Beiträge im Sinne neu erstarkter Diskurse und Debatten um SRT (vgl. Bhattacharya 2017) soziale Reproduktion explizit als immanenten Teil einer ganzheitlichen räumlichen und multiskalaren Gesellschafts- und Klassenanalyse (Haubner 2024). Eine feministische *Labour Geography*-Perspektive drängt darauf Arbeitende nicht nur als Anhängsel von globalen Produktionsprozessen zu betrachten. Es gilt sie über ihre eigenen Lebenswelten, in denen Reproduktionsbedingungen und Reproduktionsräume gestaltet, vernetzt und erkämpft werden, als ganzheitliche Akteur:innen in diesen globalisierten und vermachteten Prozessen der Re/Produktion wahrzunehmen (Doutch 2022). Insbesondere die drei Beiträge dieses Themenblocks bauen auf diesen feministischen Überlegungen auf.

Die Beiträge des Themenblocks zeichnen sich durch ihre inhaltliche und methodische Vielfalt aus. Die empirischen Fallstudien reichen von sozialen Reproduktionskämpfen in sogenannten „strukturschwachen" und von Armut geprägten Regionen in ost- und westdeutschen ländlich-peripheren Räumen (Haubner, Kap. 3) über soziale Reproduktionskrisen und -konflikte im Zusammenhang mit Arbeitsschutz an zentralen Knotenpunkten globaler Wertschöpfungsketten wie den Häfen Brasiliens und Portugals (Engelhardt, Kap. 4) bis hin zu geschlechtssensiblen Wohnraumkonstruktionen im städtischen Raum Hamburgs (Bertram, Kap. 5). Der Beitrag von **Tine Haubner** (Kap. 3) besticht durch einen qualitativen Methodenmix, der unter anderem eine hohe Anzahl von Interviews aus ländlichen Kommunen in Ost- und Westdeutschland umfasst, die für die Auswertung über die Un/Möglichkeiten der sozialen Reproduktion herangezogen wurden. **Anne Engelhardt** (Kap. 4) hat explorative Interviews und teilnehmende Beobachtungen durchgeführt, um über die Rolle reproduktiver Räume im Kampf um den Metabolismus – den Stoffwechsel – der sozialen Reproduktion der Arbeitenden an Häfen in Portugal und Brasilien zu reflektieren. In dem Beitrag von **Henriette Bertram** (Kap. 5) begibt sich die Autorin über qualitative Inhaltsanalysen von geplanter Wohnraumgestaltung in die Lebens- und Arbeitswelten von Menschen, die Wohnraum in Hamburg planen und damit auch Einfluss darauf nehmen (können), ob geschlechtergerechte Wohn- und Lebenskonzepte Einzug finden oder nicht.

Alle Beiträge bearbeiten die Forschungslücke, die eine frühe *Labour Geography* mit einer (Über-)Fokussierung auf Lohnarbeit und Prozesse der Produktion aufweist. Sie verdeutlichen, dass es insbesondere feministisch inspirierte Auseinandersetzungen ermöglichen, die oft unsichtbar gemachten Prozesse der sozialen Reproduktion in den Fokus zu rücken. So wird deutlich, dass diese spezifisch verräumlicht sind. Diese Räume oder Orte der sozialen Reproduktion werden jedoch oftmals nicht als Räume oder Orte der Arbeit wahrgenommen beziehungsweise als solche (an)erkannt. Seien es Orte, an denen Menschen in infrastrukturschwachen Gegenden leben und sich in einer Situation von Armut wiederfinden, in der es nur sehr begrenzte Möglichkeiten gibt, sich und die eigene Arbeits- und Lebenskraft zu reproduzieren; seien es Orte wie Arbeitsstätten, in denen nicht nur Produktion sondern auch Reproduktion stattfindet, wie (neben dem Arbeitsplatz selbst auch) Pausenräume, Toiletten, Schlafräume oder Kantinen; oder Orte, wo das Wohnen und Zusammenleben räumlich via geplanter Wohnraumgestaltung unterstützend organisiert werden will. All dies sind Orte, an denen Arbeit zwar stattfindet, die den „Arbeitswelten" jedoch oft nicht zugerechnet werden. Eine feministische *Labour Geography*, wie sie in diesem Themenblock im Besonderen (aber nicht ausschließlich) verfolgt wird (siehe Wichterichs Beitrag, Kap. 6), stellt sich dieser Leerstelle konsequent entgegen.

1.4.2 Themenblock 2: Migration and Prekarität

Während Noel Castree noch 2007 eine Forschungslücke um (Arbeits-)Migration in der *Labour Geography* konstatierte, verdeutlicht der zweite Block des Sammelbandes zum Thema „Migration und Prekarität" die inzwischen zentrale Auseinandersetzung mit Arbeitsmigration, translokalen und transnationalen Lebenswirklichkeiten und Handlungsmöglichkeiten von Arbeiter:innen. Die Kapitel befassen sich insbesondere mit den Erfahrungen, Handlungsstrategien sowie Lebens- und Arbeitsbedingungen von migrierten Personen und den strukturellen Kontexten, die diese Bedingungen aufrechterhalten.

Prekarität bezeichnet in diesem Kontext einen Mangel oder Verlust von Sicherheit und Stabilität. Prekäre Arbeitsbedingungen umfassen Unsicherheit hinsichtlich Arbeitszeit, Bezahlung, Verträgen und sozialer Absicherung. Prekäre Arbeit schließt auch informelle und unfreie Arbeitsbedingungen mit ein (Green und Estes 2022, 2–3). Sie ist zudem systemisch mit prekären Lebenswirklichkeiten verknüpft. Ähnlich zu Ansätzen, die Prekarität im Kontext der Verschränkung zwischen unsicheren Lebensbedingungen und Formen von Arbeit betrachten (z. B. Millar 2014), fokussieren die zwei Beiträge in diesem Teil auf die Lebenssicherungsstrategien und Arbeitsverhältnisse von migrierten und geflüchteten Menschen. Dabei verdeutlichen beide Kapitel auf unterschiedliche Weise, dass Prekarität nicht primär nur Folge von neoliberaler Politik und auf Flexibilität beruhenden Gewinnbestrebungen von Unternehmen ist (z. B. Harvey, 2005, in Lewis et al. 2015, S. 581), sondern dezidiert durch staatliche Grenz- und Arbeitsregime verursacht und institutionalisiert wird (siehe auch Paret und Gleeson 2016).

Im Zentrum von **Christa Wichterichs** Beitrag (Kap. 6) steht die Frage nach der Autonomie und Handlungsmacht von migrierten Pflegekräften in transnationalen Sorgeketten. Aus einer feministisch-intersektionalen Perspektive heraus vergleicht Wichterich die Erfahrungen zweier Generationen von Pflegekräften aus dem südindischen Bundesstaat Kerala im deutschen Gesundheitssystem. Ihre qualitativen Interviews zeigen die Multidimensionalität und Ambivalenz von *Care Chains* auf. Diese ermöglichen einerseits einen „Sorgeextraktivismus", indem Länder des Globalen Nordens die Ressource *Care* kommodifizieren und unter ungleichen Bedingungen aneignen. Gleichzeitig sehen die indischen Fachkräfte Migration als „befähigenden und emanzipatorischen Prozess" (S. 116), den sie im Vergleich zu den spezifischen, insbesondere für Frauen restriktiven patriarchalen Bedingungen in ihrem Herkunftsland bewerten. Dabei tendieren sie dazu die in Deutschland stattfindende Abwertung ihrer Fähigkeiten und Diskriminierung weniger zu hinterfragen. Die Geographie migrantischer *Care*-Arbeit sollte laut Wichterich einer subjektorientierten *Labour Georgaphy*-Perspektive folgend drei Dimensionen und Räume einbeziehen: „die inneren Räume zur Konstitution eines wertgeschätzten Subjekts, die Räume sozialer Reproduktion im lokalen und im transnationalen Haushalt und die institutionellen Räume zur formalen Anerkennung" (S. 117).

Während Wichterich Migration im Kontext von teilweise staatlich und anderweitig institutionell organisierten Arbeits- und Sorgeregimen betrachtet, verweist **Benjamin Etzold** (Kap. 7) auf die ausgrenzenden und unsichtbar machenden, bis hin zu gewaltvollen Staats- und Grenzregime in der Migration. Methodisch basiert der Beitrag auf einer multi-lokalen Erhebung aus den Ländern Äthiopien und Tansania, Jordanien und Pakistan sowie Griechenland und Italien. Etzold zeigt, dass vor allem restriktive Mobilitätsregime sowie segmentierte und territorialisierte Arbeitsmärkte den Geflüchteten den legalen Zugang zu Beschäftigung unmöglich machen und ihre Handlungskapazitäten stark einschränken. Trotz dieser „constrained agency" beleuchtet Etzold mit welchen Strategien Menschen in diesen Kontexten (räumlich) navigieren und sich ein Stück weit widersetzen, allerdings unter höchst prekären Bedingungen. Damit reiht sich sein Kapitel in Studien ein, welche die Beziehungen zwischen Migration, Prekarität und *Agency* untersuchen (siehe Beiträge in Paret und Gleeson 2016), wobei er auf die Lebensverhältnisse von geflüchteten Menschen vor allem in Ländern des Globalen Südens aufmerksam macht.

Beide Kapitel beschreiben die Arbeitswelt als geprägt von Grenz- und Anerkennungsregimen, welche nicht nur Formen der ausübbaren Lohnarbeit bestimmen, sondern auch die Subjektivität und Eigenwahrnehmungen von migrierten Personen mitformen. Sie verdeutlichen wie Arbeiter:innen zwischen diskriminierenden Strukturen und rassifizierten Diskursen und Realitäten navigieren müssen, um ihre eigenen Handlungsspielräume stetig neu zu erkämpfen. Transnationalen Netzwerken der Re/Produktion von Arbeiter:innen kommt dabei eine bedeutende Rolle als emotionale Stütze und teils Absicherung zu. In beiden Kapiteln werden vor allem die Barrieren deutlich, die migrierenden und geflüchteten Menschen für den Umgang mit regulierenden Institutionen, Arbeitgeber:innen, patriarchalen Normen und Gesetzen auferlegt werden. Es zeigen sich wenig Potentiale für eine betriebliche oder gar gewerkschaftliche Organisation.

1.4.3 Themenblock 3: Globale Produktions- und Logistiknetzwerke

In frühen *Labour Geography*-Studien stand „traditionell" Gewerkschaftsaktivismus in Globalen Produktionsnetzwerken (GPNs) im Mittelpunkt des Forschungsinteresses (vgl. Herod 2001; Wills 2002; Waterman und Wills 2002). Das GPN-Modell hilft den grenzüberschreitenden Nexus von miteinander verbundenen Operationen, durch die ein Produkt oder eine Dienstleistung produziert und vermarket wird, zu beschreiben und zu analysieren (Parnreiter und Bernhold 2020, S. 171). In der *Labour Geography* wird der GPN-Ansatz als heuristischer Analyserahmen für *Labour* und *Labour Agency* genutzt, um die zunehmend globalisierten, kapitalistischen Produktionsprozesse in der zweiten Hälfte des 20. Jahrhunderts zu fassen (Coe et al. 2008). Dabei werden nicht nur vertikale Verknüpfungen von Produktionsprozessen betrachtet, sondern auch deren horizontale Einbettung in soziokulturelle, politische Kontexte (ebd.). So befassten sich viele frühe Studien der *Labour Geography* im angloamerikanischen Raum mit Arbeiter:innen (-Handlungsmacht) in GPNs. Damit bildet die *Labour Geography* ein zentrales Forschungsfeld der *New Global Labour Studies* die sich insbesondere mit Themen um *Labour Internationalism* und *Labour Transnationalism* auseinandersetzen und auf die transnationale Vernetzung, Organisation und Solidarität von Arbeiter:innen, vor allem auf gewerkschaftlicher Ebene, in globalisierten kapitalistischen Produktionsprozessen fokussieren (Brookes und McCallum 2017). An Aufmerksamkeit gewann in diesem Kontext auch der Bereich Logistik (Chua et al. 2018; Coe 2020) als ein Sektor, der für jedes GPN eine zentrale Rolle spielt. Die Beiträge des Themenblocks Globale Produktions- und Logistiknetzwerke fußen daher besonders auf den frühen Diskursen und Debatten um transnationale Vernetzung und Organisation von Gewerkschaften und die Rolle des Logistiksektors (Moody 2022).

Hendrik Simon (Kap. 8) adressiert in seinem Beitrag die widersprüchlichen Dynamiken transnationaler Vernetzungs- und Organisationsstrategien von Gewerkschaften entlang von Automobilproduktionsketten, die zwangsläufig durch wirtschaftlich konkurrierende Produktionsstandorte verlaufen. Damit besteht einerseits das Potential, sich über einen Betrieb, eine Marke oder eine Produktionspalette global zu vernetzen, um eine „Gegenmacht" der Arbeitenden zu scheinbar übermächtigen transnationalen Konzernen zu generieren. Andererseits entstehen durch die unterschiedlichen wirtschaftlichen Bedingungen der Länder „räumliche Asymmetrien" (S. 142), die den Arbeitenden unterschiedliche Löhne, Arbeits- und Reproduktionsbedingungen zuweisen und sie (weiter) in Konkurrenz zueinander stellen. Somit verzeichnen transnationale Vernetzungsansätze in der Automobilproduktionskette wie die Internationale Netzwerkinitiative (NWI) der IG Metall, die Länder wie Finnland, Marokko, Mexiko und Südafrika umfasst, und im Fokus des Beitrages steht, auch immer wieder Rückschläge. Diese gehen besonders mit ungenügendem Respekt und fehlendem Vertrauen einher. Simon zeigt zum Schluss jedoch anhand des Beispiels einer Vernetzung über einen Automobilzulieferer namens *Lear* Erfolge auf, die durch Lernprozesse seitens der gewerkschaftlichen Akteur:innen ermöglicht wurden.

Der zweite Beitrag von **Hans-Christian Stephan** (Kap. 9) befasst sich explizit mit dem Logistiksektor, der unerlässlich für alle globalisierten Produktionsprozesse ist. Über den Machtressourcenansatz und dessen Erweiterung (Schmalz et al. 2018) geht der Beitrag auf die Möglichkeiten der Organisation von Arbeiter:innen innerhalb der Lagerlogistik am Standort Leipzig ein. Dabei spielen zwei Migrationsbewegungen, einmal nach der Wende und einmal nach dem „Sommer der Migration" 2015, eine zentrale Rolle bei der Fragmentierung und Begrenzung von Solidarität und einem kollektiven Kampf um bessere Arbeitsbedingungen. Der Ausbau des Logistikstandorts und dessen Frachtflughafen hat zudem auch die Lebenswelt von Anwohner:innen verändert, die durch Lärm und höhere Luftbelastung betroffen sind. Mögliche Allianzen zwischen Arbeiter:innen- und Umweltbewegungen, wie beispielsweise die von ver.di und *Fridays for Future* getragene Bewegung „Wir fahren zusammen", wurden hier nach Stephan aufgrund gegenseitiger Vorurteile zwischen den Bewegungen unterbunden. Ähnlich wie beim Beitrag von Simon stellt sich auch hier eine widersprüchliche Dynamik ein, die zwischen Standortsicherung und Konkurrenz unter den Arbeitenden einerseits, und Umweltschutz und Verbesserung der Lebenswelt der Arbeitenden andererseits oszilliert.

Ein weiteres klassisches Themenfeld, das im Kontext von Arbeit und globalen Produktionsprozessen immer wieder aufkommt – und aus einer *Labour* (*Geography*)-Perspektive reflektiert wurde (siehe zum Beispiel Selwyn 2013) – sind Diskurse und Debatten um „social upgrading" in GPNs. Hiermit befasst sich der dritte Beitrag von **Tingchien Chen und Daniel Schiller** (Kap. 10), der sowohl theoretisch als auch methodisch eine andere Einflugschneise wählt als die Beiträge zuvor. Mittels einer quantitativen Methodik begeben sich die beiden Autor:innen in die Welt von migrierenden Arbeitenden aus den Philippinen. Sie betrachten deren Integration in den Arbeitsmarkt in Taiwan sowie deren Arbeitsbedingungen in der taiwanesischen Halbleiterindustrie. Dafür haben die Autor:innen zwei Regressionsanalysen zu „social upgrading" an den Standorten Kaohsiung und Hsinchu durchgeführt, bei denen sie insbesondere die Zufriedenheit der Arbeitenden in ihrer neuen Lebenswelt in den Vordergrund rücken. Chen und Schiller argumentieren, dass sich die Zufriedenheit der Arbeitenden mit fortgeschrittener Arbeitszeit in dem Land verschlechtert. Da das Migrationsregime Taiwans eine Migrationszeitbeschränkung von 12 Jahren vorsieht, befürchten Chen und Schiller zufolge die Arbeitenden, dass sie nach Ende der 12 Jahre wieder heimkehren müssen. Dies setzt den Möglichkeiten der eigenen Handlungsmacht zeitliche Grenzen.

Alle drei Beiträge dokumentieren die Weiterführung klassischer Themenfelder zu Arbeit und GPNs (wie etwa *Social and Economic Upgrading*), und zu Arbeiter:innen-Handlungsmacht in GPNs und im Logistiksektor in Anlehnung an das Feld der *Labour Geography* (wie etwa transnationaler Gewerkschaftsaktivismus). Darüber hinaus zeigen sie, inwiefern Aspekte aus den anderen Themenblöcken eine Rolle in den jeweiligen Auseinandersetzungen spielen. Dies illustriert, dass die Themenblöcke nicht als feste, starre Einheiten oder Kategorien begriffen werden dürfen. So geht es zum Beispiel im ersten Beitrag von Simon um das Generieren von Vertrauen und „echter gelebter Solidarität", um damit Veränderungen und Transformationsprozesse anstoßen zu können. Bei Chen und Schiller steht Arbeitsmigration als eine zentrale Grundthematik im Mittelpunkt und die Frage, ob eine ökonomische Verbesserung durch Migration auch zu mehr Zufriedenheit und sozialer Besserstellung führt. Im Beitrag von Stephan erscheinen die sich verändernden Naturverhältnisse, die mit der „Logistifizierung" von Räumen beziehungsweise dem Ausbau von Logistikstandorten wie Lagerhallen und Flughäfen, einhergehen. Keiner der drei Beiträge strebt die Suche nach Erfolg oder Misserfolg von Allianzen oder selbstgestalteten Migrationsprozessen an. Stattdessen weisen die Autor:innen auf bestimmte Dynamiken hin, die soziale, ökologische und aktivistische Verbesserungen eingrenzen und beschränken, wenn auch nicht vollständig verunmöglichen.

1.4.4 Themenblock 4: Digitalisierung

Digitalisierung verändert bereits seit einigen Jahrzehnten Arbeitsorganisation und -geographien. So ermöglichten beispielsweise internetgestützte Informations- und Kommunikationstechnologien erst die organisationale und geographische Aufsplittung von Produktionsprozessen in globalen Wertschöpfungsketten und Produktionsnetzwerken ab den 1970er Jahren. Seit einigen Jahren hat die Digitalisierung der Arbeitswelt jedoch mit der Verbreitung des Internets im privaten Kontext und der Vervielfachung von PCs, Laptops und Smart Phones sowie durch neue Entwicklungen im Bereich der Künstlichen Intelligenz eine neue Qualität angenommen. Sie ermöglichen neue Formen der (räumlichen) Arbeitsorganisation wie mobiles Arbeiten, „Homeoffice" oder automatisiertes Management von Arbeitsprozessen und Arbeiter:innen durch Algorithmen. Letzteres ist charakteristisch insbesondere für die sogenannte Gig- oder Plattformökonomie, die in den letzten Jahren rasant gewachsen ist: Hier führen in der Regel Privatpersonen als (Schein-)Selbstständige mit Hilfe privater Endgeräte Aufträge gegen Bezahlung aus, wobei sie Arbeitsanweisungen über internetgestützte Applikationen erhalten. Handlungs- und Entscheidungskompetenzen aus dem klassischen Aufgabenbereich von Manager:innen werden hierbei mittels Kund:innenbewertungen und Algorithmen auf nicht-menschliche Entitäten übertragen.

Aus einer Perspektive der *Labour Geography* stellt sich die Frage, wie diese neuen Formen der Arbeitsorganisation Arbeiter:innen in ihrer Lebens- und Arbeitswelt beeinflussen. Dabei ist unter anderem relevant, welche neuen Formen von Mehrwertextraktion und Kontrolle digitalisierte Arbeitsprozesse prägen, welche neuen Konflikt- und Aushandlungsfelder entstehen und welche neuen Herausforderungen für die kollektive Organisierung von Arbeiter:innen sich in digitalisierten Ökonomien stellen. Die Beiträge in diesem Themenblock geben erste Antworten auf diese Fragen anhand von drei empirischen Studien aus dem Feld der Plattformarbeit

(Kap. 11 von Altenried, Wallis und Karczyk; Kap. 12 von Stingl und Keller; Kap. 13 von Repenning) sowie einer theoretischen Diskussion zur Bedeutung von Homeoffice für die gender-spezifische Bewertung von bestimmten Tätigkeiten (Kap. 14 von Richardson).

Moritz Altenried, Mira Wallis und Daniel Jarczyk (Kap. 11) charakterisieren am Beispiel der Plattformen *Amazon Flex* und *Appen* die neuen Geographien und Ausbeutungsmechanismen der Plattformökonomie, in denen automatisierte Kontrolle von Arbeiter:innen auch über räumliche Distanz hinweg eine zentrale Rolle einnimmt. In diesem Zusammenhang geben sie insbesondere Einblicke in die raumzeitlichen Strukturen algorithmischen Managements und wie sich diese auf das Leben von Gig-Arbeiter:innen auswirken.

Isabella Stingl und Marisol Keller (Kap. 12) geben auf Basis einer autoethnographischen Studie Einblicke, wie ortsgebundene Plattformarbeit im Bereich der haushaltsnahen Dienstleistungen, die zeitlich-räumlichen Rhythmen der Re/Produktion im Alltag von Arbeiter:innen prägt. Eindrücklich schildern sie, welche Herausforderungen sich dabei für Arbeiter:innen unter anderem durch die Fragmentierung des Tages in Momente bezahlter und unbezahlter sowie produktiver und reproduktiver Arbeit ergeben.

Alica Repenning (Kap. 13) beleuchtet in ihrem Beitrag ebenfalls das Spannungsverhältnis von bezahlter und unbezahlter Plattformarbeit am Beispiel der Nutzung der Medienplattform *Instagram* durch Berliner Modeunternehmer:innen. Sie führt dabei die Kategorien der unsichtbaren, zukunftsgerichteten und emotionalen Arbeit ein und beleuchtet, wie diese verschiedenen Formen von un/bezahlter Arbeit zentrale Mechanismen der Mehrwertextraktion von Plattformunternehmen darstellen.

Der Beitrag von **Lizzi Richardson** (Kap. 14) diskutiert zum Abschluss die Verbreitung des Homeoffice aus einer *Gendered Labour Geography*-Perspektive. Dabei weist sie darauf hin, dass durch neue Homeoffice Technologien der häusliche Raum – ein Raum, der lange Frauen* zugeordnet und in Folge als durch „gering qualifizierte“ oder „ungelernte“ Tätigkeiten geprägt galt – zunehmend eine Neudefinition als Ort höher qualifizierter Lohnarbeitstätigkeiten erfährt und so möglicherweise Raum für eine Neubewertung vergeschlechtlichter Arbeitsplätze im Allgemeinen eröffnet. Richardsons Beitrag zeigt somit exemplarisch, wie Digitalisierung auch neue Aushandlungsprozesse um die Bewertung von Tätigkeits- und Kompetenzprofilen mit sich bringt, bei denen auch die Rolle weiterer, konstruierter gesellschaftlicher Differenzkategorien wie Gender stets mitgedacht werden muss.

Dabei betonen alle Beiträge als ein zentrales Charakteristikum von Arbeitsorganisation in digitalisierten Ökonomien die intensivierte räumliche Verwobenheit von Sphären der Produktion und der Reproduktion. Während diese neue – andere – Verwobenheit von Sphären der Re/Produktion für Arbeiter:innen eine neue Flexibilität schafft, die es insbesondere Frauen* – die weiterhin den Großteil der Sorgearbeit stemmen – zum Beispiel ermöglichen kann, Sorgearbeit und Lohnarbeit besser zu vereinbaren (James 2022), zeigen die Beiträge in diesem Themenblock jedoch ebenfalls die hohen psychischen Belastungen für Arbeiter:innen, die aus dem Druck stets verfügbar zu sein resultieren. Gleichzeitig rücken die Beiträge die eigensinnige, individuelle *Agency* von Arbeiter:innen in digitalisierten Ökonomien in den Blick, indem sie zeigen, wie beispielsweise Gig-Arbeiter:innen freie Zeit zwischen zwei Aufträgen bewusst für private Treffen oder Erledigungen nutzen. Dabei bleibt jedoch die Frage nach Strategien für kollektive Arbeiter:innenorganisation in digitalisierten Ökonomien offen. Eine Herausforderung für kollektive Organisierung, die in allen Beiträgen anklingt, ist dabei die räumliche Vereinzelung von Arbeiter:innen durch zunehmendes Homeoffice oder durch das gänzliche Fehlen eines geteilten Arbeitsortes in der Plattformarbeit. Forschungen aus dem Bereich der *Labour Geography* sollten sich daher zukünftig der Frage widmen, wie eine kollektive Organisation unter diesen Umständen gelingen kann (vgl. Johnston 2020; López et al. 2024).

1.4.5 Themenblock 5: Arbeit, Transformation und Werte

Das Thema Arbeit gewinnt auch in geographischer Forschung zu sozial-ökologischer Transformation und Postwachstum zunehmend an Bedeutung (siehe Rosol 2018; Myers und Sbicca 2015; zu Care-Arbeit Lange et al. 2024). Die Relevanz der Frage danach, welche Rolle Arbeit in der sozial-ökologischen Transformation oder – allgemeiner – in der Gestaltung von Mensch-Umwelt-Verhältnissen spielt, leitet sich aus der Feststellung ab, dass lebendige Organismen inklusive Menschen die Natur durch den Einsatz ihrer Arbeitskraft verändern (Swyngedouw und Heynen 2003, S. 904). Darauf aufbauend argumentieren auch Kreinin und Aigner (2022, S. 282), dass die Sicherung der Lebensgrundlagen auf der Erde eine Transformation von Arbeit notwendig macht. Diese Anerkennung von Arbeit als zentraler Bestandteil der Gestaltung von Mensch-Umwelt-Verhältnissen eröffnet nicht nur die Frage danach, wie Arbeit im Sinne einer Sicherung der natürlichen Lebensgrundlagen gestaltet werden sollte, sondern auch, wie Klepp und Hein (2023) aus einer politisch-ökologischen Perspektive bemerken, nach den sozialen Bedingungen und Machtverhältnissen, welche die Aneignung von Natur ermöglichen. Trotz der Zentralität von Arbeit für Transformation gibt es bislang in der Forschung zu sozial-ökologischer Transformation und so genannten alternativen Ökonomien nur wenig explizite Bezüge zu Ansätzen der *Labour Geography*. Dies ist überraschend, da in der *Labour Geography* Arbeit und Arbeitenden eine wichtige Rolle in einer sozial-ökologischen Transformation zukommt (Pye 2017; Grenzdörffer 2021). Dabei werden insbesondere der raum-zeitliche Kontext von Arbeit in seiner multi-skalaren Verflechtung betrachtet und die Strategien und Optionen, die Arbeitenden hier zur Verfügung stehen (z. B. Carswell und De Neve 2013).

Die vier Kapitel in dem Themenblock leisten einen wichtigen Beitrag zur Stärkung der Bezüge zwischen Transformationsforschung und *Labour Geography*. Ein zentraler Zugangspunkt für drei der Kapitel bildet das Konzept der transformativen *Labour Agency*. Die Beiträge von **Miriam Wenner und Sinje Grenzdörffer** (Kap. 15), **Feline Tecklenburg und Roman Kiefer** (Kap. 16), sowie **Martina Fuchs** (Kap. 17) zeigen, wie Arbeitende Räume der Arbeit gestalten und umgestalten können, sei es als Mitbesitzer:innen von neuen Firmen (Kap. 15), als Kommunard:innen in landwirtschaftlichen Betrieben (Kap. 16) oder als Nachhaltigkeits-Expert:innen mit „green skills“ (Kap. 17). Die Kapitel beleuchten auch an welche ökonomischen, politischen und diskursiven Grenzen solche transformativen Strategien stoßen.

Dabei tritt als zweites zentrales Thema die Rolle von moralischen Werten und Bewertungen in den Vordergrund. So zeigen die Beiträge von Wenner und Grenzdörffer sowie Tecklenburg und Kiefer nicht nur, inwieweit Werte wie Solidarität, Demokratie und Selbstwirksamkeit transformatives Handeln inspirieren, sondern beleuchten auch wie transformative Bestrebungen durch Wertekonflikte erschwert werden, die sich beispielsweise durch finanzielle Zwänge und Wettbewerbsdruck ergeben. Tecklenburg und Kiefer beleuchten zudem, wie innerhalb einer Kommune das Ideal von Nachhaltigkeit in Verschränkung mit gender-basierten Unterscheidungen zur Auf- oder Abwertung von bestimmten Arbeiten führt, die entweder als transformativ-wertvoll oder erhaltend-wertlos gekennzeichnet werden. Auch Fuchs' Diskussion von *Green Skills* zeigt, dass politische Agenden nicht ausreichen, um transformatives, nachhaltiges Handeln in Betrieben zu fördern. Vielmehr braucht es Gestaltungsräume innerhalb von Unternehmen und einen Rahmen, der die Vermittlung der *Skills* auf verschiedenen Ebenen (Ausbildung, etc.) institutionalisiert. Die Frage nach der Wertigkeit von Arbeit steht auch im Zentrum von **Vicky Kluziks** (Kap. 18) theoretischem Kapitel. Vor dem Hintergrund der ökologischen Krise plädiert sie für die Etablierung eines Arbeitsbegriffs, der auch nicht-menschliche Arbeit, speziell die Arbeit der Natur, als Arbeit begreift. Dabei grenzt sie sich von der kapitalistischen Verwertungslogik, wie sie sich beispielsweise im Ansatz der Ökosystemdienstleistungen spiegelt, ab.

Entgegen Modellen einer wertebasierten Transformation (beispielsweise Horcea-Milcu et al. 2023), suggerieren die Kapitel, dass ein Wertewandel allein keinesfalls ausreicht, um transformative Alternativen zu leben und zu verbreiten. Vielmehr setzen sich diejenigen, die transformative Werte fördern, der Gefahr des Scheiterns aus. Die Grenzen zwischen dem, was transformativ sein könnte und dem, was das Bestehende erhält, müssen stets neu verhandelt werden. Dazu gehört auch das Verständnis von dem, was Arbeit bedeutet und auf welcher Basis diese bewertet wird. „Reale Utopien" (Wright 2017), dies wird deutlich, können in den Nischen, in denen sie gestaltet werden, gemessen an ihren selbst-gesteckten Anforderungen nur als mäßige Erfolge bewertet werden. Die Beiträge verdeutlichen, wie Perspektiven der *Labour Geography* durch interdisziplinäre Ansätze bereichert werden können, um die Beziehungen zwischen Arbeit, Raum, Transformation und Werten zu greifen.

1.4.6 Themenblock 6: *Doing Labour Geography*

Labour als Subjekt mit Handlungsmacht ins Zentrum der Analyse von kapitalistischen Landschaften zu stellen, zieht methodische Konsequenzen nach sich. Um ihrem Anspruch gerecht zu werden, die (räumlichen) Wirklichkeiten, Erfahrungen und Handlungsstrategien von Arbeiter:innen zu begreifen, bedarf es einer Perspektive, die Arbeitende nicht nur in der Theorie als raumhandelndes Subjekt der Re/Produktion in den Mittelpunkt stellt, sondern diese auch in der Forschungspraxis ernst nimmt.

Im letzten Beitrag des Sammelbandes zeigt **Michaela Doutch** (Kap. 19), wie eine gemeinsame Auseinandersetzung und Zusammenarbeit mit Arbeiter:innen, ihren Organisationen und Vertretungen konkret methodisch umgesetzt werden kann. Aufbauend auf einem von ihr weiterentwickelten moderierten feministischen partizipativen Aktionsforschungsansatz (vgl. Maguire 2001; Reid et al. 2006; Frisby et al. 2009; Schurr und Segebart 2012) diskutiert sie Potentiale, Herausforderungen und Grenzen eines gemeinsamen Forschungsprozesse mit Arbeiter:innen aus dem Bekleidungssektor Kambodschas. Doutch zeigt dabei nicht nur, wie ein Forschungsprozess mit Arbeiter:innen aussehen kann, sondern verdeutlicht die miteinander verwobenen wissenschaftlichen und gesellschaftspolitischen Dimensionen, die sich hinter einer *Labour Georgaphy*-Perspektive verbergen. Doutchs Beitrag adressiert die zentrale kritische Auseinandersetzung zum Thema Positionalität, Reflexivität, Prozesshaftigkeit und Transformationsnotwendigkeit und -potentiale, die in methodischen Auseinandersetzungen im Feld der *Labour Geography* unerlässlich sind (vgl. Hale und Hurley 2005 oder auch Dutta 2020a).

Doutchs Beitrag dokumentiert, was es bedeuten kann, *Labour Geography* „zu praktizieren". Der Beitrag zeigt, wie wichtig es ist, die strukturellen Verknüpfungen und systematischen Verbindungen von Arbeitswelten und Lebenswirklichkeiten im kapitalistischen Weltsystem stets im Blick zu haben und gemeinsam Handlungsmöglichkeiten und -strategien auszuloten – in all ihrer Komplexität und Widersprüchlichkeit.

So sind auch „unsere *Labour Geographies*" als Wissenschaftler:innen im Kontext dieses Systems zu betrachten. Auch wir als Wissenschaftler:innen sind in multiplen Machtverhältnissen und Abhängigkeitsstrukturen eingebettet. So sind die meisten Beiträge dieses Sammelbandes von Doktorand:innen, Postdocs bzw. wissenschaftlichen Mitarbeiter:innen geschrieben, die überwiegend befristete Arbeitsverträge haben und zum Teil (während der Entstehung des Sammelbandes) arbeitssuchend waren oder (wieder) sind. Sie – so wie wir als Herausgeberinnen-Kollektiv – sind Teil einer prekären Wissenschaft(swelt) deren systemische Konflikte und Krisen herausgearbeitet und angegangen werden sollten (Ullrich 2021; Gallas und Shah 2024).

1.5 *Labour Geography* – ein Prozess in Bewegung, ein Suchprozess, ein Prozess in Arbeit

Nach über drei Jahren Arbeit an diesem Sammelband, haben wir uns im Herausgeberinnenkollektiv zum Abschluss die Frage gestellt, inwiefern das Ziel dieses gemeinsamen Buches erreicht wurde. Rückblickend können wir eine Sache im Besonderen festhalten, die dieser Sammelband dokumentiert und die ihn auszeichnet: *Labour Geography* in der deutschsprachigen Wissenschaftslandschaft ist ein Prozess in Bewegung, ein Suchprozess, ein Prozess in Arbeit. Dies betrifft nicht nur die Frage nach interdisziplinären Anknüpfungspunkten, sondern auch das Verständnis von *Labour*. Während in manchen Beiträgen *Labour* als Klasse adressiert wurde, thematisierten andere Beiträge *Labour* als arbeitenden Menschen und eher losgelöst von Klassenverhältnissen. Dabei adressieren alle Beiträge (mal mehr mal weniger explizit) Konflikte und Krisen im kapitalistischen Weltsystem und dokumentieren damit das Verhältnis zwischen Kapital und Arbeit. Dies indiziert die Notwendigkeit, genau dieses komplexe, widersprüchliche und multidimensionale Verhältnis von Kapital und Arbeit nicht aus dem Blick zu verlieren. Anders formuliert: Es zeigt, inwiefern genau dieses Verhältnis zentral ist (siehe mehr dazu Kap. 2). So dokumentieren die Beiträge, wie unterschiedlich Arbeiter:innen in kapitalistische Landschaften eingebettet sind, wie sie als Akteur:innen versuchen auf verschiedene Weisen diese vermachteten Arbeitslandschaften mit zu formen und zu gestalten, und welche Potentiale, aber auch Herausforderungen und Widersprüche sich dabei ergeben. Denn, um beim Kapital-Arbeitsverhältnis zu bleiben: die in einer Reihe von Beiträgen fokussierten Akteur:innen re/produzieren durch ihr Handeln genau jenes komplexe, konfliktreiche, widersprüchliche Verhältnis – und damit auch verräumlichte strukturelle Ungleichheiten – mit.

Insgesamt zeigt der Sammelband, dass auch rund 20 Jahre nach der ersten expliziten Verortung von Berndt und Fuchs (2002) die *Labour Geography* im deutschsprachigen Raum durch eine Pluralität von Perspektiven und Forschungsansätzen geprägt ist. Der ursprünglich in der anglophonen *Labour Geography* tonangebende klassenanalytische und (neo-)marxistische Ansatz wird dabei ergänzt durch vielfältige weitere Ansätze aus der Sozial-, Kultur- und Wirtschaftsgeographie. Doch auch, wenn wir uns nach wie vor in einem Suchprozess nach einer „gemeinsame[n] theoretische[n] Plattform" (Berndt und Fuchs 2002, S. 160) befinden, wird in allen Beiträgen als gemeinsame Klammer die Notwendigkeit der Veränderung, der Verbesserung sowie der Transformation von Arbeitswelten als Lebenswelten ersichtlich. Neue Perspektiven aus Räumen der Re/Produktion, welche die Bedeutungen von Arbeit in ihren vielfältigen Beziehungen an interdisziplinären Schnittstellen betrachten, sind an dieser Stelle unerlässlich (wenn wir auch dafür plädieren, dass eine klassenanalytische und kapitalismuskritische Perspektive als Kern der *Labour Geography* stets zentral bleiben sollte). Der hier vorliegende Sammelband bietet verschiedene, insbesondere subjektorientierte Perspektiven zur Analyse der Vielfalt der Beziehungen zwischen Arbeit, Klasse, Geschlecht, *Race*, Kapital und Raum. Damit leistet er einen wichtigen Beitrag zur Entschlüsselung der Komplexität aktueller dynamischer Arbeitswelten und zu ihrer Veränderung.

Danksagung Alle Kapitel des Sammelbands wurden sowohl intern, von den Herausgeberinnen, als auch anonym extern von jeweils einer Person begutachtet. Wir danken explizit den Personen, die durch ihre Teilnahme am anonymen Peer-Review-Verfahren diese gründliche Begutachtung ermöglicht haben. Unser besonderer Dank gilt auch Leonie Buß, Marie Born, Luzia Veuskens und Jonas Michalowski für ihre großartige Unterstützung durch ihr sorgfältiges Lesen aller Kapitel, die Anpassung an die formalen Richtlinien und die administrative Unterstützung.

Literatur

Al James. 2022. Women in the gig economy: feminising ‚digital labour'. *Work in the Global Economy* 2(1):2–26.

Bauriedl, Sybille. 2010. Erkenntnisse der Geschlechterforschung für eine erweiterte sozialwissenschaftliche Klimaforschung. In *Geschlechterverhältnisse, Raumstrukturen, Ortsbeziehungen: Erkundungen von Vielfalt und Differenz im spatial turn*, Hrsg. Sybille Bauriedl, Michaela Schier, und Anke S. Strüver, 194–216. Münster: Westfälisches Dampfboot.

Bergene, Ann Cecilie, Sylvi B. Endresen, und Hege Merete Knutsen. 2010. *Missing links in labour geography*. Farnham: Ashgate.

Berndt, Christian, und Martina Fuchs. 2002. Geographie der Arbeit. Plädoyer für ein disziplinübergreifendes Forschungsprogramm. *Geographische Zeitschrift* 90(3/4):157–166. http://www.jstor.org/stable/27818947.

Berndt, Christian, und Johannes Glückler. 2006. *Denkanstöße zu einer anderen Geographie der Ökonomie*. Bielefeld: transcript.

Bhattacharya, Tithi. 2017. *Social reproduction theory: Remapping class, recentering oppression*. London: Pluto Press.

Brookes, Marissa, und Jamie McCallum. 2017. The New Global Labour Studies: A Critical Review. *Global Labour Journal* 8(3):201–218. https://doi.org/10.1111/gec3.12506.

Braun, Boris, und Christian Schulz. 2012. *Wirtschaftsgeographie*. Stuttgart: UTB.

Carswell, Grace, und Geert de Neve. 2013. Labouring for global markets: Conceptualising labour agency in global production networks. *Geoforum* 44(1):62–70. https://doi.org/10.1016/j.geoforum.2012.06.008.

Castree, Noel. 2000. Geographic scale and grass roots internationalism: the Liverpool dock dispute, 1995. *Economic Geography* 76:272–292.

Castree, Noel. 2007. Labour geography: a work in progress. *International Journal of Urban and Regional Research* 31(4):853–862. https://doi.org/10.1111/j.1468-2427.2007.00761.x.

Chua, Charmaine, Martin Danyluk, Deborah Cowen, und Laleh Khalili. 2018. Introduction: turbulent circulation: building a critical engagement with logistics. *Environment and Planning D: Society and Space* 36(4):617–629. https://doi.org/10.1177/0263775818783101.

Coe, Neil M. 2020. Logistical geographies. *Geography Compass* 14(10):1–16. https://doi.org/10.1111/gec3.12506.

Coe, Neil M., und David C. Jordhus-Lier. 2011. Constrained agency? Re-evaluating the geographies of labour. *Progress in Human Geography* 35(2):211–233. https://doi.org/10.1177/0309132510366746.

Coe, Neil M., und David C. Jordhus-Lier. 2023. The multiple geographies of constrained labour agency. *Progress in Human Geography* 47(4):533–554.

Coe, Neil M., Peter Dicken, und Martin Hess. 2008. Global production networks: realizing the potential. *Journal of Economic Geography* 8(3):271–295. https://doi.org/10.1093/jeg/lbn002.

Crang, M. 1990. *Cultural geography*. London: Routledge.

Cumbers, Andrew, David Featherstone, Danny MacKinnon, Anthony Ince, und Kendra Strauss. 2016. Intervening in globalization: the spatial possibilities and institutional barriers to labour's collective agency. *Journal of Economic Geography* 16(1):93–108. https://doi.org/10.1093/jeg/lbu039.

Doutch, Michaela. 2021. A gendered labour geography perspective on the Cambodian garment workers' general strike of 2013/2014. *Globalizations* 18(8):1406–1419. https://doi.org/10.1080/14747731.2021.1877007.

Doutch, Michaela. 2022. *Women workers in the garment factories of Cambodia. A feminist labour geography of global (re)production networks*. Berlin: Regiospectra.

Doutch, Michaela, Tatiana López Ayala, Oliver Pye, Stefanie Hürtgen, und Nadine Reis. 2025. Labour geography in the German-speaking countries: a work in progress. In *Handbook labour geography*, Hrsg. Andrew Herod. Cheltenham: Edward Elgar.

Dutta, Madhumita. 2016. Place of life stories in labour geography: Why does it matter? *Geoforum* 77(2016):1–4. https://doi.org/10.1016/j.geoforum.2016.10.002.

Dutta, Madhumita. 2020a. Turning productive failures into creative possibilities: women workers shaping fieldwork methods in Tamil Nadu, India. *Geographical Review* 110(1–2):145–159. https://doi.org/10.1111/gere.12337.

Dutta, Madhumita. 2020b. Workplace, emotional bonds and agency: everyday gendered experiences of work in an export processing zone in Tamil Nadu, India. *Environment and Planning A: Economy and Space* 52(7):1357–1374. https://doi.org/10.1177/0308518X20904076.

Fraser, Nancy. 2016. Contradictions of capital and care. *New Left Review* 100:99–118.

Frisby, Wendy, Patricia Maguire, und Colleen Reid. 2009. The ‚f' word has everything to do with it. *Action Research* 7(1):13–29. https://doi.org/10.1177/1476750308099595.

Fuchs, Martin. 1995. Neue räumliche Verflechtungen und veränderte Arbeitsbeziehungen im Produktionssystem „Automobil": Das Beispiel Puebla (Mexiko). *Zeitschrift für Wirtschaftsgeographie* 39(1):124–132. https://doi.org/10.1515/zfw.1995.0012.

Gallas, Alexander. 2024. *Strikes and class formation beyond the industrial sector*. Exiting the factory, Bd. 1. Bristol: Bristol University Press.

Gallas, Alexander, und Anil Shah. 2024. Challenging the fixed-term contract: the difficulties and prospects of organising Germanys academic precariat. In *Research Handbook on Academic Labour Markets*, Hrsg. Glenda Strachan, 131–144. Cheltenham: Edward Elgar Publishing. https://doi.org/10.4337/9781803926865.00019.

Gebhardt, Hans, Paul Reuber, und Günter Wolkersdorfer. 2003. *Kulturgeographie. Aktuelle Ansätze und Entwicklungen*. Heidelberg, Berlin.

Green, Nathan W., und Jennifer Estes. 2022. Translocal precarity: labor and social reproduction in Cambodia. *Annals of the American Association of Geographers* 112(6):1726–1740. https://doi.org/10.1080/24694452.2021.2015280.

Grenzdörffer, Sinje. 2021. Transformative perspectives on labour geographies – The role of labour agency in processes of socioecological transformations. *Geography Compass* 15(6):1–16. https://doi.org/10.1111/gec3.12565.

Hale, Angela, und Jane Hurley. 2005. Action research: tracing the threads of labour in the global garment industry. In *Threads of labour: garment industry supply chains from the workers' perspective*, Hrsg. Angela Hale, Jane Wills, 69–94. Oxford: Antipode Book Series.

Harvey, David. 2005. *A brief history of neoliberalism*. Oxford: Oxford Academic. https://doi.org/10.1093/oso/9780199283262.001.0001.

Hastings, Thomas. 2016. Moral matters: De-Romanticising worker agency and charting future directions for labour geography. *Geography Compass* 10(7):307–318.

Haubner, Tine. 2024. Soziale Reproduktion jenseits des Produktivitätsfunktionalismus: Prämissen einer raumsensiblen Reproduktionsforschung für die Gegenwart. *PROKLA. Zeitschrift für Kritische Sozialwissenschaft* 54(214):33–50. https://doi.org/10.32387/prokla.v54i214.2106.

Haubner, Tine, und Hans J. Pongratz. 2021. Die ganze Arbeit! Für eine transversale Arbeitssoziologie. *Arbeits- und Industriesoziologische Studien 2021*.https://doi.org/10.21241/SSOAR.75423.

Herod, Andrew. 1997. From a geography of labor to a labor geography: Labor's spatial fix and the geography of capitalism. *Antipode* 29(1):1–31. https://doi.org/10.1111/1467-8330.00033.

Herod, Andrew. 2001. *Labor geographies: workers and the landscapes of capitalism*. New York: Guilford.

Hitzler, Ronald, und Thomas S. Eberle. Phänomenologische Lebensweltanalyse. 2012. In *Qualitative Forschung. Ein Handbuch*, Hrsg. Uwe Flick, Ernst von Kardorff, und Ines Steinke, 109–117. Reinbeck: Rowohlt.

Horcea-Milcu, Andra-Ioana, Ann-Kathrin Koessler, Adrian Martin, Julian Rode, und Thais Moreno Soares. 2023. Modes of mobilizing values for sustainability transformation. *Current Opinion in Environmental Sustainability*https://doi.org/10.1016/j.cosust.2023.101357.

Johnston, Hannah. 2020. Labour geographies of the platform economy: Understanding collective organizing strategies in the context of digitally mediated work. *International Labour Review* 159:25–45.

Jonas, Andrew E.G. 1996. Local labour control regimes: uneven development and the social regulation of production. *Regional Studies* 30(4):323–338. https://doi.org/10.1080/00343409612331349688.

Katz, Cindi. 2001. On the grounds of globalization: a topography for feminist political engagement. *Signs: Journal of Women in Culture and Society* 26(4):1213–1234. https://doi.org/10.1086/495653.

Klepp, Silja, und Jonas Hein. 2023. Umweltgerechtigkeit und sozialökologischer Transformation. In *Umweltgerechtigkeit und sozialökologische Transformation. Konflikte um Nachhaltigkeit im deutschsprachigen Raum*, Hrsg. S. Klepp, J. Hein, 7–44. Bielefeld: transcript.

Kreinin, Halliki, und Ernest Aigner. 2022. From „Decent work and economic growth" to „Sustainable work and economic degrowth": a new framework for SDG 8. *Empirica* 49:281–311.

Lange, Bastian, Dilan Karatas, und Henning Nuissl. 2024. Care- und Sorgearbeit in Ostbrandenburg. *Geographische Rundschau* 7–8:26–31.

Lewis, Hannah, Peter Dwyer, Stuart Hodkinson, und Louise Waite. 2015. Hyper-precarious lives: Migrants, work and forced labour in the Global North. *Progress in Human Geography* 39(5):580–600. https://doi.org/10.1177/0309132514548303.

López, Tatiana, Kristin Jesnes, Oğuz Alyanak, und Zeynep Karlidağ. 2024. Building labour power in the platform economy: a comparative analysis of worker struggles in German and Norwegian food and grocery delivery. *New Technology, Work and Employment*https://doi.org/10.1111/ntwe.12312.

Maguire, Patricia. 2001. Uneven ground: feminisms and action research. In *Handbook of action research: Participative inquiry and practice*, Hrsg. Peter Reason, 59–69. London: SAGE.

Marx, Karl. 1957. *Das Kapital – Kritik der politischen Ökonomie*. Bd. 1. Berlin: Dietz.

Massey, Doreen. 1994. *Space, place, and gender*. Cambridge: Polity Press.

McDowell, Linda. 2015. Roepke lecture in economic geography – The lives of others: Body work, the production of difference, and labor geographies. *Economic Geography* 91(1):1–23. https://doi.org/10.1111/ecge.12070.

Millar, K.M. 2014. The precarious present: Wagelesslabor and disrupted life in Rio de Janeiro, Brazil. *Cultural Anthropology* 29(1):32–53.

Moody, Kim. 2022. Motion and vulnerability in contemporary capitalism: the shift to turnover time. *Historical Materialism* 30(3):1–32. https://doi.org/10.1163/1569206X-20222175.

Myers, J.S., und J. Sbicca. 2015. Bridging good food and good jobs: from secession to confrontation within alternative food movement politics. *Geoforum* 61:17–26.

Paret, Marcel, und Shannon Gleeson. 2016. Precarity and agency through a migration lens. *Citizenship Studies* 20(3–4):277–294.

Parnreiter, Christof, und Christin Bernhold. 2020. Global commodity chains. In *International encyclopedia of human geography*, 2. Aufl., Bd. 6, Hrsg. Audrey Kobayashi, 169–176. Elsevier.

Peck, Jamie. 2013. Making space for labour. In *Spatial politics. Essays for Doreen Massey*, Hrsg. D. Featherstone, J. Painter, 99–114. Wiley & Sons.

Poulantzas, Nicos. 1975. *Klassen im Kapitalismus heute*. Berlin: VSA Verlag.

Pye, Oliver. 2017. Für einen labour turn in der Umweltbewegung. Umkämpfte Naturverhältnisse und Strategien sozial-ökologischer Transformation. *Prokla* 189:517–534.

Rainnie, Al, Andrew Herod, und McGrath-Camp. 2013. Global production networks, labour & small firms. *Capital and Class* 37(2):177–195. https://doi.org/10.1177/0309816813481337.

Reid, Colleen, Allison Tom, und Wendy Frisby. 2006. Finding the ‚action' in feminist participatory action research. *Action Research* 4(3):315–332. https://doi.org/10.1177/1476750306066804.

Rosol, Marit. 2018. Alternative Ernährungsnetzwerke als Alternative Ökonomien. *Zeitschrift für Wirtschaftsgeographie* 62(3-4):174–186.

Rutherford, Tod, und M.S. Gertler. 2002. Labour in ‚lean' times: geography, scale and the national trajectories of workplace change. *Trans Inst Br Geog* 27(2):195–212.

Sassen, Saskia. 1998. Überlegungen zu einer feministischen Analyse der globalen Wirtschaft. *PROKLA. Zeitschrift für Kritische Sozialwissenschaft.* 28(111):199–216. https://doi.org/10.32387/prokla.v28i111.845.

Schmalz, Stefan, Carmen Ludwig, und Edward Webster. 2018. The power resources approach: developments and challenges. *Global Labour Journal* 9(2):113–134. https://doi.org/10.15173/glj.v9i2.3569.

Scholz, Fred. 2002. Die Theorie der „fragmentierenden Entwicklung“. *Geographische Rundschau* 54(10):6–11.

Schurr, Carolin, und Dörte Segebart. 2012. Engaging with feminist postcolonial concerns through participatory action research and intersectionality. *Geographica Helvetica* 67(3):147–154. https://doi.org/10.5194/gh-67-147-2012.

Schütz, und Luckmann. 1979. *Strukturen der Lebenswelt.* Frankfurt a.M.: Suhrkamp. 2 Bde.

Selwyn, Ben. 2013. Social upgrading and labour in global production networks: a critique and an alternative conception. *Competition & Change* 17(1):75–90. https://doi.org/10.1179/1024529412Z.00000000026.

Strauss, Kendra. 2020. Labour geography III: precarity, racial capitalisms and infrastructure. *Progress in Human Geography* 44(6):1212–1224. https://doi.org/10.1177/0309132519895308.

Swyngedouw, Erik, und Nikolas C. Heynen. 2003. Urban political ecology, justice and the politics of scale. *Antipode* 35:898–918. https://doi.org/10.1111/j.1467-8330.2003.00364.x.

Ullrich, Peter. 2021. Organisierung und Mobilisierung im akademischen Kapitalismus: Bedingungen kollektiver Handlungsfähigkeit prekär-mobiler Wissensarbeiter*innen. In *Wissenschaft als Beruf*, Hrsg. Harald A. Mieg, Christiane Schnell, und Rainer E. Zimmermann, 255–275. Berlin: Wissenschaftlicher Verlag Berlin.

Waterman, P., und J. Wills. 2002. Space, place and the new labour internationalisms: beyond the fragments? *Antipode* 33(3):305–311.

Werlen, Benno. 1997. *Globlisierung, Region und Regionalisierung.* Sozialgeographie alltäglicher Regionalisierungen, Bd. 2. Stuttgart.

Wills, J. 2002. Bargaining for the space to organize in the global economy: a review of the Accor–IUF trade union rights agreement. *Review of International Political Economy* 9(4):675–700.

Wissen, Markus, und Matthias Naumann. 2008. Die Dialektik von räumlicher Angleichung und Differenzierung: Zum uneven-development-Konzeptin der radical geography. *ACME* 7(3):377–406. https://acme-journal.org/index.php/acme/article/view/812/670.

Wright, Erik Olin. 2017. *Reale Utopien. Wege aus dem Kapitalismus*. Berlin: Suhrkamp.

Zeller, Christian. 2003. Bausteine zu einer Geographie des Kapitalismus. *Zeitschrift für Wirtschaftsgeographie* 47(3-4):215–230. https://doi.org/10.1515/zfw.2003.0018/html.

Klasse, Raum, Arbeit: *Labour Geography*, Arbeiter:innen-*Agency* und kapitalistische (Re-)Produktionsweise – ein programmatischer Aufschlag

2

Stefanie Hürtgen

Inhaltsverzeichnis

Zusammenfassung

In Anschluss an Kritiken am ausgeprägten Empirismus der *Labour Geography* plädiert der Beitrag für eine relationale Klassenperspektive und eine Betrachtung von Arbeiter:innen-*Agency* als sozialräumlich widersprüchliches Handeln. In diesem Sinne werden vier konzeptionelle Erweiterungen der *Labour Geography* entwickelt. Erstens: Arbeiter:innen sind nicht auf lokales Handeln zu reduzieren, sie sind vielmehr a priori als multiskalare Akteur:innen zu begreifen. Zweitens: der sträflich vernachlässigte kapitalistische Lohnarbeitsprozess muss wieder in die *Labour Geography* integriert werden. Drittens: soll *Labour Geography* über empiristische *Success-Stories* hinausgehen, müssen auch Ohnmacht, Niederlagen und restriktive Handlungsorientierungen in die Analyse aufgenommen werden. Viertens: die *Labour Geography* braucht einen Begriff von Lohnarbeit, der ihre sozial-ökologisch sinnhafte Dimension aufnimmt. Nur so lässt sich der Klassenwiderspruch qualitativ, das heißt als permanente Auseinandersetzung um Form und Inhalt von (Lohn-)Arbeit begreifen.

S Hürtgen (✉)
Abteilung Sozialgeographie, Paris Lodron Universität Salzburg, Salzburg, Österreich
E-Mail: stefanie.huertgen@plus.ac.at

M. Doutch et al. (Hrsg.), *Arbeitswelten*, https://doi.org/10.1007/978-3-662-70955-9_2

Schlüsselwörter: *Labour Geography,* Arbeitsprozess, *Scale,* restriktive Handlungsorientierung, Kapitalismus

Abstract

Following critiques of the pronounced empiricism of labour geography, this article argues for a relational class perspective and a view of workers agency as a socio-spatially contradictory activity. In this sense, four conceptual extensions of labour geography are developed. Firstly, workers should not be reduced to local actors but should rather be understood a priori as multi-scalar actors. Secondly, the longtime neglected capitalist wage labour process must be reintegrated into labour geography. Thirdly, if labour geography is to go beyond empirical success stories, powerlessness, defeats and restrictive orientations must also be included in the analysis. Fourthly, labour geography needs a concept of wage labour that takes up its socio-ecologically meaningful dimension. Only in this way can the class contradiction be understood qualitatively, that is as a permanent struggle over the form and content of (wage) labour.

Keywords: labour geography, labour process, scale, restrictive action-orientation, capitalism

2.1 *Labour Geography*: Empirismus oder kritische Theorie?

Andrew Herod (1997; 2001) hat mit der Begründung der *Labour Geography* umfassende Debatten und produktive Forschungen darüber provoziert, wie wir Arbeiter:innen-*Agency* in kapitalistischen (Raum-)Strukturen begreifen sollen (vgl. auch Peck 2003). Allerdings war und ist diese starke Resonanz ambivalent: *Labour Geography* wurde zu einer eigenständigen Sub-Disziplin und hat sich dabei auch dem *Mainstream* der (Wirtschafts-)Geographie angenähert (Wills 2009). Dieser Boom der *Labour Geography* manifestiert sich nicht zuletzt in einem ausgeprägten Empirismus entlang einer Fülle von einzelnen Studien zu Arbeiter:innen-Handeln, in denen aber Strukturen kapitalistischer (Re-)Produktionsweise allenfalls als Rahmenbedingungen aufscheinen. Die vormals und zu Recht kritisierte Passivierung von *Labour* droht umzuschlagen in eine „agency-oriented ontology" (Peck 2018; Coe und Jordhus-Lier 2023). Es entstehen empirische „success-stories" (Peck 2018), insbesondere, weil der *Agency*-Begriff nicht geklärt ist:

> „The term agency … has become a catch-all for any instance in which some group of workers undertake any sort of action on behalf of themselves or others. All too often labour geographers resort to reporting on the ‚facts' of what some worker group has done as if reference to the empirical domain in and of itself tells us all we need to know about ‚agency'." (Castree 2007, S. 858; Hervorhebung im Original)

Diese auf Beispiele erfolgreichen Arbeiter:innen-Handelns orientierte Betrachtung steht in scharfem Missverhältnis zu den aktuellen autoritär-neoliberalistischen Rollbacks und dem sich sozialökologisch zuspitzenden Katastrophenkapitalismus insgesamt. Es fehlt ein begrifflicher und empirischer Zugang, der den *Zusammenhang* von Arbeiter:innen-Handeln und fortgesetzter, oft desaströs verschärfter Ausbeutung, Herrschaft und Unterdrückung fokussiert. Die Darstellung von „Erfolgsgeschichten" steht so in starkem Kontrast zur gegenwärtigen, „strukturell" bedingten wie auch subjektiv erlebten tiefen politischen, sozialen, ökonomischen und ökologischen Krisenhaftigkeit unseres gesellschaftlichen Zusammenlebens. Die *Labour Geography* riskiert zudem, den kritischen Impetus als kapitalismuskritische, das heißt aufs politökonomische Ganze zielende Intervention zu verlieren, solange dieses „Ganze", also die kapitalistische Entwicklung insgesamt, nur als „Rahmen" von Reflexionen über (erfolgreiches) Arbeiter:innen-Handeln erscheint (oder gar ganz ausgespart wird). Herod selbst hat immer wieder betont, dass *Labour Geography* nicht einfach bedeutet, dem Kapital- und Staatszentrismus nun einen volontaristischen *Labour*-zentrismus gegenüberzustellen. Vielmehr müsse die strukturelle Begrenztheit und auch Widersprüchlichkeit von Arbeiter:innen-Handeln im Blick behalten werden (zum Beispiel Herod 1997, 2010).

Aber wie soll das erfolgen? Parallel zum empirischen Boom hat sich zu dieser Frage eine kritische Theoriedebatte entwickelt, in der darum gerungen wird, Arbeiter:innen-*Agency* konzeptionell (wieder) an die widersprüchlichen Logiken und Strukturen kapitalistischer (Re-)Produktionsweise und ihre gegenwärtigen Formveränderungen rückzubinden. Breit geteilter Ausgangspunkt ist dabei das Verhältnis von Struktur und Handlung als *relationales* aufzufassen. Akteur:innen und ihre Handlungen seien von den Sozialstrukturen konditioniert, aber nicht determiniert (zum Beispiel Bergene et al. 2010). Eine Reihe von Begriffen wurde entwickelt, um diese hierarchische Relationalität zu markieren, beispielsweise und prominent der Begriff der *Constrained Agency* (Coe und Jordhus-Lier 2011). Dieses Konzept entwickelte sich dann allerdings selbst zu einem Gebrauchs-Begriff für zahlreiche Fallstudien, wie die Autoren 12 Jahre später feststellen (Coe und Jordhus-Lier 2023, S. 533 ff.). Eine tragfähige Theoretisierung sei dagegen nach wie vor schwierig, und über einen stabilen begrifflichen Rahmen verfüge die *Labour Geography* weiterhin nicht (ebd.).

> „As has been repeatedly pointed out […] the literature [on labour geography] is dominated by theoretically informed case studies of particular worker struggles and experiences. In principle, this prepares the ground for theory-building, but thus far labour geography falls somewhat short of this potential." (Jordhus-Lier und Coe 2024, S. 942)

2.2 Relationales Klassenverhältnis und (Lohn-)Arbeit

Im Folgenden möchte ich eine theoretische Verdichtung der *Labour Geography* voranbringen. Ausgangspunkt ist dabei die Annahme, dass Arbeiter:innen-*Agency* theoretisch stärker an das Klassenverhältnis von Kapital und Arbeit als relational-widersprüchliches soziales Verhältnis rückgebunden werden muss. Das Arbeit-Kapital-Verhältnis ist ein sich wechselseitig konstituierendes, bedingendes und durchdringendes. Es ist ein beständig umkämpfter sozialer *Zusammenhang*, der tagtäglich von den (Lohn-)Arbeiter:innen aktiv (mit) hergestellt wird, auch wenn sie die weit weniger Mächtigen in diesem Verhältnis sind. Der Klassenwiderspruch ist den Arbeiter:innen nicht äußerlich, sondern geht durch sie hindurch; Arbeiter:innen können mit ihren Interessen und Kämpfen aus den kapitalistischen Logiken nicht einfach heraustreten, vielmehr agieren sie *In-Against-And-Beyond* kapitalistischer, rassistischer und sexistischer Strukturlogiken (Holloway 2010, S. 247; siehe auch Cumbers et al. 2008). Solange wir es mit (Lohn-)Arbeit und Kapitalismus zu tun haben, so die grundlegende Perspektive, ist Arbeiter:innen-*Agency* also als zutiefst widersprüchlich zu konzeptionalisieren – inhaltlich und räumlich. Sie reproduziert einerseits die herrschenden Strukturen und geht andererseits in unterschiedlicher sozialer und räumlicher Reichweite als immer auch eigensinnige Praxis über diese hinaus. Nur ein auf die Widersprüchlichkeiten fokussierender *Agency*-Begriff kann die Umkämpftheit kapitalistischer (Re-)Produktionsweise fassen und überhaupt danach fragen, ob und inwiefern Arbeiter:innen-Handeln nicht nur irgendeine, sondern eine verallgemeinerbare emanzipative, progressiv über kapitalistische Logiken hinausweisende Raumproduktion hervorbringt beziehungsweise hervorbringen kann.

Entlang dieser relationalen Prämissen schlage ich vier konzeptionelle Erweiterungen beziehungsweise theoretische Schneisen vor, die sich auch an entsprechenden Engführungen innerhalb der *Labour Geography* abarbeiten. Die These lautet, dass diese vier, essenziell miteinander verbundenen theoretischen Stränge notwendige und ertragreiche „Horizonterweiterungen" darstellen, die die *Labour Geography* als kritisch-geographische Gesellschaftstheorie und grundlegende Perspektive auf politische, soziale und ökonomische Vergesellschaftung in Zeiten neoliberal fragmentierender Globalisierung festigen kann. Diese vier Schneisen werden im Folgenden entwickelt. Sie beinhalten im Einzelnen – erstens – dass Arbeiter:innen auch in ihren Alltagspraxen als multiskalare Akteur:innen zu verstehen sind. Arbeiter:innen sind nicht auf ein Lokales zu fixieren. Der Grundsatz der sogenannten *Scale*-Debatte, dass die skalaren Dimensionen nicht aufgespalten gehören (Swyngedouw 1997; Belina und Michels 2007), gilt auch für Arbeiter:innen-*Agency*. Um skalares Auseinanderreißen und Gegenüberstellen zu vermeiden, muss – zweitens – der in der *Labour Geography* sträflich vernachlässigte kapitalistische (Lohn-)Arbeitsprozess in die Analyse einbezogen werden (Jones 2008; Hürtgen 2021). Drittens bedeutet eine Analyse des widersprüchlichen Handelns von Arbeiter:innen, sozialräumliche Grenzen und regressive, zum Beispiel rassistische Formen nicht außen vor zu lassen (Warren 2019; Hürtgen 2020). Viertens schließlich muss *Labour Geography* mit einem *qualitativen* Arbeitsbegriff zusammengeführt werden, das heißt einem sozial-ökologisch sorgenden und inhaltlich sinnorientierten Arbeitsbegriff (Nies 2015; Hürtgen 2017a). Dies bedeutet mehr, als die *Labour Geography* um *Care*- und Reproduktionsarbeit zu ergänzen (zum Beispiel Strauss 2020). Vielmehr stellt sich die Frage, mit welchem Begriff von Arbeit sie überhaupt operiert (Hürtgen und Haubner 2025). Ich argumentiere, dass nur mit einem sozial-ökologisch sinnhaften Arbeitsbegriff das relationale Klassenverhältnis als qualitative Auseinandersetzung, als beständiges Ringen um Inhalt und Praxis von Arbeit – nun in einem weiten Sinne – erkannt werden kann.

2.3 Lokalismus oder Multiskalarität?

Beginnen wir mit der ersten Schneise, der theoretischen Herauslösung von Arbeiter:innen aus einer lokalistischen Perspektive. Hierfür ist der Begriff der *Scale* zentral: *Scales* sind umkämpfte Reichweiten sozialen Handelns in hierarchisch-ungleichen Strukturzusammenhängen (Herod 2011). Das können Reichweiten in unmittelbar praktischem Sinne sein (wird ein Streik beispielsweise lokal oder national geführt), aber auch Reichweiten in (normativ-)institutionalisiertem Sinne (beispielsweise die zumeist nationale Verankerung von Arbeitsrechten). *Scale* reflektiert die Tatsache, dass soziales Handeln Raum produziert, und dass die Reichweite sozialräumlicher Gestaltungsfähigkeit an ungleiche Machtpositionen geknüpft ist. „Social production of space is inextricably tied to the production of power" (Ahmed 2012, S. 1063).

In der Literatur ist es unstrittig, dass im Zuge der neoliberalistischen Globalisierung Arbeiter:innen-Rechte dereguliert wurden und sie so ein räumliches *Downscaling* erfahren haben. Sie werden auf den Standort, den Betrieb, den Betriebsteil oder gar das Individuum „herunterskaliert" und dabei entlang des Ermessens möglicher Kapitalinvestitionen flexibilisiert und konkurrenziell gegeneinandergestellt (Swyngedouw 1997; Hürtgen 2021, 2022a). Dem schließt sich eine Diskussion an, ob und in welcher Weise Gewerkschaften (und welche Art von Gewerkschaften) sich nicht nur über den Betrieb und Standort hinaus, sondern auch über die Nation hinweg organisieren, in diesem Sinne: *Upscalen* müssen (Cumbers und Routledge 2010; Waterman 2014; Nowak 2021).

Diese Debatte ist wichtig, aber sie hat auch eine auffällige Engführung. Denn ihr theoretischer Ausgangspunkt bestimmt alltägliches Arbeiter:innen-Handeln typischerweise als *lokales* (das dann gewerkschaftsorganisatorisch räumlich ausgeweitet werden soll). Diese konzeptionelle Fixierung von Arbeiter:innen-Handeln auf die lokale *Scale* durchzieht nahezu unangefochten die gesamte Wirtschafts- und *Labour Geography* (paradigmatisch zum Beispiel Cox 1997): *Labour* sei „the most place-based of the factors of production" (Hudson 2001, S. 122), „living and labouring" von Arbeiter:innen fände in *Local Worlds* statt (Castree et al. 2004, S. 8), Arbeiter:innen-*Agency* sei in *Local Communities* eingebettet (Coe und Jordhus-Lier 2011), weshalb jede Form von emanzipatorischem Klassenhandeln dort seinen Ausgangspunkt nehmen müsse (Harvey 1996; Díaz-Parra und Roca 2024).

In der Tat scheint es auf den ersten Blick vollkommen einleuchtend, Arbeiter:innen-Handeln lokal zu konzipieren: „Labour power has to go home every night", argumentiert David Harvey (1989, S. 19)[1], und nicht zuletzt die feministische Geographie bekräftigt diese lokalistische Perspektive, denn soziale Reproduktion erfolge lokal: „Because labour has to go home every night, it is at the local scale that [it confronts capital] with the issue of social reproduction" (Helms und Cumbers 2006, S. 69).

[1] Auch zu diesem Satz stellen sich allerdings Fragen. Viele Arbeiter:innen übernachten als pendelnde Migrant:innen zum Beispiel in Wohnheimen oder – wie während der Corona-Pandemie – in den Fabriken.

Allerdings: diese scheinbare Augenfälligkeit ist bei genauerer Betrachtung sehr problematisch. Sie reißt das Arbeits-Kapitalverhältnis raum-begrifflich auseinander. Entsprechend durchzieht diese Literatur ein Dualismus: Immer wieder wird die Einzigartigkeit, Besonderheit, historisch spezifische Gewordenheit des Lokalen herausgearbeitet – was dann von der globalen Kapitallogik drohe untergraben oder in den Dienst genommen zu werden (siehe z. B. den Literatur-Überblick in Neethi 2016). Das Kapital-Arbeits-Verhältnis wird so räumlich in eine Repräsentation des konkret-spezifisch-Lokalen durch Arbeiter:innen und eine des universalistisch-allgemein-globalen durch die Kapitalseite überführt. Dieses Auseinanderreißen der *Scales*, die Gegenüberstellung von *Place* und *Space* (kritisch Massey 2005) legt wiederum Containerisierungen und Fetischisierungen nahe, auch das zeigt die geographische Literatur. Das „Lokale" oder auch das „Nationale" verkörpern dann plötzlich etwas Positives: das Konkret-Sinnvolle, Heimelige und Reproduktive – dem dann das „Globale" als die destruktive kapitalistische Ökonomie, äußerlich gegenübersteht.

> „[I]t may be helpful […] to understand space as the domain of capital […] and place as the meaningful situations established by the labour […]. It is a place […] where they are socialized as human beings rather than just reproduced as bearers of the commodity labour power." (Beynon und Hudson 1993, S. 182; siehe auch die Kritik von Belina 2006)

Anders formuliert: Die lokalistische Perspektive auf (Lohn-)Arbeiter:innen steht in einem auffälligen Widerspruch zu einem fundamentalen Grundsatz der *Scale*-Debatte, nämlich dass *Scales* überhaupt nur in ihrer Gesamtheit, als Ensemble zu denken sind. Entsprechend kann auch Arbeiter:innen-Handeln nicht monoskalar konzipiert werden (Jones 2008). *Scales* sind keine voneinander abgetrennten „Scheiben", auf denen sich unterschiedliche Akteur:innen „ansiedeln": Arbeiter:innen hier – Kapital dort. *Scales* sind keine zu erklimmenden Leitersprossen oder zu erringenden Bastionen, vielmehr immer schon „scalar spatial *configurations*" (Swyngedouw 1997b, S. 169; Hervorhebung Stefanie Hürtgen).

> „Starting any geographical analysis from a given geographical scale (local, regional, national) is deeply antagonistic […]. [T]he theoretical and political priority, therefore, never resides in a particular geographical scale, but rather in the process through which particular scales become (re)constituted." (ebd.)

2.4 Lohnarbeitsprozess und multiskalare Raumproduktion

Wie also stellt sich die Sache dar, wenn wir das Klassenverhältnis – wie oben skizziert – als relationales auffassen, das nicht nur sozial, sondern auch sozial*räumlich* nicht auseinanderzureißen ist? Der entscheidende analytische Schritt ist hier, den kapitalistischen Arbeitsprozess (wieder) in die *Labour Geography* zu integrieren. Denn wie zum Beispiel Raju Das (2012) völlig richtig kritisiert, spielt dieser analytisch kaum eine Rolle beziehungsweise erscheint als konzeptionell vernachlässigenswert (Rutherford 2010)[2]. Die von David Harvey, der *Radical Geography* und vielen Stadtgeograph:innen forcierte und zunächst auch völlig richtige perspektivische Erweiterung, Arbeitskämpfe über Betrieb und Büro hinauszudenken, stellt sich in ihrer eigenen Begrenzung als Verengung heraus: Das Klassenverhältnis wird nun wesentlich als „Enteignung" (von Mieter:innen, Landbewohner:innen und Weiteren) konzipiert, aber kaum noch mit kapitalistischer Warenproduktion als Herzstück der (weltweiten) kapitalistischen Produktionsweise in Verbindung gebracht (Das 2017).[3] Vielmehr erscheinen (Lohn-)Arbeiter:innen vor allem als Verkäufer:innen und Reproduzent:innen ihrer Arbeitskraft außerhalb der kapitalistischen Produktionsorganisation. Die lokalistische Perspektive auf sie hat hier ihren Ursprung. Denn in der Tat ist die reproduktive Sicherung der Arbeitskraft insofern stets „lokal", als diese Arbeitskraft notwendig an einen konkret-räumlichen (menschlichen) Leib gebunden ist, Reproduktion in diesem Sinne also immer „örtlich" sein muss.[4]

Allerdings: Arbeitskraft reproduziert sich nicht nur, sondern vor allem produziert sie. Als Verausgabende ihrer Arbeitskraft im kapitalistischen (Lohn-)Arbeitsprozess aber stellen Arbeiter:innen tagtäglich multiskalare soziale Relationen (mit) her. Ebenso wenig wie kapitalistische Verwertung ohne die stets konkret-örtlich verrichtete (Lohn-)Arbeit überhaupt vonstattengehen würde (Marx 1956[1867]), kann diese (Lohn-)Arbeitsverausgabung auf Seiten der Arbeiter:innen aus der skalenübergreifenden, faktisch weltweit strukturierten kapitalistischen Form herausgeschnitten werden. Beide Pole, Kapital *und* Arbeit, sind in ihrem Verhältnis zueinander multiskalar verfasst.

Entsprechend konstituieren (Lohn-)Arbeiter:innen über lokale, regionale und globale Grenzen hinweg den kapitalistischen Arbeits- und Verwertungsprozess mit. Dabei beziehen sie sich in einem zwar fremdbestimmten, nichtsdestoweniger aber arbeitsteilig-kooperativen Gesamtprozess aufeinander, das heißt in ihren arbeitsteiligen *Arbeitsergebnissen* (Zwischenprodukte, vorgefertigten Produktionsmitteln und so weiter). Der Computer vor Ort muss laufen (und wehe, wenn „der IT-Fritze" nicht zu greifen ist), die Vorlage der Kollegin muss passen, das Teil für die Weiterverarbeitung muss rechtzeitig da sein. Weil Produktion und Dienstleistung heute nahezu durchgängig transnational, in einem komplexen Netz lokal wie weltumspannend tätiger Hersteller- und Zuliefererfirmen organisiert ist, haben diese Bezugnahmen aufeinander selbst multiskalaren Charakter; sie sind mitnichten nur lokal: Die Motoren oder Türen aus den Werken Südosteuropas müssen rechtzeitig eintreffen und passen, ebenso die Elektronikkomponenten aus Fernost oder die gepulten Shrimps aus Nordafrika. Das nach Indien, Irland oder Portugal verlagerte Call-Center der Abteilung muss sich mit den „hiesigen" Abläufen abstimmen, die oftmals in *Shared Ser-*

---

[2] Dies gilt selbst dort, wo der Arbeitsprozess im Titel aufgeführt wird (zum Beispiel McGrath-Champ et al. 2015).

[3] Dies ist insbesondere bei Andrew Herod erstaunlich, denn er analysiert auch innerbetriebliche Umbrüche und arbeitet mit der *Labour Process Theory* (zum Beispiel Herod 2000).

[4] Dennoch ist auch soziale Reproduktion nicht einfach „lokal" verfasst. Es entstehen transnationale soziale Räume der Migration, es werden anderswo produzierte Waren konsumiert und so ein (verdinglichtes) Verhältnis zu den dortigen Produzent:innen und Orten hergestellt und so weiter.

vice-Centern konzentrierte und ihrerseits ausgelagerte Personalabteilung muss sich mit den Arbeiter:innen ganz unterschiedlicher Standorte koordinieren. Selbstredend ist es die Kapitalseite, die qua Funktion diese vielfältigen Koordinierungsprozesse herrschaftlich zu überwachen und permanent zu „optimieren" sucht. Aber (Lohn-) Arbeit gibt es nicht ohne ein eigenwilliges Subjekt, das sich aktiv entschließen muss, seine verkaufte Arbeitskraft auch in konkret-aktive, kreative „lebendige Arbeit"[5] zu verwandeln, in wirkliche verausgabte Tätigkeit. Als lebendige Arbeit aber setzt sich (Lohn-)Arbeit permanent mit ihren ökologischen wie sozial-kooperativen Bedingungen auseinander, und dies keineswegs nur „vor Ort", das heißt am selben Fließband, in derselben Abteilung oder am selben Standort. Wer das meint, hat noch nie die typischen Flüche über beispielsweise die neue fernöstliche Zulieferfirma, die schwierige Kommunikation mit dem neuen Standort zum Beispiel in Irland oder die ständig abstürzende Unternehmenssoftware der neuen IT-Abteilung in Indien gehört.

2.5 Subalternität und restriktive Handlungsfähigkeit

Im kapitalistischen Arbeits- und Verwertungsprozess ist (Lohn-)Arbeit aber nicht nur leiblich-lebendige und stofflich-soziale, sondern auch abstrakte Arbeit: (Lohn-) Arbeit wird in der kapitalistischen Verwertungslogik von ihrem konkreten sozial-ökologischen Gehalt *abstraktifiziert.* Das heißt sie wird in der Art der Organisierung des kapitalistischen Produktionsprozesses als profitable Warenproduktion auf Effizienz und Output getrimmt, um sich gegen die Konkurrenz anderer Kapitale und ihrer Warenangebote durchzusetzen. Auch hier ist es wesentlich die Kapitalseite, die dieses herrschaftliche ausbeuterische Geschäft betreibt. Doch zugleich ist die Effizienz-, Profit- und Konkurrenzlogik den Arbeiter:innen alles andere als äußerlich. Nicht nur werden dadurch die konkreten Bedingungen der Verrichtung ihrer lebendigen Arbeit bestimmt, von Zielvorgaben über gesundheitliche Bedingungen, Pausenzeiten bis zu Gestalt und Takt der Maschinen. Darüber hinaus wird nur, wenn der Verkauf der „eigenen" Waren gelingt, die eigene Arbeitskraft sich damit als „variables Kapital" bewährt hat, weiter im Sinne der Verwertung in sie investiert und ein Lohn ausgezahlt. Die kritische, streitbare Auseinandersetzung mit konkreten (schlechten) Arbeitsbedingungen durch Arbeiter:innen geht also durchaus so lange mit einer Unterwerfung unter die kapitalistische Form einher, wie diese nicht gänzlich einer anderen Form gesellschaftlicher Arbeits- und Produktionsorganisation weicht.

Damit komme ich zur dritten theoretischen Erweiterung der *Labour Geography.* Um die Widersprüchlichkeit von Arbeiter:innen-Handeln in den Blick nehmen zu können, muss auch deren Subalternität, das heißt ihre Unterordnung unter die kapitalseitigen Anforderungen in die Diskussion um die sozialräumlichen Reichweiten ihrer Handlungen einbezogen werden. Beispielsweise stellen (Lohn-)Arbeiter:innen als unmittelbare Warenproduzent:innen, wenn sie sich dem (wachsenden) Effizienz-

[5] „Lebendige Arbeit" ist ein wichtiger Begriff im Gesamtwerk von Karl Marx; er unterstreicht die Leiblichkeit und Kreativität menschlichen Arbeitens, auch unter kapitalistischen Bedingungen.

druck unterwerfen, die destruktiven Konkurrenzlogiken zu anderen Unternehmen, Standorten und Belegschaften mit her. Auch diesbezüglich sind sie nicht nur „lokal" Handelnde. Vielmehr besteht ihre Subalternität wesentlich darin, dass sie eine andere Art der räumlichen Verallgemeinerung ihrer Arbeit (als jene des konkurrenzgetriebenen Verkaufs von zuvor hergestellten Waren) entweder nicht erringen können oder aber nicht einmal als ihr eigenes Anliegen im Kopf haben, das heißt erringen wollen.

Mehr noch: nicht zuletzt aufgrund des kapitalseitigen permanenten transnationalen Vergleichs von Standorten, Belegschaften, Arbeitsgruppen und so weiter (ermöglicht über digitale Technologien) wird die nah- und fernräumliche Konkurrenz zu anderen Kolleg:innen verbreitet in Form xenophober Abspaltung und Abwertung auch subjektiv, seitens der Arbeiter:innen manifestiert (Hürtgen 2014; 2020). Wahlweise die Chines:innen, Asiat:innen, Osteuropäer:innen, Ostdeutsche, Engländer:innen oder Prekäre der eigenen Region seien dann vermeintlich kulturell gar nicht in der Lage, so effizient und profitabel zu arbeiten, wie man selbst, hätten also die Investition in sie weit weniger verdient (ebd.; siehe auch Hastings 2016; Warren 2019).

Doch auch ohne offensive Xenophobie können beispielsweise lokale Standortverteidigungen und regionale Mobilisierungen zum „Erhalt von Arbeitsplätzen" gegen Verlagerungen von Produktion oder Investitionen anderswo nicht einfach unkritisch als Ringen um einen lokalen „labour's spatial fix" gezeichnet werden, wie Herod (2010, S. 19) es nahelegt (kritisch zum Beispiel Ağar und Böhm 2018). Sie stellen vielmehr lokal begrenzte, räumlich-partikulare Solidarisierungen dar, das heißt eine praktische (und leider oft auch gedankliche) Abspaltung von ähnlich gelagerten Interessen der Kolleg:innen anderer Regionen und Standorte, und also eine Unterordnung unter den Regionen und Standorte übergreifenden kapitallogischen konkurrenziellen Vergleich.

Diese Argumentation ist nicht moralisch gemeint. Es geht mir an dieser Stelle nicht darum, Arbeiter:innen für ihre relative (gewerkschafts-)politische Schwäche im Kräfteverhältnis mit der Kapitalseite zu kritisieren (auch wenn eine solche Kritik prinzipiell durchaus nötig ist). Und noch weniger geht es mir darum, die zahlreichen Ansätze transnationaler Arbeiter:innen-Solidarisierung zu negieren. An dieser Stelle zählt ein logisches Argument: Folgen wir Herods Vorschlag, (Lohn-)Arbeiter:innen trotz ihrer subalternisierten Position in der kapitalistischen Ausbeutung als Raumproduzent:innen theoretisch ernst zu nehmen, und sollen keine widerspruchsfreien *Success-Stories* entstehen – dann gehören auch Praktiken der (Selbst-)Unterwerfung, Ohnmacht, Niederlagen sowie alle möglichen Formen der restriktiven Affirmation der herrschenden sexistischen, (post-)kolonialen und sozialdarwinistisch-konkurrenziellen Ordnung seitens der Arbeiter:innen dazu. Auch diese sind Raumproduktion. Ohne sie würde die herrschende *Class-Race-Gender-Order* als tagtäglich (re-) produzierte schlichtweg nicht bestehen. Die eindimensionale Unterscheidung, ob Arbeiter:innen „noch" lokal oder „schon" national/international agieren, führt dann aber in die Irre: Auch die Negation von Relationen, auch das Abspalten von sozialräumlichen Zusammenhängen ist – das wissen wir aus der feministischen Debatte – soziale Raumproduktion. Entsprechend ist das vermeintlich nur lokale Agieren selbst als Herstellung übergreifender Raumrelationen zu begreifen (Massey 2005).

Das gilt auch direkt für die (gewerkschafts-)politischen Organisationen (vgl. Cumbers et al. 2008). In multiskalarer Perspektive ist auch hier Nicht-Handeln (restriktive) Raumproduktion. So erlebte Frankreich im Jahr 2023 breit getragene und langanhaltende Proteste gegen die dortige Renten„reform“, trotzdem wurde das Gesetz am Ende autoritär durchgedrückt. Die Gewerkschaftsverbände aller anderen europäischen Länder behandelten diese Auseinandersetzung allerdings nicht als ihre Angelegenheit und sie widersprachen auch nicht (wahrnehmbar) dem beispielsweise in der deutschen Öffentlichkeit vorherrschenden Tenor, wonach die Aufregung über die Heraufsetzung des Rentenalters auf 64 Jahre überzogen erscheint (denn in Deutschland sei man schließlich bereits bei 67 Jahren angekommen). Mit diesem geräuschvollen Stillhalten unterwerfen sich die europäischen Gewerkschaften einer Dynamik *wettbewerbsstaatlicher Europäisierung*, in dem Sozialstaatsabbau als raum-zeitlich ungleiche Ping-Pong-Dynamik zwischen den Nationalstaaten organisiert ist (hierzu Bieling und Schulten 2001; Erne 2015; Hürtgen 2019). Mit ihrer politischen Selbstbegrenzung überlassen sie es der Kapitalseite, sozialpolitische Konkurrenz zwischen den europäischen Nationalstaaten weiter voranzutreiben – mit bereits absehbaren Folgen für (weitere) Einschnitte unter anderem ins deutsche Rentensystem.

Zusammengefasst: Innerhalb multiskalarer kapitalistischer (Re-)Produktionsverhältnisse stehen progressive und restriktive Orientierungen von Arbeiter:innen-Seite in einem umkämpften glokalen Zusammenhang. Gegen die konzeptionelle Vernachlässigung des (Lohn-)Arbeitsprozesses, das Auseinanderreißen der *Scales* und die Containerisierung von Arbeiter:innen-*Agency* gilt es, sich Arbeiter:innen-Handeln als multiskalarem und widersprüchlichem *In-Against-And-Beyond* zuzuwenden.

2.6 Lohnarbeit als sozialökologisch sinnvolle Tätigkeit

Die vierte hier verhandelte theoretische Erweiterung betrifft den Arbeitsbegriff. Dieser hatte zunächst in der *Labour Geography* nur eine untergeordnete Rolle gespielt, weshalb in jüngerer Zeit verstärkt Diskussionen zu *Labour Geography* und sozialer Reproduktion geführt worden sind (Wright 2013; Schwiter et al. 2018; Doutch 2022; Haubner 2024). Ähnlich wie die kritische Stadtgeographie hat auch die *Labour Geography* betont, dass Arbeitskämpfe mit städtischen und regionalen Kämpfen zusammengebracht werden müssen (Wills 2012; Routledge et al. 2018). Diese arbeitsbegrifflichen Perspektiv*erweiterungen* sind immens wichtig, denn auch die Arbeiter:innen- und Gewerkschaftsbewegung beziehungsweise ihre männlich patriarchalen Anteile haben lange Zeit einen Blick auf Arbeiter:innen als „betriebliche Arbeitsmaschinen“ gepflegt und tun dies teilweise heute noch (Hien 2014, S. 2). Dagegen gilt es, die vergeschlechtlichte und rassifizierte Aufspaltung in kapitalistische Lohnarbeit und („private“) Reproduktions- und Sorgearbeit zu überwinden. In diesem Sinne sind Kämpfe um bessere Wohnbedingungen, nachhaltige Mobilität oder gute medizinische Infrastruktur immer auch Arbeitskämpfe, denn sie markieren entscheidende Bedingungen der sozial-leiblichen Reproduktion und damit der gesellschaftlichen Existenzbedingungen von Arbeiter:innen und ihrer lebendigen Arbeit.

Allerdings stellt sich erneut die Frage nach dem kapitalistischen Lohnarbeitsprozess selbst, nämlich in welcher Weise hier Arbeiter:innen als Verausgabende ihrer Arbeitskraft ein (tägliches) *arbeitsinhaltliches* Ringen *In-Against-And-Beyond* der Verwertungslogik praktizieren, an das wiederum eine sozialökologische Perspektive anknüpfen kann – und muss, will sie die kapitalistische Form in Frage stellen (Schoppengerd 2023; siehe auch Räthzel et al. 2021).

In anderen Worten: Auch in Bezug auf die Frage, was (Lohn-)Arbeit überhaupt bedeutet, muss die verwertungslogische Kapitalperspektive – ganz wie es Herod generell vorschlägt – als umkämpfte und umstrittene verstanden werden. Auch in Bezug auf den Inhalt von Lohnarbeit und die innerbetriebliche Herrschaftsstruktur gilt es ernst zu nehmen, dass kapitalistische Formen Arbeiter:innen zwar (restriktiv) konditionieren, aber nie vollends determinieren. Dann wird die lebendige Arbeit selbst als zentrale Konfliktdimension im Kapital-Arbeit-Verhältnis deutlich. Es wird sichtbar, dass der Klassenwiderspruch wesentlich ein inhaltlicher, genauer: ein sozialökologischer ist (Hürtgen 2022b). Denn Lohnarbeit lässt sich nicht von der leiblich-sozialen Verletzbarkeit der Arbeitssubjekte abtrennen – wie auch nicht von ihnen als schöpferische, kreative Wesen. Sie müssen sich, in jedem Moment ihrer Arbeitstätigkeit, den sozial-materialen Gehalt ihrer (im Gesamt fremdbestimmten) Arbeitsaufgabe aneignen und in eine immer auch eigensinnige, subjektive tätige Praxis transformieren.[6] Arbeiter:innen sind auch im unmittelbaren kapitalistischen Produktionsprozess gerade keine puren Anhängsel der Wert- und Profitlogik, gerade keine Maschinen, sondern diejenigen, die sich mit der leiblich-ökologischen („natürlichen") Stofflichkeit wie auch dem sozial-materialen Inhalt der zu verrichtenden Arbeitstätigkeit auseinandersetzen (müssen). Selbst Naturkraft mit Hand, Hirn, Muskel, wie Marx schreibt, bringen sie in arbeitsteiligen Zusammenhängen die Gebrauchswerte hervor und befassen sich also in Permanenz mit dem materialen und sozialen Charakter ihrer konkreten Arbeit: den Stoffen und Werkzeugen, den angelieferten Vorprodukten, dem weiteren Gebrauch ihres Arbeitsprodukts, seiner Funktionsweise für andere. Der Doppelcharakter kapitalistischer Lohnarbeit als stofflich-konkreter (dabei immer auch: sozialer) Arbeits- und zugleich aber effizienz- und profitlogischer Verwertungsprozess geht durch die (Lohn-)Arbeiter:innen selbst hindurch (Hürtgen 2017b).

Kämpfe um bessere Arbeitsbedingungen und insgesamt um die Verankerung wirksamer sozialer Rechte sind deshalb sowohl Kämpfe um den sozial-leiblichen Schutz der Arbeiter:innen, wie auch Kämpfe um den sozial-inhaltlichen Charakter der Lohnarbeit (Castel 1996; Nies 2015; Hürtgen 2017a, 2025). Das wird in den jüngsten Sorge-Kämpfen (Artus et al. 2017) besonders deutlich: Der Slogan der Berliner Krankenhausbewegung „mehr von uns ist besser für alle" bezieht sich nicht allein auf die unmittelbar eigene Erschöpfung durch Personalmangel – sondern auch darauf, nicht mehr gut pflegen und versorgen zu können, aus Zeitnot Patient:innen vernachlässigen oder auch sterben lassen zu müssen. Hier wird sichtbar: In der alltäglichen Auseinandersetzung der Arbeiter:innen mit der kapitallogisch rücksichtslosen Effizienz- und Steigerungslogik geht es stets um beides, nämlich einerseits um die Begrenzung und

[6] Diese Transformation von gemieteter, aber noch brachliegender Arbeit in tatsächlich verausgabte lebendige Arbeit ist das zentrale Thema der *Labour Process Theory*.

Zurückweisung eines strukturell grenz- und rücksichtslosen Zugriffs auf ihre allerdings „nur“ leiblich-lebendig existierende Arbeitskraft, wie auch um ein Beharren auf den notwendig stofflich-konkreten, sozialen und inhaltlichen Charakter ihrer Arbeit. Anders als die Kapitalseite können (Lohn-)Arbeiter:innen im praktischen Vollzug der Arbeit, also im unmittelbaren Arbeitsprozess selbst gerade nicht von deren stofflicher und sozial-inhaltlicher Seite (vollends) abstrahieren. Die Verausgabung von Lohnarbeit ist umgekehrt mit einer Auseinandersetzung um ihre unmittelbar nahräumlich-soziale wie weitere gesellschaftliche Sinnhaftigkeit verbunden. Das gilt aber nicht nur für die *Care*-Ökonomie, sondern auch im Industrie- und Produktionsbereich (Vester et al. 2007). Auch als Subalternisierte setzen sich die Lohnarbeiter:innen mit der inhaltlichen Seite ihrer Arbeit auseinander. Die Verankerung sozialer Rechte ist dabei selbst zentral, um dieser subjektiven gesellschaftlichen Sinnorientierung trotz der und gegen die profitlogische Organisation von Lohnarbeit Geltung zu verschaffen. Denn soziale Rechte schützen nicht nur, sie erlauben auch eine (alltags-)politische Intervention der (Lohn-)Arbeiter:innen in Bezug auf die konkrete Ausgestaltung, das heißt den Inhalt ihrer Arbeit (Castel 2008; Hürtgen 2017a, 2022c, 2025).

2.7 Fazit

In Auseinandersetzung mit dem derzeit starken arbeitsgeographischen Empirismus habe ich im Beitrag argumentiert, dass *Labour Geography*, soll sie als gesellschaftskritische wissenschaftliche Intervention fungieren, wieder stärker an kapitalismus-, insbesondere klassentheoretische Betrachtungen angebunden werden muss. Dabei besteht die Herausforderung darin, den theoretischen Meilenstein, Arbeiter:innen als eigensinnig-eigenständige Raumproduzent:innen zu begreifen, nicht wieder preiszugeben und zu einer einfachen „Strukturbetrachtung“ mit Arbeiter:innen als deren Anhängsel zurückzukehren. Entsprechend ist der Ausgangspunkt meiner Überlegungen ein Verständnis des Klassenverhältnisses als relationales; Kapital und Arbeit sind hier keine losgelösten Entitäten, keine für sich trainierenden Rugby-Mannschaften oder sich aufrüstenden Heereseinheiten, die, weitgehend unabhängig voneinander, ihren je eigenen *Spatial Fix* produzieren, um dann irgendwann im Kampf aufeinander zuzustürmen. Vielmehr ist das herrschende Arbeit-Kapital-Verhältnis sozial und räumlich ein wechselseitig konstitutives. Es ist eine auch von Arbeiter:innenseite, wenn auch unter strukturellem Zwang, eingegangene Beziehung, ist ihnen also nicht äußerlich, sondern wird von ihnen – subaltern-beherrscht und in permanenter Auseinandersetzung – mitproduziert. Eine solche relationale Klassenperspektive wird analytisch fruchtbar, wenn der in der *Labour Geography* lange Zeit vernachlässigte unmittelbare kapitalistische (Lohn-)Arbeitsprozess wieder in die Betrachtung aufgenommen wird.

Aufbauend auf dieser Prämisse habe ich im Beitrag vier konzeptionelle Schneisen als notwendige Horizonterweiterungen der *Labour Geography* entwickelt. *Erstens*: Arbeiter:innen sind a priori als multiskalare Akteur:innen zu verstehen, was *zweitens* insbesondere bedeutet, Arbeiter:innen nicht nur als Träger:innen, sondern als *Verausgabende* von Arbeitskraft in den weltweit vernetzten Produktionszusammenhängen und staatlichen Ordnungen in den Blick zu nehmen. Arbeiter:innen können aufgrund ihrer subalternisierten Position nicht einfach aus der Verantwortlichkeit für das globale Ganze der *Class-Race-Gender-Order* entlassen werden, indem sie – wie sonst nahezu durchgängig in der *Labour Geography* – als im Grunde (nur) lokale soziale Akteur:innen konzipiert werden. Das bedeutet *drittens*, Arbeiter:innen-*Agency* auch in ihrer restriktiven Formen der (Selbst-)Unterwerfung, Abspaltung und Negation zu thematisieren sowie Niederlagen von Kämpfen und Ohnmachtserfahrungen auf Seiten von Arbeiter:innen als Bestandteil von *Agency* aufzunehmen. Strukturen kapitalistischer Herrschaft würden nicht ohne das immer auch aktive Mit-Tun von Arbeiter:innen-Seite funktionieren, und auch das sexistische oder xenophobe Abspalten sozialer Relationen, das gewerkschaftspolitische Desinteresse an sozialen Konflikten im Nachbarland, das Einwilligen zu Lohnkürzungen und weiterer Deregulierung um den je eigenen Standort zu „retten" oder der „Rückzug ins Private", weil eh alles nichts bringt, sind multiskalare Raumproduktionen auf Seiten der Arbeiter:innen. Die Frage ihrer emanzipativen *Agency* kann überhaupt nur gestellt werden, wenn wir diese, die eigene Subalternität und Unterwerfung unter herrschende Logiken reproduzierenden Formen restriktiver *Agency* mitbetrachten – nicht um Arbeiter:innen zu denunzieren, sondern um die immer auch subjektiv mit hergestellten Herrschaftsverhältnisse in ihrer Wirkmächtigkeit überhaupt erfassen zu können.

Viertens schließlich plädiere ich dafür, den Klassenwiderspruch als inhaltlichen, nicht nur als sozialökonomischen, sondern wegen der leiblichen Verfasstheit der Arbeitskraft eben auch als sozialökologischen zu fassen, das heißt als permanente Auseinandersetzung um den Charakter der verausgabten (Lohn-)Arbeit. Nur dann werden Arbeiter:innen sowohl als leiblich-verletzbare Subjekte wie auch als mit ihrer (Lohn-)Arbeit gesellschaftlich Tätige sichtbar.

Insgesamt muss raumproduzierendes Arbeiter:innen-Handeln also in seiner Widersprüchlichkeit in den Blick genommen werden: es reproduziert – in ungleicher Weise – herrschende, repressive Strukturen *und* geht (in unterschiedlicher Reichweite) darüber hinaus. Die Umkämpftheit von Raum ist in diesem Sinne nicht allein ein permanenter Auseinandersetzungsprozess des Erringens von räumlichen Machtpositionen, sondern auch und vor allem der inhaltlichen emanzipativen (Selbst-)Veränderung.

Literatur

Ağar, Celal, und Steffen Böhm. 2018. Towards a pluralist labor geography: Constrained grassroots agency and the socio-spatial fix in Dêrsim, Turkey. *Environment and Planning A* 50(6):1228–1249.

Ahmed, Waquar. 2012. From militant particularism to anti-neoliberalism? The anti-Enron movement in India. *Antipode* 44(4):1059–1080.

Artus, Ingrid, Peter Birke, Stefan Kerber-Clasen, und Wolfgang Menz. 2017. *Sorge-Kämpfe. Auseinandersetzungen um Arbeit in sozialen Dienstleistungen*. Hamburg: VSA.

Belina, Bernd. 2006. Besprechung Andrew Herod und Melissa Wright (Hg.) Geographies of Power, Oxford 2002. *Geographische Revue* 8(1):70–75.

Belina, Bernd, und Michel Boris. 2007. *Raumproduktionen: Beiträge der Radical Geography*. Münster: Westfälisches Dampfboot.

Bergene, Ann Cecilie, Sylvi B. Endresen, und Hege Merete Knutsen. 2010. Re-Enganging with agency in labour geography. In *Missing links in labour geography*, Hrsg. diess, 3–14. Aldershot: Ashgate.

Beynon, Huw, und Ray Hudson. 1993. Place and space in contemporary Europe: some lessons and reflections. *Antipode* 25(3):177–190.

Bieling, Hans-Jürgen, und Thorsten Schulten. 2001. *Competitive restructuring and industrial relations within the european union: Corporatist involvement and beyond?* Düsseldorf: Hans-Böckler-Stiftung.

Castel, Robert. 1996. Work and usefulness to the world. *International Labour Review* 135(6):615–622.

Castel, Robert. 2008. *Die Metamorphosen der sozialen Frage. Eine Chronik der Lohnarbeit*, 2. Aufl., Konstanz: UVK.

Castree, Noel. 2007. Labour geography: a work in progress. *International Journal of Urban and Regional Research* 31(4):853–862.

Castree, Noel, Neil Coe, Kevin Ward, und Michael Samers. 2004. *Spaces of work*. London: SAGE.

Coe, Neil, und David Jordhus-Lier. 2011. Constrained agency? Re-evaluating the geographies of labour. *Progress in human geography* 35(2):211–233.

Coe, Neil, und David Jordhus-Lier. 2023. The multiple geographies of constrained labour agency. *Progress in Human Geography* 47(4):533–554.

Cox, Kevin R. 1997. *Spaces of globalization. Reasserting the power of the local*. New York: Guilford.

Cumbers, Andrew, und Paul Routledge. 2010. The entangled geographies of trans-national labour solidarity. In *Missing links in labour geography*, Hrsg. Cecile Bergene, Silvie Endresen, und Merete Knutsen, 43–55. Farnham: Ashgate.

Cumbers, Andrew, Corinne Nativel, und Paul Routledge. 2008. Labour agency and union positionalities in global production networks. *Journal of economic geography* 8(3):369–387.

Das, Raju. 2012. From labor geography to class geography: reasserting the marxist theory of class. *Human Geography* 5(1):19–35.

Das, Raju. 2017. David Harvey's theory of accumulation by dispossession: a marxist critique. *World Review of Political Economy* 8(4):590–616.

Díaz-Parra, Ibán, und Roca Beltrán. 2024. The city in class perspective. In *Research handbook on urban sociology*. Cheltenham: Edward Elgar Publishing.

Doutch, Michaela. 2022. *Women workers in the garment factories of Cambodia*. Berlin: Regiospectra.

Erne, Roland. 2015. A supranational regime that nationalizes social conflict: explaining European trade unions' difficulties in politicizing European economic governance. *Labor History* 56(3):345–368.

Harvey, David. 1989. *The urban experience*. Oxford: Blackwell.

Harvey, David. 1996. *Justice, nature and the geography of difference*. Oxford: Blackwell.

Hastings, Thomas. 2016. Moral matters: De-romanticising worker agency and charting future directions for labour geography. *Geography Compass* 10(7):307–318.

Haubner, Tine. 2024. Soziale Reproduktion jenseits des Produktivitätsfunktionalismus: Prämissen einer raumsensiblen Reproduktionsforschung für die Gegenwart. *PROKLA* 54(214):33–50.

Helms, Gesa, und Andrew Cumbers. 2006. Regulating the new urban poor. *Space & Polity* 10(1):67–86.

Herod, Andrew. 1997. From a geography of labor to a labor geography: labor's spatial fix and the geography of capitalism. *Antipode* 29(1):1–31.

Herod, Andrew. 2000. Implications of just-in-time production for union strategy: lessons from the 1998 general motors-united auto workers dispute. *Annals of the Association of American Geographers* 91(1):200–547.

Herod, Andrew. 2001. *Labor geographies: workers and the landscapes of capitalism*. London: Guilford.

Herod, Andrew. 2010. Labour geography: where have we been? Where should we go? In *Missing links in labour geography*, Hrsg. Ann Cecile Bergene, Sylvie Endresen, und Merete Merete Knutsen, 15–28. London: Routledge.

Herod, Andrew. 2011. *Scale*. London: Routledge.

Hien, Wolfgang. 2014. Leiblichkeit – eine ebenso elementare wie schwierige Kategorie einer kritischen Theorie des Subjekts. Grundrisse 51, zit. Nach. http://www.wolfgang-hien.de. Zugegriffen: 18. Dez. 2024.

Holloway, John. 2010. *Crack capitalism*. New York: Pluto Press.

Hudson, Ray. 2001. *Producing places*. London: Guilford.

Hürtgen, Stefanie. 2014. Labour as a transnational actor, and labour''s national und cultural diversity as an important frame of today's transnationality. *Capital & Class* 38(1):211–238.

Hürtgen, Stefanie. 2017a. Der subjektive gesellschaftliche Sinnbezug auf die eigene (Lohn-)Arbeit. Grundlage von Ansprüchen auf Gestaltung von Arbeit und Gesellschaft. In *Leistung und Gerechtigkeit? Das umstrittene Versprechen des Kapitalismus*, Hrsg. Brigitte Aulenbacher, Maria Dammayr, Klaus Dörre, Wolfgang Menz, Birgit Riegraf, und Harad Wolf, 210–227. Weinheim Basel: Beltz Juventa.

Hürtgen, Stefanie. 2017b. Kampf ums Konkrete. Der „Doppelcharakter der Arbeit" und die Gewerkschaften. *LuXemburg. Gesellschaftsanalyse und linke Praxis* 2–3:100–107. https://www.zeitschrift-luxemburg.de/kampf-ums-konkrete/.

Hürtgen, Stefanie. 2019. The competitive architecture of European integration: European labour division, locational competition and the precarization of work and life. In *Confronting crisis and precariousness. Organized labour and social unrest in the European Union*, Hrsg. Stefan Schmalz, Brandon Sommer, 33–45. London/New York: Roman & Littlefield.

Hürtgen, Stefanie. 2020. Labour-process-related racism in transnational European production: fragmenting work meets xenophobic culturalisation among workers. *Global Labour Journal* 11(1):18–33.

Hürtgen, Stefanie. 2021. Glokalisierung und Feminisierung: Zur strukturellen Krise von Lohnarbeit im europäischen Raum. *Geographica Helvetica* 76(2):261–273.

Hürtgen, Stefanie. 2022a. Glokale Produktion, Dauerkrise in der Arbeitswelt und strukturell erschöpfte Subjekte. In *Verletzungspotenziale: Kritische Studien zur Vulnerabilität im Neoliberalismus*, Hrsg. Daniel Burkhardt, Moritz Krebs, 111–128. Gießen: Psychosozialverlag.

Hürtgen, Stefanie. 2022b. Ökologie als Klassenkampf? Arbeit, Subjekt und Politiken der Erschöpfung. In *Das Klima des Kapitals: Gesellschaftliche Naturverhältnisse und Ökonomiekritik*, Hrsg. Valeria Bruschi, Moritz Zeiler, 93–107. Berlin: Dietz.

Hürtgen, Stefanie. 2022c. Gesellschaftliche Arbeit und soziale Demokratie: Der alltagspolitische Diskurs zu „Systemrelevanz" als Auseinandersetzung um eine sozialökologische Politik der Arbeit. *PROKLA. Zeitschrift für kritische Sozialwissenschaft* 52(206):97–115.

Hürtgen, Stefanie. 2025. Gesellschaftlich sinnvolle Arbeit, Menschlichkeit und soziale Demokratie. Zum Zusammenhang sozialer Rechte und politischer Subjektivierung von (Lohn-)Arbeiter*innen. In *Tarifbürgerschaft*, Hrsg. Florian Rödl, Felix Syrovatka, 57–77. Berlin: Campus. https://www.campus.de/e-books/wissenschaft/tarifbuergerschaft-18784.html.

Hürtgen, Stefanie und Haubner, Tine. 2025. Welche Arbeit, welche Kämpfe? Lebendige Arbeit und Labour Geography. *PROKLA. Zeitschrift für kritische Sozialwissenschaft*, 609–622.

Jones, Andrew. 2008. The rise of global work. *Transactions of the Institute of British Geographers* 33(1):12–26.

Jordhus-Lier, David, und Neil M. Coe. 2024. The roles and intersections of constrained labour agency. *Antipode* 56(3):941–962.

Marx, Karl. 1956ff. Das Kapital. Kritik der politischen Ökonomie. In *Friedrich Engels: Werke*, Bd. 23–25, 1956. Berlin: Dietz.

Massey, Doreen. 2005. *For space*. London: SAGE.

McGrath-Champ, Susan, Al Rainnie, Graham Pickren, und Andrew Herod. 2015. Global destruction networks, the labour process and employment relations. *Journal of Industrial Relations* 57(4):624–640.

Neethi, Padmanabhan. 2016. *Globalization lived locally. A labour geography perspective*. Dehli: Oxford University Press.

Nies, Sarah. 2015. *Nützlichkeit und Nutzung von Arbeit*. Baden-Baden: Nomos.

Nowak, Jörg. 2021. Transnational solidarity networks between workers and global production networks. In *Global commodity chains and labor relations*, Hrsg. Andrea Komlosy, Goran Music, 299–315. Leiden: Brill.

Peck, Jamie. 2003. Labor geographies: workers and the landscapes of capitalism. *Annals of the Association of American Geographers* 93(2):518–521.

Peck, Jamie. 2018. Pluralizing labour geography. In *The new Oxford handbook of economic geography*, Hrsg. Gordon L. Clark, Maryann Feldman, Meric Gertler, und Dariusz Wójcik, 465–484. Oxford: Oxford University Press.

Räthzel, Nora, Dimitris Stevis, und David Uzzell (Hrsg.). 2021. *The Palgrave handbook of environmental labour studies*. Cham: Palgrave Macmillan.

Routledge, Paul, Andrews Cumbers, und Kate Driscoll Derickson. 2018. States of just transition: Realising climate justice through and against the state. *Geoforum* 88:78–86.

Rutherford, Tod. 2010. De/Re-centring work and class?: A review and critique of labour geography. *Geography Compass* 4(7):768–777.

Schoppengerd, Stefan. 2023. Arbeit und sozial-ökologische Transformation: Eine kritische Rekonstruktion der Environmental Labour Studies. *PROKLA. Zeitschrift für kritische Sozialwissenschaft* 53(211):343–360.

Schwiter, Karin, Kendra Strauss, und Kim England. 2018. At home with the boss: Migrant live-in caregivers, social reproduction and constrained agency in the UK, Canada, Austria and Switzerland. *Transactions of the Institute of British Geographers* 43(3):462–476.

Strauss, Kendra. 2020. Labour geography II: being, knowledge and agency. *Progress in Human Geography* 44(1):150–159.

Swyngedouw, Erik. 1997. Excluding the other: the production of scale and scaled politics. In *Geographies of economies*, Hrsg. Roger Lee, Jane Wills, 167–176. London: Arnold.

Vester, Michael, Christel Teiwes-Kügler, und Andrea Lange-Vester. 2007. *Die neuen Arbeitnehmer. Zunehmende Kompetenzen – wachsende Unsicherheit*. Hamburg: VSA.

Warren, Andrew. 2019. Labour geographies of workplace restructuring. *Antipode* 51(2):681–706.

Waterman, Peter. 2014. The international labour movement in, against and beyond, the globalized and informatized cage of capitalism and bureaucracy. *Interface* 6(2):35–58.

Wills, Jane. 2009. Labour geography. In *The dictionary of human geography*, Hrsg. Derek Gregory, Ron Johnsten, Geraldine Pratt, Michael Watts, und Sarah Whatmore, 404–407. Chichester: Wiley-Blackwell.

Wills, Jane. 2012. The geography of community and political organisation in London today. *Political Geography* 31(2):114–126.

Wright, Melissa. 2013. *Disposable women and other myths of global capitalism*. London: Routledge.

Part II
Soziale Reproduktion

3 „Zum Sterben zu viel, zum Leben zu wenig." Leben und Überleben in Deutschlands ländlicher Peripherie – Wege zu einer raumsensiblen Reproduktionsforschung

Tine Haubner

Inhaltsverzeichnis

Zusammenfassung

Die sozialräumliche Ungleichheit in Deutschland manifestiert sich in der Herausbildung „innerer Peripherien", die sich durch einen Bedeutungsverlust existenzsichernder Erwerbsarbeit und krisenhafte Reproduktionsbedingungen für die lokale Arbeiter:innenklasse auszeichnen. Auf der Grundlage empirischer Befunde liefert der Beitrag Einblicke in die räumlich verfassten Reproduktionsbedingungen von armutsbetroffenen Arbeiter:innen in vier ländlich-peripherisierten Armutsräumen West- und Ostdeutschlands aus reproduktionstheoretischer Sicht. Dabei werden einerseits Vorschläge für theoretische Grundlagen einer raumsensiblen Reproduktionsforschung präsentiert. Andererseits wird gezeigt, auf welche Weise peripherisierte Armutsräume in Deutschland die soziale Reproduktion der lokalen Arbeiter:innenklasse gefährden und ihre Handlungsfä-

T. Haubner (✉)
Fakultät für Gesundheitswissenschaften, Universität Bielefeld, Bielefeld, Deutschland
E-Mail: tine.haubner@uni-bielefeld.de

M. Doutch et al. (Hrsg.), *Arbeitswelten*, https://doi.org/10.1007/978-3-662-70955-9_3

higkeit einschränken. Eine *Labour Geography*, die vom aktiven Raumhandeln von Arbeiter:innen ausgeht, so wird vor diesem Hintergrund argumentiert, muss zugleich die soziale Verwundbarkeit und strukturellen Einschränkungen dieses Raumhandelns ernst nehmen.

Schlüsselwörter: Soziale Reproduktion, ländlicher Raum, ländliche Armut, Peripherisierung, Ost- und Westdeutschland

Abstract

Socio-spatial inequality in Germany manifests itself in the emergence of "inner peripheries", which are characterized by a loss of importance of living wage employment, and crisis-ridden reproduction conditions for the local working class. Based on empirical findings, the article provides insights into the spatially-constituted conditions of reproduction of impoverished workers in four rural-peripheralized areas in western and eastern Germany. Proposals for the theoretical foundations of a spatially sensitive reproduction research agenda are presented. The chapter also shows how peripheralized areas of poverty in Germany endanger the social reproduction of the local working class and restrict their ability to act. Against this background, it is argued that a Labour Geography, based on the active spatial action of workers, must also take the social vulnerability, and the structural limitations it engenders seriously.

Keywords: social reproduction, rural geographies, rural poverty, peripheralization, East and West Germany

3.1 Einleitung

Wohlstand ist in Deutschland nach wie vor sozialräumlich und regional sehr ungleich verteilt (vgl. Gohla/Hennicke 2023; Immel/Peichl 2020). Wachstumsstarke Metropolregionen verzeichnen Zuwanderungsgewinne, während wachstumsschwache Regionen von demografischer Schrumpfung, Abwanderung und dem Abbau teilhabesichernder Infrastrukturen betroffen sind. Der Beitrag teilt vor diesem Hintergrund mit marxistischen Ansätzen der Geografie die Annahme, wonach die Widersprüche der kapitalistischen Akkumulation räumlich auch in ungleichen Entwicklungen und einer widersprüchlichen Geographie, etwa zwischen städtischen Zentren und ländlichen Peripherien, zum Ausdruck kommen (vgl. Harvey 1982, S. 417). Zudem wird Raum auch hier nicht lediglich als „Bühne" verstanden, auf der ökonomische Akteur:innen agieren (vgl. Herod 1997, S. 15). Stattdessen werden Räume als aktiv durch den Akkumulationsprozess hervorgebracht verstanden. Die *Labour Geography*, der dieser Sammelband gewidmet ist, hat zudem eingefordert, nicht lediglich dem Kapital und seinem Akkumulationsprozess eine aktive Rolle bei der Erzeugung und Gestaltung von Räumen einzuräumen, sondern zusätzlich die Bedeutung der Handlungsweisen der Arbeiter:innen bei der Erzeugung von „Geographien der Arbeit" ernst zu nehmen (vgl. ebd.). Feministische Ansätze der *Labour Geography* haben dieser Forderung zusätzlich mit dem Verweis darauf Nachdruck verliehen, beim Blick auf das raumbezogene Produktionshandeln von Arbeiter:innen und ihre Kämpfe um bessere Arbeits- und Produktionsbedingungen nicht das Reproduktionshandeln und die Kämpfe um bessere Reproduktionsbedingungen aus dem Blick zu verlieren (vgl. Doutch 2024, S. 78; Dutta 2020, S. 1360 f.).

Der vorliegende Beitrag unterstützt diese Forderungen, weicht allerdings auf den ersten Blick von einer *Labour Geography*-Perspektive ab. Statt primär auf das Akteur:innenhandeln von Arbeiter:innen zu fokussieren, wird hier der handlungsstrukturierende Einfluss ländlich peripherisierter Räume auf die soziale Reproduktion der Arbeiter:innenklasse in den Fokus gerückt. Dass Räume Lebenschancen ungleich strukturieren, wird in ländlich-peripherisierten Regionen nämlich besonders deutlich: Ein Mangel an existenzsichernden Beschäftigungsverhältnissen (insbesondere für Geringqualifizierte), ein kaum vorhandener Personennahverkehr und der Abbau von Infrastrukturen schränken Teilhabechancen, insbesondere sozial vulnerabler Bevölkerungen, stark ein (vgl. Haubner et al. 2022). Diese Schwerpunktsetzung auf die handlungsstrukturierende Macht peripherisierter Räume geschieht nicht, um die Bedeutung des Akteur:innenhandelns in Abrede zu stellen. Sie resultiert stattdessen aus der empirisch-fallbezogenen Einsicht in die Macht von Peripherisierungsprozessen, die Reproduktionsressourcen von Arbeiter:innen unter bestimmten räumlichen Bedingungen zu schwächen und die materiellen Voraussetzungen ihrer Handlungsfähigkeit einzuschränken. Räumlich ungleiche Machtressourcen und ihre Folgen, so die zugrundeliegende Überzeugung, müssen in der *Labour Geography* stets in Rechnung gestellt werden, um die Handlungsweisen und -möglichkeiten von Arbeiter:innen einschätzen zu können.

Ausgehend von der wirtschaftsgeografischen Einsicht, wonach Klassenlagen immer auch räumlich konstituiert sind (vgl. Massey 1995, S. 57, 187 ff.), richtet der Beitrag seinen Blick auf die räumlich verfassten, krisenhaften Bedingungen der sozialen Reproduktion der unteren Arbeiter:innenklasse in vier ländlichen Armutsräumen West- und Ostdeutschlands. Als untere ländliche Arbeiter:innenklasse werden hier überwiegend geringqualifizierte, abhängig Beschäftigte bzw. Beschäftigungslose bezeichnet, die als Hilfsarbeiter:innen in der Landwirtschaft, als Angelernte in der Industrie und in den Niedriglohnbereichen von Gastronomie, Tourismus, Einzelhandel, Logistik oder Gesundheits- und Sozialsektor im Einsatz waren oder sind und die an anderer Stelle als „neues Landproletariat" eingeführt wurden (vgl. Haubner und Laufenberg 2023, S. 11 f.). Der Begriff Armutsräume bezeichnet daneben Räume, die durch multidimensionale Peripherisierungsprozesse entstehen und durch eine rurale Struktur (geringe Siedlungsdichte, relative Distanz zu größeren Städten), eine vergleichsweise hohe Arbeitslosigkeit, geringe Einkommensniveaus, erhöhte private Verschuldung sowie eine prekäre kommunale Versorgungslage gekennzeichnet sind (vgl. Haubner et al. 2022, S. 254 f.). Peripherisierung als „mehrdimensionaler Prozess einer Abwertung oder Degradierung einer sozialräumlichen Einheit" (Schmalz et al. 2021, S. 29) bezeichnet sozialräumliche Machtferne, die durch Prozesse der Zentralisierung und räumlicher Machtkonzentration an anderen Orten entsteht und eingeschränkte soziale Teilhabe- und politische Partizipationschancen für die lokale Bevölkerung zur Folge hat (vgl. Neu 2010, S. 247 f.).

Den theoretischen Rahmen der Analyse bilden Theorien sozialer Reproduktion (vgl. Bhattacharya 2017), die seit vielen Jahren eine Krise sozialer Reproduktion diagnostizieren (vgl. u. a. Fraser 2017). So fruchtbar Theorien sozialer Reproduktion für das Verständnis dieser Krise sind, so bildet der Raum eine bislang von ihnen noch nicht ausreichend konzeptionell berücksichtigte Analysekategorie, ohne die jedoch die soziale Reproduktion und ihre Krise(n) nur unzureichend erfasst werden kann. Der Beitrag zielt daher auf eine Weiterentwicklung von Theorien sozialer Reproduktion in Bezug auf die Analysekategorie des Raums ab und stellt in Verbindung mit einer qualitativ-empirischen Fallstudie zu ländlich-peripherisierten Räumen in Ost- und Westdeutschland Grundlagen für eine raumsensible Reproduktionsforschung vor.

Der Beitrag ist in sechs Abschnitte gegliedert. Im folgenden Abschnitt werden zunächst konzeptionelle Leerstellen von Theorien sozialer Reproduktion in Bezug auf die Kategorie des Raums sowie fruchtbare Anschlüsse für eine soziologische Verbindung von Raum und sozialer Reproduktion vorgestellt und diskutiert. Abgerundet wird die Diskussion durch eine theoretisch-explorative Zusammenführung soziologischer Reproduktionsforschung und Raumsoziologie. Im Anschluss daran folgt, nach Angaben zum methodischen Vorgehen, eine empirische Fallstudie zur Reproduktionskrise der ländlichen Arbeiter:innenklasse, bevor der Beitrag mit einem Fazit endet.

3.2 Reproduktionstheoretische Raum- und raumanalytische Reproduktionsvergessenheit

Der aus der feministischen Ökonomie stammende und unterschiedlich verwendete Begriff der sozialen Reproduktion zielt auf die gesellschaftlichen Grundlagen für die Reproduktion menschlichen Lebens im Spannungsfeld mit den Anforderungen der auf Profitgenerierung ausgerichteten kapitalistischen Produktion ab. Die Frage, unter welchen gesellschaftlichen Bedingungen menschliche Arbeitskraft, als Quelle des Reichtums kapitalistischer Gesellschaften, immer wieder aufs Neue hergestellt wird – und damit die Frage nach der sozialen Reproduktion der Arbeiter:innenklasse – steht im Zentrum von Theorien sozialer Reproduktion (vgl. Bhattacharya 2017, S. 7). Weil menschliche Arbeits- und Lebenskraft überwiegend unbezahlt und informell in privaten Haushalten reproduziert – und nicht wie eine Ware am Fließband hergestellt wird – rückt die ökonomische Bedeutung hochgradig feminisierter Reproduktionsarbeiten wie das Gebären und Großziehen von Kindern, die Zubereitung von Mahlzeiten, Haushaltstätigkeiten oder die Pflege kranker Angehöriger im Zusammenhang mit der (Wieder-)Herstellung des Kapitalverhältnisses in den Fokus dieser Theorien. Der damit adressierte Zusammenhang zwischen der Reproduktion menschlicher Arbeits- und Lebenskraft im Alltagsleben und der (Wieder-)Herstellung der kapitalistischen Gesellschaftsordnung auf gesamtgesellschaftlicher Ebene unterscheidet den Reproduktionsbegriff vom stärker auf der Tätigkeitsebene angesiedelten *Care*-Begriff. Doch obwohl Theorien sozialer Reproduktion den Wandel gesellschaftlicher Reproduktionsbedingungen umfassend adressieren, bleibt die räumliche Dimension sozialer Reproduktion bislang *konzeptionell-theoretisch* unterbelichtet, was sich auch in einem Mangel raumbezogener Begriffsbildungen niederschlägt. Beiträge der feministischen Geographie integrieren den Raum demgegenüber zwar selbstverständlich in ihre Analyse, wenn sie sich mit Fragen sozialer Reproduktion befassen. Auffällig dabei ist jedoch, dass zahlreiche empirische Untersuchungen zu reproduktionsrelevanten Fragen theoretisch-konzeptionelle Überlegungen zum Verhältnis von Raum und sozialer Reproduktion eher vermissen lassen (etwa bei Bhattacharya 2017). So wird zwar empirisch detailliert gezeigt, unter welchen konkreten räumlich-lokalen Bedingungen soziale Reproduktion stattfindet. Wie die räumliche Dimension sozialer Reproduktion (eingedenk ihrer Besonderheiten gegenüber der kapitalistischen Produktion) jedoch theoretisch konzeptualisiert werden kann, bleibt meist ungeklärt (etwa bei Meehan und Strauss 2015 sowie Mitchell et al. 2004). Auch der Raum selbst erscheint häufig nicht näher bestimmt als „stage upon which economic actors simply interact" (Herod 1997, S. 15). Obwohl also räumliche Aspekte sozialer Reproduktion umfassend empirisch untersucht werden, fehlt es an übergreifenden Überlegungen, die die Spezifika sozialer Reproduktion raumtheoretisch reflektieren.

Im Unterschied dazu ist die räumliche Konstitution gesellschaftlicher Produktionsweisen in der radikalen Wirtschaftsgeographie theoretisch fundiert worden. Doreen Massey hat in den frühen 1980er Jahren einen Ansatz entwickelt, der, von der stets räumlichen Verfasstheit sozialer Produktionsbeziehungen ausgehend, disparate regionale Entwicklungen als Konstituens kapitalistischer Gesellschaften untersucht (vgl. 1995, S. 289). Demnach werden gesellschaftliche Produktionsweisen durch soziale Beziehungen konstituiert, die räumlich verfasst sind und die wiederum selbst Räume der Produktion erzeugen (ebd., S. 54). Klassenverhältnisse, die Verfügbarkeit und Qualität von Arbeitskraft sowie der Konflikt zwischen Kapital und Arbeit sind demnach stets räumlich konstituiert. Mit dieser Perspektive bietet Massey Theorien sozialer Reproduktion eine Inspirationsquelle für die raumtheoretische Erweiterung ihrer Analyseperspektive. Zugleich blendet sie selbst aber die Analyse der sozialen Reproduktion von Arbeitskraft aus (vgl. ebd., S. 334).

Es gibt auch Forschungsarbeiten, die den Raum in ihr Denken zu sozialer Reproduktion zentral einbeziehen und die Spezifika sozialer Reproduktion raumtheoretisch reflektieren. Hier ist etwa eine Studie der britischen Arbeitssoziologin Miriam Glucksmann (2000) über verschiedene Generationen arbeitstätiger Frauen in der britischen Textilindustrie zu nennen, in der sie Raum als Resultat eines Arrangements sozialer Beziehungen begreift (ebd., S. 133) und die Ansiedlung lokaler Industrien mit dem Wandel reproduktiver Haushaltstätigkeiten in einen Zusammenhang stellt (ebd., S. 137 ff.). Auch die amerikanische Politikwissenschaftlerin Susan Ferguson bietet raumtheoretische Anknüpfungspunkte, indem sie die Intersektionalitätsforschung mit marxistisch-feministischer Theorie verknüpft und dabei die körperlich-räumliche Verfasstheit von Arbeitskräften ins Zentrum stellt (vgl. Ferguson 2016, S. 52). Damit werden die räumliche Verortung von verschiedentlich „produktiv" arbeitenden Körpern und die für ihre Reproduktion erforderliche Arbeit zu Ausgangspunkten einer intersektionalen Ungleichheitsforschung (ebd., S. 54 sowie bei Engelhardt 2024). Die Arbeiten der britischen Soziologin Floya Anthias berücksichtigen Raum auf ähnliche Weise intersektionalitätstheoretisch als Ungleichheitsdimension (2012, S. 128). Anthias votiert für eine raumsensible und machtdynamische

Perspektive auf intersektionale Ungleichheit. An die Stelle des Fokus auf soziale Gruppen tritt bei ihr der Fokus auf soziale Orte, die in hierarchische Beziehungsgeflechte eingebettet sind und diese auch hervorbringen.

Die feministische Geographin Cindy Katz schließlich denkt soziale Reproduktion ebenfalls als räumlich konstituiert (2001, S. 711). Demnach weist die soziale Reproduktion von Arbeit im Verhältnis zum Kapital einen spezifischen, die Arbeitsseite tendenziell benachteiligenden Raumbezug auf. Das Kernargument lautet, dass die soziale Reproduktion der Arbeit aufgrund ihrer spezifischen Merkmale eine stärkere Raumbindung als das global flexible Kapital aufweist. Sie umfasst nämlich geteiltes Wissen, kulturelle Werte und Praktiken, die intergenerational, beziehungs- und ortsgebunden tradiert werden. Im Neoliberalismus steigen jedoch aufgrund internationalen Konkurrenzdrucks die Anforderungen an Kapital und Arbeit, global mobil und flexibel zu sein. Die Raumgebundenheit der reproduktionsbedürftigen Ware Arbeitskraft wirkt sich entsprechend für die Träger:innen dieser Ware ökonomisch nachteilig aus. Durch die Expansion des Marktes und den aktiven Rückzug des Staates im Neoliberalismus haben, so Katz, informelle Reproduktionstätigkeiten, die überwiegend von Frauen verrichtet werden, die Versorgungslücken füllen müssen, die privatwirtschaftliche Angebote und unzureichende sozialstaatliche Absicherung hinterlassen haben. Dieser Bedeutungszuwachs informeller Reproduktionsleistungen führt jedoch dazu, dass Arbeitskräfte stärker auf persönliche Beziehungen in ihrem sozialen Nahraum angewiesen und damit gegenüber dem globalen Kapital im Nachteil, das heißt weniger mobil und stärker ortsgebunden sind (Katz 2001, S. 716).

In Bezug auf das Interesse dieses Beitrags können wir anhand der genannten Beispiele zunächst Folgendes resümieren: Eine raumsensible Reproduktionsforschung kann Raum grundlegend als Resultat sozialer (Reproduktions-)Beziehungen (vgl. Glucksmann 2000) und damit die räumliche Verfasstheit von arbeitenden und reproduktiven Erfordernissen unterliegenden Körpern zum Ausgangspunkt ihres Raumverständnisses machen (vgl. Ferguson 2016). Dieses Raumverständnis kann außerdem ungleichheitstheoretisch akzentuiert werden, wenn die Einbettung von Räumen in hierarchische Beziehungsgeflechte als zentrale Ungleichheitsfaktoren in die Analyse einbezogen werden (vgl. Anthias 2012). Schließlich können auch die Besonderheiten sozialer Reproduktion (wie ihre spezifische Raumgebundenheit) Aufschluss über das asymmetrische Kräfteverhältnis zwischen Kapital und Arbeit im globalen Neoliberalismus geben (vgl. Katz 2001).

3.3 Wege zu einer raumsensiblen Reproduktionsforschung

Die deutsche Arbeitssoziologin Kerstin Jürgens entwickelte ein Forschungsprogramm für eine arbeitssoziologische Reproduktionsforschung (Jürgens 2009). Reproduktion wird dabei in einem doppelten Sinn als „Leistung des Erhalts von Arbeits- und Lebenskraft" konzipiert, wobei „Lebenskraft" als „Vermögen der Subjekte, externe und interne Anforderungen zu bewältigen," verstanden wird (vgl. ebd., S. 230). Diese Doppelperspektive ist gegenüber produktionszentrierten Ansätzen im Vorteil, das Wechselverhältnis zwischen Produktion und sozialer Reproduktion in den Fokus zu nehmen, ohne Produktionsarbeit (wie etwa in der Wirtschaftsgeographie Masseys) analytisch zu priorisieren.

Als besonders fruchtbar für eine Verbindung von sozialer Reproduktionstheorie und Raum erweist sich Jürgens Begriff des „Reproduktionshandelns“. Der Begriff bezeichnet die handlungsbasierte Voraussetzung des „Arbeitshandelns“ von Subjekten, das auf die Reproduktion der eigenen und fremden Arbeits- und Lebenskraft abzielt und auf sozial ungleich verteilten „Reproduktionsressourcen“ (wie Bildungsstatus, materielle Sicherheit oder mehr oder weniger gefestigten Erwerbspositionen) basiert (vgl. ebd., S. 207). Soziale Reproduktion als Handlungsweise zu verstehen, bietet einen geeigneten theoretischen Anknüpfungspunkt an raumsoziologische und arbeitsgeografische Konzeptionen, die Räume nicht als „Container“ denken und dualistisch sozialem Handeln gegenüberstellen, sondern diese als durch soziales Handeln konstituiert begreifen. Die Soziologin Martina Löw entwickelt die Grundlagen einer solchen Raumsoziologie entlang eines Raumbegriffs, der Räume als „relationale Anordnung von Lebewesen und sozialen Gütern an Orten“ versteht, wobei der Begriff der Anordnung auf das Wechselspiel von sozialem, durch Klasse und Geschlecht konstituiertem Handeln und handlungsleitenden Strukturen abzielt: „Raum entsteht im Handeln als relationale (An)Ordnung und strukturiert als solche das Handeln“ (Löw 2017, S. 210).

Für die Verbindung von sozialer Reproduktionsforschung und Raum lässt sich damit Folgendes festhalten: Soziale Reproduktion kann *erstens* als ein räumlich konstituierter Zusammenhang sozialer Reproduktionsbeziehungen und darin eingebetteten sozialen Reproduktionshandelns verstanden werden, das auf die (Wieder-)Herstellung menschlicher Arbeits- und Lebenskraft abzielt. Soziale Reproduktion lässt sich außerdem *zweitens* als Resultat sozialen Reproduktionshandelns auf der Grundlage ungleich verteilter Reproduktionsressourcen verstehen, welches Räume sozialer Reproduktion (oder Reproduktionsräume) strukturiert und von diesen wiederum strukturiert wird. Reproduktionsräume sind *drittens* durch Klasse und Geschlecht, das heißt sozial ungleich strukturiert. In Bezug auf ländliche Armutsräume lässt sich darüber hinaus folgern, dass sozialräumliche Ungleichheit und Peripherisierungsprozesse die räumlich ungleiche Verteilung von Reproduktionsressourcen verschärfen. Peripherisierte ländliche Räume können aus dieser Perspektive als eine besondere relationale (An)Ordnung sozialer Reproduktionsgüter, *Care-Giver* (als Personen, die Reproduktionsarbeit für andere verrichten) und *Care-Receiver* (Personen, die Reproduktionsleistungen in Anspruch nehmen) verstanden werden, die die Reproduktion marginalisierter Gruppen erschweren oder gar gefährden können, indem sie ihre Reproduktionsressourcen strukturell schwächen.

3.4 Methodisches Vorgehen und Datengrundlage

Die empirische Grundlage des Beitrags liefert ein 2020 begonnenes und Ende 2023 abgeschlossenes empirisches BMBF-Forschungsprojekt, in dem das teilhabefördernde Potenzial informeller Ökonomien und gemeinschaftsförmiger Reproduktionsstrategien von Armutsbetroffenen in ländlichen Armutsräumen in Deutschland untersucht wurde (zum Projekt siehe: https://doi.pangaea.de/10.1594/PANGAEA.975324).

Das Forschungsprojekt fragte unter anderem nach Formen informeller Selbsthilfe und Unterstützung in strukturschwachen ländlichen Räumen sowie nach deren Bedeutung unter den Bedingungen von Armut. Bearbeitet wurden diese Fragen mithilfe eines qualitativen Methodenmixes aus Expert:inneninterviews, problemzentrierten Interviews, Gruppendiskussionen, ethnografischen Haushaltsstudien sowie Dokumenten- und Datenanalysen. Unsere Untersuchungen fanden in vier ländlichen Armutsräumen (Landkreisen) statt, die sich paritätisch auf zwei der neuen und zwei der alten Bundesländer aufteilen. Der vorliegende Beitrag basiert auf der stufenweisen interpretativen Auswertung von insgesamt 67 Interviews mit Expert:innen aus verschiedenen armutspolitisch relevanten Bereichen sowie insgesamt 100 problemzentrierten Einzel- und einigen Paarinterviews mit Armutsbetroffenen in den vier Landkreisen. Die Expert:inneninterviews zielten auf die Rekonstruktion institutioneller Rahmenbedingungen ab und erlauben Einblicke in die subjektiven Deutungsweisen lokaler Entscheidungsträger:innen zu Armut sowie Hinweise auf damit in Verbindung stehende institutionelle Praktiken der lokalen Armutsbewältigung. Sie wurden mithilfe eines Kodierleitfadens und der darauf basierenden Erstellung umfassender Fallportraits ausgewertet. Die problemzentrierten Interviews dienten der Untersuchung der subjektiven Deutungen, Praktiken informeller Ökonomien und Gesellschaftsbilder ländlicher armutsbetroffener Akteur:innen. Sie zielten darauf ab, subjektive Perspektiven auf Bewältigungsstrategien von Ressourcenarmut, Praktiken und Formen der Selbstversorgung und des sozialen Austausches sowie Prozesse sozialer Polarisierung in ländlichen Armutsräumen zu rekonstruieren. Die problemzentrierten Interviews wurden softwaregestützt mithilfe eines MAXQDA-2022-Codebaumes sowie mithilfe von flankierenden, nach Armutsbildern, informellen Ökonomien und Teilhabedeutungen codierten Kurzportraits ausgewertet. Die Kurzportraits dienten dem Zweck, erste thematische Verdichtungen aus der softwaregestützten Kodierung festzuhalten, die für die nachfolgende Analyse besonders zentral sind. Sie ergänzen damit die im Anschluss erfolgende Auswertung der umfangreicheren digitalen Kodierungen. Unter den Armutsbetroffenen finden sich Arbeitslose, armutsbetroffene Rentner:innen sowie *Working Poor* (darunter Minijobber:innen, Teilzeitarbeitende oder Beschäftigte auf Mindestlohnbasis). Die Samples in den einzelnen Landkreisen unterscheiden sich quantitativ, weil sie nacheinander, nach den Prinzipien des *Theoretical Sampling*, ausgewählt wurden (vgl. Glaser und Strauss 1967, S. 45 ff.). Durch theoretische Sättigungen im parallellaufenden Auswertungsprozess konnte die Fallzahl in den letzten beiden Landkreisen reduziert werden. Die im nachfolgenden Kapitel vorgestellten statistischen Angaben zu den Untersuchungsregionen speisen sich aus den Statistiken der Bundesagentur für Arbeit, dem Wegweiser Kommune der Bertelsmann Stiftung, Erhebungen des Thünen-Instituts und Berlin-Instituts sowie den Regionalstatistiken der jeweiligen statistischen Landesämter. Aus Anonymisierungsgründen werden die einzelnen Angaben nicht landkreisbezogen belegt, sondern lediglich gerundet genannt. Dies ist deshalb unumgänglich, weil sich ländliche Räume durch eine vergleichsweise hohe soziale Kontrolle und mangelnde Anonymität auszeichnen, die das forschungsethische Gebot der Folgenlosigkeit qualitativer Datenerhebung für die Befragten zu einer besonderen methodischen Herausforderung macht. Das Sample ist untenstehend tabellarisch aufgeführt (siehe Tab. 3.1).

3.5 Strukturschwache ländliche Räume in der Peripherisierungs-Spirale

David Harvey beschreibt den Abzug von Kapital aus weniger profitablen Räumen als einen Prozess, der eine Spur der sozialen Verwüstung hinterlässt (Harvey 2004, S. 186). Bei allen signifikanten Unterschieden, die unsere vier Untersuchungsregionen aufweisen, teilen viele diese Spuren. Alle vier Landkreise haben sich im Zuge des ökonomischen, sozialen und demografischen Strukturwandels zu peripherisierten Armutsräumen entwickelt. Manche Landkreise sind stärker traditionell agrarisch, andere wiederum stärker industriell geprägt. Zwei liegen im Osten und zwei im Westen der Republik. Und sie weisen unterschiedliche Grade der Armutskonzentration, aber auch der Touristifizierung (das heißt der Erschließung der Räume für den sogenannten „sanften Tourismus“ mithilfe des Ausbaus von Gastronomie, Wanderwegen und Ferienunterkünften) und Zuwanderung auf. Dennoch haben sie alle mit Abwanderung, Alterung und Schrumpfung, Deindustrialisierung,

Tab. 3.1 Sample. (eigene Darstellung)

Landkreis	Befragte Expert:innen nach Kontext	Anzahl Interviews
Westdeutschland 1	Zivilgesellschaft (1), Träger der freien Wohlfahrtspflege (3), Parteipolitik (1), Kirche (1), Verwaltung (1), Leitung Sozialamt (1), Leitung Arbeitsamt (1)	9
Westdeutschland 2	Leitung und Angestellte des Arbeitsamtes (2), Leitung Sozialamt (1), Träger der freien Wohlfahrtspflege (5), Parteipolitik (1), Zivilgesellschaft (10), Kommunalverwaltung (4), Angestellter der Lokalzeitung (1), Kirche (1)	25
Ostdeutschland 1	Leitung Sozialamt (1), Leitung Arbeitsamt (1), Zivilgesellschaft (7), Kirche (1), Parteipolitik (2), Träger der freien Wohlfahrtspflege (4), Kommunalverwaltung (4)	20
Ostdeutschland 2	Leitung Sozial- und Jugendamt (2), Leitung Arbeitsamt (1), Träger der freien Wohlfahrtspflege (5), Parteipolitik (1), Kirche (1), Gewerkschaften (1), Zivilgesellschaft (2)	13
Gesamt		67
Landkreis	Befragte in problemzentrierten Interviews nach Statusgruppen	Anzahl Interviews
Westdeutschland 1	Altersarme Rentner:innen (8), Arbeitslose (6), *Working Poor* (6) (darunter 7 Männer und 14 Frauen)	21
Westdeutschland 2	Altersarme Rentner:innen (8), Arbeitslose (8), *Working Poor* (5) (darunter 9 Männer und 12 Frauen)	19
Ostdeutschland 1	Altersarme Rentner:innen (10), Arbeitslose (23), *Working Poor* (6) (darunter 17 Männer und 22 Frauen)	39
Ostdeutschland 2	Altersarme Rentner:innen (7), Arbeitslose (12), *Working Poor* (2) (darunter 8 Männer und 13 Frauen)	21
Gesamt		100

dem Strukturwandel der Landwirtschaft sowie kommunaler Verschuldung einen mehrdimensionalen Peripherisierungsprozess erlitten, der sich auch in ihrer Sozialstruktur niederschlägt.

Peripherisierungsprozesse sind wesentlich für das Verständnis ländlicher Armut und sie lassen sich in den vier Untersuchungsregionen anschaulich in Bezug auf die Wirtschafts- und Beschäftigungsstruktur nachzeichnen. Die lokalen Arbeitsmärkte wurden in den vergangenen Jahrzehnten grundlegend umstrukturiert. In den beiden westdeutschen Landkreisen haben das „Hofsterben", das heißt die durch den globalen Standortwettbewerb angetriebene Schließung landwirtschaftlicher Familien- und Kleinstbetriebe seit den 1970er Jahren, sowie die Technologisierung landwirtschaftlicher Produktionsmethoden zur Freisetzung insbesondere geringqualifizierter Arbeitskräfte beigetragen. In den ostdeutschen Landkreisen hat die Abwicklung und Privatisierung der sozialistischen Industriekombinate und landwirtschaftlichen Produktionsgenossenschaften der ehemaligen DDR (LPGs) im Zuge der Wiedervereinigung zu jäher Massenarbeitslosigkeit und im zeitlichen Verlauf zu strukturell verfestigter Langzeitarbeitslosigkeit, begleitet vom Abbau lokaler Infrastrukturen, geführt.

Dem Landatlas des Thünen-Instituts zufolge gilt die sozioökonomische Lage in allen vier Regionen als „unterdurchschnittlich", wobei sie in den beiden ostdeutschen Regionen sogar als „stark unterdurchschnittlich" eingestuft wird. Die Beschäftigungsstruktur ist geprägt von Klein- und Kleinstbetrieben, während mittelständische Unternehmen und größere Industriebetriebe als Arbeitgeber in der Minderheit sind. In allen vier Regionen dominiert der Dienstleistungssektor mit Anteilen zwischen 50 % und 60 %, während die Industrie mit Anteilen zwischen 20 % und 40 % vertreten ist und die Landwirtschaft mit Anteilen lediglich zwischen 1,7 % und 7 % kaum noch eine Rolle spielt. Diese Wirtschaftsstruktur korrespondiert mit einer (am Bundesdurchschnitt gemessen) unterdurchschnittlichen Wertschöpfung und geringen Einkommensniveaus der erwerbstätigen Bevölkerung. Zudem ist der Prekarisierungsgrad mit Anteilen von sogenannten „Aufstocker:innen" (Beschäftigte, die ihre geringen Lohneinkommen mithilfe staatlicher Leistungen der Jobcenter aufstocken) zwischen 22 % und 27 % und Personen mit Minijobs mit Anteilen zwischen 11 % und 23 % an den Beschäftigten hoch. Die Arbeitslosigkeit liegt (mit einer Ausnahme) in allen Landkreisen mit Werten zwischen 8 % und 10 % über dem Bundesdurchschnitt von etwa 6 %, wobei Langzeitarbeitslose die hartnäckige Hälfte dieser Quote bilden und ihre Verweildauern im Arbeitslosengeld-II-Bezug in allen Regionen seit einigen Jahren einen Anstiegstrend verzeichnen.

Der Blick in die statistischen Kennzahlen weist zudem auf eine Bildungs- und Qualifikationskrise in den Regionen hin. Die Schulabbruchsquote liegt zwischen 7 % und 11,7 %, die Jugendarbeitslosigkeit zwischen 4,6 % und 12,9 %. Nicht zuletzt, weil es in den Landkreisen keine Universitäten und Fachhochschulen gibt, wandern höherqualifizierte Arbeitskräfte ab und der Anteil der Beschäftigten mit akademischen Bildungsabschlüssen ist unterdurchschnittlich. Die, die zurückbleiben, sind häufig geringqualifiziert, wenig mobil und auf den lokalen Niedriglohnsektor sowie sozialstaatliche Transfers angewiesen. Die Armutsgefährdungsquoten in den Regionen betragen entsprechend zwischen 14,5 % und 20,6 %, wobei die beiden ostdeutschen Regionen in Bezug auf sämtliche Armutsindikatoren (wie Arbeitslosigkeit, Einkommensniveaus etc.) im Vergleich zu den westdeutschen Regionen stärker betroffen sind. Die hohe lokale Armutskonzentration, insbesondere in der unteren Arbeiter:innenklasse, wird schließlich auch durch den Abbau von Infrastrukturen und einen äußerst defizitären Personennahverkehr verschärft. Es herrscht allerorten Mangel an „systemrelevanten“ Fachkräften in verschiedenen Bereichen der sozialen Reproduktion: Es fehlt an Ärzt:innen, Lehrpersonal in den Schulen, Pflegekräften, Kita-Erzieher:innen und Sozialarbeiter:innen. Dies steht zusätzlich in Spannung zu gestiegenen Unterstützungsbedarfen armutsbetroffener Familien während der Corona-Pandemie.

3.6 Die soziale Reproduktionskrise der unteren ländlichen Arbeiter:innenklasse

Der globale ökonomische Bedeutungsverlust der Landwirtschaft (vgl. Benanav 2021, S. 73) und die Deindustrialisierung ab Mitte der 1970er Jahre haben die Jahrzehnte des internationalen „Booms“ zwischen 1948 und 1973, in denen un- und angelernte Arbeiter:innen Aufstiege erzielten (vgl. Raphael 2019, S. 305), mittlerweile als sich sukzessive schließendes Zeitfenster des sozialen Aufstiegs ‚von unten‘ entlarvt und unsere ländlichen Untersuchungsregionen insbesondere für die untere Arbeiter:innenklasse zu „Arbeitsgesellschaften ohne Arbeit“ (vgl. Land und Willisch 2006, S. 76) werden lassen. Dies trifft umso mehr für die ostdeutschen Bundesländer zu, die nach der Wiedervereinigung durch die Privatisierung der Betriebe und Genossenschaften eine langanhaltende Phase der strukturellen Massenarbeitslosigkeit erlebten. Während sich das global „vagabundierende“ Kapital (Katz 2001) im Gefolge von Werksschließungen und Standortverlagerungen aus den Regionen zurückzieht, bleiben weniger mobile und ressourcenschwache Arbeitskräfte zurück. Die räumliche Entkopplung von Produktion und Reproduktion wirkt sich dabei auf die soziale Reproduktion der Arbeitskräfte besonders nachteilig aus: Die „Spur der sozialen Verwüstung“ (Harvey 2004, S. 186) hinterlässt marode Strukturen der Daseinsvorsorge, die das Reproduktionsniveau der lokalen Arbeiter:innenklasse absenken und sie infolge von Einkommens-, Mobilitäts- und Bildungsarmut einem erhöhten Armuts- und Ausbeutungsrisiko aussetzen. Auf welche Weise diese peripherisierten ländlichen Reproduktionsräume die gelingende Aufrechterhaltung von Arbeits- und Lebenskraft der Arbeiter:innenklasse gefährden, wird im Folgenden anhand von vier ausgewählten Dimensionen sozialer Reproduktionsressourcen empirisch nachgezeichnet, die auf zwei Kapitel aufgeteilt sind: Erwerbsarbeit und Arbeitsmarkt sowie Bildung, Qualifikation und Gesundheit.

3.6.1 Vom Verschwinden der „einfachen Arbeit“

Existenzsichernde Erwerbsarbeit hat für die soziale Reproduktion der ehemals un- oder angelernten Land- und Industriearbeiter:innen in unseren Untersuchungsregionen an Bedeutung verloren. Im verarbeitenden Gewerbe haben der Abbau und die Technologisierung von Industriearbeitsplätzen die Nachfrage nach geringqualifizierten Arbeitskräften stark gemindert. Auch in der Agrarproduktion fehlt es aufgrund von Technologisierungs- und Automatisierungsprozessen sowie dem allgemeinen Bedeutungsverlust landwirtschaftlicher Produktion insbesondere für Geringqualifizierte an Beschäftigungsmöglichkeiten. Expert:innen aus der Arbeitsvermittlung beschreiben eine Entwicklung, die wir verdichtend als „Verschwinden der einfachen Arbeit" bezeichnen und bei der an die Stelle von landwirtschaftlichen Hilfsjobs für Un- und Angelernte sozialstaatliche Transferbezüge oder schlechtbezahlte Jobs im Einzelhandel und sozialen Dienstleistungssektor treten. Die Arbeitsbiografien der ehemaligen Land- und Industriearbeiter:innen in unserem Sample zeugen von dieser Entwicklung. Die meisten haben nach dem Verlust ihres Arbeitsplatzes keine reguläre Erwerbsarbeit mehr finden können. Insbesondere für alleinerziehende Mütter der unteren Arbeiter:innenklasse gibt es wenig Chancen auf eine ausreichend bezahlte Vollzeitstelle. Dabei verbinden sich der Mangel an Kinderbetreuungsinfrastruktur, große Entfernungen zwischen Arbeitsplatz und Wohnort mit Mobilitätsarmut und einem Arbeitsmarkt, der für Niedrig- und Geringqualifizierte außer Niedriglöhnen wenig zu bieten hat. Die lokale Sozial- und Arbeitsmarktpolitik steht dieser Entwicklung aufgrund mangelnder Arbeitsplatzangebote (insbesondere für Geringqualifizierte), kommunaler Sparauflagen und äußerst begrenzter Handlungsspielräume hilflos gegenüber. Die Leiterin eines Sozialamtes in einem der westdeutschen Landkreise spricht davon, dass etwa 6000 Langzeitarbeitslose im Landkreis seit über zehn Jahren von einer staatlichen Fördermaßname zur nächsten „rum[ge]schleppt" würden „weil wir für diese Langzeitarbeitslosen gar keine Arbeitsplätze haben".

Neben dem Verschwinden „einfacher", das heißt überwiegend manueller und geringqualifizierter Arbeit wird auch eine subjektive Entwertung verfügbarer Arbeit konstatiert. Viele der befragten Arbeiter:innen würden die Erwerbslosigkeit gar der Arbeit im Niedriglohnsektor vorziehen oder wären aufgrund der geringen Löhne gezwungen, über Leistungen der Jobcenter ihr Gehalt aufzustocken. Größere Firmen, die auch für sie infrage kämen, sind zudem zwischen 20 und 30 km entfernt. Erwerbsarbeit, so meint eine Jobcentermitarbeiterin in einem der westdeutschen Landkreise, lohne sich schlicht für viele Angehörige der ländlichen Arbeiterbevölkerung kaum noch. In allen Interviews wird zudem deutlich, dass die soziale Reproduktion mittels staatlicher Transferbezüge (wie dem „Bürgergeld", aber auch geringen Rentenbezügen) eigene und auch fremde Arbeits- und Lebenskraft, nicht zuletzt in Folge stark gestiegener Lebenshaltungskosten, nur ungenügend (wieder-)herzustellen in der Lage ist.

Längst geht es bei den Betroffenen nicht mehr um die Sicherung vergangener Lebensstandards oder gar kultureller Teilhabe. Vielmehr beschreiben unsere Interviewpartner:innen tägliche Reproduktionskämpfe an – oder vielmehr unterhalb – der Armutsgrenze. Während unserer Feldforschungsaufenthalte in den Regionen haben wir Einblicke in Haushalte erhalten, deren Lebensstandards stark von den Versprechungen der traditionell an Leistungsgerechtigkeit geknüpften BRD-Mittelschichtsgesellschaft abweichen. Der Haushalt zweier befragter langzeitarbeitsloser Landarbeiterinnen in einem baufälligen Schäferhof in einem der ostdeutschen Landkreise beispielsweise verfügt nicht einmal über warmes Wasser in der Küche (die Frauen müssen Wasser von draußen in Eimern schleppen). Im Bad gibt es nur einen Badeofen, der schon lange kaputt und dessen Reparatur zu kostspielig ist. Die beiden Frauen waschen sich daher behelfsweise mit Wasser aus einem Wasserkocher. Ein ehemaliger Forstarbeiter im selben Landkreis ist seit zehn Jahren arbeitslos und beschreibt seine materielle Lage mit den Worten „zum Sterben zu viel, zum Leben zu wenig“ – eine Redewendung, die viele Befragte in unserem Sample zur Beschreibung der sozialen Reproduktion auf lediglich überlebenssicherndem Niveau nutzen. Obwohl bei vielen von großer Scham begleitet, ist der Gang zur Tafel häufig die einzige Möglichkeit, mit geringen Löhnen und staatlichen Transferzahlungen über die Runden zu kommen. Eine alleinerziehende Mutter aus einem der westdeutschen Landkreise kann sich ein Leben ohne die Tafel, bei ihrem geringen Gehalt als ungelernte Reinigungskraft in einem Hotelbetrieb und steigenden Lebensmittelpreisen, nicht mehr vorstellen. Nicht nur ihr Fall führt drastisch vor Augen, was absolute Armut in einem der reichsten Industrieländer Europas bedeutet: „Ich hatte das jetzt vor kurzem auch gehabt, dass ich kurz vor dem ersten, genau, da war Dienstag der Tafeltag gewesen. Und ich hatte auch kaum noch was gehabt, der Kühlschrank war so leer und ich dachte, Gott sei Dank ist morgen Tafel.“

Als Folge des Mangels an auskömmlichen Beschäftigungsmöglichkeiten, Einkommensarmut und einem defizitären Personennahverkehr fristen viele ehemalige Land- und Industriearbeiter:innen ein Leben in Armut, Immobilität und sozialer Isolation. Solche Lebensbedingungen wirken sich auf die Reproduktionsressourcen der Betroffenen im langzeitlichen Verlauf desaströs aus. Armutslagen haben sich in allen vier Landkreisen mittlerweile bis in die dritte Generation verfestigt und die lokale Arbeitsvermittlung ist weniger mit aktivierender Arbeitsvermittlung als vielmehr mit den Auswirkungen kollektiver Mut- und Perspektivlosigkeit beschäftigt.

3.6.2 Verlorene Generationen in abgehängten Regionen

Bildung und Qualifikation gelten in der Regel als die zentralen Elemente erfolgreicher Armutsbekämpfung. Das Ausbrechen aus dem Zirkel mangelnder Qualifikation, Einkommensarmut, Arbeitslosigkeit und Altersarmut gelingt allerdings in den Untersuchungsregionen auch deshalb selten, weil der lokale Bildungssektor in einer akuten Krise steckt. Nicht nur fehlt es allerorten an Bildungsinfrastruktur und Lehrkräften. Die bestehenden Strukturen sind zudem derart überlastet, dass stellenweise die Zivilgesellschaft mangelhafte Bildungsangebote informell kompensiert. Die Leiterin eines Jugendclubs in einem der ostdeutschen Landkreise berichtet davon, dass einige Schulen aufgrund von Personalmangel freitags geschlossen bleiben. Der Jugendclub, der aufgrund der klammen Haushaltslage der Kommune fast ausschließlich mit der Hilfe Ehrenamtlicher betrieben wird, fängt armutsbetroffene Kinder an den Nachmittagen auf. Insbesondere Kinder aus armutsbetroffenen Familien sind die Leidtragenden des maroden regionalen Schulsektors, der auf ihre Bedürfnisse keine Rücksicht nimmt und den überdurchschnittlich viele armutsbetroffene Kinder und Jugendliche mit vorzeitigem Schulabbruch quittieren. Auch in Bezug auf die

Berufsausbildung haben Jugendliche in ländlich-peripherisierten Räumen mit besonderen Hürden wie langen Pendelstrecken und erschwertem Zugang zu lokalen Wohnungsmärkten bzw. fehlenden Internatsplätzen zu kämpfen. Ein Sozialarbeiter in einem der ostdeutschen Landkreise spricht sogar in Bezug auf die dritte und vierte Generation der Nachwendegeborenen von einer verlorenen Generation, die bildungs- und qualifikationsbezogen den Anschluss verliert, sozial und räumlich zurückbleibt.

Neben der Bildungs- und Qualifikationskrise lässt sich in den Regionen auch eine Gesundheitskrise der unteren ländlichen Arbeiter:innenklasse konstatieren. Dabei wirken zwei Dynamiken zusammen: Einerseits sind die Regionen durch akuten Personalmangel in Pflege und medizinischer Versorgung sowie eine defizitäre Gesundheitsinfrastruktur gekennzeichnet, was sich in langen Anfahrtszeiten und Wartelisten sowie medizinischer Unterversorgung niederschlägt. Eine Arbeitsvermittlerin, die im Einzelcoaching Langzeitarbeitslose in einem der ostdeutschen Landkreise betreut, gibt an, dass viele ihrer Klient:innen seit einigen Jahren keine Hausärzt:innen mehr hätten und monatelang auf ärztliche Konsultationen warten müssten. Auf der anderen Seite wirkt die sozial ungleiche Verteilung von Gesundheitsrisiken als Treiber einer klassenspezifischen Gesundheitskrise. Viele Angehörige der ländlichen Arbeiter:innenklasse leiden unter arbeitsbedingten Folgeerkrankungen wie Arthrose, Bandscheibenvorfällen oder Rheuma, die sowohl die Arbeits- als auch Lebenskraft der Betroffenen in Mitleidenschaft ziehen. In vielen Familien besiegeln Arbeitsunfälle und ihre irreversiblen Gesundheitsfolgen in der Landwirtschaft, im Bergbau oder der Fabrikarbeit eine jähe Unterbrechung der Erwerbsarbeit mit anschließender Armutsbiografie. Hinzu kommt ein nicht zuletzt durch die Corona-Pandemie verschärfter Anstieg psychischer Erkrankungen wie Depressionen oder Angststörungen, die gerade in unteren Bevölkerungsschichten am stärksten verbreitet sind (vgl. Heisig 2021). Bei einer jungen arbeitslosen Frau in einem der westdeutschen Landkreise verstärken sich psychische Erkrankungen (Depression und Angststörungen) mit bildungs- und berufsspezifischen Nachteilen solcherart, dass sie krankheitsbedingt weder einen Schul- noch einen Berufsabschluss absolviert hat. Die Aufforderungen des Jobcenters, gering bezahlte Reinigungsjobs anzunehmen, haben ihre Angststörungen zusätzlich verstärkt. Ihr einziger Ausweg ist nun die Erwerbsminderungsrente, die sie aufgrund der geringen Leistungshöhe mithilfe von Lebensmittelspenden der Tafel aufstockt. Dass sich die Gesundheitskrise schließlich auch künftig in nachwachsenden Generationen fortsetzen könnte, deutet sich im eklatanten Mangel an Kinderärzt:innen und einem Anstieg des Drogenkonsums unter armutsbetroffenen Jugendlichen im Kontext der Corona-Pandemie an, den die Leiterin des Jugendamtes in einem der ostdeutschen Landkreise mit Sorge beobachtet.

3.7 Fazit

Die sozialräumliche Ungleichheit in Deutschland manifestiert sich in der Herausbildung „innerer Peripherien“ (vgl. Schmalz et al. 2021, S. 35), in denen sich seit Jahrzehnten marginalisierte Lebens- und verfestigte Armutslagen ausbilden, die lange Zeit als überwunden galten. Wie Robert Castel über das Phänomen der sogenannten „Überzähligen“ schreibt, ist es auch in unseren Untersuchungsregionen so, „… als lösten sich nahezu hundert Jahre von Siegen über die Verwundbarkeit der Unterschichten in Luft auf“ (Castel 2000, S. 364). Diese Verwundbarkeit betrifft unmittelbar die Möglichkeit, fremde und eigene Arbeits- und Lebenskraft erfolgreich (wieder-)herzustellen und speist sich aus der räumlichen Verfasstheit klassenspezifischer Reproduktionsressourcen in peripherisierten Räumen. Nichtsdestotrotz soll hier nicht der Eindruck entstehen, dass es sich beim „neuen Landproletariat“ (vgl. Haubner und Laufenberg 2023) um passive, viktimisierte Bevölkerungsgruppen handelt, über die der gesellschaftliche Wandel lediglich hinwegfegt. Vielmehr bildet die armutsbetroffene Arbeiter:innenklasse aktiv Reproduktionsstrategien im Schatten von Arbeitsmarkt und Sozialstaat aus.

In unserem Sample finden sich mit Selbstversorgungs- und Subsistenzstrategien sowie informellen Formen der wechselseitigen Unterstützung und Nachbarschaftshilfe zwei Formen informeller Reproduktionsstrategien, die Armutsbetroffene teilweise revitalisieren, um mit wenigen Mitteln die soziale Reproduktion zu sichern. Diese Praktiken sind allerdings sehr voraussetzungsreich, arbeits- und zeitintensiv. Die Selbstversorgung im eigenen Garten erfordert nicht nur ausreichend gute Bodenqualität, Schutz vor Unwetter und körperliche Kraft. Sie setzt auch informelles Wissen und Know-how voraus, über das in der Regel nur noch einige der älteren Befragten verfügen. Auch die Nachbarschaftshilfe hat ihre Tücken, ist sie doch nach den restriktiven Regeln der Reziprozität strukturiert (vgl. Mauss 1990). Das Prinzip des Gebens und Nehmens, wonach jede Gabe eine Gegengabe erfordert, bedeutet für Armutsbetroffene, dass Hilfe anzunehmen zugleich einen Prozess der Verschuldung in Gang setzt, wenn die Gabe nicht erwidert werden kann oder wie Marcel Mauss, der Nestor der soziologischen Theorie der Gabe, schreibt: „Geben heißt Überlegenheit beweisen, zeigen, daß man mehr ist und höher steht, *Magister* ist; annehmen, ohne zu erwidern oder mehr zurückzugeben, heißt sich unterordnen, Gefolge und Knecht werden, tiefer sinken, *Minister* werden“ (Mauss 1990, S. 170 f.; Hervor. i. Orig.). Als Alternative zu Subsistenz und Nachbarschaftshilfe lindern daher häufig die Angebote der Tafeln, Sozialkaufhäuser und Kleiderkammern grassierende Versorgungsengpässe.

Wenngleich das informelle Reproduktionshandeln der unteren Arbeiter:innenklasse auf eine aktive und auch kreative Bewältigung von Mangel und Armut verweist, so stärkt es durch die damit verbundene Angewiesenheit auf prekäre, informelle, oftmals familiäre Unterstützungsstrukturen zugleich die sozialräumliche Immobilität und Verwundbarkeit der Betroffenen. Diese manifestiert sich in der räumlichen Ausweglosigkeit der eigenen Lage und einer daraus resultierenden hohen Konzessionsbereitschaft, zu nehmen, was man kriegen kann, seien es Almosen oder schlecht bezahlte Jobs im lokalen Niedriglohnsektor. Zudem bergen auch die informellen Bewältigungsstrategien Risiken, wenn Selbstversorgung zu Überforderung führt, am Nachlassen körperlicher Kräfte im Alter scheitert oder wenn aus der Unfähigkeit, fremde Hilfe zu erwidern, sozialer Rückzug folgt.

Solche Einblicke in die Reproduktionsbedingungen ländlich-peripherer „Arbeitsgesellschaften ohne Arbeit“ (Land und Willisch 2006, S. 76) in einer der reichsten Industrienationen des globalen Nordens sind für eine *Labour Geography* trotz ihrer

„strukturalistischen Schlagseite“ relevant. Sie weisen nämlich auf die strukturell erzeugte Verwundbarkeit der reproduktionsbedürftigen Arbeit gegenüber dem „global vagabundierenden Kapital“ (Katz 2001) und auf Einschränkungen der raumbezogenen Handlungs- und Reproduktionsfähigkeit von Arbeiter:innen hin. Um „labor's role in making the economic geography of capitalism“ (Herod 1997, S. 1) zu verstehen, sollte eine reproduktionssensible *Labour Geography* daher nicht nur dieses Handeln selbst, sondern auch seine strukturellen Grenzen in den Blick nehmen.

Danksagung Hiermit danke ich den Herausgeber:innen und Gutachter:innen herzlich für die hilfreichen Anregungen und Kritik.

Literatur

Anthias, Floya. 2012. Hierarchies of social location, class and intersectionality: towards a translocational frame. *International Sociology* 28(1):121–138.

Benanav, Aaron. 2021. *Automatisierung und die Zukunft der Arbeit*. Frankfurt am Main: Suhrkamp.

Bhattacharya, Tithi (Hrsg.). 2017. *Social reproduction theory. Remapping class, recentering oppression*. London: Pluto Press.

Castel, Robert. 2000. *Die Metamorphosen der sozialen Frage. Eine Chronik der Lohnarbeit*. Konstanz: UVK.

Doutch, Michaela. 2024. Globale (Re-)Produktionsnetzwerke aus feministischer Labour-Geography-Perspektive. Leben und Alltagskämpfe von kambodschanischen Bekleidungsarbeiter*innen. *PROKLA* 54(1):77–97.

Dutta, Madhumita. 2020. Workplace, emotional bonds and agency: Everyday gendered experiences of work in an export processing zone in Tamil Nadu, India. *EPA: Economy and Space* 52(7):1357–1374.

Engelhardt, Anne. 2024. Turbulenzen in der Flugindustrie. Arbeitskämpfe gegen den metabolischen Riss der sozialen Reproduktion. *PROKLA* 54(1):53–74.

Ferguson, Susan. 2016. Intersectionality and social-reproduction feminisms. Toward an integrative ontology. *Historical Materialism* 24(2):38–60.

Fraser, Nancy. 2017. Crisis of care? On the social reproductive contradictions of contemporary capitalism. In *Social reproduction theory. Remapping class, recentering oppression*, Hrsg. Tithi Bhattacharya, 21–36. London: Pluto Press.

Glaser, Barney, und Anselm Strauss. 1967. *The discovery of grounded theory. Strategies for qualitative research*. New York: Aldine.

Glucksmann, Miriam. 2000. *Cottons and casuals. The gendered organization of labour in time and space*. London: Routledge.

Gohla, Vera, und Martin Hennicke. 2023. *Ungleiches Deutschland. Sozioökonomischer Disparitätenbericht 2023*. Berlin: Friedrich-Ebert-Stiftung.

Harvey, David. 1982. *The limits to capital*. Oxford: Basil Blackwell.

Harvey, David. 2004. Die Geographie des „neuen Imperialismus“: Akkumulation durch Enteignung. In *Die globale Enteignungsökonomie*, Hrsg. Christian Zeller, 183–215. Münster: Westfälisches Dampfboot.

Haubner, Tine, und Mike Laufenberg. 2023. Das neue Landproletariat: Klassentheoretische Überlegungen zur Pauperisierung in ländlichen Peripherien. *Arbeits- und Industriesoziologische Studien* 16(1):10–24.

Haubner, Tine, Mike Laufenberg, und Laura Boemke. 2022. Zweiklassengesellschaften auf dem Land: Rurale Armutsräume im Spannungsfeld von Aufwertungs- und Peripherisierungsprozessen. In *Ungleiche ländliche Entwicklung: Widersprüche, Konzepte und Perspektiven* Buchreihe

Kritische Landforschung, Bd. 2, Hrsg. Bernd Belina, Andreas Kallert, Michael Mießner, und Matthias Naumann, 253–270. Bielefeld: transcript.

Heisig, Jan Paul. 2021. Soziale Ungleichheit und gesundheitliches Risiko in der Pandemie. In *Corona. Pandemie und Krise*, Bd. 10714, 332–344. Bonn: Bundeszentrale für politische Bildung.

Herod, Andrew. 1997. From a geography of labor to a labor geography: Labor's spatial fix and the geography of capitalism. *Antipode* 29(1):1–31.

Immel, Lea, und Andreas Peichl. 2020. 2020. Regionale Ungleichheit in Deutschland: Wo leben die Reichen und wo die Armen? *ifo Schnelldienst* 73(5):43–47.

Jürgens, Kerstin. 2009. *Arbeits- und Lebenskraft. Reproduktion als eigensinnige Grenzziehung*, 2. Aufl., Wiesbaden: VS.

Katz, Cindy. 2001. Vagabond capitalism and the necessity of social reproduction. *Antipode* 33(4):709–728.

Land, Rainer, und Andreas Willisch. 2006. Die Probleme mit der Integration. Das Konzept des ‚sekundären Integrationsmodus'. In *Das Problem der Exklusion*, Hrsg. Heinz Bude, Andreas Willisch, 70–93. Hamburg: Hamburger Edition.

Löw, Martina. 2017. *Raum-Soziologie*. Frankfurt am Main: Suhrkamp.

Massey, Doreen. 1995. *Spatial divisions of labour. Social structures and the geography of production*. London: Palgrave Macmillan.

Mauss, Marcel. 1990. *Die Gabe. Form und Funktion des Austauschs in archaischen Gesellschaften*. Frankfurt am Main: Suhrkamp.

Meehan, Katie, und Kendra Strauss (Hrsg.). 2015. *Precarious worlds. Contested geographies of social reproduction*. University of Georgia Press.

Mitchell, Katharyne, Sallie A. Marston, und Cindi Katz (Hrsg.). 2004. *Life's work. Geographies of social reproduction*. Malden: Blackwell.

Neu, Claudia. 2010. Land- und Agrarsoziologie. In *Handbuch spezielle Soziologien*, Hrsg. Georg Kneer, Markus Schroer, 243–261. Wiesbaden: VS.

Raphael, Lutz. 2019. *Jenseits von Kohle und Stahl. Eine Gesellschaftsgeschichte Westeuropas nach dem Boom*. Frankfurt am Main: Suhrkamp.

Schmalz, Stefan, Sarah Hinz, Ingo Singe, und Anna Hasenohr. 2021. *Abgehängt im Aufschwung. Demografie, Arbeit und rechter Protest in Ostdeutschland*. Frankfurt am Main: Campus.

Der metabolische Riss in der sozialen Reproduktion: Räumliche Kämpfe um körperliche Unversehrtheit im portugiesischen und brasilianischen Hafensektor

4

Anne Engelhardt

Inhaltsverzeichnis

Zusammenfassung

Arbeiter:innen sind der Notwendigkeit ausgesetzt, sich durch Schlaf, Heilung, Nahrung, Kleidung und Weiteres zu reproduzieren. Andererseits müssen sie arbeiten und produzieren, um ihre soziale Reproduktion und die ihrer Angehörigen finanzieren zu können. Die räumlichen Kämpfe, wo und wie soziale Reproduktion ausgeübt wird oder werden kann, gleichen einem Tauziehen zwischen Arbeiter:innen auf der einen Seite und kapitalistischen Unternehmen und staatlichen Institutionen auf der anderen Seite. Während die Arbeiter:innenbewegung Reproduktionszeit und -räume verteidigt, versucht die Kapitalseite sie vollständig für die Akkumulation von Kapital zu vereinnahmen. In diesem Beitrag analysiere ich mithilfe des Konzeptes des Metabolismus der sozialen

A. Engelhardt (✉)
Sozialwissenschaftliche Fakultät, Georg-August-Universität Göttingen, Göttingen, Deutschland
E-Mail: anne.engelhardt@uni-goettingen.de

M. Doutch et al. (Hrsg.), *Arbeitswelten*, https://doi.org/10.1007/978-3-662-70955-9_4

Reproduktion, wie Arbeitende sich für ausreichende Reproduktionsräume einsetzen, um die eigene körperliche Unversehrtheit zu schützen. Ich untersuche am Beispiel der Hafenarbeit in Brasilien und Portugal, auf der Grundlage von zwischen 2015 und 2019 geführten qualitativen Interviews mit Beschäftigten und Gewerkschaftsrepräsentant:innen, wie sich dieses Tauziehen um Reproduktionsraum auf die arbeitenden Körper der Kolleg:innen auswirkt und sich zum Teil in deren Arbeitskämpfen widerspiegelt.

Schlüsselwörter: Metabolismus der sozialen Reproduktion, metabolischer Riss, Hafenarbeit, Arbeitsschutz, Brasilien, Portugal

Abstract

Workers face the necessity of reproducing themselves through sleep, healing, food, clothing and more. They must work and produce in order to finance their social reproduction and that of their families. The spatial struggles over where and how social reproduction is, or can be realized, resemble a tug-of-war between workers on the one hand and capitalist companies and state institutions on the other. While the labour movement defends reproductive time and space, these are in turn sought to be appropriated entirely for the accumulation of capital. In this article, I use the concept of the metabolism of social reproduction to analyze how workers fight for sufficient reproductive spaces to protect their own bodily integrity. Using the example of port work in Brazil and Portugal, based on qualitative interviews with workers and union representatives conducted between 2015 and 2019, I examine how this tug-of-war for reproductive space affects the working bodies of port employees and is partly reflected in their labour struggles.

Keywords: social reproduction, metabolism, metabolic rift, ports, working conditions, Brazil, Portugal

4.1 Einleitung

In diesem Beitrag steht die Frage im Raum, inwiefern sich neoliberale kapitalistische Praktiken – wie Flexibilisierung und Verdichtung von Arbeit – vor allem auf die Körper der Arbeiter: innen an den Häfen Lissabon (Portugal) und Santos (Brasilien) auswirken. Um diese systematische Verknüpfung zwischen der spezifischen Konjunktur des Kapitalismus und den Auswirkungen auf Körper von Lohnabhängigen aufzudecken und zu analysieren, habe ich einen theoretisch-konzeptionellen Analyserahmen entwickelt, der den arbeitenden Körper als Maßstabebene ins Zentrum der Analyse von Kämpfen stellt.

Ein Großteil der Konflikte von Arbeiter:innen an logistischen Knotenpunkten, wie etwa Häfen in Brasilien und Portugal, dreht sich nicht nur um Lohnfragen, sondern umfasst in einem weiteren Sinn auch Arbeits- und Gesundheitsschutz. Im Wesentlichen stehen dabei die Reproduktion des eigenen Körpers und damit der Arbeitskraft im Mittelpunkt. Hierfür benötigen die Beschäftigten nicht nur Zeit, sondern auch spezifische Räumlichkeiten. Sowohl der Arbeitsplatz als auch der eigene Wohnraum müssen so gestaltet sein, dass Arbeitende sich ausreichend ausruhen können und andererseits auch nicht durch gefährdende Arbeitsräume so zu Schaden kommen, dass sie nicht mehr in der Lage sind, sich selbst und Angehörige zu versorgen. Dieses „zu Schaden kommen" bezeichne ich auf der Maßstabsebene des arbeitenden Körpers als metabolischen Riss.

Anhand des Konzepts des Metabolismus (Stoffwechsel) der sozialen Reproduktion (Marx 1957: 588) analysiere ich, wie sich neoliberale Praktiken – wie Flexibilisierung und Verdichtung von Arbeit – vor allem auf die Körper der Arbeitenden an den Häfen Lissabon (Portugal) und Santos (Brasilien) auswirken. Die kapitalistische Produktionsweise ist darauf angewiesen, Arbeitszeit und -räume möglichst gewinnbringend und effizient zu verwerten. Simon Schaupp (2024, S. 55 ff.) spricht von der „Nutzbarmachung" der Natur, die auch die Körper der Arbeitenden sowie ihre Reproduktionsräume und -zeiten mit einbezieht. Zwischen Arbeit und Kapital entstehen aus diesem Druck Konflikte darüber, wie viel Arbeitskraft die Kapitalseite verbrauchen kann und ob den Arbeitenden für die eigene Reproduktion ihrer Arbeitskraft ausreichend Raum und Zeit bleibt. Den Metabolismus der sozialen Reproduktion im Kapitalismus stelle ich als ein Tauziehen um produktive und reproduktive Zeit und Räumlichkeit dar. Prekäre Ausbeutungsverhältnisse sind durch die ständige Gefahr gekennzeichnet, dass dieser Metabolismus, in dem die Arbeitenden produzieren und sich reproduzieren, gestört oder zerstört wird, was sich in der Konsequenz als Schaden beziehungsweise Gewalt gegen den arbeitenden Körper auswirkt. Der metabolische Riss in der sozialen Reproduktion führt zur Unverfügbarkeit der betroffenen Arbeitenden für den Arbeitsmarkt und hat zugleich auch zur Folge, dass Betroffene (vorübergehend oder dauerhaft) nicht mehr in der Lage sind, für sich selbst und ihre Angehörigen zu sorgen. Der Riss ist an den Häfen insbesondere durch schwere und tödliche Verletzungen, Traumatisierung und Depression, chronische Müdigkeit und steigende Fehlzeiten gekennzeichnet. Ausgehend von dieser materialistischen feministisch-ökologischen Linse werde ich meine empirischen Erkenntnisse mit Blick auf die Häfen von Lissabon und Santos aufbereiten und darlegen, wie Arbeiter:innen prekäre Arbeitsbedingungen erleben und sich dagegen wehren.

Methodisch geleitet ist dieses Kapitel zum einen durch die Erhebung von 36 teilstandardisierten Interviews, von denen in diesem Beitrag zwölf konkret verwendet werden, die ich im Anhang anonymisiert aufliste. Unterfüttert werden die Interviews zum anderen durch teilnehmende Beobachtungen von Demonstrationen und Versammlungen zwischen 2012 und 2019, die ich in einem Forschungstagebuch festgehalten habe. Des Weiteren stützt sich die Untersuchung auf sekundäre Studien, die sich mit körperbezogenen und reproduktiven Konflikten an den Häfen Lissabon und Santos beschäftigen.

Das Kapitel beginnt mit einem Literaturüberblick über Forschungen in der *Labour Geography* zu Arbeit im Logistiksektor und dem darin marginalen oder fehlenden Konzept des arbeitenden Körpers als Teil von Natur und der sozialen Reproduktion. Anschließend schlage ich eine materialistische Konzeptualisierung des Stoffwechsels zwischen Produktion und Reproduktion vor, bei der der arbeitende Körper die

Maßstabsebene des metabolischen Risses darstellt. Darauf aufbauend analysiere ich im letzten Teil des Kapitels konkrete räumliche Konflikte zum Erhalt des Metabolismus der sozialen Reproduktion der Arbeitenden an den Häfen in Lissabon und Santos und wie diese sich körperlich auswirken. Dabei stehen insbesondere drei räumlich eingeschriebene Konflikte im Zentrum: die Wartung von Maschinen, der Zugang zu Pausenräumen und die Reinigung von Arbeitskleidung.

4.2 Der arbeitende Körper, *Labour Geography* und Logistik

Mit der Globalisierung sowie dem Offshoring und Outsourcing von Produktionsnetzwerken in den Globalen Süden haben sich diverse Forschungen in den letzten 20 Jahren damit befasst, welche Rolle den logistischen Prozessen in diesen globalen Verflechtungen zukommt. In dem Zusammenhang wurde unter anderem festgehalten, dass Firmen, die den Transport von Waren organisieren und damit die Verknüpfung von Produktions- und Handelsstandorten herstellen, mit Konzernen aus Handel und Produktion um den „global supply chain master" ringen (Plehwe 2001, S. 59). Im Zuge dessen haben sich Wissenschaftler:innen aus dem Bereich der Humangeographie zunehmend mit der Rolle der Logistik auseinandergesetzt. Wie Neil Coe (2020) konstatiert, ist Logistik selbst zu einem eigenen interdisziplinären Forschungsfeld der Sozial- und Geisteswissenschaften aufgestiegen, in dem sich verschiedene Blickwinkel zusammenfinden (siehe dazu auch Bonacich 2009; Alimahomed-Wilson 2019). Hierzu zählen aus der Sicht von Coe (2020, S. 2) die Analyse von Räumen und Städten durch die Entwicklung logistischer Infrastrukturen; Logistik im Rahmen der globalen Produktionsnetzwerke; Arbeit in Logistiknetzwerken und die Frage von Gewalt durch und in Infrastrukturen (ebd.). Im Zuge der unterschiedlichen Debatten zu Logistik hat sich auch die *Labour Geography* und neben ihr die *Critical Logistics* mit Arbeitsbedingungen, Unterbrechungen und Arbeitskonflikten auseinandergesetzt (siehe hierzu Herod 2001; Chua et al. 2018).

Eine spezifische theoretisch-konzeptionelle Lücke, die diese relevanten Forschungen aufweisen, ist jedoch die marginale oder fehlende Analyse der sozialen Reproduktion der Arbeitskräfte und die Auswirkungen der Arbeit in logistischen Infrastrukturen *auf den arbeitenden Körper*. Viele Studien zu Arbeitsbeziehungen und Konflikten in der Logistik oder globalen Lieferketten tendieren dazu, Arbeiter:innen als erweiterten Teil des Arbeitsprozesses darzustellen und vernachlässigen die Analyse der Reproduktionsaspekte der Arbeit (vgl. Doutch 2022). Ohne die Analyse der reproduktiven Seite der Arbeit bleibt aber ein entscheidender Teil des Lebens dieser Menschen unsichtbar, insbesondere verkörperte Erfahrungen mit der Transportarbeit in Verbindung mit Gewalt, Austerität und Veränderungen im Arbeitsrecht sowie Kämpfen darum.

Im Folgenden führe ich mein Konzept des Metabolismus der sozialen Reproduktion und den metabolischen Riss im Zusammenhang mit diesem Theorem näher aus. Darauf aufbauend analysiere ich den arbeitenden Körper – als Maßstabsebene bzw. „Scale" des Kampfes gegen den metabolischen Riss – entlang der Theorie der sozialen Reproduktion. Zusammen bilden diese Konzepte das Potenzial, die oben benannte Lücke anzugehen und sie mit einer räumlichen und materialistisch-feministischen Perspektive zu bearbeiten.

4.3 Der Metabolismus der sozialen Reproduktion

Der Kapitalismus ist darauf angewiesen, dass die Arbeitskraft sich selbst reproduziert, da er selbst keine Arbeitskraft herstellen kann. Er profitiert von der Reproduktion und der überwiegend unbezahlten oder schlecht bezahlten Arbeit, die Menschen als potentielle Arbeitskräfte zur Welt bringt, sich ihrer annimmt, um sie zu reinigen, zu unterrichten, zu ernähren, zu heilen und zu kleiden, damit sie im Austausch gegen den Lohn arbeiten können. Dabei ist wichtig zu betonen, dass Menschen nicht mit dem Ziel, Lohnarbeit zu leisten, geboren werden und sich reproduzieren. Für die Analyse der Auseinandersetzungen um Arbeits- und Gesundheitsschutz stellt dieser angewandte Funktionalismus jedoch ein sinnvolles Instrument dar, wie ich im Folgenden aufzeigen werden (zur weiteren kritischen Reflektion und Diskussion hierzu siehe Haubner 2024).

Die interne Beziehung zwischen Produktion und Reproduktion lässt sich nicht trennen. Beide Seiten sind Teil eines gesellschaftlich konstruierten Metabolismus, der den arbeitenden Körper im kapitalistischen System hervorbringt und aufrechterhält (Ferguson 2016, S. 49–50). Das latente oder in einigen Sektoren offensichtliche Risiko eines Risses in diesem Stoffwechsel bzw. Metabolismus birgt große und manchmal auch tödliche Gefahren. Marx verwendete den Begriff Stoffwechsel oder Metabolismus, um über „die komplexen Interdependenzen zwischen Mensch und Natur" nachzudenken (Foster 1999, S. 381, eigene Übersetzung). Das Konzept Metabolismus drückt die Idee eines zirkulären Prozesses aus, in dem die natürlichen Ressourcen zum Leben und Überleben ständig reproduziert werden (ebd.). Während die Natur Gebrauchswerte hervorbringt, können diese nur durch menschliche Arbeit, die diese Produkte erntet, verwertet und transportiert, in einen Tauschwert umgewandelt werden. Gleichzeitig wird das Gefäß für die Arbeitskraft – der arbeitende menschliche Körper selbst – aus der Natur geboren. Die Natur bildet also den Boden für diesen Austausch. Sie liefert buchstäblich die physische und materielle Grundlage für Industrien und Infrastrukturen (ebd., S. 387).

Eine der Grundvoraussetzungen für das Funktionieren des Kapitalismus ist an dieser Stelle die Ausbeutung der menschlichen Fähigkeit, mehr zu arbeiten, als für die Reproduktion ihrer selbst und ihrer Angehörigen notwendig ist. Die kapitalistische Gesellschaft kennt viele Wege, um den Fluss der zusätzlichen Zeit von der privaten und reproduktiven Seite der Arbeitenden in den Bereich der Waren- und Dienstleistungsproduktion umzuleiten. Die zeitlichen und räumlichen Konflikte darum, wo und wie die Arbeit ausgeübt wird, ähneln einem Tauziehen. Während Arbeiter:innenbewegungen die Reproduktionszeiten und -räume verteidigen, versucht die kapitalistische Seite, sie weitgehend für die Kapitalakkumulation und Kommodifizierung zu vereinnahmen. Die Überschreitung der Grenzen führt zu vielen verschiedenen

Verstößen gegen Arbeitsschutzbestimmungen, die selbst auch erst erkämpft und in Staatsapparate eingeschrieben wurden. Generell ist der Metabolismus durch ein ständiges Hin und Her geprägt, bei dem die zeitlichen und räumlichen Grenzen in Bezug auf die Reproduktion des Arbeitskörpers Teil des erweiterten Klassenkampfes und Teil sozialer Konflikte sind (Engelhardt 2024).

4.3.1 Der Körper als Maßstabsebene des metabolischen Risses

Jede Form von Arbeit wirkt sich anders auf den Körper aus und schreibt sich in die Trägerin des variablen Kapitals ein (Poulantzas 2014, S. 29). Auch der metabolische Riss drückt sich ganz konkret am Körper auf unterschiedliche Weise aus (vgl. Cufré und Engelhardt 2024). Humangeographische und materialistische feministische Ansätze wie die Theorien der sozialen Reproduktion, die sich dezidiert mit dem Körper und der Kommodifizierung der Reproduktionsarbeit befassen, sind hilfreich, um den arbeitenden Körper in eine breitere räumliche, politökonomische und ökologische Analyse von Reproduktion und Arbeitsbedingungen einzubetten (Orzeck 2007; Fracchia 2008; Federici 2020). Auf einer abstrakteren Ebene werden Menschen zu Arbeitenden „im doppelten Sinn, durch die biologische Reproduktion und als Träger:in der Arbeitskraft“ (Bhattacharya und Ferguson 2018, eigene Übersetzung).

Die Theorie der sozialen Reproduktion liefert uns damit eine Linse, mit der wir die Kapitalakkumulation aus der Sicht dieser genutzten und reproduzierten Arbeiter:innen und ihrer Bedürfnisse, Wünsche, Gedanken und Möglichkeiten des Widerstands jenseits des Arbeitsplatzes betrachten können. Die Theorie integriert die soziale Sphäre der Arbeitenden, wie den Wohnraum oder die Teeküche, in das soziale Ganze des Kapitalismus, ohne jedoch den Arbeitsplatz bei der Betrachtung der Reproduktionssphäre zu vernachlässigen. Denn die soziale Reproduktion der Arbeitskraft durchdringt sowohl wirtschaftlich im Sinne von Konsum (Schild 2019, S. 27) als auch räumlich nicht nur den Haushalt oder den Raum außerhalb der Produktionsstätten, sondern auch die Produktions- und Distributionssphären beziehungsweise Orte der Lohnarbeit selbst (vgl. Doutch 2021). Pausen zum Ausruhen, zum Essen und zum Atmen an der frischen Luft sind ebenfalls Teil der sozialen Reproduktion der Körper der Arbeitenden, die am Arbeitsplatz nötig sind. Darüber hinaus gibt es Einrichtungen wie Krankenhäuser, Kantinen, Kindergärten, die die Reproduktion der Arbeitskraft auf verschiedenen (staatlich oder privatwirtschaftlich regulierten) Ebenen ermöglichen. Vor allem öffentliche Unternehmen sind Teil der Staatsapparate und integrieren daher die Rolle des Staates in die soziale Reproduktion des Körpers.

Wie Veronica Schild (2019, S. 27) hervorhebt, umfasst soziale Reproduktion räumlich betrachtet daher

> „not only the relationships between households and workplaces but all institutions and processes through which labor power is renewed.“

Der arbeitende Körper, der durch die soziale Reproduktion hergestellt wird, ist dabei durch seine Klassenposition und seine Beziehung zu den Produktionsmitteln geformt und gestaltet. Die vorwiegend angloamerikanischen Wissenschaftler:innen der radikalen Geographie betonten die Räumlichkeit des Kapitalismus und die Rolle der Kapitalakkumulation bei der Schaffung ungleicher Entwicklungen zwischen verschiedenen Orten (vgl. Wissen und Naumann 2008, S. 379). Der übergreifende erkenntnistheoretische Ansatz der radikalen Geographie ermöglicht es zu untersuchen, wie sich die abstrakten Prozesse der Kapitalakkumulation und -zirkulation auf pulsierende Weise in Städten, Dörfern, Arbeitsplätzen und Beziehungen durchsetzen. Dieser Prozess wird hier als pulsierend bezeichnet, weil diese Bewegung in drei Schritten zusammengefasst werden kann: räumliche Konzentration, Ausbreitung und Rückkehr (vgl. Das 2017).

Reecia Orzeck (2007, S. 501) argumentiert bezogen auf diese räumliche Erzählung:

> „What is frequently left out of this narrative is that the continual differentiation of spaces from one another uneven development is always also the differentiation of bodies from one another. The division of space is incomprehensible without the division of labour."

Diese Prozesse, in denen der Körper rassifiziert, vergeschlechtlicht und verwundet wird, sind selbst räumlich eingebettet in die pulsierende Bewegung des Kapitals. Durch die Ausweitung und Entwicklung von Technologien zur Neuordnung der Kapitalzirkulation und -akkumulation werden auch die gesellschaftlichen Aspekte der Arbeit immer wieder aufgebrochen. Massen von Kapital und Arbeit werden von einem Produktionssektor in den anderen geworfen (Marx 1957, S. 512 f.). Diese pulsierende Dynamik führt zu einer ständigen Umwälzung der Waren selbst, da Arbeitende von der Veränderung des Produktionssektors betroffen sind, was eine Veränderung des Reproduktionsregimes der Arbeitskraft erfordert. Neue Formen der Organisation von Familie, Ernährung, Bildung, Gesundheit und mehr müssen entstehen. Die Arbeitenden brauchen neue Gebrauchswerte, zum Beispiel Waren (mehr eiweißhaltige Nahrung, Koffein), die auf die Veränderungen im Produktionssektor reagieren und bestimmte Arten von Arbeitskraft bereitstellen. Diese variieren von Region zu Region und von Branche zu Branche (Flather 2013, S. 344). Die räumlichen Lebens- und Reproduktionsbedingungen geben auch vor, welche Arbeitskräfte weite Strecken zurücklegen und sogar länger migrieren müssen, um einen Job zu bekommen und in schlecht bezahlten und mit hoher Wahrscheinlichkeit unsicheren Branchen zu arbeiten (Ferguson 2008, S. 52). Die Infrastruktur und die Reproduktionsräume markieren und rassifizieren daher häufig ihre Bewohner:innen und Nutzer:innen. Die Körper der Arbeitenden sind demnach mit Klassenpositionen, Ausbeutung, historischen und räumlichen Prozessen verwoben – und zwar wechselseitig, denn die Kämpfe der Arbeitenden haben immer auch die Geschichte und die Geographien der Arbeits- und Kapitalkonzentration geprägt (Herod 2001).

4.3.2 Raumkämpfe gegen den metabolischen Riss

Räumliche Konflikte um den metabolischen Riss drehen sich sowohl um die Orte der Produktion als auch der Reproduktion. Das Kapital braucht Arbeitsräume, in denen sich das „aufgehäufte" Kapital konzentriert (Harvey 2015, S. 177). Daher sind der Aufbau und die Investition von und in Arbeitsräume eine Notwendigkeit, die der

Kapitalakkumulation innewohnt. Was ihr jedoch nicht innewohnt, sind jegliche Prozesse, die die Reproduktion der Arbeitenden verbessern, ohne, dass sie automatisch auch die Produktivität steigern. Das bedeutet, dass die Wartung und Instandhaltung von Maschinen und Arbeitsstätten, also die „Reproduktion" von Produktionsräumen, aus Sicht der Kapitalseite in einem Spannungsverhältnis zwischen Verschwendung von Investitionen und Notwendigkeit für die weitere Akkumulation steht. Aus diesem Grund werden Arbeitsmittel häufig nicht (ausreichend) erneuert, Gebäude nicht instandgehalten oder Arbeitsschutzmaßnahmen nicht genug zur Verfügung gestellt. Neben der Reproduktion der Arbeitsräume besteht für Arbeitende jedoch auch die Notwendigkeit von Reproduktionsräumen. Dazu gehören Toiletten, Umzugskabinen, Pausenräume, Kantinen oder Waschküchen für die Uniformen (Engelhardt 2024). Das Fehlen von Reproduktionsräumen kann wiederrum ein Risiko für den Metabolismus der sozialen Reproduktion der Beschäftigten darstellen. Wenn Produktions- und Reproduktionsräume weit entfernt liegen und eine lange Pendelzeit erfordern, in der weder produziert noch reproduziert werden kann, kann dies die Beschäftigten zusätzlich erschöpfen. Viele Auseinandersetzungen am Arbeitsplatz adressieren Raumkämpfe um die Reproduktion der Arbeitsstätten und der Arbeitenden gleichermaßen (vgl. Doutch 2021). Auch im Hafensektor können Raumkämpfe um Reproduktion dokumentiert werden, die auf verschiedene Weise das Risiko eines metabolischen Risses verdeutlichen.

4.4 Räumliche Konflikte um den metabolischen Riss in den Häfen Lissabon und Santos

Die Häfen Lissabon in Portugal und Santos in Brasilien sind durch ihre koloniale, wirtschaftliche und politische Geschichte und die gegenseitige Solidarität ihrer Arbeitenden miteinander verbunden (Varela und Paço 2019). Der südbrasilianische Primärhafen Santos ist der räumlich größte lateinamerikanische Hafen und eine wichtige Drehscheibe für Chinas Sojalieferungen (Arboleda 2020, S. 63). Mangelnde Investitionen in die Straßen- und Schienenverbindung zwischen den Sojaplantagen und dem Hafen, das Risiko von Überschwemmungen, der Mangel an weiteren (räumlichen) Kapazitäten angesichts einer wachsenden Nachfrage nach der Verladung von Primärgütern und die Häufigkeit von Streiks im Hafen haben in den letzten zehn Jahren zu mehreren Störungen geführt (Bailey und Wellesley 2017, S. 115). Der Hafen von Lissabon, von dem die koloniale Geschichte von Santos ausging, ist heute vergleichsweise klein, aber immer noch ein unverzichtbarer Umschlagsort für die portugiesische und teilweise auch südeuropäische Wirtschaft. Als erster Containerterminal der iberischen Halbinsel erlebte er nach 1970 eine gewisse wirtschaftliche Dynamik. Seit 2014 führen Hafenarbeiter:innen eine Reihe von vergleichsweise erfolgreichen Arbeitskämpfen gegen Leiharbeit durch und gründeten eine eigene Gesundheitsschutzkommission (P06_1 2017, Pos. 2). Diese Arbeiter:innen organisierten sich in der Gewerkschaft Sindicado dos Estivadores e da Actividade Logística (SEAL, dt.: Gewerkschaft der Hafenarbeiter:innen und logistischen Aktivitäten), die bis zu einer größeren Niederlage im Zuge der Covid-19-Pandemie auch andere sekundäre und primäre Häfen entlang der portugiesischen Küste und auf den Inseln organisiert(e). Aufgrund der verbundenen kolonialen Geschichtsschreibung jener Häfen sowie auch dem gemeinsamen Sprachraum stehen die Hafenarbeiter:innen von Brasilien und Portugal bis heute in einem regen Austausch. Dieser wird über die transnationale Gewerkschaften wie die Internationale Transportarbeiter:innenföderation (ITF) und dem International Dockers' Council (IDC) formalisiert. Interviews und Gesprächen mit Gewerkschaftsfunktionär:innen, Arbeiter:innen, ihren Angehörigen und Aktivist:innen sozialer Bewegungen an beiden Häfen in Lissabon und Santos verdeutlichen, dass Kämpfe und Konflikte um den metabolische Riss beständiger Teil der alltäglichen Sorgen der Arbeiter:innen an beiden Orten ist.

4.4.1 Der Metabolische Riss in Form von Arbeitsunfällen am Hafen

Historisch wurde die Hafenarbeit in flexiblen Arbeitsregimen organisiert, das bedeutet, Hafenarbeiter:innen bewarben sich zum Teil täglich um einen Vertrag. Wenn kein Schiff einlief oder bereits genug Arbeitskräfte ausgewählt wurden, gingen sie für den Tag leer aus. In Portugal gab es bis 2018 noch Häfen, an denen Arbeitende teilweise über viele Jahre als Tagelöhner:innen täglich eingestellt wurden. Im brasilianischen Santos haben die Hafenarbeitenden aus dieser Prekarität eine eigene zeitliche und arbeitsorganisatorische Autonomie abgeleitet, die immer noch für über 50 % von ihnen gilt und ihnen erlaubt, über die Woche eigenständig Schichten und Pausenzeiten einzuteilen. Selbst wenn (Hafen-)Arbeit zunehmend entfristet und durchschnittlich gut bezahlt ist, so kann sie dennoch prekär sein, wenn sie in Räumlichkeiten verrichtet werden muss, die nicht für die körperliche Sicherheit oder die Reproduktion der Arbeitenden garantieren kann. Dies unterstreicht bereits die *Mixed-Methods*-Studie von Fatíma Queiróz et al. (2019). Queiróz und ihre Kollegen dokumentierten unter anderem die Anzahl der verschiedenen körperlichen Verletzungen und chronischen Schmerzen sowie Unfälle in Santos und Lissabon zwischen 2010 und 2015. Aus dieser quantitativen Auseinandersetzung geht nicht nur die Vielzahl an unterschiedlichen Arbeitsunfällen an Häfen hervor (wie etwa schwere Brüche durch das Fallen von Brücken in den Laderaum oder durch Herabstürzen falsch gelagerter Container oder gestauter Waren). Es wird auch deutlich, dass die Erfahrungen von Hafenarbeiter:innen an den jeweiligen Arbeitsorten unterschiedlich sind. So sind nach Queiróz' et al. (2019) Studie in Lissabon die Unfallzahlen mit 89,3 %, aller Hafenarbeiter:innen, die schonmal einen Unfall erlebt haben, fast doppelt so hoch wie in Santos (47,0 %; ebd., S. 81). Daran anschließend belegt auch die vorliegende qualitative Studie nicht nur die räumlichen Konflikte und Kämpfe von Arbeiter:innen um körperliche Unversehrtheit an Häfen im Allgemeinen, sondern auch die Unterschiede zwischen den Unfallerfahrungen von Hafenarbeiter:innen in Brasilien und Portugal im Besonderen. Eine Gewerkschaftsaktivistin aus England (UK17 2018, Pos. 26) und ein Hafenarbeiter der SEAL (P33 2019, Pos. 10) betonen mit Blick auf Lissabon auch die hohe Zahl von tödlichen Unfällen, die im Schnitt bei einem

Todesfall alle zwei Jahre liege, was die Belegschaft von etwa 300 Beschäftigen jedes Mal sehr erschüttere.

Die Gründe für die etwa doppelt so hohe Anzahl an tödlichen und schwerwiegenden Unfällen in Lissabon liegen unter anderem im Arbeitsdruck, der fehlenden zeitlichen Autonomie über Schichteinteilung und dem hohen Druck, Überstunden zu leisten (P01 2015, Pos. 9; P07 2017, Pos. 6). In Santos verteidigen die Hafenarbeiter:innen seit vielen Jahren ein autonomes Schichtsystem, was ihnen erlaubt, ihre Schichten selbst einzuteilen und auch bei den Arbeitsaufgaben und Terminals eigenständig zu rotieren. Zudem sind, wie später im Beitrag mehr ausgeführt wird (unter Abschn. 4.4.2.1) auch die räumlichen Bedingungen für die Arbeit in Portugal zum Teil prekärer als an brasilianischen Häfen. Doch auch wenn die Unfallgefahr in Santos niedriger ist als in Lissabon, ist sie dennoch mit 47 % hoch. So berichten auch Hafenarbeiter:innen in Santos von ihren Unfallerfahrungen (B58 2018, Pos. 29):

> „Eine Minute der Ablenkung kann dazu führen, dass [jemand] Gliedmaßen verliert und sterben kann. Ich habe zwei Kollegen gesehen. Einer hat vor meinen Augen ein Bein verloren. Und ich habe ihn mit zwei Beinen und dann [kurz danach] mit einem Bein gesehen. Und ich habe einen Mann gesehen, der vor mir im Frachtraum des Schiffes arbeitete. [Er] starb – anderthalb Minuten bevor er starb, sagte ich, dass es gefährlich sei, was er da mache.“

Der Arbeiter brachte dies mit der mangelnden Konzentration und Müdigkeit der Arbeitenden im Hafen in Verbindung.

Ein anderer ehemaliger Hafenarbeiter aus Santos (B44 2018, Pos. 6) berichtete:

> „Ich habe 25 Jahre da gearbeitet, aber irgendwann ging es nicht mehr. Ich habe sieben Kinder. Ich konnte mich mit diesen flexiblen Arbeitszeiten nicht genug um die Kinder kümmern, ich wusste nie, wann ich Zeit habe. [...] Einmal bin ich fast gestorben! Ein Container hatte sich gelöst und fiel und ich konnte gerade noch zur Seite springen! Die Arbeit ist sehr gefährlich.“

Hier zeigt sich deutlich, wie Arbeitende selbst die produktiven und reproduktiven Seiten ihres Lebens zusammendenken. Einerseits ist die Arbeit am Hafen zu flexibel, um die Reproduktion der eigenen Familie (mit-) zu organisieren. Andererseits ist die Sorge, einen metabolischen Riss zu erleben und nie wieder oder nicht mehr unversehrt nach Hause zurückkehren zu können, ein alltäglicher Begleiter an diesen Orten, der in wissenschaftlichen und teilweise auch gewerkschaftlichen Diskursen um Kämpfe an logistischen Knotenpunkten noch häufig marginalisiert wird. Dabei ist die Vernutzung von Körpern, die sich in Form von Unfällen ausdrücken können, fester Bestandteil neoliberaler Kapitalakkumulationslogik.

Im Folgenden gilt es nun tiefer in die Frage einzusteigen, wie die gesundheitlichen Risiken – und damit die Kämpfe und Konflikte von Arbeiter:innen – mit den spezifisch räumlichen Dimensionen der Arbeit konkret zusammenhängen. Hierbei geht es nicht nur darum, dass Körper durch Unfälle versehrt werden, sondern auch über längere Zeitdimensionen verletzt und (mental) entkräftet werden können. Drei räumlich eingeschriebene Konflikte um körperliche Unversehrtheit stehen hier im Zentrum und betreffen: die Wartung von Maschinen, den Zugang zu Schlaf- und Pausenräumen und die Reinigung von Arbeitskleidung.

4.4.2 Eingeschriebene Konflikte um Reproduktionsräume: Mehr Wartung, mehr Zeit, mehr Schutz

4.4.2.1 Die Wartung von Maschinen

In den Gesprächen mit den Hafenarbeiter:innen, vor allem mit den Arbeitenden aus Portugal, wurde berichtet, dass die Maschinen nicht ausreichend gewartet werden und dass die Unternehmen nicht genug auf die Gesundheits- und Sicherheitsstandards achten, damit die Arbeitenden den Arbeitsplatz körperlich unversehrt verlassen können.

So erzählte ein Hafenarbeiter (P13_1 2017, Pos. 13) aus Lissabon:

> „[I]nnerhalb des Hafens mit all diesen Problemen der Infrastruktur, denke ich, dass die Gesundheits- und Sicherheitsprobleme hauptsächlich mit der Infrastruktur zu tun haben. Sie ist in einem sehr schlechten Zustand; in den letzten zwanzig Jahren wurde nie wirklich viel in die Infrastruktur investiert."

Trotz Neuanschaffungen an einigen Terminals hat sich die Situation nicht wirklich verbessert, da die neuen Geräte nicht gewartet werden und schnell wieder verfallen. Bei Neuanschaffungen steht damit nicht die Sicherheit der Arbeitenden im Mittelpunkt, sondern das Ziel, eine höhere Produktivität zu gewährleisten (P13_1 2017, Pos. 60):

> „Das Unternehmen, für das ich 2015 gearbeitet habe, hat zwei neue Kräne angeschafft, bei einem davon ist das Kabel gerissen. In Antwerpen haben sie für diese Art von Material ein Jahr lang eine [Garantie auf] die Wartung. [In Lissabon hat sich] [d]as Arbeitsvolumen und die Produktivität […] einfach verdoppelt und die Wartung ist zurückgegangen."

Die fehlende Wartung der Maschinen wird von den Arbeiter:innen als Risiko wahrgenommen. Hierdurch wird der Arbeitsraum selbst zu einer Gefahrenquelle, in dem sich Kabel oder andere Bestandteile von Geräten lösen und herabstürzen können. Daneben fehlen auch ganz konkrete Sicherheitsvorkehrungen, die den Arbeitenden ermöglichen, ohne potentiell tödliches Unfallrisiko die Arbeit zu verrichten. Zu diesen Sicherheitsvorkehrungen gehören unter anderem spezifische Kabinen, die an die Kräne angebracht werden müssen, damit diese auch Arbeitende gefahrenlos transportieren können. Ein Hafenarbeiter und Vorsitzender einer gewerkschaftsinternen Hygiene- und Sicherheitskommission der SEAL in Portugal untersuchte neben Lissabon auch den Hafen von Figueira do Foz, der von der gleichen Hafenfirma Yilport betrieben wird. Er sprach im Interview vor allem über Mängel bei der Arbeit an Containerbrücken. Diese sind mit einem sogenannten *Spreader* ausgestattet, der wie eine riesige Greifklammer Container aufnehmen kann. Damit die Container auf dem Schiff gesichert werden, braucht es wiederum Lascher:innen, die mit riesigen Metallstangen die Container miteinander verhaken. Diese Arbeit wird an allen Häfen immer noch manuell verrichtet und erfordert, dass die Arbeitenden direkt auf und an den Containern arbeiten. Dafür müssen sie auf die Container herauftransportiert werden, wobei sich die Container selbst teilweise bis weit über 20 Meter hoch stapeln (P33_1 2019, Pos. 22). Bei einer Inspektion am Hafen fiel der Hygiene- und Sicherheitskommission der Gewerkschaft SEAL auf, dass Arbeiter:innen ohne Sicherheitsausrüstung auf den Schiffen und den meterhohen Containerstapeln laschen – ohne geeignete Personentransportmittel zu sehen. Sie stellten das Management zur Rede und erklärten ihnen, dass sie Arbeiter:innen nicht mit dem *Spreader* auf die Schiffe transportieren dürfen, weil das lebensgefährlich sei. In der Stellungnahme gaben sie an, dass auf dem *Spreader* selbst extra ein Aufkleber angebracht sei, der davor warnte.

> „Und was haben sie gesagt? Sie haben den Aufkleber entfernt. […] Es gibt [also eigentlich] einen Aufkleber, der besagt, dass du keine Menschen transportieren darfst, also nimmst du den Aufkleber ab und du darfst […].“

Arbeitende an dem entsprechenden Hafen werden also ohne jegliche Sicherheitsvorkehrungen mehrere Höhenmeter auf einen Containerstapel gehoben, was bei Windstößen, fehlender Konzentration der transportierten Beschäftigten oder anderen Gründen dazu führen kann, dass diese abstürzen können.

Gesundheits- und Sicherheitsbedenken und die räumlichen Konflikte im Zusammenhang mit dem Stoffwechsel der Arbeitenden sind also sowohl eine Frage der Kosten als auch eine Frage der Zeit. Die Unternehmen stellen nicht nur den Produktionsstandort zur Verfügung und besitzen ihn. Sie kontrollieren auch die räumlichen Bedingungen und wie sie sich auf die Arbeitenden auswirken. Allerdings können sie die Konsequenzen unsicherer Arbeitsvorrichtungen abwarten beziehungsweise den Kosten-Nutzen für eine Sicherheitsmaßnahme abwägen. Den Beschäftigten können solche Abwägungen das Leben kosten. Ein Arbeiter wies darauf hin, dass Kolleg:innen religiös werden oder beginnen, nach solchen Erfahrungen Drogen zu nehmen:

> „natürlich, wenn diese Dinge passieren, stellst du alles in Frage. Das ist klar.“ (P13_1 2017, Pos. 60)

In diesem Zusammenhang organisierten Hafenarbeiter:innen in Portugal zwischen 2014 und 2020 immer wieder Streiks. Unter anderem wehrten sie sich gegen die Einführung von Leiharbeit. Diese gefährdet nicht nur die Organisationskraft der Gewerkschaften. Da die Leiharbeiter:innen nicht von den Gewerkschaftsvertreter:innen, sondern von den Leiharbeitsfirmen eingearbeitet werden, fehlt ihnen zumeist das Wissen über die Gefahren am Hafen. Sie kennen die spezifischen ungewarteten Geräte nicht, haben weniger Erfahrung darin, wo sie stehen und gehen dürfen und wo nicht und können durch ihre Unerfahrenheit auch die Festangestellten in Gefahr bringen. Insbesondere die ersten beiden Streiks 2014 und 2016, die jeweils über einen Monat gingen, sorgten sowohl dafür, dass die Leiharbeit abgeschafft wurde, als auch dafür, dass die Leiharbeiter:innen in den festen Pools der Arbeitenden aufgenommen und entsprechend geschult werden konnten.

4.4.2.2 Die Reinigung von Arbeitskleidung

Ein weiterer räumlicher Konflikt tritt im Zusammenhang mit der neuen Arbeitsreform in Brasilien im Jahr 2017 auf. Nach Angaben eines Hafenarbeiters (B57 2018, Pos. 4), der auf einer Ölplattform in Rio de Janeiro arbeitet, erlaubt die neue Gesetzgebung den Unternehmen, die Reinigung der Arbeitsausrüstung zu verweigern. Der

Raum, in dem die Reinigung ausgeübt wird, wird von der Produktionsstätte in die private Reproduktionssphäre verlagert. Im Fall der Hafenarbeitenden auf Ölplattformen stellt das ein echtes Gesundheitsrisiko dar. Die Kleidung der Arbeitenden auf brasilianischen Ölplattformen ist nicht nur mit Staub und Öl, sondern auch mit giftigen Stoffen verschmutzt, wie etwa Benzol – einem krebserregenden Nebenprodukt, das bei der Förderung und Verarbeitung von Öl austritt (ebd.). Die neue Arbeitsreform aus dem Jahr 2017 zwingt die Arbeitenden nun dazu, ihre Kleidung mit nach Hause zu nehmen und privat zu reinigen. Dies war zuvor aufgrund der gesundheitlichen und sicherheitstechnischen Folgen, die das private Waschen von mit giftigem Schmutz durchtränkter Kleidung mit sich bringt, nicht erlaubt. Wie ein betroffener Arbeiter (B57 2018, Pos. 17) feststellte:

> „Vor der Reform waren die Unternehmen verpflichtet, Uniformen zu waschen. Stell dir also vor, ich arbeite und nehme ein Bad in Benzin. Wenn ich nach Hause komme und diese Kleidung nehme und die Kleidung meiner Frau wasche, wird ihre Kleidung mit Benzol kontaminiert. Sie [...] könnte Leukämie bekommen."

Hier geht es nicht nur um die Gesundheit der Arbeitenden und die Gefahr, die der Arbeitsplatz für ihren eigenen Metabolismus der sozialen Reproduktion darstellt, sondern auch um ihre Angehörigen. Dieser räumliche Konflikt hängt wiederum mit den zusätzlichen Kosten zusammen, die das staatliche Unternehmen Petrobras, das nicht nur für die Verarbeitung und den Transport des Öls, sondern auch für menschenwürdige Arbeitsbedingungen verantwortlich ist, nicht zu zahlen bereit ist.

Im Zuge dieser Reform fand 2017 ein Generalstreik in Brasilien statt, bei dem insbesondere auch die Häfen in Santos und Rio de Janeiro blockiert wurden. Auch hier ging es um den Kampf gegen die Ausweitung von Leiharbeit, aber auch um die Konflikte um die Nutzung von (Reproduktions-) Räumen.

4.4.2.3 Schlaf- und Pausenräume

Die Distanz zwischen Arbeits- und Reproduktionsstätte kann ebenfalls einen räumlichen Konflikt hervorrufen. Während in Brasilien im Vergleich zu Portugal weniger die Wartung der Maschinen ein Problem darstellt, ist die Frage der Distanz zu Reproduktionsräumen oder überhaupt dem Vorhandensein von Pausenräumen bei ihnen ein relevantes Thema. Die Hafenarbeiter:innen in Santos mussten ihre Autonomie bezüglich des Zeitpunktes, wann sie ihre Pausenzeiten zwischen den Schichten nehmen, verteidigen. Ein neues Gesetz, das ursprünglich die Gesundheit und Sicherheit in den Häfen verbessern sollte, verlangt, dass die Hafenarbeiter:innen zwischen jeder Sechs-Stunden-Schicht eine Pause von elf Stunden einlegen müssen. Da sie jedoch weit von den Häfen entfernt wohnen, müssen sie bis zu acht Stunden hin und her fahren. Deshalb neigen sie in der Regel dazu, mehrere Schichten hintereinander anzunehmen und dann einige Tage zu Hause zu bleiben, um sich zu erholen (B47 2018, Pos. 20). Die Idee, ein europäisches Arbeitsschutzgesetz in einen postkolonialen, großräumigen Kontext zu übertragen, führt zu Problemen, die bei den kleinen europäischen Entfernungen eher selten vorkommen. Die Entfernung zwischen Arbeitsplatz und Reproduktionsraum kann die Reproduktion durch lange Pendelstrecken untergraben, was mit einem Mangel an Wohnraum in der Nähe des

Arbeitsplatzes oder umgekehrt mit einem Mangel an Arbeit in der Nähe des Wohnorts zusammenhängt. Das mittlerweile erwachsene Kind (B46 2018, Pos. 4) eines pensionierten Hafenarbeiters aus Santos berichtete:

> „Der Hafen von Santos ist sehr, sehr groß, und manchmal musste er an weiter entfernten Orten arbeiten, und die Arbeit dauerte manchmal fünf Stunden, dann musste er sich eine neue suchen, dann hatte er manchmal eine halbe Stunde Zeit, um sich auszuruhen [...] Er arbeitete schon dort, aß etwas, schlief im Laderaum des Schiffes, denn eine Stunde später, 40 min später, musste er sich eine andere Arbeit suchen, über die er nicht einmal sprach. Manchmal kam mein Vater also eine ganze Woche lang nicht zurück, weil er in dieser Zeit Arbeit hatte, die er ausnutzen musste. Er nahm alles mit, was er konnte und arbeitete deshalb lange Zeit weg von zu Hause."

Die Distanz zwischen dem Arbeitsplatz und dem Ort für längere, ausgiebige Reproduktion erlaubte es dem Hafenarbeiter nicht, nach Hause zurückzukehren. Sie zwang ihn, sich unter sehr prekären Umständen auszuruhen, indem er überall schlief – nur nicht in einem Bett oder einem sicheren Raum, um die soziale Reproduktion der Familie auf Dauer zu sichern. Hier wirkt sich eine Änderung in den vorgegebenen Pausenzeiten also nicht schützend für die Arbeitenden aus, sondern bringt sie in eine noch prekärere Situation. So reicht eine Schicht bei einigen Berufsgruppen am Hafen teilweise nicht einmal aus, um das Bus- und Bootsticket zwischen Wohnraum und Arbeitsplatz zu zahlen. Über einen längeren Zeitraum hinweg reduziert diese räumliche Entfernung die Arbeitsfähigkeit der Hafenarbeiter:innen, die sich nicht an sicheren und fürsorglichen Orten ausruhen und erholen können, sondern am Hafen schlafen müssen, da es in Hafennähe keine Unterkünfte gibt.

Als ich die Gelegenheit hatte, mit einer Hafenarbeiterfamilie aus Santos zwischen Wohnort und Arbeitsplatz zu pendeln, wurde mir klar, welche enormen Entfernungen zurückgelegt und wie viel Zeit im Bus verbracht werden muss. Ruhe oder Schlaf können in dieser Umgebung nicht gefunden werden. So ist der Bus oft aufgeheizt und die Sitze ungemütlich. Die Busse fahren auch zu selten, weswegen sie immer überfüllt sind. Die räumliche Entfernung und die Notwendigkeit zu pendeln, reduzieren also die Arbeits- und Reproduktionszeit und halten die Arbeitenden in Transiträumen. Die fehlende Erholung führt zudem auf Dauer zu einem Mangel an Konzentration, was wiederrum zu Unfällen beziehungsweise einem metabolischen Riss auf der Ebene des eigenen Körpers oder auch der von Kolleg:innen führen kann.

In diesem Zusammenhang fordern die Hafenarbeiter:innen in regelmäßigen Protesten, dass sie entweder besser bezahlt werden, wenn sie zusätzlich nach Hause pendeln müssen, oder die Möglichkeit haben, vor Ort Schlaf- und Pausenräume zu haben. Im Frühjahr 2024 fand in Brasilien eine landesweite Protestwelle an den Häfen statt, die sich auf höhere Löhne, aber eben auch gegen die Abschaffung der flexiblen Tagelöhner:innenstruktur und damit die zeitliche Autonomie der Hafenarbeiter:innen richtete. Im Zuge dessen wurden unter anderem auch Bahnübergänge am Hafen und Schiffe besetzt. In einem Reel auf dem Facebook-Profil eines Hafenarbeiters in Santos filmt ein Hafenarbeiter ein Terminal, bei dem es außer einem circa 50 Zentimeter breiten Vordach keine Unterstell- oder Ausruhmöglichkeiten gibt. Dazu erzählt er (ANTP 2024):

> „Ich bin immer hier. Wir haben hier keinen Platz zum Ausruhen, wir haben keinen Platz zum Bleiben, wenn es regnet und nieselt. Wenn die Arbeit getan wird, sind wir hier bei der Arbeit, wir müssen arbeiten. Ich habe mich gefragt, ob es hier jemanden gibt, der mit uns dafür kämpft. Die Arbeit ist um 13 oder 14 Uhr beendet, und es gibt hier keinen Rastplatz. Wir sind hier [auch] mitten in der Nacht, wir haben hohe Ansprüche an uns selbst und sie tun nichts."

An den Themen werden Spannungen zwischen Arbeit und Kapital sichtbar, die ohne eine feministisch-marxistische Konzeption des Körpers, dessen soziale Reproduktion und den Metabolismus beziehungsweise metabolischen Riss unsichtbar bleiben würden. Gleichzeitig macht die Anwendung auf den Hafen als Produktions- und Reproduktionsraum empirisch ganz konkrete Spannungsfelder deutlich, die nicht nur für eine kritische Logistikforschung und *Labour Geography*, sondern auch für gewerkschaftliche Handlungsansätze relevant sind.

4.5 Fazit

In diesem Kapitel bin ich der Frage nachgegangen, inwiefern sich neoliberale kapitalistische Prozesse im Logistiksektor auf die Körper von Hafenarbeiter:innen in Lissabon (Portugal) und Santos (Brasilien) auswirken. Dafür habe ich einen theoretisch-konzeptionellen Analyserahmen entwickelt, der den arbeitenden Körper als Maßstabebene ins Zentrum der Analyse von Konflikten und Kämpfen rückt. Aufbauend auf eine *Labour Geography*-Perspektive, die sich Raumgestaltungsprozesse „von unten" beziehungsweise von Seiten der Arbeiter:innenklasse im weitesten Sinne anschaut, habe ich die Konzepte des Metabolismus und des metabolischen Risses hinzugenommen und verbinde sie mit theoretischen Diskursen und Debatten aus der sozialen Reproduktionstheorie. So argumentiere ich, dass der Metabolismus der sozialen Reproduktion des arbeitenden Körpers als Teil einer kritischen Analyse um Arbeitskämpfe, Handlungsmacht und Raum mitberücksichtigt werden muss. Dies verdeutlicht auch die hier vorliegende qualitative Studie zu Hafenarbeiter:innen in Lissabon und Santos.

Mangelnde Investitionen in die Instandhaltung von Werkzeugen und Maschinen gefährden zum Beispiel die Arbeitenden an den Häfen in Portugal – zum Teil tödlich. Die Entfernung zwischen dem Arbeitsplatz und den reproduktiven Räumen haben ebenfalls Einfluss auf die Erschöpfung, den Stress und die immer noch hohe Zahl von Unfällen an dem brasilianischen Hafen Santos. Dabei schränkt die große Entfernung zwischen Wohnort und Arbeitsplatz insbesondere den Zugang zu ausreichenden Schlafmöglichkeiten für die Hafenarbeiter:innen ein. Diese sind gezwungen, sich im Schiffsrumpf oder gar nicht auszuruhen, bevor sie nach Hause zurückkehren. Ferner müssen die Hafenarbeiter:innen in Santos auch ihre Arbeitsausrüstung nach mehreren Schichten mit nach Hause nehmen – mit der Sorge, Mitglieder ihrer Haushalte mit Benzol oder anderen giftigen Stoffen zu kontaminieren, die an ihrer Arbeitskleidung haften.

Eine hohe Unfallrate und fehlender Arbeitsschutz an beiden Häfen weisen sowohl auf eine ökonomische also auch auf eine ökologisch-räumliche Krise des Kapitalismus hin. Die Instandhaltung des Arbeitsraums selbst ist ein allgemeines Thema an Häfen in Portugal und Brasilien und führt an beiden Orten immer wieder zu Streiks, verknüpft mit Arbeitskämpfen um Lohn und Arbeitsverträge. Die qualitativ-empirische Studie in Lissabon und Santos belegt dabei die implizite und offene (körperliche) Gewalt, der Arbeitende durch bestimmte – in diesem Falle räumliche – Konflikte am Arbeitsplatz Hafen ausgesetzt sind. Prekäre Ausbeutung beruht damit nicht nur auf niedrigen Löhnen und befristeten Verträgen, sondern auch auf mangelnder Wartung und Zugang zu Reproduktionsbedingungen, die die Integrität, Gesundheit und Sicherheit der Arbeitenden ständig bedrohen, was diese jedoch nicht unwidersprochen lassen.

So erscheinen die zeitlichen und räumlichen Kämpfe um die Grenzen zwischen Produktion und Reproduktion wie ein Tauziehen, das im Kern den Metabolismus des arbeitenden Körpers potentiell bedroht. Solange das Seil jedoch nicht durchgeschnitten werden kann, kann der Druck und die Spannung rund um dieses Hin und Her auch zu ernsthaften Widerstandsbewegungen führen, die die Grenzen der Produktions- und Reproduktionsweise immer wieder herausfordern.

Danksagung Ich möchte mich bei meinen Mitherausgeberinnen und allen, die an dem Sammelband mitgearbeitet haben, für ihre unermüdliche, geduldige und großartige Arbeit bedanken.

4.6 Interviewregister

UK17 – female trade union activist, United Kingdom, 30–40 years, November 2017, London
P02 – male dockworker, Portugal, 30–40 years, October 2015, Lisbon
P06 – male dockworker, Portugal, 50–60 years, October 2017, Lisbon
P07 – male trade union activist, Portugal, 30–40 years, October 2017, Lisbon
P13 – male dockworker, Portugal, 30–40 years, October 2017, Lisbon
P33 – male dockworker, Portugal, 40–50 years, March 2019, Lisbon
B39 – trans male dockworker, Brazil, 30–40 years, February 2018, Santos
B44 – male dockworker, Brazil, 40–50 years, March 2018, Guarujá
B46 – male retired dockworker, Brazil, 80–90 years, March 2018, Guarujá
B47 – male dockworker, Brazil, 40–50 years, March 2018, Santos
B57 – male oil platform worker, Brazil, 30–40 years, March 2018, Rio de Janeiro
B58 – male dockworker, Brazil, 30–40 years, March 2018, Santos

Literatur

Alimahomed-Wilson, Jake. 2019. Unfree shipping: the racialisation of logistics labour. *Work Organisation, Labour & Globalisation* 13(1):96–113.

ANTP. 2024. Facebook Reel vom 12. März 2024. https://www.facebook.com/antp.antp.125/videos/2096842400680140. Zugegriffen: 15. Mai 2024.

Arboleda, Martín. 2020. *Planetary mine: territories of extraction under late capitalism*. London: Verso.

Bailey, Rob, und Laura Wellesley. 2017. *Chokepoints and vulnerabilities in global food trade*. Chatham House report. London: Chatham House.

Bhattacharya, Tithi, und Susan Ferguson. 2018. Deepening our understanding of social reproduction theory. https://www.plutobooks.com/blog/deepening-our-understanding-of-social-reproduction-theory/. Zugegriffen: 1. Febr. 2019.

Bonacich, Edna. 2009. Labor and the global logistics revolution. In *Critical globalization studies*, Hrsg. Richard P. Appelbaum, William I. Robinson, 359–368. New York: Routledge.

Chua, Charmaine, Martin Danyluk, Deborah Cowen, und Laleh Khalili. 2018. Introduction: turbulent circulation: building a critical engagement with logistics. *Environment and Planning D: Society and Space* 36(4):617–629.

Coe, Neil M. 2020. Logistical geographies. *Geography Compass* 14(10):1–16.

Cufré, Sara, und Anne Engelhardt. 2024. Conflicts up in the air: cabin crew resistance in Argentina and Portugal through the lens of the body. *Zeitschrift für Friedens- und Konfliktforschung*https://doi.org/10.1007/s42597-024-00113-6.

Das, Raju J. 2017. David Harvey's theory of uneven geographical development: a Marxist critique. *Capital & Class* 41(3):511–536.

Doutch, Michaela. 2021. A gendered labour geography perspective on the Cambodian garment workers' general strike of 2013/2014. *Globalizations* 18(8):1–14.

Doutch, Michaela. 2022. *Women workers in the garment factories of Cambodia: a feminist labour geography of global (re)production networks*. Berlin: regiospectra.

Engelhardt, Anne. 2024. Turbulenzen in der Flugindustrie. *PROKLA. Zeitschrift für kritische Sozialwissenschaft* 54(214):53–74.

Federici, Silvia. 2020. *Jenseits unserer Haut: Körper als umkämpfter Ort im Kapitalismus*. Münster: Unrast.

Ferguson, Susan. 2008. Canadian contributions to Social Reproduction Feminism, race and embodied labor. *Race, Gender & Class* 15(1/2):42–57.

Ferguson, Susan. 2016. Intersectionality and social-reproduction feminisms: toward an integrative ontology. *Historical Materialism* 24(2):38–60.

Flather, Amanda J. 2013. Space, place and gender: the sexual and spatial division of labor in the early modern household. *History and Theory* 52:344–360.

Foster, John B. 1999. Marx's theory of Metabolic Rift: classical foundations for environmental sociology. *American Journal of Sociology* 105(2):366–405.

Fracchia, Joseph. 2008. The capitalist labour-process and the body in pain: the corporeal depths of Marx's concept of immiseration. *Historical Materialism* 16(4):35–66.

Harvey, David. 2015. *Siebzehn Widersprüche und das Ende des Kapitalismus*. Berlin: Ullstein.

Haubner, Tine. 2024. Soziale Reproduktion jenseits des Produktivitätsfunktionalismus. *PROKLA. Zeitschrift für kritische Sozialwissenschaft* 54(214):33–50.

Herod, Andrew. 2001. *Labor geographies: workers and the landscapes of capitalism*. New York: Guilford.

Marx, Karl. 1957. *Das Kapital – Kritik der politischen Ökonomie*. Bd. 1. Berlin: Dietz.

Orzeck, Reecia. 2007. What does not kill you: historical materialism and the body. *Environment and Planning D: Society and Space* 25(3):496–514.

Plehwe, Dieter. 2001. Arbeitspolitische Probleme ungleicher Reorganisation. Zur Veränderung der Arbeit in Logistiknetzwerken. *Industrielle Beziehungen* 8(1):55–82.

Poulantzas, Nicos. 2014. *State, power, socialism*. London: Verso.

Queiróz, Maria de Fátima Ferreira, Ricardo Lara, und António Mariano. 2019. Organização do trabalho e saúde do trabalhador em perspectiva comparada: portos de Santos e Lisboa. In *As metamorfoses do trabalho portuário. mudanças em contextos de modernização*, Hrsg. Maria de Fátima Ferreira Queiroz, Carla Regina Mota Alonso, 45–92. São Paulo: Editora Sociologia e Política.

Schaupp, Simon. 2024. *Stoffwechselpolitik. Arbeit, Natur und die Zukunft des Planeten*. Berlin: Suhrkamp.

Schild, Verónica. 2019. Feminisms, the environment and capitalism: on the necessary ecological dimension of a critical Latin American feminism. *Journal of International Women's Studies* 20(6):23–43.

Varela, Raquel, und António S. d. Paço (Hrsg.). 2019. *Don't Fuck My Job: As lutas dos estivadores uma perspetiva global*. Ribeirão: Húmus.

Wissen, Markus, und Matthias Naumann. 2008. Die Dialektik von räumlicher Angleichung und Differenzierung: zum Uneven-Development-Konzept in der Radical Geography. *ACME: An International E-Journal for Critical Geographies* 7(3):377–406.

5 Planung für alltägliche Geographien der Re/Produktion – Vereinbarkeit von Erwerbs- und Sorgearbeit in suburbanen Wohngebieten

Henriette Bertram

Inhaltsverzeichnis

Zusammenfassung

Vereinbarkeit von Erwerbs- und Sorgearbeit wird auch durch räumliche Bedingungen und stadtplanerische Strategien beeinflusst. Insbesondere suburbane Wohnquartiere galten lange als „Emanzipationshindernis“ (Warhaftig 1985), die

H. Bertram (✉)
Institut für Bauklimatik und Energie der Architektur/Gender.Ing ,TU Braunschweig, Braunschweig, Deutschland
E-Mail: henriette.bertram@tu-braunschweig.de

M. Doutch et al. (Hrsg.), *Arbeitswelten*, https://doi.org/10.1007/978-3-662-70955-9_5

traditionelle Geschlechterbeziehungen voraussetzen und perpetuieren. Ausgehend von feministischer Kritik am Arbeitsbegriff und den räumlichen Bedingungen, unter denen Erwerbs- und Sorgearbeit stattfinden, stelle ich die Frage, ob heutige Planungen suburbaner Wohngebiete die feministische Stadt- und Planungskritik aufnehmen und von welchen Lebensmodellen und daraus resultierenden alltäglichen Geographien Planungsbeteiligte ausgehen. Es zeigt sich, dass viele Kritikpunkte heute umgesetzt werden, allerdings zumeist als Bestandteil anderer Leitbilder und als Zeichen eines stark an ökonomischer Aktivität orientierten Privatlebens. Damit werden viele wichtige Verbesserungen gegenüber früheren suburbanen Wohnquartieren erreicht. Dennoch bleibt die Planung auf einer oberflächlichen, größtenteils taktischen Ebene, die zwar das tägliche Leben von Menschen mit Sorgeverantwortung entlastet, aber kaum Kritik an strukturellen Arbeitsbedingungen oder an den ungleichen vergeschlechtlichten Belastungen durch Erwerbs- und Sorgearbeit äußert.

Schlüsselwörter: Sorgearbeit, *Care*, Stadterweiterung, Suburbia, feministische Stadt, Gender und Raum

Abstract

Spatial conditions and urban planning strategies have an influence on the daily life patterns of inhabitants, not least on the compatibility of paid work and (unpaid) care work. Suburban residential areas in particular have long been regarded as 'obstacles to emancipation' (Warhaftig 1985) perpetuating traditional gender relations. Based on a feminist critique of the term "labour" and the spatial conditions under which paid work and care work take place, I ask whether planners of contemporary suburban residential areas take up the feminist critique, and what kind of family life and resulting everyday geographies, planners imagine nowadays. It turns out that many previously criticized aspects are no longer implemented today, albeit mostly not as a result of feminist planning. New measures are very much orientated towards enabling economic activity. While important planning improvements have been achieved compared to earlier suburban residential neighbourhoods, planning remains at a superficial, largely tactical level. This may relieve the daily lives of people with care responsibilities but is not enough to challenge structural working conditions or the unequal gendered burdens of paid work and care work.

Keywords: care work, urban geographies, Suburbia, Feminist city, Gender and space

5.1 Einleitung

Dieser Beitrag nimmt Bezug auf die feministisch inspirierte Kritik an der Gleichsetzung von Arbeit mit Erwerbsarbeit (Mader und Schultheiss 2011; Autor*innenkollektiv Geographie und Geschlecht 2021; England und Lawson 2005) sowie Nancy

Frasers Modell des *Universal Care Giver* (1994) und untersucht die Planungen für Vereinbarkeit von Erwerbs- und Sorgearbeit in neuen Stadtrandquartieren.

Viele in der Nachkriegszeit entstandene suburbane Wohngebiete wurden während der zweiten Frauenbewegung als räumliches Symbol für patriarchale Geschlechterbeziehungen und als „Emanzipationshindernis" identifiziert (Warhaftig 1985), welche die Möglichkeiten von Frauen einschränkten und ihre gleichberechtigte Teilhabe am Erwerbsleben erschwerten (Huning et al. 2019). Suburbane Stadtteile werden heute mit einer Reihe von gesellschaftlichen und ökologischen Problemen in Verbindung gebracht und als „hottest planning challenge of the 21st century" bezeichnet (Hilal et al. 2018; vgl. auch Karsten et al. 2013). Aufgrund der gestiegenen Immobilienpreise sehen sich viele deutsche und europäische Städte, die in den letzten Jahrzehnten Innenentwicklung priorisiert hatten, dennoch gezwungen, wieder neue Quartiere an der städtischen Peripherie zu entwickeln. Diese haben vielfach einen hohen, stärker „urban" gedachten Anspruch an Qualität und Vielfalt der Infrastruktur und Ausstattung. Sie richten sich zwar weiterhin überwiegend an junge Familien, grenzen sich dabei aber bewusst vom Nachkriegsstädtebau ab (Altrock et al. 2024). Ich stelle die Frage, ob heutige Planungen suburbaner Wohngebiete die feministische Stadt- und Planungskritik aufnehmen und von welchen Lebensmodellen und daraus resultierenden alltäglichen Geographien Planer:innen ausgehen. Besonders interessiert mich, inwiefern die Möglichkeiten der Vereinbarkeit von Erwerbs- und Sorgearbeit in den Plänen und den die Vorhaben begleitenden Debatten sichtbar werden.

Im folgenden Abschnitt stelle ich den Bezug zum Oberthema des Bandes, Geographien der Arbeit, und insbesondere den feministisch inspirierten Debatten zur Vereinbarkeit von Erwerbs- und Sorgearbeit her und erläutere die Relevanz für die Stadtplanung und Raumorganisation. Anschließend untersuche ich Hamburg-Oberbillwerder, einen neu entstehenden Stadtteil am Rande von Hamburg, mithilfe einer qualitativen Inhaltsanalyse von Planungs- und Mediendokumenten sowie von Aussagen aus Expert:inneninterviews mit Planungsbeteiligten. Es zeigt sich, dass einige der ursprünglichen feministischen Forderungen heute als Elemente anspruchsvoller und alltagstauglicher Planung umgesetzt werden, jedoch zumeist ohne inhaltlichen Bezug zur feministischen Kritik oder Geschlechtergerechtigkeit. Die Mehrheit der Maßnahmen bleibt daher auf der Ebene einer kurzfristig umsetzbaren Erleichterung des Alltags; die weiterhin bestehende vergeschlechtlichte Arbeitsteilung und die Bedingungen, unter denen Erwerbstätige mit Sorgeverantwortung ihren Alltag gestalten, werden kaum thematisiert, da Planungsbeteiligte sich keine Zuständigkeit oder Gestaltungsmacht zuschreiben.

5.2 Alltägliche Geographien von Erwerbs- und Sorgearbeit

Die *Labour Geography* nimmt die Erfahrungen und Bedürfnisse von arbeitenden Individuen und deren *„complexity as social beings"* (Dutta 2016, S. 1) in den Blick und thematisiert unter anderem die Abhängigkeit der kapitalistischen Wirtschaft von reproduktiven Tätigkeiten (Lier 2007, S. 817–818). Feministisch orientierte

Forscher:innen verwenden mittlerweile einen Arbeitsbegriff, der Sorgearbeit als gleichwertig einbezieht. Das private Umfeld und besonders die Wohnung werden dabei nicht nur als Ort der Erholung und Reproduktion, sondern auch als Arbeitsort verstanden (Domosh 1998; Silvey 2012). Unter Sorgearbeit beziehungsweise dem synonym verwendeten Begriff *Care*-Arbeit subsumiere ich mit Bezug auf Winker

> „die Gesamtheit der familiären und ehrenamtlichen Sorgearbeit für andere, die Sorgearbeit für sich selbst sowie die entlohnten Erziehungs-, Bildungs-, Gesundheits-, Pflege- und Haushaltstätigkeiten in Institutionen wie Krankenhäusern, Seniorenheimen oder Kitas sowie in Privathaushalten" (2021, S. 20)

Wenn von Vereinbarkeit die Rede ist, geht es jedoch überwiegend um die Schwierigkeit, nicht entlohnte Sorgetätigkeiten mit erwerbsmäßig durchgeführten anderen Tätigkeiten – die auch sorgenden Charakter haben können – in Einklang zu bringen. Auch wenn der Wert von Sorgetätigkeiten mittlerweile auch über die feministische Community hinaus anerkannt wird (vgl. Berndt und Fuchs 2002; Prognos 2024), so werden die gesellschaftliche Wertschätzung sowie die Entlohnung immer noch als unzureichend wahrgenommen; auch der Fokus der geographischen Forschung liegt weiterhin stärker auf der räumlichen Organisation von Erwerbsarbeit. Eine grundlegende Annahme meiner Forschung und dieses Beitrags ist, dass Erwerbsarbeit und Sorgearbeit nicht ohne einander gedacht werden können: Alle Menschen sind jeden Tag sowohl Sorgetragende als auch Empfänger:innen von Fürsorge durch andere. Zudem ist Sorgearbeit die Basis für eine funktionierende Volkswirtschaft, da ohne Betreuungs- und Pflegedienstleistungen viele Menschen keine eigene Erwerbstätigkeit aufnehmen könnten (Autor*innenkollektiv Geographie und Geschlecht 2021).

Bereits die Aktivist:innen der ersten Frauenbewegung forderten den Zugang zu allen Berufen auch für Frauen (Mader und Schultheiss 2011). Spätere Frauenrechtler:innen erkannten in der höheren Erwerbsbeteiligung von Frauen und daraus resultierenden wirtschaftlichen Unabhängigkeit einen der Schlüssel für die Erreichung von Geschlechtergerechtigkeit (Winker 2013). Ihre Forderungen trafen auf sich verändernde Bedingungen der Arbeitsorganisation im Postfordismus und neue gesellschaftliche wie politische Idealvorstellungen, die voraussetzten, dass jede erwachsene Person selbst für ihren Lebensunterhalt zu sorgen hatte (Winker 2013; vgl. auch Fraser 2009). Bis heute wird der Großteil der unbezahlten Sorgearbeiten von Frauen ausgeführt. Dies bedeutet in Kombination mit einer steigenden Frauenerwerbsquote eine insgesamt höhere Arbeitsbelastung. Die Professionalisierung und Kommerzialisierung von Sorgetätigkeiten ist die Folge (MacDonald 1999), wodurch sowohl räumliche Veränderungen (Spain 2016) als auch prekäre Arbeits- und Lebensbedingungen entstanden, die als „global care chains" zusammengefasst werden (Silvey 2012; Oberhauser 2017).

Parallelen zur Kritik in Geographie und Wirtschaftswissenschaften finden sich auch in der Planungswissenschaft und -praxis: Städte seien aus androzentrischer Perspektive geplant, Verkehrswege dienten dem effizienten Erreichen und Erledigen von Erwerbsarbeit, die raumbezogenen Bedürfnisse von Sorgenden und Versorgten würden kaum berücksichtigt (Frank 2003; Becker 2010). Aus dieser Kritik entstanden vielerorts Leitfäden und Kriterienkataloge für „frauengerechtes" (Bundesministerium für Raumordnung, Bauwesen und Städtebau 1996), später umbenannt in „gendersensibles" Planen und Bauen oder Gender-Mainstreaming in der räumlichen Planung (Wankiewicz 2016; Baumgart 2004). Diese wurden oftmals durch feministische Forschung inspiriert oder von Arbeitskreisen mit engagierten Planerinnen und Fachfrauen in den Verwaltungen vorangetrieben (Huning 2020). Zwar orientieren sich die Vorschläge der Leitlinien auch an den Bedürfnissen von Sorgetragenden und Versorgten. Ein bislang ungelöster Widerspruch gendersensibler Planung ist jedoch der einerseits transformative Anspruch bei andererseits stark an kurzfristigen Veränderungen orientierten Handlungsempfehlungen, die zwar die Bewältigung der alltäglichen Geographien von Sorgetragenden erleichtern, aber keine Veränderung der Verteilung von Sorgetätigkeiten innerhalb eines Haushalts oder von strukturellen Arbeitsbedingungen anstreben (Alisch 1993, S. 1; Sandercock und Forsyth 1992; Tummers et al. 2019).

5.3 Qualitative Inhaltsanalyse von Planungshilfen und Handlungsfelder sorgeorientierter Stadtplanung

Für die Untersuchung der Planungshilfen habe ich eine qualitative, inhaltlich-strukturierende Inhaltsanalyse (QIA) durchgeführt (Kuckartz 2018). Um einen Überblick über bereits bekannte Handlungsfelder und Maßnahmen für eine Verbesserung der Vereinbarkeit zu erlangen, habe ich zunächst deutsche und internationale Planungshilfen, Evaluationen von Pilotprojekten und Forschungsberichte zum gendersensiblen Planen gesammelt. Darunter waren mehrere Empfehlungen zum Gender-Mainstreaming in der Planung einzelner Städte (z. B. Senatsverwaltung für Stadtentwicklung Berlin 2011a; Stadt Dortmund 2002; Gleichstellungsstelle für Frauen der Landeshauptstadt München 2017; Stadt Wien 2015) und Regionen (z. B. Ministerium für Arbeit und Soziales Baden-Württemberg 2006; Amt der Niederösterreichischen Landesregierung 2004; Amt der Vorarlberger Landesregierung et al. 2006) und einzelne Gutachten auf Stadtteilebene (Chestnutt et al. 2008; Gutmann und Neff 2006). Hinzu kamen Erfahrungsberichte und Auswertungen (z. B. Bauer und Frölich v. Bodelschwingh 2017; Zibell 2006; Bundesamt für Bauwesen und Raumordnung 2006) und an eine internationale Leser:innenschaft, hauptsächlich in Politik und Verwaltung, gerichtete Publikationen (z. B. World Bank 2020; Metropolis 2020; Falú 2018; UN Habitat 2012; Disputació Barcelona 2006). Insgesamt wurden 41 Dokumente ausgewertet. Aus Kapazitätsgründen beschäftige ich mich in diesem Beitrag ausschließlich mit dem „Produkt Raum", also den „materiell-inhaltlichen Aspekten" des Planens und Bauens, nicht mit den Planungsprozessen und Entscheidungsstrukturen, die für eine umfassende Umsetzung von Gender-Mainstreaming ebenfalls wichtig sind (Zibell 2006, S. 1). Neben den grundlegenden Prinzipien *verdichtete Bauweise* und *Nutzungsvielfalt*, die Wohnen und Arbeiten in räumlicher Nähe zueinander ermöglichen und funktionale und soziale Mischung herstellen sollen (Stadt Dortmund 2002; Gutmann und Neff 2006; Ministerium des Innern und für Sport Rheinland-Pfalz 2007; Freie und Hansestadt Hamburg 2011; World Bank 2020), wurden fünf Kategorien oder Handlungsfelder identifiziert, in denen eine gezielte Planung die Vereinbarkeit unterstützen kann: Wohnungsbau und Wohnumfeldgestaltung, Freiräume und öffentliche Räume, Infrastruktur und Ausstattung, Mobilität und Verkehr, Erwerbsarbeit und Gewerbe.

5.3.1 Wohnungsbau und Wohnumfeldgestaltung

Ein Ziel in diesem Handlungsfeld ist die Förderung sozioökonomischer Durchmischung, um auch weniger privilegierten Personengruppen den Zugang zu attraktivem und hochwertigem Wohnraum zu bieten (Disputació Barcelona 2006). Grundrisse sollen möglichst flexibel gestaltet sein, damit bei Veränderungen der Familienkonstellation (Geburt eines Kindes, Auszug älterer Kinder oder Trennung) kein Umzug erfolgen muss und Erwerbsarbeit gegebenenfalls auch von zuhause aus erledigt werden kann (Gleichstellungsstelle für Frauen der Landeshauptstadt München 2017). Bei der Gestaltung des Wohnumfelds wird großer Wert auf die Sicherheit und Zugänglichkeit der wohnungsnahen Freiräume gelegt, um Begleitmobilität zu reduzieren (Freie und Hansestadt Hamburg 2011). Die wohnungsnahen Gemeinschaftsanlagen wie Waschküchen, Abstell- und Fahrradräume sowie Müllplätze sind essenziell für die Sorgearbeit: Je günstiger gelegen und je alltagstauglicher sie gestaltet sind, desto größer ist die Entlastung für die Sorgenden.

5.3.2 Freiräume und öffentliche Räume

Auch im zweiten Handlungsfeld *Freiräume und öffentliche Räume* steht die Ermöglichung von Gemeinschaft und Austausch im Vordergrund (FrauenmitPlan e. V. Speyer 2008). Dazu gehört auch die Ausstattung mit sauberen öffentlichen Toiletten und Wickelmöglichkeiten (Bauer und Frölich v. Bodelschwingh 2017). Die Vernetztheit der Flächen und Verbundenheit mit anderen Infrastruktureinrichtungen tragen zu kurzen und wiederum sicheren Wegen bei (Gutmann und Neff 2006).

5.3.3 Ausstattung und Infrastruktur

Für *Ausstattung und Infrastruktur* als drittes Handlungsfeld gelten ebenfalls die Prinzipien der Barrierefreiheit und guten Erreichbarkeit (auch ohne Auto), zum Beispiel durch integrierte Lagen und dezentrale Angebote in mehreren Quartierszentren (FrauenRatschlag Region Stuttgart e. V. 2010). Nutzungen in den Erdgeschossen („aktive Erdgeschosse“) tragen zur Lebendigkeit und Sicherheit des Quartiers bei (Freie und Hansestadt Hamburg 2011). Damit die Bewohner:innen die Einrichtungen direkt nutzen können, sollten sie gleichzeitig mit der Wohnbebauung fertiggestellt sein (Stadt Dortmund 2002).

5.3.4 Mobilität und Verkehr

Die wichtigsten Empfehlungen im vierten Handlungsfeld *Mobilität und Verkehr* umfassen einige allgemeine Hinweise wie Sicherheit, Übersichtlichkeit und Barrierefreiheit sowie die Vermeidung von Angsträumen gerade für Frauen, Ältere und Kinder (Amt der Niederösterreichischen Landesregierung 2004). Priorisierung der Bedürfnisse von Menschen mit einem versorgenden Alltag sowie die Stärkung des Umweltverbunds sollen Wegeketten für Sorgetragende auch ohne dauerhafte PKW-Verfügbarkeit erleichtern (Zibell 2006). Dies umfasst gute Verbindungen ins Stadtzentrum ebenso wie die Verknüpfung der Stadtteile untereinander mit nutzungsfreundlichen Taktungen und reibungslosen Umstiegen (Senatsverwaltung für Stadtentwicklung Berlin 2011a) auch außerhalb der üblichen Arbeitszeiten zum Beispiel für Beschäftigte in der Gastronomie oder in Medizin und Pflege (Col·lectiu Punt 6 2016). Für die Stärkung des Radverkehrs wird ein geschlossenes, attraktives und sicheres Radwegenetz empfohlen, das alle Teilbereiche verbindet und sichere Abstellmöglichkeiten bietet. Ähnliche Grundprinzipien gelten für den Fußverkehr, bei dem insbesondere auf sichere Schulwege geachtet werden soll. Zur Verkehrssicherheit gehören zudem Spielstraßen und Fußgängerzonen sowie Ruhezonen, sichere Querungsmöglichkeiten und breite Gehwege (Stadtentwicklung Wien 2013; Stadt Wien 2015; World Bank 2020).

5.3.5 Erwerbsarbeit und Gewerbe

Als fünftes Handlungsfeld wurde *Erwerbsarbeit und Gewerbe* identifiziert. Als Grundlage für die Schaffung vielfältiger, wohnortnaher Erwerbsmöglichkeiten gilt die Ausweisung von Mischgebieten, die wohnverträgliche gewerbliche Nutzung zulassen (Senatsverwaltung für Stadtentwicklung Berlin 2011a). Gut erreichbare (Oxfam GB und The Royal Town Planning Institute 2007), auch zu Randzeiten belebte Gewerbegebiete (Col·lectiu Punt 6 2016) mit hoher Aufenthaltsqualität und Ausstattung mit Versorgungs- und Betreuungsmöglichkeiten (Stadt Dortmund 2002) sind weiterhin grundlegend wichtig. Auf der Ebene der Gesamtstadt oder der Region sollen Arbeitsmarkt- und Strukturpolitik mit Erwägungen der Geschlechtergerechtigkeit verknüpft werden (Stadt Münster o.J.). Auch haben die Rahmenbedingungen der Erwerbstätigkeit einen sehr hohen Einfluss auf die Möglichkeiten der Vereinbarkeit: Hier werden familienfreundliche Arbeitsbedingungen (Senatsverwaltung für Stadtentwicklung Berlin 2011b), nicht-stereotypisierende, geschlechtergerechte und familienfreundliche Personalpolitik (Ministerium des Innern und für Sport Rheinland-Pfalz 2007) und die Förderung traditionell unterrepräsentierter Gruppen in einem Berufszweig (FrauenRatschlag Region Stuttgart e. V. 2010) vorgeschlagen. In diesem Handlungsfeld wird besonders deutlich, wie räumlich-taktische und politisch-strategische Maßnahmen zusammenspielen können – und sollten, um eine tatsächlich transformative Wirkung in Bezug auf Arbeits- und Geschlechterverhältnisse zu erzielen: Zusätzlich zur (quartiersbezogenen) Flächenausweisung und Gestaltung wird eine an Geschlechtergerechtigkeit und Vereinbarkeit orientierte regionale Struktur- und Arbeitsmarktpolitik gefordert. In diesem Handlungsfeld ist also auch eine langfristige Zusammenarbeit mit Akteur:innen außerhalb der Stadtplanung, zum Beispiel der Wirtschaftsförderung oder Arbeitgeber:innen wichtig.

5.4 Planung für Vereinbarkeit in aktuellen Stadterweiterungsprojekten: das Beispiel Hamburg-Oberbillwerder

Hamburg-Oberbillwerder ist eines der aktuell größten Stadterweiterungsvorhaben in Deutschland und soll als 105. Hamburger Stadtteil mit bis zu 7000 Wohneinheiten im Südosten Hamburgs (Bezirk Bergedorf) entstehen. Das Gebiet ist Teil der neuen Stadterweiterungsstrategie Hamburgs unter der Überschrift „Mehr Stadt an neuen Orten", die als Antwort auf die anhaltende Wohnungsknappheit gelten kann (de Buhr 2021). Aktuell wird die Fläche von knapp 120 ha landwirtschaftlich genutzt. Laut Masterplan soll Oberbillwerder zur „Connected City" werden, die sowohl mit den Nachbarstadtteilen als auch mit der Hamburger Innenstadt gut vernetzt ist, und als „Active City" außerdem zu Bewegung und einem aktiven Lebensstil beitragen (BauNetz Media GmbH 2018). Als Tochterunternehmen der Stadt ist die IBA Hamburg GmbH zuständig für die Umsetzung. Im Februar 2019 beschloss der Senat den Masterplan, im April 2019 beschloss die Bezirksversammlung die Einleitung des Bebauungsplanverfahrens. Im März und April 2021 führten die IBA und das Bezirksamt Bergedorf frühzeitige, teilweise digitale Veranstaltungen der Öffentlichkeitsbeteiligung durch.

Die fünf im vorherigen Abschnitt vorgestellten Kategorien bilden die Grundlage für die Analyse des Fallbeispiels anhand öffentlich zugänglicher Planungsdokumente und begleitender Medienberichterstattung. Ergänzend wurden acht teilstandardisierte Expert:inneninterviews mit insgesamt zehn an der Planung beteiligten Personen (Verwaltung auf Bezirks- und gesamtstädtischer Ebene, Planungs- und Architekturbüros, Immobilienentwicklung, Wohnungsbaugesellschaft, Handwerkskammer) geführt. Eine verdichtete Bauweise und Nutzungsvielfalt werden in Interviews als „Grundidee" (BA)[1] und „Mit-Gelingensfaktor" (WG) des neuen Stadtteils bezeichnet. Die Wichtigkeit der Funktionsmischung wird auch im Masterplan betont, insbesondere um den Flächenverbrauch niedrig zu halten und eine „lebendige, funktionierende Stadt" (IBA Hamburg GmbH 2019) zu schaffen, in denen die Menschen möglichst wenige *„unnecessary extra movements"* (AB) durchführen müssen. Weitere Prinzipien, die in den Interviews benannt werden, sind Alltagstauglichkeit (BA) und Flexibilität und Mehrfachnutzbarkeit von Flächen (SchB, SB, BA, SEG), um unterschiedlichen Bedürfnissen zu entsprechen und gegebenenfalls nach einer gewissen Zeit Nachbesserungen bei den Angeboten vornehmen zu können.

5.4.1 Wohnbau und Wohnumfeldgestaltung

Es sind fünf Wohnquartiere mit unterschiedlicher Höhe und Dichte geplant, die alle barrierefrei und deutlich kompakter sein sollen als frühere suburbane Stadtteile. Es wird davon ausgegangen, dass der Stadtteil viele Familien anzieht, dass diese aber „so oder so" (SEG) kommen werden. Daher wird bewusst auch an eine attraktive Gestal-

[1] Die Interviewpartner:innen werden entsprechend ihrer Funktion im Rahmen der Planungen mit Abkürzungen bezeichnet. Die Buchstaben in Klammern sind Kürzel, die am Ende des Kapitels nach den Literaturangaben erklärt werden.

tung für andere Generationen und Lebenssituationen gedacht (BauNetz Media GmbH 2018). Zudem sollen unterschiedliche Vorstellungen von Familie gelebt werden können (AB). Wohnungen sollen nach dem „Hamburger Drittelmix"[2] in unterschiedlichen Größen und Preiskategorien angeboten werden. Auch sollen Baugemeinschaften bis zu 20 % der Wohneinheiten verantworten (BA). Dabei wird betont, dass auch die Sozialwohnungen hochwertig gestaltet und gebaut sein sollen, damit man nicht „von Straße zu Straße gleich prima vista unterscheiden kann, wer da wohnt" (SB). Trotzdem wird vermutet, dass Wohnraum in Oberbillwerder für viele Hamburger:innen nicht erschwinglich sein wird (WG). Eine Verbindung von Arbeiten und Wohnen soll durch Co-Working-Spaces möglich sein, wobei die Ideen hier noch nicht konkretisiert sind. Dies ist jedoch vermutlich – ebenso wie die geringe Detailgenauigkeit im Bereich der Gemeinschaftsanlagen – dem relativ frühen Planungsstand geschuldet.

5.4.2 Freiräume und öffentliche Räume

Für *Freiräume und öffentliche Räume* sind 28 ha mit zahlreichen Spielplätzen sowie ein großer Aktivitätspark und ein Schwimmbad vorgesehen. Ein langgezogener Park, „Grüner Loop" genannt, soll alle wichtigen Einrichtungen des öffentlichen Lebens im Stadtteil miteinander verbinden. Räume sollen für möglichst viele Menschen Angebote bereithalten sowie sicher und barrierefrei zugänglich sein (IBA Hamburg GmbH 2019). Trotz des Fokus auf Sport und Bewegung sollen die Bedürfnisse älterer und mobilitätseingeschränkter Menschen bei der Gestaltung nicht vergessen werden (BA) – zumal das Leitbild „Active City" die Befürchtung ausgelöst hatte, der Stadtteil würde nur für junge, fitte Menschen geplant werden (SEG). In einem Interview wird die Hoffnung geäußert, über die Freiraumversorgung ein „Kindheitserlebnis [zu] generieren, was man ansonsten vielleicht nur auf dem Land hat" (IE).

5.4.3 Ausstattung und Infrastruktur

Die diskutierte *Ausstattung* mit sozialer, kultureller und medizinischer *Infrastruktur* ist sehr vielfältig und wird – wenn sie in dieser Weise umgesetzt werden kann – wahrscheinlich für die allermeisten Bedarfe und Bedürfnisse Anlaufstellen bieten. Es sollen ein Bildungs- und Begegnungszentrum mit Stadtteilschule und Gymnasium, zwei Grundschulen, 14 Kitas und weitere soziale Einrichtungen entstehen. In den Interviews wird die Ausstattung mit Betreuungseinrichtungen als wichtigster Faktor für Vereinbarkeit betont, der in Hamburg schon lange selbstverständlich und in Schulen sogar bis 16 Uhr kostenfrei sei (BKM, SchB, BA, SB). Die Fertigstellung bei Einzug der ersten Bewohner:innen ab Ende der 2020er Jahre ist geplant. Die Einrichtungen sollen über alle Quartiere verteilt sein, sich aber dennoch in räumlicher Nähe zu den Grundschulen und Quartierszentren konzentrieren. Begegnungen und Gemeinschaftsbildung sollen

[2] Ein Drittel der Wohnungen sind Sozialwohnungen, ein weiteres Drittel frei finanzierte Mietwohnungen und das dritte Drittel Eigentumswohnungen.

aktiv gefördert werden (BA, SEG). Die Mitgestaltung des Lebens im Stadtteil durch Sport- und andere Vereine ist sehr erwünscht. Das Leitbild der „Connected City" wird auch dahingehend interpretiert, dass Angebote in Oberbillwerder keine Konkurrenz zu den etablierten Angeboten in den umliegenden Stadtteilen darstellen (BA, SchB). Erdgeschosse sollen für verschiedene Einrichtungen genutzt werden, sodass kaum monofunktionale Bereiche entstehen (IBA Hamburg GmbH und Büro Luchterhandt 2017).

5.4.4 Mobilität und Verkehr

Herzstücke für *Mobilität und Verkehr* werden nach Vorstellung der IBA und des Bezirksamts Bergedorf sogenannte *Mobility Hubs* (MH) sein, in denen

> „Anwohnerinnen und Anwohner sowie deren Gäste […] ihre Autos [parken und] dort auf alternative Verkehrsmittel wie Fahrräder, Leih- und Lastenfahrräder oder in Zukunft auch kleine autonome Shuttlebusse für den Weg bis zur Haustür umsteigen" (IBA Hamburg GmbH 2019, S. 54).

Gleichzeitig sollen die *Mobility Hubs* soziale, kulturelle und Versorgungsfunktionen übernehmen und „Orte der Kommunikation und des Treffpunkts [sein] und damit auch das soziale Leben im Quartier unterstützen" (IE) – „and by the way, you also can park there, but it is not the main interesting thing" (AB). Für zwei der *Mobility Hubs* (MH 6 und 7), die zentral im Stadtteil entstehen sollen, wurde im Jahr 2023 ein Realisierungs- bzw. Ideenwettbewerb abgehalten. In MH 7 sind neben Stellplätzen auch Gewerbeflächen (Geschäfte, Restaurant, Büros) vorgesehen; die Dachfläche soll als Retentionsfläche und für Photovoltaik genutzt werden, aber auch ein öffentlich zugänglicher Dachgarten ist geplant (BauNetz 2023).

Um den motorisierten Individualverkehr (MIV) zu reduzieren (IBA Hamburg GmbH 2019), sollen die S-Bahnen zukünftig häufiger fahren und die Züge verlängert werden; innerhalb des Stadtteils sind Buslinien geplant. Rad- und Fußverkehr sollen ebenfalls gestärkt werden. Radschnellwege nach Bergedorf, Neu-Allermöhe und in die Innenstadt sowie ein attraktives, sicheres, alle Quartiere verbindendes Rad- und Fußwegenetz sollen die Leitbilder „Connected City" und „Active City" umsetzen (IBA Hamburg GmbH 2019). Alle wichtigen Orte in den Quartieren sollen fußläufig erreichbar sein; Ruhemöglichkeiten sind eingeplant (Behörde für Stadtentwicklung und Wohnen Hamburg 2018; IBA Hamburg GmbH und Büro Luchterhandt 2017).

5.4.5 Erwerbsarbeit und Gewerbe

Für das Handlungsfeld *Erwerbsarbeit und Gewerbe* sind einige grundsätzliche Bedingungen formuliert:

> „Rund 500 Arbeitsplätze sind im Bereich Erziehung, Gesundheit und Soziales zu erwarten, weitere 500 in Quartiersdienstleistungen und im Einzelhandel. Persönliche Dienstleistungen (vor allem im Haushalt) können 300 Erwerbsmöglichkeiten bereitstellen. Angestrebt wird eine Schwerpunktsetzung auf die Branchen Ernährung, Gesundheit und Bewegung" (IBA Hamburg GmbH 2019, S. 36).

Zusätzlich sind Handwerkerhöfe und Co-Working-Spaces geplant, ebenso wird von einer hohen Anzahl an Heimarbeitsplätzen ausgegangen (HK). Größter Arbeitgeber wird die Hochschule für Angewandte Wissenschaften (HAW) sein (Feldhaus 2018). Kurze Wege zu Arbeitsplätzen werden vor allem unter dem Aspekt der Umweltfreundlichkeit diskutiert (IBA Hamburg GmbH und Büro Luchterhandt 2017). In den Interviews wurden mehrfach die Möglichkeiten für die Vereinbarkeit thematisiert, die die Digitalisierung und Tertiärisierung der Arbeitswelt mit sich bringen (Home-Office, Co-Working-Spaces; BKM, BA, SEG). Dass diese Möglichkeiten nur für eine bestimmte, eher privilegierte Klientel nutzbar sind, kommt nur in einem Interview zur Sprache (SB). Die Veränderung von strukturellen Arbeitsbedingungen antizipieren einige Interviewte für die mittelfristige Zukunft aufgrund von demographischen Veränderungen, die mit einem Fach- und Arbeitskräftemangel einhergehen (HWK, SB). Über die Ansiedelung der HAW und der Handwerkerhöfe hinaus ist keine Einflussnahme im struktur- oder arbeitsmarktpolitischen Sinne bekannt.

5.4.6 Zwischenfazit

Es wird deutlich, dass die Masterplanung für Oberbillwerder in etlichen Punkten vereinbarkeitsförderliche Maßnahmen umfasst und Synergien mit den Leitbildern „Connected City“ und „Active City“ sowie dem generellen Wunsch nach Ressourcenschutz und Mehrfachnutzung von Räumen entstehen. In den Handlungsfeldern *Wohnen und Wohnumfeld* sowie *Freiräume und öffentliche Räume* lässt sich eine deutliche Gemeinschaftsorientierung feststellen. Insbesondere die Angebote für Kinder und Jugendliche sollen attraktiv und vielfältig werden. Die Entstehung informeller Netzwerke der Solidarität zwischen Sorgetragenden könnte zu einem – mutmaßlich willkommenen, aber nicht absichtsvoll herbeigeführten – Nebeneffekt werden. Die innovative Herangehensweise im Handlungsfeld *Infrastruktur und Ausstattung* mit der AG Soziales legt nahe, dass der Zusammenarbeit mit Akteur:innen außerhalb der Planung eine hohe Bedeutung zugemessen und die bestmögliche Ausstattung für den Stadtteil angestrebt wird. Im Handlungsfeld *Mobilität und Verkehr* werden mit den *Mobility Hubs* möglicherweise neue Maßstäbe für eine Organisation des Verkehrs gesetzt, die gleichzeitig umweltfreundlich ist und die Sicherheit im Quartier für nicht-motorisierte Verkehrsteilnehmende erhöht. Der Transformations- und Innovationswille sowie die Bereitschaft, in die alltäglichen Routinen der Bewohner:innen einzugreifen, ist in diesem Handlungsfeld sehr ausgeprägt.

Interessanterweise sind Vereinbarkeit, Chancengleichheit oder Geschlechtergerechtigkeit bislang keine explizit diskutierten Themen im Planungsprozess. Die am meisten genannte Maßnahmen zur Verbesserung der Vereinbarkeit sind Home-Office und Co-Working, die zwar für Erwerbstätige in bestimmten Branchen die Wegezeit reduzieren, nicht aber die Arbeitsbelastung verringern oder Einfluss auf die Verteilung von Sorgearbeit zwischen den Geschlechtern haben. Die Interviews zeigen ein differenzierteres Bild: Aus der ökonomischen Notwendigkeit heraus, dass alle Erwachsenen eines Haushalts erwerbstätig sind und für ihr eigenes Einkommen sorgen, wird Vereinbarkeit als Selbstverständlichkeit angesehen. Als Instrument zur Unterstützung von Erwerbstätigen werden neben den kurzen Arbeits- und Alltagswegen vor allem die langen Kita-Öffnungszeiten genannt. Strukturelle Bedingungen von Arbeit oder die Unterstützung egalitärer Geschlechterbeziehungen werden nicht thematisiert.

Es wird deutlich, dass vor allem Maßnahmen auf der oben beschriebenen taktisch-räumlichen, also kurzfristige Erleichterungen im Alltag hervorbringenden Ebene umgesetzt werden. Wo in früheren suburbanen Stadtteilen die effizienten Pendelwege im Vordergrund standen, liegt heute zwar ein deutlich größerer Stellenwert auf den Wegeketten innerhalb des Wohnumfelds, die mit sorgebezogenen Anforderungen assoziiert werden. Das Handlungsfeld *Erwerbsarbeit und Gewerbe* erhält noch nicht die benötigte Aufmerksamkeit, um hier auch eine Transformation zu erwarten. Werden Sorge- und Erwerbsarbeit weiterhin nicht als Einheit gedacht und geplant, bleibt Sorgearbeit jedoch eine Aufgabe, die Erwerbstätige nebenbei „eintakten" müssen. Beim Verweis auf Home-Office und lange Betreuungszeiten scheinen die Bedürfnisse von akademisch gebildeten Büroarbeitenden im Vordergrund zu stehen. Es werden weder die Probleme der häufig prekär beschäftigten Personen in Betreuung und Pflege benannt noch der Tatsache Rechnung getragen, dass die entsprechenden Betreuungseinrichtungen aufgrund des Fachkräftemangels in den letzten Jahren auch nicht immer verlässlich verfügbar waren. Hinzu kommt, dass die Kombination aus Vollzeiterwerbstätigkeit und Vollzeitbetreuung aus unterschiedlichen Gründen nicht für alle Familien wünschenswert oder vorstellbar ist; eine tatsächliche Wahlfreiheit entsteht also nicht. Es lässt sich zwar argumentieren, dass weder Geschlechtergerechtigkeit noch die Veränderung/Anpassung struktureller Arbeitsbedingungen klassische Planungsaufgaben sind. Gleichzeitig sind gerade dies jedoch die Bereiche, in denen gezielte Maßnahmen eine starke strategische Wirkung und transformative Kraft in Bezug auf die Entlastung von Sorgenden und für Geschlechtergerechtigkeit entwickeln könnten. Um diese Wirkung zu erreichen, müsste jedoch eine dezidierte Verantwortungsübernahme vonseiten der Planenden erfolgen und zum Beispiel eine sektoren- und maßstabsübergreifende Institution analog zur „AG Soziales" entstehen.

5.5 Fazit

Dieser Beitrag hat die Frage gestellt, ob und inwiefern die Forderungen feministischer Raum- und Planungskritik in heutigen Planungsvorhaben aufgenommen werden und welche Art von alltäglicher Geographie von Sorge- und Erwerbsarbeit sich Planende vorstellen. Die Diskussion der Planungen zu Oberbillwerder zeigen, dass sorge- und vereinbarkeitsorientierte Planung an viele aktuelle planerische Leitbilder anschlussfähig ist und sowohl die Ziele des Ressourcen- und Flächensparens (kurze Wege, Funktionsmischung) als auch der Gesundheitsförderung (Alltagsbewegung) unterstützt. Flexibilität sowie gute Erreichbarkeit, Sicherheit und Barrierefreiheit scheinen anspruchsvolle Planende selbstverständlich zu bedenken. Es sollen attraktive Räume entstehen, die einige Aspekte feministischer Stadtkritik aufnehmen, ohne jedoch explizit auf sie Bezug zu nehmen. Ebenso ist die Organisation des Alltags kein untergeordnetes Thema mehr, wobei die nicht-erwerbsmäßigen Ziele und Wege einen hohen Stellenwert einnehmen. Die ökonomischen Notwendigkeiten von Familien insbesondere aufgrund der hohen Immobilienpreise werden damit anerkannt, der ganzen „Komplexität" (vgl. Dutta 2016) des Lebens wird jedoch nicht Rechnung getragen. Der Gestaltungs- und Innovationswille bezieht sich überwiegend auf die räumlich sichtbaren, als taktisch bezeichneten Maßnahmen. Am Beispiel der Organisation von Mobilität sowie der (sozialen) Infrastruktur wird deutlich, dass Planung durchaus den Anspruch haben kann, gesellschaftliche Strukturen und Handlungen von Einzelnen zu verändern und Innovationen hervorzubringen, die über das räumlich Erfahrbare hinausgehen. Dennoch werden Sorge und Erwerbsarbeit weiterhin nicht ausreichend als Einheit gedacht. Insbesondere die Organisation von Erwerbsarbeit ist nicht Teil der Diskussionen. Um sowohl Vereinbarkeit jenseits von Home-Office-Tagen als auch eine längerfristig egalitärere Verteilung von Sorge- und Erwerbstätigkeiten zu erreichen, wären ein ebensolcher Transformationsanspruch sowie breite Allianzen mit anderen Akteur:innen und eine stärkere Priorisierung des Themas nötig.

Danksagung Ich danke den Interviewpartner:innen aus Hamburg für ihre Zeit und ihre Offenheit; außerdem danke ich den Herausgeberinnen dieses Bandes für die kritische Durchsicht des Manuskripts und die konstruktive Zusammenarbeit.

5.6 Interviewregister

AB: Architekturbüro (2 Personen, Interview wurde auf Englisch geführt); Interview durchgeführt von der Autorin und Arvid Krüger am 04.10.2021.
BA: Bezirksamt; Interview durchgeführt von der Autorin am 29.09.2021.
IE: Immobilienentwickler; Interview durchgeführt von der Autorin am 28.09.2021.
BKM: Behörde für Kultur und Medien; Interview durchgeführt von Arvid Krüger am 16.09.2021.
SchB: Behörde für Schule und Berufsbildung; Interview durchgeführt von der Autorin und Arvid Krüger am 30.09.2021.
SB: Sozialbehörde; Interview durchgeführt von der Autorin und Arvid Krüger am 30.09.2021.
SEG: Stadtentwicklungsgesellschaft; Interview durchgeführt von Arvid Krüger am 27.10.2021.
WG: Wohnungsbaugenossenschaft (2 Personen); Interview durchgeführt von der Autorin und Arvid Krüger am 30.09.2021.

Literatur

Alisch, Monika. 1993. *Frauen und Gentrification*. Wiesbaden: Deutscher Universitätsverlag.

Altrock, Uwe, Henriette Bertram, und Arvid Krüger. 2024. Einleitung: Stadterweiterung in Zeiten der Reurbanisierung. In *Neue Suburbanität?*, Hrsg. Uwe Altrock, Henriette Bertram, und Arvid Krüger, 7–24. Bielefeld: transcript.

Amt der Niederösterreichischen Landesregierung. 2004. Gender Mainstreaming und Mobilität in Niederösterreich. https://www.noe.gv.at/noe/16674P_GenderMain_II_indd.pdf. Zugegriffen: 12. Mai 2023.

Amt der Vorarlberger Landesregierung, und Regierung des Fürstentums Liechtenstein und Kanton St. Gallen. 2006. Ländergender – Beispiele für die Umsetzung von Gender Mainstreaming in den Verwaltungen von Liechtenstein, St. Gallen und Vorarlberg. https://www.vierlaendernetz.org. Zugegriffen: 12. Mai 2023.

Autor*innenkollektiv Geographie und Geschlecht. 2021. *Handbuch Feministische Geographien: Arbeitsweisen und Konzepte*. Leverkusen-Opladen: Barbara Budrich.

Bauer, Uta, und Franciska Frölich v. Bodelschwingh. 2017. 30 Jahre Gender in der Stadt- und Regionalentwicklung. https://difu.de/sites/difu.de/files/endbericht_komplett_gender_fuer_publikation.pdf. Zugegriffen: 12. Mai 2023.

Baumgart, Sabine. 2004. Gender Planning als Baustein der Profilbildung? In *Räume der Emanzipation*, Hrsg. Christine Bauhardt, 77–101. Wiesbaden: VS.

BauNetz. 2018. Grün, bezahlbar, gut angebunden – ADEPT entwickeln Masterplan für Hamburg-Oberbillwerder. https://www.baunetz.de/meldungen/Meldungen-ADEPT_entwickeln_Masterplan_fuer_Hamburg-Oberbillwerder_5431292.html. Zugegriffen: 12. Mai 2023.

BauNetz. 2023. Identitätsstiftende Parkgaragen. https://www.baunetz.de/meldungen/Meldungen-Wettbewerb_fuer_Hamburg_Oberbillwerder_entschieden_8144183.html. Zugegriffen: 12. Mai 2023.

Becker, Ruth. 2010. Raum: Feministische Kritik an Stadt und Raum. In *Handbuch Frauen- und Geschlechterforschung*, Hrsg. Ruth Becker, Beate Kortendiek, und Barbara Budrich, 806–819. Wiesbaden: VS.

Behörde für Stadtentwicklung und Wohnen Hamburg. 2018. Oberbillwerder. https://www.hamburg.de/pressearchiv-fhh/11078572/2018-05-25-bsw-iba-wettbewerb-oberbillwerder/. Zugegriffen: 12. Mai 2023.

Berndt, Christian, und Martina Fuchs. 2002. „Geographie der Arbeit“: Plädoyer für ein disziplinübergreifendes Forschungsprogramm. *Geographische Zeitschrift* 91(3/4):157–166.

de Buhr, Sabine. 2021. Hamburg Oberbillwerder – The Connected City. https://www.boell.de/de/2021/02/16/hamburg-oberbillwerder-connected-city. Zugegriffen: 12. Mai 2023.

Bundesamt für Bauwesen und Raumordnung. 2006. *Gender Mainstreaming im Städtebau. Ein ExWoSt-Forschungsfeld*.

Bundesministerium für Raumordnung, Bauwesen und Städtebau. 1996. *Frauengerechte Stadtplanung*. Bonn: Bundesministerium für Raumordnung, Bauwesen und Städtebau.

Chestnutt, Rebecca, Karin Ganssauge, und Barbara Willecke. 2008. Gender Mainstreaming im Entwurfsverfahren Breite Straße – Brüderstraße Berlin Mitte. https://digital.zlb.de/viewer/metadata/15631565/1/LOG_0000/. Zugegriffen: 12. Mai 2023.

Col·lectiu Punt 6. 2016. Nocturnas. The everyday life of women nightshift workers in the Barcelona metropolitan area. https://issuu.com/punt6/docs/nocturnas_eng. Zugegriffen: 12. Mai 2023.

Disputació Barcelona. 2006. Urbanism and Gender. https://www.diba.cat/documents/540797/544667/seep-fitxers-urbanismgender-pdf.pdf. Zugegriffen: 12. Mai 2023.

Domosh, Mona. 1998. Geography and gender. *Progress in Human Geography* 22(2):276–282.

Dutta, Madhumita. 2016. Place of life stories in labour geography. *Geoforum* 77:1–4.

England, Kim, und Victoria Lawson. 2005. Feminist analyses of work. In *A companion to feminist geography*, Hrsg. Lise Nelson, Joni Seager, 77–92. Malden: Blackwell.

Falú, Ana. 2018. Egalitarian metropolitan spaces. Metropolis Observatory 4. https://www.metropolis.org/sites/default/files/metobsip4_en.pdf. Zugegriffen: 12. Mai 2023.

Feldhaus, Friedhelm. 2018. Plan für Oberbillwerder mit 15.000 Bewohnern. https://www.immobilien-zeitung.de/1000053096/plan-fuer-oberbillwerder-mit-15-000-bewohnern/. Zugegriffen: 12. Mai 2023.
Frank, Susanne. 2003. *Stadtplanung im Geschlechterkampf.* Wiesbaden: Springer.
Fraser, Nancy. 1994. After the family wage: gender equity and the welfare state. *Political Theory* 22(4):591–618.
Fraser, Nancy. 2009. Feminismus, Kapitalismus und die List der Geschichte. *Blätter für deutsche und internationale Politik* 8:43–57.
FrauenmitPlan e. V. Speyer. 2008. Gender Kompass. https://gender-mainstreaming.rlp.de/fileadmin/gender-mainstreaming/dokumente/Gender-Kompass_2008_-_So_wird_Planung_eine_runde_Sache.pdf. Zugegriffen: 12. Mai 2023.
FrauenRatschlag Region Stuttgart e. V.. 2010. FrauenRatschlag Region Stuttgart 1995–2010. https://www.ev-akademie-boll.de/fileadmin/res/otg/Frauenratschlag_Ansicht.pdf. Zugegriffen: 12. Mai 2023.
Freie und Hansestadt Hamburg. 2011. Planungsempfehlungen der Fachfrauen. https://www.hamburg.de/contentblob/135132/871a9ae979b4d031ed51784098e58177/data/fachfrauen-planungsempfehlungen.pdf. Zugegriffen: 12. Mai 2023.
Gleichstellungsstelle für Frauen der Landeshauptstadt München. 2017. Genderkompetenz. Eine Handreichung für Beschäftigte der Stadt München und Interessierte. https://stadt.muenchen.de/dam/jcr:310b3b29-9df6-41d3-ba23-ceeb5f3b3f37/Genderkompetenz_2017_Internet.pdf.. Zugegriffen: 12. Mai 2023.
Gutmann, Raimung, und Sabine Neff. 2006. Gender Mainstreaming im Stadtentwicklungsgebiet Flugfeld Aspern. https://www.wien.gv.at/stadtentwicklung/projekte/aspern-seestadt/pdf/studie-gendermainstreaming.pdf. Zugegriffen: 12. Mai 2023.
Hilal, Mohamed, Sophie Legras, und Jean Cavailhès. 2018. Peri-Urbanisation: between residential preferences and job opportunities. *Raumforschung und Raumordnung* 76(2):133–147.
Huning, Sandra. 2020. From feminist critique to gender mainstreaming – and back? *Gender, Place & Culture* 27(7):944–964.
Huning, Sandra, Tanja Mölders, und Barbara Zibell. 2019. Gender, space and development: An introduction to concepts and debates. In *Gendered approaches to spatial development in Europe. Perspectives, similarities, differences*, Hrsg. Barbara Zibell, Doris Damyanovic, und Ulrike Sturm, 1–23. London: Routledge.
IBA Hamburg. 2019. Masterplan Oberbillwerder: The Connected City. https://www.oberbillwerder-hamburg.de/wp-content/files/Masterplan_Oberbillwerder_WEB.pdf. Zugegriffen: 12. Mai 2023.
IBA Hamburg, und Büro Luchterhandt. 2017. Masterplan für den neuen Stadtteil Oberbillwerder in Hamburg-Bergedorf. https://www.oberbillwerder-hamburg.de/wp-content/files/Aufgabenstellung_Oberbillwerder_Masterplan.pdf. Zugegriffen: 12. Mai 2023.
Karsten, Lia, Tineke Lupi, und Marlies de Stigter-Speksnijder. 2013. The middle classes and the remaking of the suburban family community. *Netherlands Journal of Housing and Environment Research* 28(2):257–271.
Kuckartz, Udo. 2018. *Qualitative Inhaltsanalyse*. Weinheim: Beltz Juventa.
Lier, David Christoffer. 2007. Places of work, scales of organising: a review of labour geography. *Geography Compass* 1(4):814–833.
MacDonald, Heather I. 1999. Women's employment and commuting. *Journal of Planning Literature* 13(3):267–283.
Mader, Katharina, und Jana Schultheiss. 2011. Feministische Ökonomie. *PROKLA. Zeitschrift für kritische Sozialwissenschaft* 41(164):405–421.
Metropolis. 2020. Mobility and gender: Gender Keys 04. https://www.metropolis.org/sites/default/files/resources/Gender-keys.04.pdf. Zugegriffen: 12. Mai 2023.
Ministerium des Innern und für Sport Rheinland-Pfalz. 2007. Teil D: Gender-Check LEP 4. https://mdi.rlp.de/fileadmin/03/Themen/Landesplanung/Dokumente/Landesentwicklungsprogramm/LEP_IV_Teil_D.pdf. Zugegriffen: 12. Mai 2023.

Ministerium für Arbeit und Soziales Baden-Württemberg. 2006. Chancengleichheit braucht Ideen. https://lb.boa-bw.de/frontdoor/deliver/index/docId/294/file/chancengleichheit-kommunen-internet-neu.pdf. Zugegriffen: 12. Mai 2023.

Oberhauser, Ann M. 2017. Gendered work and economic livelihoods. In *Feminist Spaces*, Hrsg. Ann M. Oberhauser, Jennifer L. Fluri, Risa Whitson, und Sharlene Mollett, 107–130. London, New York: Routledge.

Oxfam, und The Royal Town Planning Institute. 2007. Gender and spatial planning. https://policy-practice.oxfam.org/resources/gender-and-spatial-planning-rtpi-good-practice-note-7-112350/. Zugegriffen: 12. Mai 2023.

Prognos. 2024. Der unsichtbare Wert von Sorgearbeit. https://www.prognos.com/sites/default/files/2024-02/240227_Prognos_Der%20unsichtbare%20Wert%20von%20Sorgearbeit.pdf. Zugegriffen: 12. Mai 2023.

Sandercock, Leonie, und Ann Forsyth. 1992. A gender agenda: New directions for planning theory. *Journal of the American Planning Association* 58(1):49–59.

Senatsverwaltung für Stadtentwicklung Berlin. 2011a. Gender Mainstreaming in der Stadtentwicklung. https://www.stadtentwicklung.berlin.de/soziale_stadt/gender_mainstreaming/download/gender_deutsch.pdf. Zugegriffen: 12. Mai 2023.

Senatsverwaltung für Stadtentwicklung Berlin. 2011b. Vielfalt fördern in Wohnungsbaugenossenschaften. https://digital.zlb.de/viewer/metadata/15456746/1/. Zugegriffen: 12. Mai 2023.

Silvey, Rachel. 2012. Gender, difference, and contestation. In *The Wiley-Blackwell companion to economic geography*, Hrsg. Trevor J. Barnes, Jamie Peck, und Eric Sheppard, 420–430. Chichester: Wiley-Blackwell.

Spain, Daphne. 2016. *Constructive feminism: women's spaces and women's rights in the American city*. Ithaca: Cornell University Press.

Stadt Dortmund. 2002. Integration von „Gender Planning" in die Stadtplanung. https://rathaus.dortmund.de/dosys/gremrech2.nsf/0/322489850FCF4300C12574280066AAAD/$FILE/Anlagen_04407-03.pdf. Zugegriffen: 12. Mai 2023.

Stadt Münster. Europäische Charta für die Gleichstellung von Männern und Frauen auf lokaler Ebene in Münster: Teil 1. https://www.stadt-muenster.de/fileadmin/user_upload/stadt-muenster/17_gleichstellung/pdf/charta-gleichstellung_bestandsaufnahme_aktuell.pdf. Zugegriffen: 12. Mai 2023.

Stadt Wien. 2015. Alltags- und Frauengerechtes Planen und Bauen. https://www.wien.gv.at/stadtentwicklung/alltagundfrauen/index.html. Zugegriffen: 12. Mai 2023.

Stadtentwicklung Wien. 2013. Handbuch Gender Mainstreaming in der Stadtplanung und Stadtentwicklung. https://www.wien.gv.at/stadtentwicklung/grundlagen/gender/. Zugegriffen: 12. Mai 2023.

Tummers, Lidewij, Sylvette Denèfle, und Heidrun Wankiewicz. 2019. Gender mainstreaming and spatial development: contradictions and challenges. In *Gendered approaches to spatial development in Europe. Perspectives, similarities, differences*, Hrsg. Barbara Zibell, Doris Damyanovic, und Ulrike Sturm, 78–98.

UN Habitat. 2012. Gender issue guide: urban planning and design. https://unhabitat.org/sites/default/files/download-manager-files/Gender%20Responsive%20Urban%20Planning%20and%20Design.pdf. Zugegriffen: 12. Mai 2023.

Wankiewicz, Heidrun. 2016. *Gender Planning, Gender Mainstreaming in der räumlichen Planung*. Salzburg: FB Geographie und Geologie der Universität Salzburg. Dissertation.

Warhaftig, Myra. 1985. *Emanzipationshindernis Wohnung*. Köln: Pahl-Rugenstein.

Winker, Gabriele. 2013. Zur Krise sozialer Reproduktion. In *Care statt Crash*, Hrsg. Hans Baumann, Iris Bischel, Michael Gemperle, Ulrike Knobloch, Beat Ringger, und Holger Schatz, 119–133. Zürich: edition 8.

Winker, Gabriele. 2021. *Solidarische Care-Ökonomie*. Bielefeld: transcript. Unter Mitarbeit von Matthias Neumann. X-Texte zu Kultur und Gesellschaft.

World Bank. 2020. Handbook for gender-inclusive urban planning design. https://www.worldbank.org/en/topic/urbandevelopment/publication/handbook-for-gender-inclusive-urban-planning-and-design.

Zibell, Barbara. 2006. Bedarfsgerechte Raumplanung. Gender Practice und Kriterien in der Raumplanung. https://www.stadtumland.com/wp-content/uploads/2017/05/pdf-gender-kurz.pdf.

Part III
Migration und Prekarität

Transnationale Sorgeketten als arbeits- und sozialgeographische Kategorie. Indische Krankenpflegekräfte in Deutschland

6

Christa Wichterich

Inhaltsverzeichnis

Zusammenfassung

Der Beitrag führt in *Global Care Chains* als arbeitsmigrantische Räume ein, die transnationale Achsen sozialer Reproduktion und Versorgungsketten als Globalisierungsstruktur darstellen. Der Pflegenotstand in deutschen Krankenhäusern wird seit den 1960er Jahren mit einem *Spatial Fix* (Harvey 2001), der transnationalen Kommodifizierung und Extraktion von *Care* in einem grenzüberschreitenden Markt, zu lösen versucht. Neben den Push- und Pull-Faktoren für die reproduktive internationale Arbeitsteilung in globalen Ungleichheitsstrukturen werden auch die Autonomie der Migration und die Handlungsmacht der Subjekte einbezogen.

C. Wichterich (✉)
Universität Kassel/Global Partnership Network (GPN), Bonn, Deutschland
E-Mail: wichterich@femme-global.de

M. Doutch et al. (Hrsg.), *Arbeitswelten*, https://doi.org/10.1007/978-3-662-70955-9_6

Der empirische Teil vergleicht auf Basis biographischer Interviews die erste Generation indischer Krankenpfleger:innen, die in den 1960/70er Jahren nach Deutschland kamen, mit den in den letzten zehn Jahren Zugewanderten. Analysekategorien sind ihre Motivation, Anerkennung, Arbeit und Arbeitsplatz, Respekt und Diskriminierung, transnationale Familie und schließlich die Lebensperspektive. Die biographischen Narrative spiegeln Ambivalenzen und Widersprüche, 50 jährige Kontinuitäten, aber auch eine wachsende Autonomie. Trotz massiver Hürden und Ausgrenzungen dokumentieren sie große Lebens-, Arbeits- und Emanzipationsleistungen.

Schlüsselwörter: *Global Care Chains*, Autonomie der Migration, Anerkennungspolitik, rassifizierte Diskriminierung, transnationale Familie

Abstract

The article introduces global care chains as migrant labour spaces that represent transnational axes of social reproduction and supply chains in the wake of globalisation. Since the 1960s, attempts have been made to solve the nursing shortage in German hospitals with a spatial fix (Harvey 2001); these have resulted in transnational commodification and care extraction in a cross-border market. In addition to the push and pull factors for this reproductive international division of labour framed by global structures of inequality, the autonomy of migration and the agency of the subjects are also taken into account.

Based on biographical interviews, the empirical part compares the first generation of Indian nurses who came to Germany in the 1960s/70s with those who have emigrated in the last ten years. The categories analysed are their motivation, recognition, work and workplace, respect and discrimination, transnational family and, finally, their life perspective. The biographical narratives reflect ambivalences and contradictions, 50-year continuities, but also a growing autonomy. Despite massive constraints and marginalisation, they document great achievements in life, work and emancipation.

Keywords: global care chains, autonomy of migration, recognition politics, racialized discrimination, transnational families

6.1 Einleitung

Seit den 1960er Jahren kommt dem südindischen Bundesstaat Kerala in der Arbeitsgeographie wegen der hohen Abwanderungsquote über nationalstaatliche Grenzen hinaus eine große Bedeutung zu. Hintergrund für die räumliche Arbeitskräfteverschiebung war das hohe Bildungsniveau, das die marxistisch orientierte und antikasteistische Regierung Keralas für alle Bevölkerungsschichten und auch für Mädchen sicherstellte. Die gezielte Ausbildung in dem weiblich konnotierten Beruf der Krankenpflege und die Rekrutierung von Kranken„schwestern“ durch die Golfstaaten, westeuropäische Länder und Nordamerika öffnete zum einen neue Räume für

Beschäftigung und Berufsausübung und bewirkte zum anderen eine Feminisierung der Migration. Die Rücküberweisungen dieser Gesundheitsarbeiter:innen gelten als Erfolgsindikatoren der großräumigen familialen Reproduktionsstrategien und der staatlichen Entwicklungsstrategie (Yeates 2009; 2010; Schwenken 2018).

Die empirische Forschung dieses Beitrags vergleicht verschiedene Generationen von Pflegekräften, die in den 1960er/70er Jahren und im vergangenen Jahrzehnt nach Deutschland migrierten. Sie untersucht aus der Perspektive einer feministisch-intersektionalen Geographie der Arbeit, ob und wie sich eine Autonomie der Migration entwickelt hat und welche Mechanismen die systemische Abwertung von migrantischer Pflegearbeit als Lohnarbeit in Deutschland bewirken. Dazu wurden zehn qualitative biographische Interviews mit Krankenpfleger:innen der jüngsten Generation durchgeführt, die Sichtbarkeit für die transnationalen Subjekte, ihre Handlungsfähigkeit, ihre Motivationen, Probleme, Arbeitserfahrungen und Wünsche schaffen.

Einführend wird ein theoretischer Rahmen aufgemacht, in dem *Global Care Chains*, Arbeitsmigration bzw. die Autonomie der Migration und Reproduktionstheorie miteinander verflochten werden, um die empirischen Befunde aus den akteur:innenzentrierten Interviews nachfolgend einzuordnen.

6.2 Theoretischer Aufriss

6.2.1 Migration und *Global Care Chains*

Im Rahmen von Push- und Pull-Theoremen entwickelten sich kontroverse politische und akademische Diskurse in einem Spektrum zwischen entwicklungsoptimistischen und -pessimistischen Positionen. Die polaren Sichtweisen betrachten den Rückfluss von Geldern als Motor für die Entwicklung des Herkunftslandes oder aber den Abfluss von Kapazitäten und Ressourcen als Einschränkung für Entwicklung und als Verstärkung globaler Ungleichheiten (Schwenken 2018:186). Die Dynamiken von Rücküberweisungen stehen im Zentrum der politökonomischen Diskurse der Herkunftsstaaten und der Weltbank, nicht aber die migrantischen Arbeitskräfte selbst.

Global Care Chains (Hochschild 2000, Parreñas 2001) sind die zentralen Achsen der Migration von Sorge- und Gesundheitsarbeiter:innen zwischen einkommensschwachen Ländern und der OECD-Welt. Sie bieten sich für arbeitsgeographische Forschung an, weil sie einen „spatial fix" (Harvey 2001) markieren, also den Versuch, Krisensituationen sozialer Reproduktion durch transnationale Arrangements zu bewältigen, die oft mit einer Unterschichtung des Arbeitsmarkts einhergehen. Transnationale Pflege- und Sorgeketten basieren auf einer patriarchalen und kolonialen Logik des Dienens, der Abwertung und der Unterordnung sozialer Reproduktion unter Produktionsprozesse. Globale Ungleichheitsverhältnisse sind ihre Voraussetzung, aber auch ihr Resultat. Die Rekrutierung, Migration und Beschäftigung von *Care*-Arbeiter:innen stellt aus sozial-geographischer Sicht den Raum für Sorgeextraktivismus (Wichterich 2022) dar, – analog zum Ressourcenextraktivismus – verstanden als die transnationale Kommodifizierung und Aneignung der Ressource und des sozialen

Gemeinschaftsguts *Care* in einem vermachteten, asymmetrischen Markt. Die Migrationsregime und die Arbeitsverhältnisse sind durch eine strukturelle kapitalistische Rücksichtslosigkeit (Aulenbacher et al. 2015) gegenüber den *Care*-Arbeiter:innen und durch eine häufig rassifizierte Extraktion von naturalisierten Sorgekapazitäten gekennzeichnet. Durch diesen Sorgeextraktivismus werden Ressourcen und Kapazitäten aus dem Globalen Süden, die bisher außerhalb der Verwertungssphäre waren, aus nationalstaatlichen Räumen entgrenzt und in globale *Care*-Märkte integriert, um Krisen sozialer Reproduktion in einkommensstarken Ländern zu managen und den globalen Mittelschichten eine „imperiale Lebensweise" (Brand und Wissen 2017) zu sichern.

Der Begriff des Extraktivismus verweist darauf, dass jede *Global Care Chain* einen *Care Drain* und einen *Brain Drain* am Herkunftsort bedeutet. Wenn Sorgeleistende und mit ihnen Ausbildung und Wissen die Länder des Globalen Südens verlassen, um Personaldefizite in wohlhabenden Ländern zu reduzieren, fehlen sie in den ärmeren Herkunftsländern und -haushalten. Diese Externalisierung von Versorgungsproblemen des Globalen Nordens und die Sorgeextraktion sind räumlich und analytisch verschränkte Prozesse im Rahmen globaler Ungleichheit. Auch wenn die Einkommensarmut in den Herkunftshaushalten reduziert wird, entsteht eine neue Armut an Versorgung (Lutz und Palenga-Möllenbeck 2012). Das bedeutet erneut eine Stratifizierung der sozialen Reproduktion auf nationaler und transnationaler Ebene und eine Verfestigung alter Ungleichheiten unter Gender-, Klassen-, postkolonialen, ethnisierten und rassistischen Vorzeichen.

Das Theorem des Sorgeextraktivismus verschränkt *Care Chain*-Analysen mit *Care Drain*-Analysen und nimmt damit multiple Perspektiven auf die Migrations- und Arbeitsräume ein: zum einen eine strukturelle Perspektive vom Herkunftsort her, zum zweiten eine Arbeits- und Alltagsperspektive vom Zielort her und zum dritten einen Blick auf die marktförmige und die reproduktive Vermittlung zwischen den beiden Fixpunkten. Migration und Beschäftigung werden reguliert durch Inklusions-, Exklusions- und Abwertungsregime, die Räume öffnen oder schließen, äußere und innere Grenzen durch Visumspolitiken, Aufenthalts- und Arbeitsgenehmigungen, (Nicht-)Anerkennung von Diploma und Zuweisung von prekären Jobs in institutionellen und Arbeitshierarchien setzen.

Zusätzlich sind sozio-kulturelle Zuschreibungen an Krankenpflege als Grenz- und Ausgrenzungsmechanismen wirksam, die Sum und Jessop (2013) „kulturelle politische Ökonomie" nennen. Der Beruf von Krankenpfleger:innen und Hebammen ist in vielen Kulturen höchst ambivalent konturiert, nämlich einerseits als unreine körperliche Arbeit und gleichzeitig als ehrenvolle altruistische Tätigkeit (Wetterer 2002). Wegen der Pflege von Soldaten, der Nachtschichten und der Ehelosigkeit haftet der Krankenpflege außerdem das Stereotyp liberaler Sexualmoral an – stets verknüpft mit Klasse, Ethnie und Herkunft. Männliche Phantasien sexueller Verfügbarkeit mutierten in eine Zuschreibung von weiblicher Frivolität oder gar Sexarbeit, was je nach Entfernung der Kranken„schwestern" von der heimatlichen patriarchalen Kontrolle und erst recht durch Migration verstärkt wurde (Nair und Healey 2006, S. 3; Walton-Roberts 2012) und durch kulturindustrielle Produkte wie TV-Serien ständig reproduziert wird. Der weibliche Körper und die attribuierte weibliche (Un)Moral waren und sind zentrale Faktoren für die Diskurse um den Status von Krankenpfleger:innen. Sexistische, ethnisierte, rassifizierte sowie klassen- und kastenbasierte Strategien der Diskriminierung und der Abwertung von migrantischem Gesundheitspersonal sind intersektional verschränkt mit materiellen ökonomischen Faktoren.

Zentrales Motiv für Krankenpflege als migrantische Lohnarbeit ist die Reproduktion der Herkunftsfamilie durch Rücküberweisungen. Deswegen muss die Pflegeerwerbsarbeit in *Global Care Chains* in ihrer Verflechtung mit Reproduktionsarbeit, sprich: aus der Perspektive der ganzen Arbeit der Subjekte gesehen und nicht abgespalten von ihr betrachtet werden (Bhattacharya 2017). Das impliziert eine akteur:innenzentrierte Analyse der Arbeits- und Migrationsprozesse. Da Migrant:innen lange als passive Subjekte und Opfer dieser Prozesse ohne eigene Handlungsmacht verstanden wurden, entstand das Konzept der Autonomie der Migration als Gegennarrativ, das auf die Subjekte und ihre Handlungsfähigkeit fokussiert, und zwar als Reaktion auf den Strukturalismus von Migrationstheorien, die sich auf Push- und Pull-Faktoren reduzieren (Bojadžijev und Karakayali 2007; Papadopoulos et al. 2008). Das Theorem betont, dass innerhalb kapitalistischer Märkte Migration und die entsprechenden Räume multidimensional durch Strukturen, Diskurse und die Handlungsmacht der migrantischen Subjekte selbst konstruiert werden (Massey 1994; Mezzadra 2011). Die individuelle Handlungsmacht muss jedoch eingebettet in familiale, religiöse, privatwirtschaftliche, staatliche und digitale Netzwerke betrachtet werden. Soziale Netzwerke fungieren als eine transnationale, raumübergreifende Infrastruktur der Migration und Rekrutierung, Vermittlung und Beschäftigung der migrantischen Subjekte, die auch verschiedenste Formen sozialer und emotionaler Unterstützung organisieren.

Die Dekonstruktion von Sorgeextraktion in verschiedenen patriarchalen, kolonialen und kapitalistischen Regimen erlaubt nicht nur eine Verknüpfung von Struktur- und Diskursanalyse, sondern beleuchtet auch das Paradox von Marktintegration bei gleichzeitiger Abwertung und macht die migrantischen Subjekte, ihre Leistungen und Handlungskapazitäten, aber auch ihre physische und psychische Verletzlichkeit und Erschöpfung sichtbar.

6.2.2 *Global Nursing Chains* aus Kerala

Während der Fokus der soziologischen und sozial-geographischen Analysen von *Global Care Chains* zunächst auf migrantischen Hausangestellten lag, fügten Choy (2003) und Yeates (2010) einen Forschungsschwerpunkt zu *Global Nursing Chains* hinzu. Catherine Ceniza Choy analysierte, wie die US-amerikanische Kolonialmacht von den Philippinen aus ein „Empire of Care“ als Teil der „Kultur des US-Imperialismus“ aufbaute und „eine rassifizierte Hierarchie mit den Amerikaner:innen oben und den Filipinas* unten“ dadurch schuf, dass die Filipinas als schlechtbezahlte Praktikant:innen und Pflegeassistent:innen in US-amerikanischen Krankenhäusern beschäftigt wurden (Choy 2003, S. 5).

Nicola Yeates analysierte zeit- und raumdiagnostisch, wie im Kontext post-kolonialer globaler Ungleichheiten und der neoliberalen Globalisierung Krankenpflege zunehmend in *Global Nursing Chains*, sprich: in grenzüberschreitenden Räumen organisiert wurde (Yeates 2010). Jenseits von Push- und Pull-Faktoren verortet sie

Pflege durch migrantische Fachkräfte in der globalen politischen Ökonomie und transnationalen Arbeitsmärkten. Dort stellen Pflegeketten unentbehrliche globale Achsen medizinischer Versorgung und sozialer Reproduktion dar, aber auch Achsen der Akkumulation in diesen Wirtschaftssektoren, die durch ein Marktregime von Angeboten durch Arbeitsvermittlerstaaten wie den Philippinen (Rodriguez 2008) auf der einen Seite und Nachfrage aus OECD-Ländern auf der anderen Seite befeuert werden.

Um Regularien für die weitgehend unregulierten transnationalen Arbeitsmärkte für Krankenpflege einzuführen, verabschiedete die Weltgesundheitsorganisation 2010 einen Global Code of Practice on the International Recruitment of Health Personnel (WHO 2010). Sie listete zunächst 57 Länder im Globalen Süden auf, darunter Indien und die Philippinen, die unter einem so starken Mangel an Gesundheitspersonal leiden, dass keine Abwerbung von Fachkräften stattfinden sollte.

Die neoliberale Wende der indischen Politik in der Modi-Ära hatte eine massive Privatisierung und Corporatisierung des Gesundheitssektors zur Folge, mit einer Welle von Neugründungen privater Ausbildungscolleges für Pflegekräfte und von privaten Krankenhäusern, die teure Gesundheitsdienste anbieten, aber Pflegekräfte noch schlechter bezahlen als öffentliche Einrichtungen. Je mehr sich die Migration von Pflegepersonal als lukrative Einnahmequelle für die Familie erwies, desto mehr private Ausbildungseinrichtungen für Krankenpfleger:innen entstanden seit den 1990er Jahren. Die Ausbildung ist akademisiert und vermittelt medizinisches Fachwissen zu hohen Preisen, wobei die Privatisierung einerseits zu sinkender Ausbildungsqualität geführt hat (Walton-Roberts 2015), andererseits immer häufiger auf die Gesundheitssysteme bestimmter Zielländer ausgerichtet wird.

Die Hoffnung, dass in anderen Ländern Pflegearbeit mehr Anerkennung als in Indien genießt, ist ein Faktor in der Motivation zur Migration. Das Stigma, dass Krankenpflege eine unreine Arbeit ist, gilt extrem im brahmanischen Kastensystem Indiens, wo den unteren Kasten vermeintlich verunreinigende Arbeiten zugeteilt werden. Um den Stereotypen von Unreinheit und sexueller Freizügigkeit entgegenzuwirken, adelten christliche Missionen die Krankenpflege durch Konzepte von Disziplin und Sorgeethos, Selbstaufopferung und nonnenhafter Entsexualisierung. Das äußere Symbol dafür waren die weiße Uniform und die Haube der „Schwestern", die zudem darauf abzielten, eine kollektive professionelle Identität aufzubauen (Nair und Healey 2006, S. 4)[1].

Margaret Walton-Roberts und Irudaya Rajan (2023) verknüpften am Beispiel der Migration von Krankenpfleger:innen aus Kerala die migrationstheoretische Frage positiver oder negativer Entwicklung mit der subjekttheoretischen Frage nach Emanzipation der Gesundheitsarbeiter:innen durch Migration oder ihrem Gefangenensein in einer patriarchalen Falle. Zehn Prozent der ausgebildeten Pflegekräfte sind inzwischen Männer. Für Krankenpflegerinnen ist die *Dowry*, die an den Ehemann zu zahlende Mitgift, eine weitere Triebfeder für die Migration. Die Tilgung der durch die teure private Ausbildung und die Kosten für die Überreise und Vermittlungs-

[1] Im Folgenden wird die Bezeichnung Kranken„schwestern" vermieden, außer beim Deutschen Roten Kreuz, das an dieser Bezeichnung festhält, und wenn die indischen Pfleger:innen in den Interviews den Begriff selbst verwendet haben.

agenturen angehäuften Schulden stellt eine erhebliche finanzielle und psychische Belastung dar (Walton-Roberts und Rajan 2023).

Zudem erzeugt die Abwanderung von *Care*-Arbeitskräften zum materiellen Wohl der Familie im Herkunftshaushalt hohe soziale Kosten, weil Sorgelücken und transnationale Familienprobleme, aber auch schmerzliche Defizit- und Verlusterfahrungen der zurückgebliebenen Kinder entstehen. Isaksen, Devi und Hochschild (2008) haben am Beispiel keralesischer Familien gezeigt, wie die Sorgeextraktion soziale Zusammenhänge im lokalen Herkunftsraum und das Sorgevermögen als sozial-emotionale *Commons* im Globalen Süden zerstört.

Schließlich beeinträchtigt eine hohe Abwanderungsrate von Pflegepersonal das Pflege-Patient:innen-Verhältnis, das einen zentralen Indikator für die Einlösung des Menschenrechts auf Gesundheit darstellt. In Indien beträgt das Verhältnis 1,7 Pflegekräfte zu 1000 Einwohner:innen, während die WHO als Norm 3:1000 setzt (Chaudhary 2022). Damit fehlen im Land ca. zwei Millionen Pflegekräfte. Der indische Staat arrangiert sich in dem Dilemma, einerseits vom Export von gut ausgebildeten Gesundheitsfachkräften profitieren zu wollen, andererseits die miserable medizinische Versorgung der Bevölkerung verbessern zu müssen (Angenendt et al. 2014; Clemens und Dempster 2021). Um die Auswanderung zu regulieren und den Eigenbedarf zu befriedigen, müssen ausgebildete Krankenpfleger:innen zunächst zwei Jahre in indischen Krankenhäusern arbeiten. Um die notwendigen Nachweise zu bekommen, akzeptieren junge Pflegekräfte oft Dumpinglöhne und ausbeuterische Arbeitsverhältnisse in den privaten Kliniken.

6.2.3 Die Kerala-Deutschland-*Connection*

Ein Spezifikum der Migration junger Kerales:innen nach Westdeutschland war in den 1960er/70er Jahren die Rekrutierung und Vermittlung durch katholische Netzwerke, Bistümer in Kerala und Westdeutschland und kirchennahe Organisationen wie die Caritas und die Schwesternschaft des Deutschen Roten Kreuzes[2]. Unter deren Dach fand dann die Ausbildung zur Kranken„schwester" in Deutschland statt.

Das Migrations-, Aufenthalts- und Arbeitsparadigma war damals das sogenannte „Gastarbeitermodell". Arbeitskräfte wurden rekrutiert, wenn ein akuter Bedarf auf dem Arbeitsmarkt bestand, und sollten das Land verlassen, wenn der Bedarf anders gedeckt werden konnte. In diesem Migrations- und Arbeitsregime waren die Arbeitskräfte nicht frei in dem Sinne, dass sie Job und Arbeitgeber:in frei wählen konnten. In der Zeit von 1963 bis 1977 kamen neben 11.000 qualifizierten Krankenpfleger:innen aus Südkorea, die im Rahmen eines Anwerbeabkommens der technischen Entwicklungshilfe rekrutiert wurden, über die katholischen Netzwerke 6000 Schwesternschülerinnen und Nonnen nach Deutschland. Als sie 1977 zur Rückkehr aufgefordert wurden, protestierten die Koreaner:innen mit Slogans wie „Wir sind keine Waren"

[2] Die „Schwesternschaft" des Deutschen Roten Kreuzes rekrutiert auch heute über ein Bistum in Kerala Frauen ohne Ausbildung für ein freiwilliges soziales Jahr oder für eine Ausbildung zur Pflegefachkraft und vermittelt ausgebildete Pflegekräfte an katholische Krankenhäuser weiter.

und „Wir haben Entwicklungshilfe für Euch geleistet“ (Koreaverband et al. 2016). Viele indische Krankenpfleger:innen, die jahrelang in Deutschland gelebt und dort eine eigene Familie aufgebaut hatten, entwickelten dagegen ohne öffentliche Aufmerksamkeit zu wecken mithilfe der kirchlichen Institutionen eigene Strategien, um sich der Rückkehr zu entziehen (Goel 2023).

Aufgrund des Codes der WHO von 2010 rekrutierte der deutsche Staat offiziell ab 2013 keine indischen Pflegekräfte mehr. Bei der Revision der Risikoliste 2021 wurde Indien jedoch entfernt, vor allem mit dem Argument, über einen qualifizierten Pool von auswanderungswilligen Fachkräften zu verfügen, sodass in Kerala ein Überangebot an Personal bestehe (WHO India 2022). Daraufhin wurde Kerala Ende 2021 umgehend in das *Triple Win*-Programm der Gesellschaft für Internationale Zusammenarbeit (GIZ) und der Bundesagentur für Arbeit aufgenommen[3]. Das bedeutet die Normalisierung des *Spatial Fix* und des transnationalen Sorgeextraktivismus durch staatliche Institutionen. Die *Triple Win*-Formel unterstellt gleiche Gewinnchancen in globalen Ungleichheiten, verschleiert dabei jedoch die Sorgeextraktion und Aufrechterhaltung von stratifizierten Reproduktionsverhältnissen zwischen Norden und Süden, Westen und Osten, Reichen und Armen.

Die Literatur über indische Gesundheitsarbeiter:innen in deutschsprachigen Ländern fragt vor allem nach der Integration bzw. konstatiert Integrationsdefizite, wie Urmila Goel (2013b) kritisiert. Dabei bleiben die Pflegekräfte und ihre Handlungsfähigkeit im Hintergrund. Erst in jüngerer Zeit findet sich eine Orientierung hin auf akteur:innenzentrierte und biographische Forschung (Goel 2013a; Goel 2013b; Chakkalakkal 2023).

6.3 Zwei Generationen keralesischer Pfleger:innen

Die zehn qualitativen biographischen Interviews, die ich 2022 und 2023 mit neun Krankenpflegerinnen und einem Krankenpfleger in sechs deutschen Städten, davon acht aus Kerala, durchgeführt habe, vergleiche ich mit Aussagen der ersten Generation indischer Krankenpflegekräfte in Deutschland (Oommen 2008; Goel 2013b; John und Wichterich 2023, S. 267–284) und dem Film „Brown Angels“ (2016), in dem die Geschichte der Migration der jungen Frauen nachgezeichnet bzw. von ihnen selbst erzählt wird. Zunächst möchte ich die wichtigsten Unterschiede zwischen den beiden Generationen und Veränderungen skizzieren.

Die Generation der 1960er/70er Jahre kam in kleinen Gruppen von meist erst Sechzehnjährigen. Sie stammten aus großen Familien mit bis zu zehn Geschwistern und aus bäuerlichen, nicht aber ganz ärmlichen Verhältnissen. Ihre Reise, Ausbildung und Unterbringung wurden von katholischen Netzwerken organisiert. Die Gleichaltrigengruppe fungierte als soziales Sicherheitsnetz und kollektiver Schockabsorber für die jungen Migrantinnen. Alltag und Unterbringung in „Schwesternheimen“ boten ihnen

[3] https://www.arbeitsagentur.de/en/press/en-2021-42-ba-signs-mediation-agreement-with-kerala?pk_vid=b208f3a3431d439116678282339bf126.

einen privaten Schutzraum, die Ausbildung zur Krankenpflegerin und das Erlernen der Sprache integrierten sie in das deutsche Gesundheits- und Krankenhaussystem, verlangten den jungen Frauen aber extrem hohe Anpassungsleistungen ab, vor allem in Bezug auf Essensgewohnheiten, Kleidung und das Wetter in der Fremde. Sie schrieben einen Brief pro Woche an ihre Familie in Kerala, litten unter der Trennung, einem Kulturschock und unter Heimweh. Die Trennung einiger Frauen von ihren kleinen Kindern (Chakkalakkal 2023) und die Abwesenheit beim Tod naher Verwandter schmerzt sie bis heute (Brown Angels 2016). Ihr Kampf um Anpassung und spätere Integration war ein Prozess harter Pionierarbeit, der ein neues Selbst und eine neue Subjektivität in einem fremden soziokulturellen Umfeld hervorbrachte (Oommen 2008).

Die Generation, die nach 2014 einreiste, organisierte ihre Migration individuell und informell, meist mithilfe eines Netzwerks von Familienmitgliedern in Europa. Die Interviewten waren bei der Ausreise mindestens 22 Jahre alt und stammen aus eher mittelständischen Kleinfamilien mit zwei oder drei Kindern. Sie wurden an privaten Colleges zur Krankenpfleger:in ausgebildet und verschuldeten sich durch die hohen Gebühren. Sie haben – mit einer Ausnahme – Arbeitserfahrungen in indischen Krankenhäusern, zunächst als Praktikant:innen während des Studiums und nach dem Examen ein bis zwei Jahre als Beschäftigte. Deutsch lernten sie bis zum Niveau B2 an einem Goethe-Institut in Kerala. Die schwierige Vorbedingung, eine Beschäftigungsoption an einem deutschen Krankenhaus vorzuweisen, wurde mithilfe einer „Tante", eines Priesters oder einer Agentur in Kerala oder Deutschland erfüllt. Sie leiden in Deutschland auch manchmal unter Heimweh, kompensieren dies aber mit täglichen Videotelefonaten mit ihrer Familie. Im Allgemeinen glauben sie, sich leicht an deutsche Gewohnheiten und Kultur gewöhnen zu können. Dennoch sind sie angespannt und haben das Gefühl, sich ständig bemühen und anpassen zu müssen.

Im Folgenden möchte ich auf sechs Vergleichskategorien eingehen, die ich aus den Berichten der ersten Generation abgeleitet und für die halbstrukturierten biographischen Interviews mit Pflegekräften der jüngsten Generation und für die Analyse der Interviews verwendet habe. Sie verknüpfen multiskalar verschiedene Alltags- und Lebensräume, von den Pflegekräften als dynamische Subjekte über deutsche Institutionen und Verwaltung bis zur Transnationalität familialer Beziehungen: Motivation, Anerkennung, Arbeit und Arbeitsplatz, Respekt und Diskriminierung, transnationale Familie und schließlich die Lebensperspektive.

6.3.1 Motivation und Handlungsmacht

Die zentrale Reproduktionsmotivation für die Migration der Generation der 1960er/70er Jahre war, die Familie in Kerala zu unterstützen, anfangs durch die Finanzierung der Ausbildung der Geschwister, später durch den Bau eines Hauses für die Eltern. Die Initiative für die Migration ging häufig von einem Pfarrer vor Ort aus, der Verbindungen zu katholischen Institutionen oder Pfarrern in Deutschland hatte, junge Frauen aus der Gemeinde auswählte und Überzeugungsarbeit deren Vätern gegenüber leistete. Das zentrale Motiv, der Familie zu helfen, wird von einem Narrativ des Dienens, der Selbstaufopferung und einer Art Fatalismus gerahmt, der besagt,

„Wir haben alles genommen, wie es kam“ (Brown Angels 2016, 14:40). Migration war eindeutig eine familiale Überlebens- und Unterstützungsstrategie (ebd., 5:30). Allerdings bekunden einige der jungen Auswanderinnen im Film „Brown Angels“, dass sie von Anfang an auch von einer gewissen Abenteuerlust und einem Fernweh, „weg zu wollen“, angetrieben waren (ebd., 4:45; 5:18; 5:57; 9:02). Ein erster Bruch in der patriarchalen Geschlechterordnung fand dadurch statt, dass eine zentrale Rolle bei der sozialen Reproduktion der Familien vom männlichen Familienoberhaupt auf die junge migrierte Tochter transferiert wurde. Die Frauen sehen sich in diesem Szenario nicht als passiv oder gar als Opfer, sondern entdecken und entwickeln in diesem Prozess ihre eigene Handlungsfähigkeit und Subjektivität. Im Rückblick sind sie überaus stolz auf das Geleistete, ohne bei dieser Rollenumkehrung die Autorität des Vaters und der Eltern in Frage zu stellen.

Im Gegensatz dazu betont die junge Generation, dass es aufgrund der geringen Einkommens- und Aufstiegschancen in Indien ihre eigene Entscheidung war auszuwandern, um ihre individuellen Reproduktionsbedingungen zu verbessern. Sie entschieden sich für die Ausbildung zur Krankenpfleger:in, weil dieser Beruf gute Migrationschancen eröffnete. Auf dem Hintergrund der keralesischen Migrationskultur hielten auch die Eltern diese Lebensplanung der Tochter für die beste Option, während ein oder zwei Geschwister ebenfalls bereits im Ausland arbeiten. Die Hoffnung ist, im Ausland aufgrund eines guten Einkommens eine hohe Lebensqualität mit persönlichen Freiheiten zu erzielen. Das Motiv des Geldverdienens, um die durch die Ausbildung in privaten Colleges und die Migrationskosten entstandenen Schulden abzutragen, ist nachgeordnet. Der Topos des „guten Lebens“ in Deutschland ist der zentrale Fluchtpunkt für die meisten Interviewten. In zwei Fällen war Heirat bzw. Familienzusammenführung in Deutschland das Ausreisemotiv, bei einer Interviewten die sozial nicht akzeptierte Trennung von ihrem Ehemann in Kerala.

Der Vergleich der beiden Generationen zeigt also einen Trend von der Migration als familiäre Überlebensstrategie hin zu einer Migrationsautonomie und zu einem Individualisierungsprozess, in dem die Pflegekräfte von Anfang an sehr handlungsfähig sind und mit einem Willen zur Unabhängigkeit starten.

6.3.2 Anerkennung als Fachkraft

> „Meine Tante und Cousin haben die Papierarbeit für mich gemacht.“ (Ligi, 24.11.22)

> „Meine Eltern haben alles bezahlt … Ein indischer Pater in Deutschland ist wie Agentur, er kontaktiert das Krankenhaus.“ (Soji, 27.01.2023)

> „Ganz schlimm ist Ausländeramt, ich rufe 1000 mal an, niemand nimmt ab, wir bekommen keine Antwort, kostet soviel Zeit, ganze Tage, niemand erreichbar, jede aus dem Ausland sagt das.“ (Gini, 14.03.2023)

> „Während der Covid Zeit haben wir gearbeitet wie der Teufel. Aber die Staatsbürgerschaft haben sie uns dafür nicht gegeben …“ (Adi, 16.10.2022)

Ein entscheidender Mechanismus im Migrations- und Integrationsprozess ist die Anerkennung als Fachkraft im deutschen Gesundheitswesen. Während die Generation von Pfleger:innen, die ihre Ausbildung in Deutschland absolviert haben, naht- wenn auch nicht reibungslos in Beschäftigungsverhältnisse übergingen und keine gesonderte Anerkennung brauchten, gehört der Anerkennungskampf integral zur Migrationserfahrung bei der jüngeren Generation, die ihre Ausbildung in Indien absolviert hat. Alle zugewanderten Krankenpflegekräfte berichten, dass sie sechs bis zwölf Monate lang mit vielen bürokratischen Hürden und Anforderungen konfrontiert waren und ständig Dokumente und Bescheinigungen nachliefern mussten, bevor sie ihr Visum und ihre Genehmigungen von der deutschen Botschaft in Indien und/oder der Ausländerbehörde in Deutschland erhielten. Auch wenn sie einen Arbeitsvertrag haben, sind sie immer wieder mit diesem zeit- und kräftezehrenden bürokratischen Machtspiel konfrontiert, wenn sie ihre Aufenthalts- und Arbeitserlaubnis erneuern müssen. Sie werden in eine Bittsteller:inposition verwiesen, die diszipliniert und kontrolliert, aber auch demütigt.

Nach der Ankunft im Zielkrankenhaus werden sie zunächst als Pflegeassistent:innen mit geringer Bezahlung eingestellt, eine Form der Integration bei gleichzeitiger Abwertung und eine zumindest temporäre Unterschichtung des Arbeitsfeldes. Nach sechs Monaten müssen sie eine „Anpassungsprüfung" in einem speziellen medizinischen Bereich ablegen, zum Beispiel in der Geriatrie. Nicht bestandene Prüfungen müssen nach einigen Monaten wiederholt werden. Erst danach erfolgt die Beschäftigung als „examinierte" Krankenpflegekraft entsprechend Tariflohn.

Beide Verfahren zur formalen Anerkennung im Krankenhaus und durch die Behörden kommen einem Initiationsritus für migrantische Fachkräfte gleich, der eine abwertende Statuszuweisung im Arbeitsregime und der Gesellschaft bedeutet und ein Regime andauernder Verunsicherung und Prekarität erzeugt. Die Geringschätzung der Ausbildung und als Zuwander:in wird als unfair und schikanös empfunden. Die Krankenpfleger:innen betrachten diesen Kampf um Anerkennung und Arbeitserlaubnis in postkolonialen Machtstrukturen als integralen Bestandteil ihrer Lohnarbeit und Berufspraxis. Dabei entwickeln sie trotz der Verunsicherung durch die bürokratischen intransparenten Verfahren einen wachsenden Kampfeswillen und Resilienz gegenüber den konstruierten Hindernissen.

6.3.3 Arbeit und Arbeitsplatz

> „Ich habe mich schlecht gefühlt, sechs Monate ohne Gehalt, ich bin sehr fleißig." (Adi, 16.10.2022)

> „Sie zögern Anerkennung heraus, um Leute nicht bezahlen zu müssen …. Grundpflege in Deutschland ist einfach, aber langweilig, keine Verantwortung, wir haben aber medizinische Sachen studiert … Die Leiterin macht auch Pflege, aber ich finde unfair, dass wenn ich 20 Jahre gearbeitet und viele Erfahrungen habe, dass ich immer weiter Grundpflege machen muss." (Santosh, 11.01.2023)

„Super Respekt in der Station, Ärzte kommen und fragen: „Können Sie bitte?", ganz höflich …" (Ammu, 09.11.2022)

„Ich kann beim Essen neben dem Oberarzt sitzen und mit ihm sprechen." (Leela, 10.03.2022)

Während die erste Generation von Pfleger:innen durch die Ausbildung in Deutschland fließend in die Krankenhausarbeit integriert und in deutsche Arbeitsweisen sozialisiert wurde, müssen sich die kürzlich Zugewanderten als Fremde in bestehende Arbeitsprozesse ein- und anpassen. Maßstab für die Einschätzung der Pflegearbeit in deutschen Krankenhäusern ist für sie die Arbeit in indischen Krankenhäusern, in denen sie praktische Erfahrungen gesammelt haben (John und Wichterich 2023), während die erste Generation diese Vergleichsbasis nicht hatte. In Deutschland genießen die jungen Pfleger:innen den Acht-Stunden-Tag, bezahlte Überstunden, „viel Freizeit", Urlaub und das Gefühl, gut zu verdienen. Sie schätzen die Möglichkeit der flexiblen und Teilzeitarbeit sowie der Weiterbildung. Während sie sich in Indien bewusst waren, wie schlecht Gesundheitsarbeit im Vergleich zu anderen Berufsgruppen bezahlt werden, vergleichen sie in Deutschland ihre Entlohnung nicht mit anderen Berufsgruppen. Am meisten loben sie – im Vergleich zur steilen Hierarchie und multiplen Segmentierung in Indien – die aus ihrer Sicht flache Hierarchie im Krankenhaus, die gute Teamarbeit, die auch Ärzt:innen einschließt, und die „Gleichheit" im Team. Dadurch ist die horizontale Integration in die Arbeitsprozesse unproblematisch. Indikatoren für die angenommene soziale Gleichheit sind, dass die Pflegekräfte nach ihrer Meinung gefragt werden, dass älteres Pflegepersonal die gleiche Arbeit macht wie sie, und dass Ärzt:innen „normal" mit ihnen kommunizieren. Dieses Narrativ der sozialen Gleichheit beziehen sie auch auf die Gleichbehandlung von Patient:innen – privatversicherte und gesetzlich versicherte –, während reiche Patient:innen in indischen Krankenhäusern stets Privilegien einfordern würden.

Meist fühlen sie sich mit ihrem medizinischen Wissen und ihrer akademischen Ausbildung überqualifiziert, weil sie die Körperpflege übernehmen müssen, die ungelernte Hilfskräfte oder Familienangehörige in indischen Krankenhäusern erledigen und die als unrein gilt. Da sie in deutschen Krankenhäusern zum Beispiel keine intravenösen Injektionen geben dürfen, empfinden sie die Arbeit als einfach und teils langweilig. Im Vergleich zu indischen Krankenhäusern fühlen sie sich weniger belastet und gestresst, außer wenn zu wenige Pflegekräfte in der Nachtschicht sind oder sie in der Notaufnahme mit schwierigen Patient:innen fertig werden müssen. Allerdings zeichnet sich ab, dass die Fachkräfte die Belastungen und den Stress durch das neoliberale Krankenhausmanagement und den Personalmangel umso stärker wahrnehmen, je länger sie in Deutschland arbeiten.[4] Insgesamt ist ihre Wahrnehmung der Arbeit in deutschen Krankenhäusern aber ambivalent markiert: gute Arbeitsbedingungen, aber eine Dequalifizierung.

Santosh, die einzige männliche Pflegekraft im Sample, der auch in Indien bereits als Gesundheitsaktivist aktiv und gewerkschaftlich organisiert war, analysiert die

---

[4] Siehe den Blog von Santosh: https://tagderpflege.org/blog/der-patient-weinte-bin-ich-verantwortlich.

Arbeitsverhältnisse am kritischsten und plant, indische Pflegekräfte in Bezug auf Arbeitsrechte stärker zu vernetzen.[5]

Die Singles unter den Krankenpfleger:innen genießen ihre freie Zeit und Urlaub. Die verheirateten Frauen mit Kindern trennen jedoch – ähnlich wie in den Erzählungen der ersten Generation – nicht klar zwischen ihrer bezahlten und unbezahlten Pflegearbeit: Es ist ein Fluss von *Care*-Arbeit vom Krankenhaus zum Haushalt, der zeigt, wie Produktion und Reproduktion miteinander verflochten sind und sich gegenseitig bedingen. In beiden Generationen übernehmen die Ehemänner Anteile der Kinderbetreuung. Dieser Rollenbruch war in den 1970er Jahren in Deutschland und noch mehr in Kerala außergewöhnlich, aber notwendig, während er heute als normal angesehen wird (Goel 2013a).

6.3.4 Respekt, Diskriminierung, Rassismus

> „Diskriminierung ist mehr wegen der Sprache als wegen der Hautfarbe, ich hab das selber nicht erlebt, aber bei vielen Kollegen. Oder ich hab das am Anfang nicht gemerkt, weil ich ja zu allen freundlich sein musste. Kann sein, dass man das nicht hört oder nicht hören will." (Ligi, 24.11.2022)

> „Rassismus in Germany ist 30–40 %, aber nicht in meiner Situation, aber in der Firma meines Mannes, vor allem gegen ungebildete Leute. Ich bekomme Respekt." (Adi, 16.10.2022)

> „Hier sind alle auf gleicher Stufe. Ich habe zuerst gedacht, ich muss die respektieren und mit Sie angeredet. Sie haben gesagt, wir sind gleich, Du kannst Du sagen." (Ammu, 09.11.2022)

Im Krankenhaus und von ihren Kolleg:innen respektiert zu werden, ist eine wesentliche Quelle für die Arbeitszufriedenheit und das Gefühl von Wohlbefinden und Zugehörigkeit. Aufschlussreich ist die Reaktion der Interviewten auf die Frage nach Diskriminierung. Im Interview bestritten zunächst alle Befragten, diskriminiert zu werden, aber räumten dann einzelne rassistische Erfahrungen ein, zum Beispiel durch einige Patient:innen, die nicht von Ausländer:innen behandelt werden wollten oder vorgaben, sie nicht zu verstehen. Unterstützung durch das Team ist ihnen das Wichtigste in solchen Konfliktsituationen, das heißt, sie konstruieren das Team als Peer-Group und als Sicherheitsnetz und betreiben konstruktiv ihre horizontale Integration am Arbeitsplatz.

Allerdings berichten sie auch, dass ihnen Stationen oder Schichten zugewiesen werden, auf denen sie ungern arbeiten. So wurde eine mehrfach an Covid 19 erkrankte Pflegerin trotz entsprechender Anträge nicht von der Covid-Station versetzt; außerdem wurde sie im Krankenhaus nicht adäquat wegen ihrer Erkrankung

[5] Santosh und ein männlicher Kollege nehmen die Abwertung durch die anfängliche Arbeit als „Assistent" und durch die Verpflichtung zur Grundpflege und Nicht-Nutzung der erworbenen medizinischen Kenntnisse stärker als Demütigung wahr als die weiblichen Krankenpfleger:innen. Siehe das Webinar „Repercussions of Indian Nurse's Migration and Germany as a new destination," https://www.youtube.com/watch?v=8JJyMpAJu3g.

versorgt. Ein Pfleger, der Nachtdienst machen wollte, wurde zunächst nicht in den entsprechenden Pool aufgenommen.

Insgesamt tendieren die Pflegekräfte dazu, Alltagsrassismus aufgrund ihrer Hautfarbe zu verdrängen und umzudeuten, indem sie sie auf unzureichende Deutschkenntnisse zurückführen oder in den öffentlichen Raum externalisieren, zum Beispiel auf Verkehrsmittel. Sie bemühen sich, andere diskriminierte Arbeitsmigrant:innen mit schlechten Sprachkenntnissen solidarisch zu unterstützen. Dabei wird der erwähnte Diskurs der sozialen Gleichheit als Gegenerzählung zur Diskriminierung verwendet.

Die Pflegekräfte konstruieren sich selbst als coole Manager:innen von Demütigung durch Diskriminierung und Rassismus. Dieser Kampf für Respekt ist integraler Teil ihrer Arbeit, und sie entwickeln zunehmend Stärke und Handlungsfähigkeit. Der männliche Befragte ist der Einzige, der im Krankenhaus eine formelle Beschwerde eingereicht hat, wobei er seine gewerkschaftlichen Erfahrungen nutzte, was aber trotzdem aufgrund beschränkter Sprach- und Verwaltungskenntnisse nur dank der Mithilfe seiner deutschen Ehefrau möglich war. Auf Nachfragen kritisieren einige Interviewte das neoliberale kostensparende Management im Krankenhaus und unterstützen die Forderungen der Krankenhausbewegung. Acht der zehn Interviewten planen jedoch nicht, sich zu organisieren.

In den Berichten der Krankenpfleger:innen der ersten Generation wurden Diskriminierung und Rassismus in ähnlicher Weise in ihrer Bedeutung gemindert oder umgedeutet. In ihrem Fall ist der Verweis auf das Bild der „braunen Engel“, die in Deutschland ihrer Meinung nach so beliebt und geschätzt waren, die Gegenerzählung zur Diskriminierung. Sie sind stolz auf die Zuschreibung und unkritisch gegenüber ihren kulturalisierenden, rassifizierenden und feminisierenden Implikationen.

In beiden Generationen konstruieren die Krankenpfleger:innen in den Ambivalenzen von Anerkennung und Abwertung ihre eigene Subjektivität und das Team als Sicherheitsnetz (vgl. Massey 1994). Sie entwickeln Handlungsfähigkeit, während das permanente Risiko von Diskriminierung eine *Mental Load* und eine Stresssituation darstellen, die es tagtäglich zu bewältigen gilt.

6.3.5 Transnationale Familien und Selbstständigkeit

> „Ich bin total anders im Vergleich zu damals, damals brauchte ich meine Eltern für alles und glaubte nicht, dass ich das auch ohne meinen Papa und Mama machen könnte …Ich hab viel geschafft, hab alles allein gemacht.“ (Ligi, 24.11.2022)

> „Heute sind alle etwas modern und sagen, keine Dowry zur Hochzeit, aber wir müssen etwas haben, Gold oder Geld, deswegen lege ich jeden Monat ein bisschen Geld zur Seite … Meine Eltern suchen einen Partner für mich.“ (Ammu, 09.11.2022)

Vertreter:innen der ersten Generation schildern eindrücklich zum einen ihr Leiden an der Trennung von den Eltern, vor allem auch die Abwesenheit bei ihrem Sterben, zweitens die Doppelbelastung der Frauen durch den Pflegeberuf und die Familie sowie den Bruch mit Geschlechterrollen dadurch, dass die nachgereisten Ehemänner vier Jahre lang in Deutschland nicht erwerbsarbeiten durften, sondern Kinderbetreuung und Haushaltsarbeit übernehmen mussten, während die Frauen überwiegend mit gut bezahlten Nachtschichten zu Familienernährer:innen wurden, drittens die anhaltende Verwurzelung in der Malayalam-Kultur und Sprache, viertens Überlegungen, wo sie das Ende ihres Lebens verbringen wollen (Brown Angels 2016; Elsy Vadakumcherry in John und Wichterich 2023:280ff).

Die Beziehung zur transnationalen Familie ist auch für die heutige Generation von Krankenpfleger:innen die entscheidende Lebensader. Sie sind ihrer Familie emotional weiterhin sehr verbunden und fühlen sich moralisch verpflichtet, die Eltern oder den Bruder, der die Fürsorgepflicht für die alten Eltern hat, zu unterstützen. Immer noch treffen die Eltern, insbesondere die Väter, die endgültige Entscheidung, wann und wohin die Tochter auswandert. Die Töchter akzeptieren die elterliche Autorität ebenso wie eine arrangierte Ehe. Obwohl die eigene soziale Reproduktion durch Gründung einer eigenen Kleinfamilie nach wie vor ein wichtiges Ziel in ihrer Lebensplanung ist, bezeichnet sich die junge Generation als „modern", gerät nicht in Panik bezüglich Heirat, Mitgift und Mutterschaft, sondern verschiebt diese, wenn es schwierig wird, einen geeigneten Ehemann zu finden, der bereit ist, in Deutschland zu leben. Jede der Frauen ist bereit, Mitgift zu zahlen oder hat diese gezahlt; alle legitimieren das System, es sei zu ihrem Vorteil und zu ihrer Absicherung.

Die sozialen Medien sind ihr zentraler transnationaler Handlungsraum. Tägliche Videocalls, manchmal mehrmals am Tag und über eine Stunde lang, überwinden die räumliche Trennung und machen aus der Fernbeziehung eine Nahbeziehung, auch weil Malayali gesprochen wird. Dadurch bestätigen die Pflegekräfte ihre Malayali-Identität, fühlen sich als Teil der Kultur und stellen soziale Nähe zum Beispiel zwischen den Kindern und den Großeltern her. In Kerala leben oft nur noch die alten Eltern in einem überdimensionierten Haus, das von den Rücküberweisungen der im Ausland arbeitenden Kinder erbaut wurde, während die meisten ihrer Kinder (und Enkel) auf Dauer als Arbeitsmigrant:innen im Ausland leben.

Einige Tanten und Cousin:en in Europa, die jetzt ein Unterstützungsnetz von Verwandten in Europa bilden, haben auch als Pflegekräfte gearbeitet. Sie helfen bei bürokratischen Formalitäten und bei der Jobsuche, ermutigen Neuankömmlinge, nach Deutschland zu kommen und erleichtern das Einleben in der Fremde.

6.3.6 Lebensplanungen und Perspektiven

> „Hier bleiben ist besser. Wir kriegen hier alles." (Anonyma, 19.10.2022)

> „Hier habe ich gute Lebensqualität." (Ammu, 09.11.2022)

> „Hier gibt es viel Freiheit … Ich kann alleine irgendwohin gehen und nachts, ich kann selbständig alles machen, man kann schnell selbständig leben." (Soji, 27.01.2023)

> „Ich will auf jeden Fall hier bleiben. Ich will nicht als Krankenschwester in Indien arbeiten, vielleicht als Deutschlehrerin arbeiten, sonst würde ich keine Arbeit finden. Ich will nicht als Hausfrau zu Hause sitzen, will bleiben, aber mein Mann will zurück, er liebt die indische Kultur … Man kann ja da Urlaub machen, aber da wohnen will ich nicht." (Ligi, 24.11.2022)

Die erste Generation setzte sich zunächst Termine für die ersehnte Rückkehr: Einschulung der Kinder, Schulabschluss, Heirat der Kinder, verschob diese dann jedoch immer wieder. Viele wurden deutsche Staatsbürger:innen und haben heute mehr Familienmitglieder außerhalb von Kerala und mehr Freund:innen in Deutschland als in Kerala.

Die junge Generation hat eine sehr bewusste Lebensplanung. Nur der interviewte männliche Krankenpfleger und der indische Ehemann einer Krankenpflegerin denken über eine Rückkehr nach. Aber die Frauen können sich nicht vorstellen, in Indien Hausfrau zu sein oder dort als Pflegekraft zu arbeiten. Die Migration nehmen sie als einen Gewinn von Unabhängigkeit wahr. Sie wollen ihre Kinder in Deutschland aufwachsen und zur Schule gehen sehen. Sie beabsichtigen, deutsche Staatsbürger:innen zu werden und betrachten schon jetzt ihre Arbeit als einen Akt der Staatsbürgerschaft.

6.4 Von Engeln zu Kämpferinnen? Schlussfolgerungen

> „In Indien ist in privaten Krankenhäusern zu wenig bezahlt, kein Geld für die Zukunft. Wir müssen irgendwo ins Ausland gehen. So viele haben studiert und gehen in irgendwelche Ecken der Welt." (Gini, 14.03.2023)

> „Ich komme mit allem zurecht. Ich bin stark. Ich kämpfe mich durch." (Adi, 16.10.2022)

Die Alltagssituation, das Befinden und die Subjektivitäten der heutigen Generation von Krankenpflegekräften sind von Ambivalenzen und Spannungen geprägt und weisen 50 jährige Kontinuitäten mit der ersten Generation auf, aber auch eine wachsende Autonomie. Während die erste Generation die finanzielle Unterstützung von Geschwistern und Eltern als die bahnbrechende Errungenschaft ihres Lebens bezeichnete, versteht die heutige Generation die persönliche Unabhängigkeit und die Fähigkeit, schwierige Situationen mit Hilfe ihres Netzwerks zu meistern, als ihre wichtigste Leistung. Bei beiden Generationen dominiert eine hohe Arbeits- und Lebenszufriedenheit und ein Stolz auf ihre Kompetenzen, das Geleistete und die Fähigkeit zu Problembewältigung. Im Unterschied zur strukturellen Analyse des Extraktivismus in transnationalen Sorgeketten sehen sie Migration als einen letztlich befähigenden und emanzipatorischen Prozess und verdrängen die Geringbewertung und Extraktion der Pflege sowie die rassifizierte Diskriminierung ihrer Personen. Zur wachsenden Autonomie der Migration kommt bei den jungen Pfleger:innen eine Autonomie der Lebensplanung hinzu, obwohl auch sie weiterhin lebenswichtige Entscheidungen ihren Eltern überlassen. Trotzdem ist die ältere Generation keineswegs als unemanzipiert zu sehen, sondern hat in ihrer Zeit und in ihren sozialräumlichen Bindungen große Schritte der Verselbständigung getan (siehe Vinayan und Elsy Vadakumcherry in John und Wichterich 2023:267–284).

Beide Generationen benutzen in ihren biographischen Erzählungen einen erweiterten Arbeitsbegriff. Die erste Generation erinnert sich an ihre schwierige Ankunfts- und Eingewöhnungszeit in Deutschland als harte Arbeit und Pionierkampf, während die zweite Generation die anstrengenden bürokratischen Verfahren, die „Papierarbeit“ zur Erlangung von Anerkennung, Visum und Genehmigungen als große Belastung im Arbeitsmigrant:innenalltag in Deutschland sieht. Die Kämpfe um Aufenthalts- und Niederlassungsrecht, um Inklusion oder Ausschluss sind in das Land verlagerte Grenzregime, die die Arbeitskräfte kontrollieren, differenzieren und spalten (Mezzadra and Neilson 2012). Für beide Generationen gehört die permanente Abwehr von Geringschätzung und Abwertung sowie die Verharmlosung von Diskriminierung zur migrantischen Arbeitsnormalität. Die Marginalisierung, Umdeutung oder Leugnung des erlebten Rassismus ist eine Methode der Alltagsbewältigung und Handlungsbefähigung.

Ebenso sind die Bemühungen um den Aufbau einer Peer-Group, eines Sicherheitsnetzes, eines freundlichen Arbeitsumfelds und eines neuen Selbst eine andauernde unsichtbare Form von Arbeit. Deshalb muss die Geographie migrantischer *Care*-Arbeit über den Lohnarbeitsplatz hinaus drei Dimensionen und Räume einbeziehen: die inneren Räume zur Konstitution eines wertgeschätzten Subjekts, die Räume sozialer Reproduktion im lokalen und im transnationalen Haushalt und die institutionellen Räume zur formalen Anerkennung.

Die Einschätzungen der interviewten Pflegekräfte sind ganz vom persönlichen Erfahrungshorizont bestimmt. Zwar kritisieren sie auch strukturelle Bedingungen aus dieser individuellen Erfahrungsperspektive, so zum Beispiel die hohen Gebühren privater Ausbildungscolleges. Ihre Kritik richtet sich jedoch nicht darauf, dass sich im Windschatten dieser großräumigen Reorganisation von Reproduktionsarbeit durch Sorgeketten eine neue internationale Teilung zwischen der Pflegeausbildung im weniger wohlhabenden Herkunftsland und der Pflegenutzung im wohlhabenderen Zielland herausgebildet hat, und dass der Exodus von Pflegekräften auch ein Personaldefizit und damit eine schlechtere Gesundheitsversorgung in der Herkunftsregion zur Folge hat, die auch ihre Familie betrifft. Paradigmatisch ist, dass sie sich in dieser Problemlage einmal mehr als Akteurinnen konstruieren und davon ausgehen, ihre reproduktiven Pflichten und die medizinische Betreuung der Eltern durch tägliche Videocalls leisten zu können, und damit die organisierte transnationale Sorgekette telefonisch umkehren.

Danksagung Mein aufrechter Dank geht an die zehn indischen Pflegekräfte, die mich als Außenstehende mit einem politischen und Forschungsinteresse an ihrer Situation akzeptiert und ihre Erfahrungen und Perspektiven mit mir geteilt haben.

Literatur

Angenendt, Steffen, Michael Clemens, und Meiko Merda. 2014. *The WHO Global Code of Practice – A useful guide for recruiting health care professionals? Lessons from Germany and beyond.* SWP Comments 2014/C 22. SWP German Institute for International and Security Affairs.

Aulenbacher, Brigitte, Birgit Riegraf, und Susanne Völker. 2015. *Feministische Kapitalismuskritik.* Münster: Westfälisches Dampfboot.

Bhattacharya, Tithi (Hrsg.). 2017. *Social reproduction theory: remapping class, recentering oppression*. London: Pluto Press.
Bojadžijev, Manuela, und Serhat Karakayali. 2007. Autonomie der Migration. 10 Thesen zu einer Methode. In *Turbulente Ränder. Neue Perspektiven auf Migration an den Grenzen Europas*, Hrsg. TRANSIT MIGRATION Forschungsgruppe, 203–209. Bielefeld: transcript.
Brand, Ulrich, und Markus Wissen. 2017. *Imperiale Lebensweise. Zur Ausbeutung von Mensch und Natur im globalen Kapitalismus*. München: Oekom.
Brown Angels. 2016. Regie: Shiny Jacob. Originaltitel: Translated lives – a migration revisited. https://www.youtube.com/watch?v=7GKElrfMO1g. Zugegriffen: 7. Juni 2024.
Chakkalakkal, Philomina. 2023. A homeland called Malayalam. In *Who cares? Care extraction and the struggles of Indian health workers*, Hrsg. Maya John, Christa Wichterich, 301–326. New Delhi: Zubaan.
Chaudhary, Shiva. 2022. India has just 1.7 nurses per 1,000 population compared to WHO norm of 3 per 1,000. The Logical Indian, 24. August. https://thelogicalindian.com/health/india-has-just-17-nurses-per-1000-population-37121. Zugegriffen: 8. Juni 2024.
Choy, Catherine C. 2003. *Empire of care: nursing and migration in Filipino American history*. Durham London: Duke University Press.
Clemens, Michael, und Helen Dempster. 2021. Why there's no World Health Organization ban on health worker recruitment. Center for Global Development. https://www.cgdev.org/blog/why-theres-no-world-health-organization-ban-health-worker-recruitment. Zugegriffen: 7. Juni 2024.
Goel, Urmila. 2013a. Heteronormativity and intersectionality as perspective of analysis of gender and migration: Nurses from India in West Germany. In *Perspectives on Asian migration. Transformations of gender and labour relations* Reihe RLS Papers., Hrsg. Sara Poma Poma, Katharina Pühl, 77–83. Berlin.
Goel, Urmila. 2013b. „Von unseren Familien finanziell unabhängig und weit weg von der Heimat": Eine ethnographische Annäherung an Migration, Geschlecht und Familie. In *Migration, Familie und soziale Lage*, Hrsg. Thomas Geisen, Tobias Studer, und Erol Yildiz, 251–270. Wiesbaden: Springer VS.
Goel, Urmila. 2023. Recruiting nurses from Kerala: on gender, racism, and the nursing profession in west Germany. In *Who cares? Care extraction and the struggles of Indian health workers*, Hrsg. Maya John, Christa Wichterich, 239–256. New Delhi: Zubaan.
Harvey, David. 2001. Globalization and the „Spatial Fix". *Geographische Revue* 3(2):23–30.
Hochschild Russell, Arlie. 2000. Global care chains and emotional surplus value. In *On the edge: living with global capitalism*, Hrsg. Will Hutton, Anthony Giddens, 130–146. London: Jonathan Cape.
Isaksen Widding, Lise, Devi Sambasivan Uma, und Arlie Hochschild Russell. 2008. Global care crisis: a problem of capital, care chain, or commons? *American Behavioral Scientist* 52(3):405–425.
John, Maya, und Christa Wichterich (Hrsg.). 2023. *Who cares? Care extraction and the struggles of Indian health workers*. New Delhi: Zubaan.
Koreaverband, Koreanische Frauengruppe in Deutschland, Friedrich-Ebert-Stiftung, und Verdi. 2016. *Ankommen, Anwerben, Anpassen? Veranstaltungsdokumentation. Koreanische Krankenpflegerinnen in Deutschland*. Berlin: FES.
Lutz, Helma, und Ewa Palenga-Möllenbeck. 2012. Care workers, care drain, and care chains: reflections on care, migration, and citizenship. *Social Politics: International Studies in Gender, State & Society* 19(1):15–37.
Massey, Doreen. 1994. *Space, place and gender*. Minneapolis: University of Minnesota Press.
Mezzadra, Sandro. 2011. The gaze of autonomy: Capitalism, migration and social struggles. In *The contested politics of mobility*, Hrsg. Vicki Squire, 141–162. New York: Routledge.
Mezzadra, Sandro, und Brett Neilson. 2012. Between inclusion and exclusion: on the topology of global space and borders. *Theory, Culture & Society* 29(4–5):58–75.
Nair, Sreelekha, und Madeleine Healey. 2006. *A profession on the margins. Status Issues in Indian Nursing*. New Delhi: CWDS.

Oommen, Veronica. 2008. Für mich war das Schlimmste, dass ich in einer Welt ankam, von der ich überhaupt nichts wusste. In *„In Deutschland angekommen ..." Einwanderer erzählen ihre Geschichte*, Hrsg. Sefa Inci Suvak, Justus Herrmann, 68–76. Gütersloh München: Bertelsmann.

Papadopoulos, Dimitris, Niamh Stephenson, und Vassilis Tsianos. 2008. *Escape routes. Control and subversion in the twenty-first century*. London: Pluto Press.

Parreñas Salazar, Rhacel. 2001. *Servants of globalization*. Stanford: Stanford University Press.

Rodriguez, Robyn M. 2008. The labor brokerage state and the globalization of Filipina care workers. *Signs. Journal of Women in Culture and Society* 33(4):794–800.

Schwenken, Helen. 2018. *Globale Migration zur Einführung*. Hamburg: Junius.

Sum, Ngai-Ling, und Bob Jessop. 2013. *Towards a cultural political economy. Putting culture in its place in political economy*. Cheltentam Northhampton: Edward Edgar.

Walton-Roberts, Margaret. 2012. Contextualizing the global nursing care chain: international migration and the status of nursing in Kerala, India. *Global Networks* 12(2):175–194.

Walton-Roberts, Margaret. 2015. International migration of health professionals and the marketization and privatization of health education in India: from push-pull to global political economy. *Social Science & Medicine* 124:374–382.

Walton-Roberts, Margaret, und S. Rajan Irudaya. 2023. Nurse emigration from Kerala: revisiting the ‚brain circulation' or ‚trap' question. In *Who cares? Care extraction and the struggles of Indian health workers*, Hrsg. Maya John, Christa Wichterich, 185–212. New Delhi: Zubaan.

Wetterer, Angelika. 2002. *Arbeitsteilung und Geschlechterkonstruktion, „Gender at work" in theoretischer und historischer Perspektive*. Münster: Westfälisches Dampfboot.

Wichterich, Christa. 2022. Who cares? Soziale Reproduktion und Gender im Pandemie-Kapitalismus. In *Kapitalismus und Kapitalismuskritik*, Hrsg. Mirela Ivanova, Helene Thaa, und Oliver Nachtwey, 335–361. Frankfurt New York: Campus.

World Health Organization. 2010. The WHO Global CODE of Practice on the international recruitment of health personnel. https://cdn.who.int/media/docs/default-source/health-workforce/migration-code/code_en.pdf?sfvrsn=367f7d35_7&download=true. Zugegriffen: 8. Juni 2024.

World Health Organization India, und Health System Research Initiative. 2022. Review of international migration of nurses from the state of Kerala, India. New Delhi. https://iris.who.int/bitstream/handle/10665/363438/9789290209966-eng.pdf?sequence=1. Zugegriffen: 8. Juni 2024.

Yeates, Nancy. 2009. Production for export: the role of the state in the development and operation of global care chains. *Population Place Space* 15(2):175–187.

Yeates, Nicola. 2010. The globalisation of nurse migration. Policy issues and responses. *International Labour Review* 149(4):423–440.

Prekäre Arbeit und widerständige *Agency* im Kontext langanhaltender Vertreibung

7

Benjamin Etzold

Inhaltsverzeichnis

Zusammenfassung

Millionen von Schutzsuchenden dürfen in Aufnahmeländern nicht arbeiten oder finden keine Arbeit, die ihren Fähigkeiten und Qualifikationen entspricht. Rechtliche Barrieren drängen Geflüchtete zudem in prekäre Arbeitsverhältnisse, tragen zu ihrer gesellschaftlichen Ausgrenzung bei und verhindern dauerhaft ihre Integration. Auf Grundlage empirischer Forschung des Projektes „*Transnational Figurations of Displacement*“ (TRAFIG) thematisiert das Kapitel die Lebenssicherungsstrategien und Arbeitsverhältnisse von Geflüchteten in langanhaltenden Vertreibungssituationen in Äthiopien und Tansania, Jordanien und Pakistan

B. Etzold (✉)
bicc – Bonn International Centre for Conflict Studies gGmbH, Bonn, Deutschland
E-Mail: benjamin.etzold@bicc.de

M. Doutch et al. (Hrsg.), *Arbeitswelten*, https://doi.org/10.1007/978-3-662-70955-9_7

sowie Griechenland und Italien. Aus Perspektive der *Labour Geography* werden dabei die eingeschränkten Handlungskapazitäten (*Constrained Agency*) der Geflüchteten ebenso hervorgehoben wie die Unterschiede der Lebenssicherung in Flüchtlingslagern und Städten. Ein zentrales Argument des Kapitels ist, dass restriktive Mobilitätsregime und ‚territorialisierte Arbeitsmärkte' sich negativ auf die Lebensperspektiven von Geflüchteten auswirken und somit zu einer Verstetigung und Verfestigung von langanhaltenden Vertreibungskonstellationen beitragen. Vielfach gelingt es Geflüchteten nur durch informelle Praktiken und die Unterwanderung von formellen Regeln des Aufnahme- und Asylregimes, das heißt durch widerständige *Agency*, ihr Leben zu sichern.

Schlüsselwörter: Langanhaltende Vertreibung, Lebenssicherung, prekäre Arbeit, territorialisierte Arbeitsmärkte, *Constrained Agency*

Abstract

Millions of refugees are denied access to work in the countries where they have sought refuge, or encounter significant challenges in securing employment that aligns with their skill sets and qualifications. Legal barriers impede refugees from obtaining stable employment, perpetuate their social exclusion, and impede their integration. This chapter is based on empirical research from the 'Transnational Figurations of Displacement' (TRAFIG) project. It focuses on the livelihoods strategies and working conditions of refugees in protracted displacement situations in Ethiopia, Tanzania, Jordan, Pakistan, Greece and Italy. From the perspective of labour geography, the chapter highlights the constrained agency of refugees and the disparities in livelihood security between refugee camps and cities. The chapter puts forth the argument that restrictive mobility regimes and 'territorialised labour markets'; have a negative impact on the life prospects of refugees, thereby contributing to the perpetuation and consolidation of protracted displacement. In numerous instances, refugees are only able to ensure their survival through informal practices and by circumventing the formal rules of reception and asylum, that is to say, through resistive modes of agency.

Keywords: protracted displacement, livelihoods, precarious work, territorialised labour markets, constrained agency

7.1 Einleitung

Nach einer Flucht leben viele Schutzsuchende dauerhaft im Exil, und dies über Jahre hinweg unter höchst unsicheren Bedingungen. Viele können weder in ihr Herkunftsland zurückkehren noch weitermigrieren. In vielen Aufnahmeländern wird den Geflohenen zudem die Chance verwehrt, sich dauerhaft niederzulassen. Nach Angaben der Vereinten Nationen lebten Ende 2023 weltweit etwa 25 Mio. Menschen in solchen ‚langanhaltenden Vertreibungssituationen' (UNHCR 2024). Für diese Menschen verlängert und verfestigt sich nicht nur die Erfahrung der Vertreibung, sondern auch der rechtlichen Unsicherheit, Armut und gesellschaftlichen Ausgrenzung. Trotz begrenzter Perspektiven vor Ort arbeiten viele Geflüchtete oder führen eigene Geschäfte. Ihre Arbeitsverhältnisse sind allerdings durch geringe Einkommen, starke Abhängigkeiten, existentielle Unsicherheit und oftmals ‚Illegalisierung' gekennzeichnet.

Der Weg von Geflüchteten in Arbeitsmärkte, ihre Erfahrungen beim Arbeiten und Hürden beim Zugang zu Arbeit wurden in den letzten Jahren vielfach thematisiert – meist allerdings in Ländern des Globalen Nordens, in denen sie Asyl suchen (vgl. Wiedner et al. 2018 für einen Überblick) und vielfach mit Blick auf die Ausgrenzungsmechanismen im ‚Feld der Arbeit' (Etzold 2020), die sich aus den spezifischen sozialen, rechtlichen und ökonomischen Positionen von Geflüchteten ergeben (Wyss und Fischer 2022; Scherschel 2018). Studien zu Arbeitsverhältnissen von Schutzsuchenden in den Herkunftsregionen und Erstaufnahmeländern im Globalen Süden nehmen oftmals die alltäglichen Lebenssicherungspraktiken (Jacobsen 2014), arbeitsschaffende Programme der humanitären Hilfe (Betts et al. 2017) oder Arbeit als Schlüssel auf dem Pfad der gesellschaftlichen Integration (Ager und Strang 2008) in den Blick. Die Arbeitsverhältnisse, Kämpfe um Anerkennung und sichere Zukunftsperspektiven von Migrant:innen werden im zunehmenden Maße in der *Labour Geography* diskutiert (Buckley et al. 2017; Strauss 2017). Selten wird jedoch der Zusammenhang von gewaltsamer Vertreibung und einer prekären rechtlichen Situation sowie den spezifischen Arbeitsmarktpositionen und Arbeitsverhältnissen von Geflüchteten explizit thematisiert (Etzold 2019). Zugangspunkte für eine Auseinandersetzung mit den prekären Arbeitsbedingungen von Menschen in langanhaltenden Vertreibungssituationen bieten beispielsweise zwei in der *Labour Geography* verbreitete Konzepte: *Labour Market Segmentation*, das heißt die gezielte Abdrängung beziehungsweise Positionierung von Migrant:innen in besonders prekären Arbeitsmarktsegmenten (vgl. Castree et al. 2004; Samers 2010), und *Constrained Agency*, das heißt die eingeschränkten Handlungsmacht von Arbeiter:innen (vgl. Coe und Jordhus-Lier 2010, 2023).

Mit welchen Mitteln greifen Staaten in die Lebenssicherungsstrategien und Arbeitsverhältnisse von Geflüchteten in langanhaltenden Vertreibungssituationen ein? Welche Auswirkungen haben diese staatlichen Eingriffe auf ihren Alltag, ihre Wege aus der Prekarität heraus und somit letztlich auf ihre Handlungsmacht? Dieses Kapitel versucht diese Fragen anhand von Daten und ausgewählten Beispielen aus Afrika, Asien und Europa, die im Rahmen des EU-Forschungsprojekts TRAFIG (*Transnational Figurations of Displacement, 2019–2022*) erarbeitet wurden, zu beantworten. Den Begriff der langanhaltenden Vertreibung stelle ich im folgenden Abschnitt vor und setze zentrale Debatten in dem Themenfeld in Bezug zu Annahmen der *Labour Geography*. Im Hauptteil beschreibe ich auf Grundlage der Ergebnisse einer quantitativen Umfrage sowie exemplarischer Fallbeispiele die Bedeutung von Arbeit und die Einschränkung der Arbeitspotentiale von Menschen in langanhaltenden Vertreibungssituationen. Ich veranschauliche, dass sowohl existentielle Unsicherheit als auch prekäre Arbeitsverhältnisse in den Aufnahmeländern direkte Folgen von politischen Entscheidungen sind, die Rechte und Lebensperspektiven der Geflüchteten dauerhaft einzuschränken. Neben den verheerenden Effekten von ‚territorialisierten Arbeitsmärkten' (Berndt 2008; Etzold 2020) treten große Unterschiede zwischen dem Arbeitsmarktzugang und Arbeitsverhältnissen in Flüchtlingscamps im ländlichen Raum und in Städten zu Tage. Dennoch zeigen sich gerade in der Überwindung von Hindernissen und der zum Teil subversiven Unterwanderung von formellen Regeln des Aufnahme- und Asylregimes die vielfältigen Handlungsmöglichkeiten von Schutzsuchenden, und somit auch Ansatzpunkte, wie der *Constrained Agency* entgegenwirkt werden kann.

7.2 Geographien der Arbeit im Kontext langanhaltender Vertreibung

7.2.1 Langanhaltende Vertreibung

Mit dem Begriff der langanhaltenden Flüchtlingssituationen (*Protracted Refugee Situations*) macht das Flüchtlingskommissariat der Vereinten Nationen (UNHCR) auf besonders schwer zu lösende Vertreibungskonstellationen aufmerksam, beispielsweise auf die Situation von Afghan:innen in Pakistan oder Somalier:innen in Kenia. Die drei ‚klassischen' Lösungsansätze funktionieren in diesen Fällen nicht: die Geflüchteten können aufgrund anhaltender Konflikte weder in das Herkunftsland zurückkehren (*Return*), noch stehen ihnen Wege zur Integration im Aufnahmeland offen (*Local Integration*), noch ist eine Umsiedlung in ein Drittland (*Resettlement*) möglich.

Daher sind Geflüchtete in diesen Vertreibungskrisen über lange Zeit in einem ‚Schwebezustand' gefangen. Ihr Leben ist zwar nicht mehr unmittelbar gefährdet, aber ihre Grundrechte und wesentlichen wirtschaftlichen, sozialen und psychologischen Bedürfnisse bleiben weiterhin unerfüllt. Deswegen sind sie auch lange nach ihrer ersten Vertreibung auf die Hilfe des Aufnahmelandes und humanitärer Organisationen angewiesen und leben oft dauerhaft in Flüchtlingslagern (UNHCR 2004, S. 1). Ein unsicherer Rechtsstatus, anhaltende wirtschaftliche Prekarität, gesellschaftliche Ausgrenzung, blockierte Chancen des sozialen Aufstiegs und somit existentielle Zukunftsunsicherheit bilden Kerndimensionen langanhaltender Vertreibung (Etzold und Fechter 2022). Zudem wird den Geflüchteten oftmals Eigenständigkeit und Handlungsfähigkeit abgesprochen (vgl. Skran und Easton-Calabria 2020).

In aktuellen Debatten über Fluchtkrisen dominieren humanitäre Perspektiven, der ‚politische Kern' des Problems wird jedoch tendenziell übersehen: „Langwierige Flüchtlingssituationen [...] sind nicht unvermeidlich, sondern vielmehr das Ergebnis politischen Handelns und Nichthandelns" (UNHCR 2004, S. 1, eigene Übersetzung). Ihrer Auflösung stehen nicht nur verfestigte Konflikte in den Herkunftsregionen im Wege, sondern auch das Desinteresse vieler Regierungen gegenüber humanitären Krisen, die sie nicht unmittelbar selbst betreffen. Darüber hinaus setzen viele Aufnahmestaaten auf eine schnelle Rückkehr der Geflohenen, was sich in der Realität jedoch oft nicht umsetzen lässt. Zugleich verhindern restriktive Visapolitiken und Grenzregime die Weitermigration in andere Länder, auch wenn Arbeitsmigration historisch betrachtet der bedeutendste Weg ist, den Bedingungen langanhaltender

Vertreibung zu entkommen (Kraler et al. 2020). In den Aufnahmeländern wird Geflüchteten der Zugang zu Arbeit systematisch erschwert, wenn nicht sogar ganz verhindert (Ferreira et al. 2020). Einer lokalen Integration – im Sinne einer gesellschaftlichen, ökonomischen und politischen Teilhabe und nicht einer Akkulturation (Ager und Strang 2008) – stehen vielfache Hürden im Weg. Staatlich errichtete Barrieren der räumlichen als auch der sozialen Mobilität schränken das Alltagleben und die Zukunftsperspektiven von Geflüchteten dauerhaft ein.

7.2.2 Anknüpfungspunkte zur *Labour Geography*: *Segmented Labour Markets, Constrained Agency* und territorialisierte Arbeitsmärkte

In der *Labour Geography* werden die spezifischen Beziehungen zwischen Arbeiter:innen und Arbeitgeber:innen, die Arbeitsbedingungen und der Alltag der Arbeitenden als Ausdruck des neoliberalen Kapitalismus und immer neuer Wellen der (Um-)Strukturierung von Produktionsweisen und gesellschaftlichen Verhältnissen gesehen (vgl. Castree et al. 2004; Lier 2007; Strauss 2017; Raj-Reichert 2022). Staaten spielen in der Regulierung von Produktionsverhältnissen und den konkreten Arbeitsbeziehungen und -bedingungen zwar eine Schlüsselrolle, aber gleichzeitig werden die Handlungsfähigkeit (*Agency*) der Arbeiter:innen betont und damit ihre alltäglichen Praktiken, welche die Produktion, Wertschöpfung und Zirkulation von Gütern und Dienstleistungen erst ermöglichen.

Prekäre Arbeit ist eine Folge einer nachteiligen Machtposition der Arbeitenden gegenüber Arbeitgeber:innen, Investor:innen und globalen Marktdynamiken sowie fehlendem staatlichen Schutz (Lewis et al. 2015; Strauss 2017). Zwar ist räumliche Mobilität ein Ausdruck migrantischer *Agency*, doch sind Migrant:innen besonders häufig von unsicherer Arbeit, Ausbeutung, Rechtlosigkeit und prekären Lebensverhältnissen betroffen (O'Connell Davidson 2013; Standing 2011; Buckley et al. 2017). Bestehende Gesetze und exkludierende Politiken sind der zentrale Grund für die Prekarisierung von Migrant:innen. So werden die Rechte von Migrant:innen als Individuen und Arbeitende in vielen Ländern nicht geschützt. Zudem sind Migrations-, Arbeitsmarkt- und Asylpolitiken so konzipiert, dass ihr Zugang zur Staatsbürger:innenschaft, einem sicheren Rechtsstatus und somit auch besseren Arbeitsverhältnissen eingeschränkt wird.

In der *Labour Geography* wird die gezielte Einschränkung von migrantischen Arbeitenden im Besonderen auf zwei Ebenen diskutiert. Auf der Makroebene wird unter dem Begriff der *Labour Market Segmentation* die nachteilige Position von Migrant:innen in einer hierarchisch gegliederten internationalen Arbeitsteilung diskutiert. Nationalstaatliche Grenzen dienen in diesem Sinne der ‚Produktion' von ausbeutbaren Arbeitskräften für ‚niedrige' Segmente auf nationalen, aber global verknüpften Arbeitsmärkten (vgl. Castree et al. 2004; Samers 2010). Auf der Meso- und Mikroebene wird der Begriff der *Constrained Agency* als Verweis auf die eingeschränkten Fähigkeiten und Möglichkeiten von Arbeitenden, sich zu organisieren und für höhere Löhne, die Verbesserung ihrer Arbeitsbedingungen oder soziale Absicherung zu kämpfen, genutzt (vgl. Coe und Jordhus-Lier 2010, 2023). Arbeitgeber:innen und Arbeitsvermittler:innen sind hierbei wichtige Gegenspieler:innen. Doch der „Staat bleibt der zentrale institutionelle Apparat, welcher das Leben und die Politik von Arbeiter:innen reguliert" (Coe und Jordhus-Lier 2010, S. 222, eigene Übersetzung), und somit insbesondere auch arbeitende Migrant:innen in ihren Rechten und Potentialen strategisch einschränkt (vgl. auch Standing 2011; Scherschel 2018). Für die im Fokus dieses Kapitel stehenden Geflüchteten ist die systematische Einschränkung ihrer Handlungs- und Entfaltungsmöglichkeiten und die Begrenzung ihrer Zukunftsperspektiven ein wesentlicher und sehr frustrierender Teil ihrer Alltagserfahrungen. Dauerhafte *Constrained Agency* bildet somit einen Kern von langanhaltenden Vertreibungssituationen (Etzold und Fechter 2022).

Beide Perspektiven, sowohl die *Labour Market Segregation* als auch die *Constrained Agency*, eint, dass die Grenzen zwischen Staaten sowie Grenzziehungen im Inneren von Staaten wirkungsvoll dazu beitragen, Migrant:innen in prekären Arbeitsverhältnissen zu halten – Arbeitsmärkte sind somit im doppelten Sinne ‚territorialisiert' (Berndt 2008; Etzold 2020): Immer komplexere Visaregime und versicherheitlichte Grenzregime blockieren legale Pfade der Mobilität und drängen sowohl Arbeitsmigrant:innen als auch Schutzsuchende aus einer Vielzahl an Ländern in die Illegalität. Nach der Ankunft werden Geflüchtete und Menschen ohne Papiere vom Zugang zu Arbeit systematisch ausgegrenzt, unter anderem durch an Aufenthaltstitel geknüpfte Arbeitserlaubnisse oder hohe Hürden bei Qualifikationsnachweisen. Eine reguläre Beschäftigung wird ihnen somit gänzlich verwehrt oder sie werden in informelle Arbeitsmärkte gedrängt.

Die Effekte der eingeschränkten Handlungsmacht (*Constrained Agency*) in segmentierten wie territorialisierten Arbeitsmärkten zeigen sich in blockierten Zugängen zu Arbeit und in den prekären Bedingungen, unter denen viele Schutzsuchende arbeiten. Unsere Forschung verdeutlicht aber auch, dass Geflüchtete vielfach versuchen, ihre eigenen Handlungsspielräume zu erweitern, beispielsweise durch Mobilität und informelle Lebenssicherung, um sich so auch aus verfestigten Vertreibungskonstellationen zu befreien.

7.3 Forschungskontext und Erhebungsmethoden

Das von der EU-geförderte Forschungsprojekt TRAFIG untersuchte ausgewählte langanhaltende Vertreibungssituationen in Afrika (Äthiopien, Demokratische Republik Kongo, Tansania), Asien (Jordanien, Pakistan) und Europa (Deutschland, Griechenland, Italien) und suchte nach alternativen Lösungsansätzen. Die empirische Forschung widmete sich den Politiken und rechtlichen Bestimmungen der lokalen Aufnahme, den persönlichen Erfahrungen von Flucht und dauerhafter Vertreibung, dem Alltagsleben in Lagern und Mustern der Lebenssicherung, den Unterstützungsstrukturen und sozialen Netzwerken – vor Ort, innerhalb der Länder und im transnationalen Raum – sowie der Mobilität von Geflüchteten (siehe Etzold et al. 2022 für einen Überblick über die Forschungsergebnisse). Arbeitsverhältnisse traten als bedeutender Aspekt der Lebenssicherung, insbesondere in Städten, in Erscheinung, waren aber auch Ausdruck der Kooperation und zum Teil der Abhängigkeiten zwischen Geflüchteten und lokaler Bevölkerung.

Insgesamt haben wir für unsere Studie mit über 3100 Menschen in elf Ländern gesprochen. Eine umfassende quantitative Erhebung hat 1897 Vertriebene in sechs Ländern (Äthiopien, DR Kongo, Jordanien, Pakistan, Griechenland und Italien) erreicht; mit 1022 Geflüchteten haben wir im Rahmen verschiedener qualitativer Erhebungsverfahren, insbesondere semi-strukturierten sowie biographischen Interviews und in Fokusgruppendiskussionen, gesprochen. Mit Expert:innen wie lokalen Politiker:innen, Beamt:innen sowie Mitarbeiter:innen humanitärer Einrichtungen oder Nichtregierungsorganisationen wurden 172 Interviews geführt. Diese Interviews ergänzten die Erkenntnisse ebenso wie teilnehmende Beobachtung in Flüchtlingslagern, Städten und ländlichen Gemeinden und von den Forschungsteams organisierte lokale Veranstaltungen (siehe Etzold et al. 2022, S. 10–14, zur Methodik sowie Grenzen und ethischen Implikationen unserer Forschung). In diesem Kapitel werden ausgewählte Erkenntnisse zu Arbeit und Beschäftigung von Geflüchteten aus den Umfragen vorgestellt sowie Fallbeispiele aus Äthiopien, Griechenland, Italien, Jordanien, Pakistan und Tansania aufgegriffen, um zu erläutern, wie Menschen in langanhaltenden Vertreibungssituationen versuchen ihr Leben zu sichern und an welche Grenzen sie dabei stoßen.

7.4 Arbeit unter Bedingungen der langanhaltenden Vertreibung

7.4.1 Unsicherheit und Muster der Lebenssicherung

Die Vertreibungskonstellationen in Afrika, Asien und Europa, die wir im Rahmen des TRAFIG Projektes untersuchten, hatten eines gemeinsam – auch wenn sich die lokalen Kontexte und politischen Systeme stark voneinander unterschieden: Ein dauerhafter Verbleib oder gar eine Einbürgerung der Geflüchteten, die zum Teil schon seit Jahrzehnten vor Ort leben, wird von offizieller Seite als ‚Lösung' für die langanhaltende Vertreibungskrise abgelehnt. Diese politische Entscheidung führt zu einer höchst prekären rechtlichen Situation der Schutzsuchenden. So lebten die in Pakistan befragten Afghan:innen im Durchschnitt seit über 27 Jahren im Land, eine Einbürgerung oder dauerhafte Aufenthaltserlaubnisse sind dennoch nicht in Aussicht. Den meisten Afghan:innen im Land droht stets die Abschiebung. Ohne oder mit nur befristeten Aufenthaltsgenehmigungen sind sie im Alltag behördlicher Willkür und Diskriminierung sowie Ausgrenzung auf dem Arbeitsmarkt ausgesetzt (Mielke et al. 2021). Nach Jordanien waren die meisten befragten syrischen Flüchtlinge schon vor sieben Jahren geflohen. Aber lediglich ein Viertel der Syrer:innen im Land hat einen dauerhaften Aufenthaltstitel und auch dieser ermöglicht ihnen nicht einen uneingeschränkten Zugang zum Arbeitsmarkt (Tobin et al. 2021). Auch in den anderen Untersuchungsländern wie Äthiopien, Tansania, Griechenland und Italien müssen die Geflüchteten nach vielen Jahren mit großer rechtlicher Unsicherheit leben. Viele Regierungen gewähren Geflüchteten zwar vorübergehende humanitäre

Unterstützung, aber keine dauerhaften Rechte für eine gleichberechtigte Teilhabe an der Gesellschaft und Wirtschaft (Ferreira et al. 2020). Unsere Forschung zeigt eindeutig, dass ein unsicherer rechtlicher Status einer der wesentlichen Motoren der gesellschaftlichen Ausgrenzung von Geflüchteten ist, ihre Verwundbarkeit stark erhöht und auch den Zugang zu Arbeit systematisch erschwert. Mit der Zeit verringert sich in vielen Fällen zwar das Ausmaß der Marginalisierung und es verbessern sich sukzessive die Zukunftsperspektiven. Doch wenn die grundlegende rechtliche Sicherheit fehlt, dann ist ein längerer Aufenthalt in einem Land noch lange nicht gleichbedeutend mit wirklicher Teilhabe (Etzold et al. 2022, S. 17).

Laut unserer Umfrage – und über alle Studienstandorte hinweg – lebt ein Viertel (26 %) der Langzeitvertriebenen im Wesentlichen von einer Beschäftigung im Sinne einer bezahlten Arbeit, wohingegen 18 % mit eigenen Geschäften selbstständig tätig sind. Fast ein weiteres Viertel (23 %) lebt unmittelbar von humanitärer Hilfe oder weiteren Formen der sozialen Beihilfen des aufnehmenden Staates. Acht Prozent beziehen transnationale Unterstützung, beispielsweise leben sie von den Rücküberweisungen von Verwandten, die in anderen Ländern leben (siehe Abb. 7.1 für Details entsprechend der Untersuchungsländer). Sich auf lediglich eine Quelle der Lebenssicherung zu verlassen, ist im Kontext der multiplen Unsicherheiten der Flucht zu riskant. Viele kombinieren daher formelle und informelle Strategien. Ein Viertel der Befragten gab an, dass ihr Haushalt auch eine zweite Einkommensquelle hat, und sieben Prozent nannten auch eine dritte. Diese notgedrungene Diversifizierung der Lebensgrundlagen kann durchaus als Ausdruck migrantischer *Agency* unter extrem prekären Bedingungen gedeutet werden.

In unserer Studie unterscheiden sich die Muster der Lebenssicherung im Kontext langanhaltender Vertreibung – und damit auch Muster der Marginalisierung oder In-

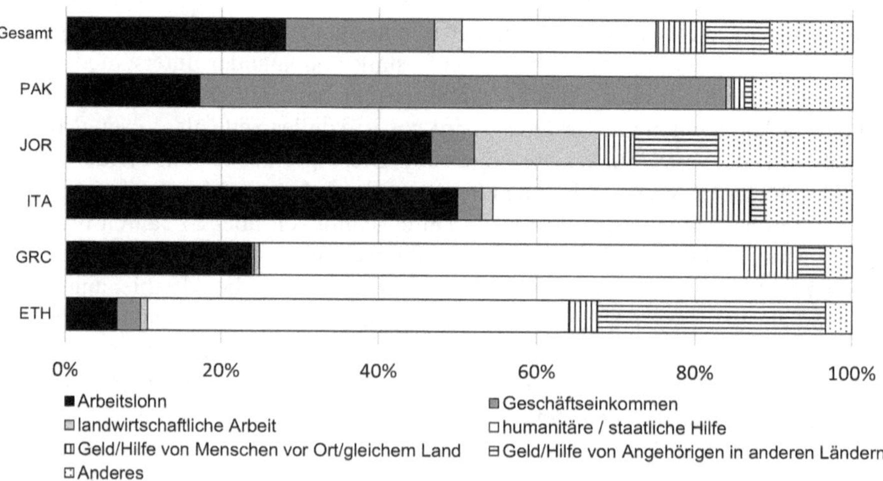

Abb. 7.1 Lebensgrundlagen der befragten Geflüchteten (wichtigste Einnahmequelle). (Quelle: TRAFIG-Umfrage (n = 1897))

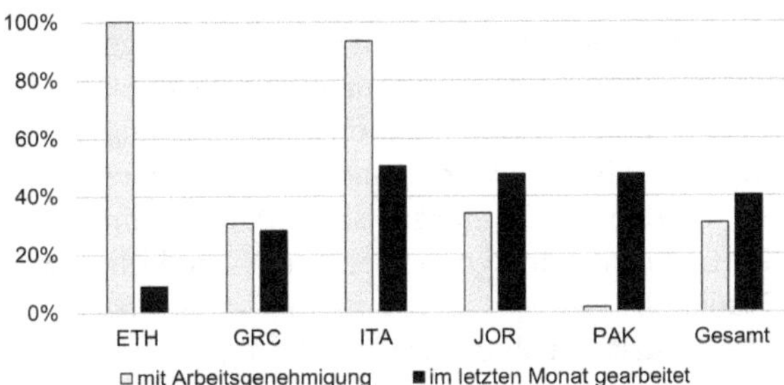

Abb. 7.2 Anteil der befragten Geflüchteten mit einer Arbeitserlaubnis und Anteil der Arbeitenden unter den befragten Geflüchteten. (Quelle: TRAFIG-Umfrage (n = 1897))

klusion der Geflüchteten – erheblich, wie Abb. 7.1 und 7.2 veranschaulichen. Diese Unterschiede lassen sich, wie im Folgenden erläutert, in erster Linie durch den institutionellen Aufbau der Aufnahmeregime von Geflüchteten wie einer zentralen Unterbringung in großen Lagern oder einer dezentralen Selbstansiedlung in Städten sowie den unterschiedlichen Rechten von Geflüchteten in den Aufnahmeländern erklären.

7.4.2 Strukturelle Ausgrenzung von Geflüchteten

Die Aufnahmeregime, das Asylsystem und die Umsetzung internationaler Normen des Flüchtlingsrechts unterscheiden sich erheblich zwischen den untersuchten Ländern (Ferreira et al. 2020). Dementsprechend, sowie aufgrund höchst unterschiedlicher wirtschaftlicher Strukturen, variieren auch die Gesetze, welche den Zugang der Geflüchteten zum regulären Arbeitsmarkt regeln. Unsere Forschung zeigt allerdings eindeutig, dass Geflüchtete, insofern sie in den Aufnahmeländern nicht vollständig vom Zugang zu Arbeit ausgeschlossen werden, in ihrem Zugang zu Beschäftigungsmöglichkeiten strukturell benachteiligt werden. Dadurch bleiben auch ihr Potential, zu den lokalen Arbeitsmärkten beizutragen, und ihre Chancen, sich aus eigener Kraft aus prekären Lebensumständen zu lösen, beschränkt (Etzold et al. 2022).

In vielen Ländern haben Geflüchtete zwar das Recht zu arbeiten, jedoch sind die Chancen auf dem formalen Arbeitsmarkt begrenzt, worunter auch große Teile der lokalen Bevölkerung leiden. Viele Arbeitgeber:innen sind zudem eher zurückhaltend, Geflüchtete einzustellen, insbesondere wenn ihr Aufenthaltsstatus nicht geklärt ist. Darüber hinaus fehlen vielerorts Vermittlungs- oder Unterstützungsprogramme für die Suche nach einer der Qualifikation angemessenen Arbeit. Daher sind viele geflohene Menschen dauerhaft arbeitslos oder gezwungen, sich auf informelle Beschäftigungsverhältnisse einzulassen. So waren beispielsweise in **Jordanien** mehr als die Hälfte der befragten Syrer:innen arbeitslos. Der Vergleich des Anteils der Geflüchteten mit einer Arbeitserlaubnis (34 %) mit denjenigen, die arbeiten (47 %, siehe Abb. 7.2), zeigt bereits die Bedeutung informeller Arbeit in einem Land mit hoher Arbeitslosigkeit. Drei Viertel der arbeitenden Syrer:innen hatten keinen Arbeitsvertrag und jobbten in eher gering qualifizierten Berufen im Dienstleistungssektor. Dies ist auch das Ergebnis der jordanischen Politik. Denn die formelle Beschäftigung ausländischer Arbeiter:innen – es gibt zudem Sonderregelungen für Syrer:innen – ist auf bestimmte Sektoren wie die Landwirtschaft, das Bauwesen und die Gastronomie beschränkt. Geflüchtete leiden unter der allgegenwärtigen Ausgrenzung vom Arbeitsmarkt, niedriger Bezahlung im informellen Sektor und Dequalifizierung, da sie unter ihrer eigentlichen Qualifikation arbeiteten müssen (Tobin et al. 2021, S. 24–26). Die jordanische Regierung begründete die Einschränkung der Arbeitsrechte der Syrer:innen mit dem Schutz jordanischer Arbeiter:innen vor neuer Konkurrenz, zugleich profitierte das Land von vielen neuen und billigeren, da informellen, Arbeitskräften (Turner 2015).

In **Pakistan** haben wir ähnliche Trends wie in Jordanien festgestellt. Die strukturelle Ausgrenzung vom Zugang zu Arbeit erscheint sogar noch drastischer: Ein deutlich geringerer Anteil der Befragten hatte eine Arbeitserlaubnis, aber fast 50 % arbeiteten trotzdem. Die Erwerbsbeteiligung ist bei geflüchteten Afghan:innen, die mittlerweile insbesondere durch soziale Beziehungen und andere Ressourcen die pakistanische Staatsbürgerschaft erworben haben (einer kleinen Vergleichsgruppe in unserer Studie), viel höher als bei denen, die nur ein vorübergehendes Aufenthaltsrecht besitzen. Nur ein Drittel der nicht registrierten afghanischen Migrant:innen im Land – also diejenigen, die keinerlei Rechtssicherheit haben – ist überhaupt erwerbstätig. Einige afghanische Flüchtlinge sind zwar erfolgreiche Geschäftsleute, vor allem Familien, die seit Jahren im grenzüberschreitenden Teppichhandel tätig sind, aber diese Gruppe war eine Minderheit in unserer Studie. Die überwiegende Mehrheit arbeitete in gering qualifizierten Berufen und in informellen Nischen der Arbeitsmärkte in Großstädten wie Lahore, Islamabad und Karatschi, zum Beispiel als Müllsammler:in und im Recycling von Schrott. Afghan:innen, auch jene mit dauerhafter Aufenthaltsberechtigung, sind nicht berechtigt, im öffentlichen Sektor – und somit beim wichtigsten Arbeitgeber des Landes – zu arbeiten (Mielke et al. 2021, S. 17–23). Jordanien und Pakistan sind passende Beispiele für eine gezielt herbeigeführte *Labour Market Segmentation* und somit der vielfach wirksamen Grenzziehungen zwischen Zugewanderten mit eingeschränkten Rechten und der jeweiligen ansässigen Bevölkerung mit vollen Bürger:innenrechten.

Die **Europäische Union** regelt die Aufnahme und den Zugang von Geflüchteten zu Arbeit durch vielfältige Gesetze und komplexe Bestimmungen (Ferreira et al. 2020). Dies bedeutet allerdings nicht, dass prekärer Arbeit effektiv entgegengewirkt wird. Im Gegenteil: in den Grauzonen zwischen Regeln und ihrer (lückenhaften) Umsetzung auf der lokalen Ebene entstehen vielschichtige informelle Arbeitsmärkte, auf die Geflüchtete und andere illegalisierte Migrant:innen besonders angewiesen sind, um ihr Leben zu sichern (Lewis et al. 2015; Maroukis et al. 2011). Die Wirkung des Aufnahmeregimes auf Beschäftigungschancen und Arbeitsverhältnisse zeigte sich auch in unserer Forschung in Südeuropa. In Griechenland zwingt die Regierung Schutzsuchende dazu, in großen Aufnahmelagern zu leben, und versucht sie auch dadurch systematisch von der sozialen und wirtschaftlichen Teilhabe auszuschließen. Daher war die Erwerbsbeteiligung unter den Geflüchteten deutlich niedriger (28 %) als in Italien (50 %), wo die Aufnahme dezentral organisiert ist und Schutzsuchende mehr Freiheiten haben. In Griechenland hatte auch nur ein Drittel eine Arbeitsgenehmigung und 60 % waren auf humanitäre Hilfe angewiesen. In Italien hatten indes die weitaus meisten (93 %) Befragten eine Arbeitserlaubnis und nur wenige (25 %) benötigten soziale Unterstützung. Auch das Ausmaß der informellen

Beschäftigung korrespondiert mit dem Asylregime: In Griechenland gaben 63 % der arbeitenden Geflüchteten an, (gelegentlich) ohne Vertrag beschäftigt gewesen zu sein, in Italien arbeiteten indes nur 13 % informell. Die große Mehrheit (71 %) der in Italien befragten Arbeitenden hatte einen regulären Arbeitsvertrag, in Griechenland war es nur ein Drittel. Kurzum: je restriktiver der Staat versucht, den Zugang von Geflüchteten zu Arbeit einzuschränken, desto eher schafft er informelle und prekäre Arbeitsverhältnisse (Roman et al. 2021). Aber auch wenn unsere quantitative Studie für Italien eine geringere Relevanz informeller Beschäftigung andeutet, so sind ausbeuterische Arbeitsbedingungen im Land weit verbreitet. So arbeiten viele Geflüchtete als Saisonarbeiter:innen in der Landwirtschaft. Auch ihr unsicherer rechtlicher Status trägt wesentlich zur Reproduktion informeller Arbeitsverhältnisse und höchst prekärer Lebensumstände bei (Roman et al. 2021, S. 27–31; Cingolani et al. 2022).

In unseren Studien haben wir insgesamt einen deutlichen Zusammenhang zwischen dem rechtlichen ‚Schwebezustand' der Geflüchteten einerseits und Armut, prekärer Beschäftigung und damit verbundener gesellschaftlicher Ausgrenzung andererseits festgestellt. In allen Ländern war der aufenthaltsrechtliche Status sowie der Schutzstatus im Asylregime unweigerlich an den Zugang zu humanitärer Hilfe und an die selektive Ein- oder Ausgrenzung vom Arbeitsmarkt gekoppelt. Überall haben wir eine gewisse Hierarchie unter den arbeitenden Geflüchteten feststellen können. Am ‚unteren Ende' dieser Hierarchie stehen informelle Arbeitsverhältnisse, durch die auch die arbeitenden Geflüchteten kaum ihre materiellen Bedarfe decken können, keine gesellschaftliche Wertschätzung erfahren und die ihnen kaum Chancen des sozialen Aufstiegs und der eigenständigen Zukunftsplanung ermöglichen. Verhältnismäßig wenige Geflüchtete können sich aus dem Teufelskreis von Rechtsunsicherheit und prekärer Beschäftigung oder Arbeitslosigkeit lösen und durch ihre Arbeit ihren Lebensunterhalt sichern und sich eine langfristige Perspektive aufbauen. Dies gelingt insbesondere Geflüchteten mit einer höheren Qualifikation, die zudem selbst über ein gewisses Vermögen verfügen und die Rückendeckung von transnationalen Familiennetzwerken haben. Diesen Schutzsuchenden an den ‚oberen Enden' der Arbeitsmarkthierarchien gelingt es vielfach auch humanitäre Aufnahmeregime zu umgehen; sie werden schlichtweg nicht als ‚Flüchtlinge' gesehen.

7.4.3 Widerständige Lebenssicherung in und jenseits von Lagern – Erfahrungen aus Jordanien, Äthiopien, Tansania und Griechenland

Trotz rechtlicher Hürden, die einer ‚de-jure-Integration' im Sinne einer dauerhaften Aufenthaltserlaubnis oder Einbürgerung im Weg stehen, beobachteten wir in allen Untersuchungsländern dennoch eine ‚de-facto-Integration' der Vertriebenen in lokalen Nachbarschaften und Arbeitsmärkten. Dabei unterscheiden sich die Zugänge zu Arbeit und die zur Verfügung stehenden Arbeitsmöglichkeiten erheblich; nicht nur hinsichtlich der Herkunft, dem Geschlecht und dem Alter der Schutzsuchenden. Wo die Geflüchteten leben (dürfen), ob sie unter die Kontrolle staatlicher Institutionen fallen (oder nicht) und wie die vor Ort vorhandene Ankunftsinfrastruktur konstituiert ist (Meeus et al. 2019), macht einen großen Unterschied aus, der sich insbesondere beim Vergleich der Muster der Lebenssicherung und der Arbeitsverhältnisse zwischen in Flüchtlingslagern und in Städten lebenden Vertriebenen zeigte.

In Flüchtlingslagern lebende Geflüchtete sind für ihre Lebenssicherung in einem weitaus größeren Maß von finanzieller Hilfe und Sachleistungen der Aufnahmeländer und internationaler Organisationen abhängig (55 %) als diejenigen, die außerhalb von Camps leben (11 %). Im Umkehrschluss spielen bezahlte Arbeit (16 %) und selbständige Erwerbstätigkeit (drei Prozent) für in Camps lebende Geflüchtete eine viel geringere Rolle im Vergleich zu denen, die in Städten oder Dörfern leben (30 % bzw. 24 %). Die unterschiedlichen Lebensrealitäten in und außerhalb von Flüchtlingscamps und die – zum Teil verzweifelten, zum Teil kreativen – Versuche, sie zu überwinden, wurden in Jordanien, Äthiopien, Tansania und Griechenland besonders deutlich.

In **Jordanien** haben Syrer:innen in Flüchtlingslagern besseren Zugang zu externer Unterstützung wie Unterkunft, Wasser und Strom als außerhalb. Ein Leben im Camp ist aber auch mit einem niedrigeren sozialen Status und stärkerer staatlicher Überwachung verbunden. Daher haben viele Syrer:innen versucht die Lager zu vermeiden oder frühzeitig zu verlassen – was als Ausdruck von ausgeprägter migrantischer *Agency* zu verstehen ist – und sich stattdessen in Städten niedergelassen, wo heute etwa 80 % der Geflüchteten in Jordanien leben. Während die Arbeitslosigkeit in beiden Gruppen hoch ist, zeigte sich, dass städtische Geflüchtete eher ohne feste Verträge und im informellen Sektor arbeiten. Das Leben außerhalb der Lager geht zwar mit mehr Freiheit, Unabhängigkeit und vielfältigeren sozialen Kontakten einher, aber das bedeutet nicht, dass es nicht prekär ist (Tobin et al. 2021), wie der Fall eines 29-jährigen Syrers zeigt:

> „Ahmed floh 2012 aus Dar'a, einer Stadt im Süden Syriens, allein nach Jordanien. Zunächst lebte er im Flüchtlingslager Zaatari, verließ es aber so früh es ging, um Arbeit zu suchen. Nachdem er das Camp verlassen konnte, wollte er wieder – wie in Syrien – als selbstständiger Händler tätig sein und begann in einem Second-Hand-Bekleidungsgeschäft in der Stadt Irbid zu arbeiten. Später wechselte er für drei Jahre in ein Bekleidungsgeschäft. Daraufhin vermittelte ein Freund ihm eine Anstellung als Wächter in einem Supermarkt, ein verhältnismäßig schlecht bezahlter Job. Er ist verheiratet und hat zwei Kinder, kämpft aber damit den täglichen Bedarf seiner Familie mit seinem niedrigen Einkommen von 240 Dinar (338 US-Dollar) im Monat zu decken. Außer Ahmeds Gehalt hatte die Familie keinen anderen Lebensunterhalt. Sie erhielten weder Lebensmittelgutscheine vom UNHCR noch Hilfe von anderen Organisationen oder dem Staat" (Etzold et al. 2022, S. 24, eigene Übersetzung).

In **Äthiopien** unterscheiden sich die Lebensbedingungen und Erfahrungen der Prekarität der eritreischen Geflüchteten erheblich zwischen den Camps auf dem Land und der Stadt. Im Durchschnitt lebten befragte Eritreer:innen mehr als sechs Jahre in den Flüchtlingslagern in den Regionen Tigray und Afar, in einzelnen Camps sogar bereits seit über 20 Jahren. Je länger die Menschen in den Lagern bleiben, desto schwieriger wird es für sie, ein eigenständiges Leben ohne humanitäre Unterstützung aufzubauen. Obwohl das äthiopische Flüchtlingshilfswerk und internationale Organisationen Unterkünfte, finanzielle Hilfe und Lebensmittelrationen bereitstellen und es in den Camps bessere Bildungsmöglichkeiten und Gesundheitsdienste gibt, so reicht die Hilfe kaum aus, um die Grundbedürfnisse zu decken. Nur wenige von denen, die in Lagern lebten, hatten Arbeit oder waren selbstständig tätig – auch wenn es bemerkenswerte Ausnahmen gab. So baute Helen, eine junge eritreische Geflüchtete in der Stadt Shire, in dessen Nähe sie lange in dem Hitsats-Flüchtlingslager lebte, mit der Unterstützung eines äthiopischen Hotelbesitzers ein kleines Café auf, das sehr erfolgreich wurde. Er sicherte sie rechtlich und finanziell ab, sie machte den Großteil der Arbeit und den Gewinn teilten sie. Solche Kooperationen können zwischen Einzelpersonen zu Stande kommen, sie sind aber auch zwischen Gruppen realisierbar. In der trockenen Region Afar, in der es nur wenige Einkommensmöglichkeiten gibt, starteten 15 eritreischen Geflüchteten aus dem Camp Aysaita zusammen mit Mitgliedern der lokalen Aufnahmegesellschaft, die Land zur Verfügung stellten, eine landwirtschaftliche Kooperative zum Anbau von Baumwolle. Das Startkapital wurde ihnen von einer Nichtregierungsorganisation gewährt. Einige der Geflüchteten konnten auch eigenständig dazu beitragen. Zudem leben sie weiterhin in dem Flüchtlingslager. In den ersten Jahren der Baumwoll-*Joint Venture* erwirtschafteten sie gute Gewinne, schufen Arbeitsplätze für weitere Geflüchtete und wurden so zum Vorbild für andere Projekte:

> „Wenn wir unsere Arbeit beendet haben, teilen wir den Gewinn mit den Eigentümern des Landes. Auch wenn sie nicht dafür arbeiten, bekommen sie das Geld, weil es ihr Land ist. Wir müssen ihnen 15 % von unserem Gewinn abgeben" (Adugna Tufa et al. 2021, S. 32, eigene Übersetzung).

Beide Beispiele verdeutlichen, dass der Weg aus einer prekären Lebenssituation im Lager heraus oftmals nur durch Unterstützung von außen gelingt. Zudem kommt in neu entstehenden Arbeitsverhältnissen zwischen Geflüchteten und der lokalen Bevölkerung auch immer ein deutliches Machtungleichgewicht zum Tragen (Adugna Tufa et al. 2021, S. 27–34).

Starke Abhängigkeiten zeigen sich auch in den Arbeitsverhältnissen von kongolesischen Geflüchteten in Dar es Salaam in **Tansania.** Dort leben tausende Flüchtlinge von ihrer informellen Arbeit zum Beispiel als Straßenhändler:innen. Sie sind im Stadtzentrum stets sichtbar, versuchen aber staatlichen Akteur:innen aus dem Weg zu gehen. Denn laut Gesetz sind Geflüchtete in Tansania verpflichtet, in den Lagern in ländlichen Gebieten zu leben. Sie dürfen nicht eigenständig in die Städte weitermigrieren und sich dort ein neues Leben aufbauen. Für Geflüchtete, die dennoch in die Stadt weiterziehen, ist dieses Gesetz eine unüberwindbare Barriere für den Eintritt in den formellen Arbeitsmarkt. Eine Arbeitserlaubnis für Migrant:innen ist auf Grund der hohen Kosten nur für wenige erreichbar. In der Folge sind viele Kongoles:innen gezwungen, ihre Identität zu verbergen. Vor Ort navigieren sie dann durch eine hierarchisierte Wirtschaft, in der die besseren Einkommensmöglichkeiten tansanischen Staatsangehörigen vorbehalten sind und auf die sie vielfach angewiesen sind, beispielsweise um ein Geschäft zu gründen, ein Bankkonto zu eröffnen oder eine Wohnung zu mieten. Diese Abhängigkeit geht mit einem hohen Ausbeutungspotential und mangelnder Anerkennung der Fähigkeiten und Fertigkeiten der Geflüchteten einher (Wilson et al. 2021, S. 16–24).

Auch in **Griechenland** werden der Alltag der Geflüchteten und ihre Zugänge zu Arbeit wesentlich durch das Flüchtlingsregime geprägt. Die Asylverfahren und humanitäre Hilfe für die Schutzsuchenden werden in den Erstaufnahmeeinrichtungen – sogenannte *Hot Spots* – auf den ägäischen Inseln und in großen Lagern auf dem Festland organisiert. Ihre Bewegungsfreiheit wird weitgehend eingeschränkt. Es herrscht eine große rechtliche Unsicherheit, da Asylverfahren oft verschleppt werden. Währenddessen ist ihnen der Zugang zu Beschäftigung verwehrt. Nur 13 % der Migrant:innen, die in griechischen Lagern lebten, hatten Arbeit, verglichen mit 53 %, die außerhalb der Lager lebten. Als Folge der ständigen Einschränkungen und Immobilisierung sind die Vertriebenen nach vielen Monaten des Lebens in den Camps erschöpft und fühlen sich ausgegrenzt. Dennoch handeln sie, um ihre rechtliche und sozioökonomische Prekarität zu überwinden. Aber auch sie sehen sich dabei gezwungen, gesetzliche Regelungen zu unterwandern: So arbeitet die große Mehrheit (96 %) der arbeitenden Geflüchteten ohne offizielle Arbeitserlaubnis in temporären Jobs ohne Arbeitsverträge. Dadurch können sie auch nur niedrige Löhne erzielen, haben keine Arbeitsplatzsicherheit und viele sind bei ihrer Arbeit in der Landwirtschaft, in Fabriken, im Bausektor oder als Reinigungskraft von Ausbeutung betroffen.

Grenzüberschreitende Mobilität oder Ortswechsel innerhalb des Landes sind eine weitere Form migrantischer *Agency* in Griechenland (Papatzani et al. 2022). Ein afghanischer Asylbewerber erklärte uns seine Mobilität zwischen dem in der Peripherie gelegenen Flüchtlingscamp, das er eigentlich nicht verlassen darf, und der Stadt Athen, wo er eine Wohnung mietet:

> „Offiziell lebe ich im Lager. Aber in Wirklichkeit lebe ich in einer Wohnung in Athen. Das Lager ist zwar nicht weit von meiner Arbeitsstelle, aber mir gefällt die Situation im Lager nicht denn [...] es gibt jede Nacht Streit und Kämpfe. Ich lebe lieber in Athen, auch wenn ich jeden Tag weit zur Arbeit fahren muss. Einmal im Monat muss ich im Lager sein, um zu unterschreiben, aber sie wissen nicht, dass ich in einer Wohnung in Athen lebe und dass ich einen Job habe. Wenn sie es wüssten, würden sie mich aus dem Lager werfen" (Roman et al. 2021, S. 23, eigene Übersetzung).

In Griechenland, Jordanien, Tansania und Äthiopien berichteten uns viele Geflüchtete von ihren Bewegungen zwischen den Camps und anderen Orten. Mit solchen informellen Strategien versuchen sie, die Einschränkungen des Lebens in den Lagern zu überwinden, aber auch die Vorteile eines besseren Zugangs zu Unterstützungsleistungen aufrecht zu erhalten. Mobilität und gelebte Translokalität sind in diesem Kontext eine Grundvoraussetzung, sich Schritt für Schritt und eigenständig eine Existenz zu sichern und sich, beispielsweise durch Arbeit, aus der Abhängigkeit von formellen – sowohl ermöglichenden als auch einschränkenden – Hilfsstrukturen zu lösen (Adugna Tufa et al. 2021; Roman et al. 2021; Tobin et al. 2021; Papatzani et al. 2022).

Unsere Forschung veranschaulicht Widersprüche des internationalen Schutzregimes und lokaler Aufnahmepolitiken. Vertriebenen Schutz zu bieten und sie in großen Lagern mit humanitärer Hilfe zu versorgen, sichert zwar Leben, aber eben nur kurz- und mittelfristig und auf minimalem Niveau. Doch langfristig benötigen Geflüchtete Entwicklungsmöglichkeiten und einen gesicherten Zugang zu Arbeit. Das Leben außerhalb der Lager bietet vielfach bessere Chancen, insbesondere in größeren Städten. Das bedeutet allerdings nicht, dass es in den Städten einfacher ist, durch eigene Arbeit über die Runden zu kommen. Verschiedene Dimensionen der

Prekarität interagieren auf vielfältige Weise: Ein höheres Maß an rechtlicher Unsicherheit, das sich in geringen Schutzstandards, nur vorübergehenden oder gar nicht vorhandenen Aufenthaltsstatus widerspiegelt, trägt unweigerlich zu einem höheren Grad an ökonomischer Ausgrenzung, insbesondere durch einen verweigerten Zugang zu Arbeit, und gesellschaftlicher Exklusion bei und öffnet Tür und Tor für ausbeuterische Arbeitsverhältnisse (Etzold et al. 2022, S. 25).

7.5 Fazit

Nach einer Flucht versuchen Geflüchtete durch vielfältige Strategien ihr Leben zu sichern, auch wenn es nur verhältnismäßig wenigen Menschen in langanhaltenden Vertreibungskrisen gelingt, sich durch ihre Arbeit eine bessere Zukunft aufzubauen. Aus der Perspektive der *Labour Geography* sind zwei Ansätze besonders geeignet, um die Entstehung wie Perpetuierung von prekären Arbeitsverhältnissen von Geflüchteten in Aufnahmeländern besser zu verstehen: die segmentierten und territorialisierten Arbeitsmärkte und die *Constrained Agency* der Schutzsuchenden.

Die Arbeit von Menschen in langanhaltenden Vertreibungssituationen wird wesentlich durch Territorialisierungen geprägt: Nicht nur sind Länder und Arbeitsmärkte durch Grenzen, die Schutzsuchende auf der Flucht überschreiten, voneinander getrennt. Vielmehr erlassen nationale Regierungen Gesetze, um bestehende Arbeitsmärkte und die ‚einheimischen' Arbeitskräfte vor ‚Anderen' zu schützen. So haben Geflüchtete während der Dauer des Asylverfahrens in vielen Ländern ein Beschäftigungsverbot, wie in Griechenland, oder es gibt nur eine begrenzte Anzahl an stark reglementierten Berufsfeldern, die Geflüchteten überhaupt offenstehen, wie in Jordanien. Solche Territorialisierungen, also Grenzziehungen im Inneren von Ländern, wie durch das Asyl- und Aufenthaltsrecht, wirken sich negativ auf die Chancen von Geflüchteten aus, eine ihrer Qualifikation angemessene und adäquat entlohnte Arbeit zu finden und ihr dauerhaft nachgehen zu können. In der Folge sind sie für ihre Lebenssicherung in vielen Kontexten darauf angewiesen, auf informelle Arbeit jenseits staatlicher Kontrolle und mit schlechterer Bezahlung in den Niederungen von *Segmented Labour Markets* auszuweichen. Die Grenzen des „Feldes des Asyls" setzen so die Grenzen des „Feldes der Arbeit" und diktieren somit die Arbeitszugänge und -möglichkeiten von Geflüchteten (Etzold 2020). Damit steigt für Schutzsuchende zugleich das Risiko, gesellschaftlich ausgeschlossen zu werden und dauerhaft in langanhaltenden Vertreibungskonstellationen und prekären Lebensumständen gefangen zu bleiben.

Doch auch wenn ihre Handlungsmöglichkeiten in Aufnahmeländern vielfach eingeschränkt sind, so sind Schutzsuchende nicht machtlos und warten tatenlos darauf, dass ‚dauerhafte Lösungen' für sie gefunden werden. Ihre widerständige *Agency* drückt sich in ihren Fähigkeiten aus, durch komplexe Schutz- und Aufnahmeregime zu navigieren; translokale Netzwerke, familiäre Unterstützung und diverse Lebenssicherungsstrategien zu nutzen; sich einer Festsetzung in Flüchtlingslagern zu widersetzen und in Städte oder andere Länder weiter zu migrieren; Arbeitsverbote und andere Zugangsbarrieren zu umgehen sowie informelle Arbeitsverhältnisse und lokale Kooperationen einzugehen und somit ihr Leben zu sichern. Ohne die Prekarität der Lebensumstände von Millionen von Geflüchteten zu beschönigen, müssen die Anstrengungen, Kapazitäten und Potentiale von Geflüchteten, ihren eigenen Weg aus langanhaltenden Vertreibungskonstellationen heraus zu finden, anerkannt und bestmöglich unterstützt werden. Hierfür bedarf es nicht nur einer anderen Politik sowie einer anderen politischen Haltung gegenüber Geflüchteten. Es gilt ihre Handlungsspielräume systematisch zu erweitern – neue Räume der Arbeit spielen hierbei eine Schlüsselrolle.

Danksagung Die hier präsentierten Ergebnisse wurden von zahlreichen Wissenschaftler:innen und Praktiker:innen aus zwölf Partnerorganisationen in elf Ländern im Projekt „*Transnational Figurations of Displacement*" (TRAFIG) gemeinsam erarbeitet. Kernergebnisse unserer Arbeit sind in Working Papers und im Abschlussbericht des Projektes (Etzold et al. 2022), auf denen dieser Beitrag aufbaut, veröffentlicht. Stellvertretend für die Forschungsteams der Länder, die in diesem Kapitel erwähnt wurden, danke ich für die Erhebungen, Analysen und zur Verfügungstellung der Daten: Fekadu Adugna Tufa, Addis Ababa Universität, und Markus Rudolf, BICC, für die Forschung in Äthiopien; Panos Hatziprokopiou, Aristotle Universität Thessaloniki, für die Arbeit in Griechenland; Ferruccio Pastore, FIERI, für die Forschung in Italien; Fawwaz A. Momani, Yarmouk University, und Sarah Tobin, Chr. Michelsen Institute, für die Forschung in Jordanien; Md. Mudassar Javed, SHARP, und Katja Mielke, BICC, für die Forschung in Pakistan; und Janemary Ruhundwa, Dignity Kwanza, und Catherina Wilson, Leiden Universität, für die Forschung in Tansania. Das Projekt TRAFIG wurde von der Europäischen Union im Programm Horizont 2020 gefördert (Grant No. 822453).

Literatur

Ager, Alastair, und Alison Strang. 2008. Understanding integration: a conceptual framework. *Journal of Refugee Studies* 21(2):166–191.

Berndt, Christian. 2008. Methodologischer Nationalismus und territorialer Kapitalismus – mobile Arbeit und die Herausforderungen für das deutsche System der Arbeitsbeziehungen. *Geographische Zeitschrift* 96(1/2):41–61.

Betts, Alexander, Louise Bloom, Josiah Kaplan, und Naohiko Omata. 2017. *Refugee economies: forced displacement and development*. Oxford: Oxford University Press.

Buckley, Michelle, Siobhán McPhee, und Ben Rogaly. 2017. Labour geographies on the move: migration, migrant status and work in the 21st century. *Geoforum* 78:153–158.

Castree, Noel, Neil M. Coe, Kevin Ward, und Michael Samers. 2004. *Spaces of work – Global capitalism and the geographies of labour*. London: SAGE.

Cingolani, Pietro, Milena Belloni, Giuseppe Grimaldi, und Emanuela Roman. 2022. „Exit Italy"? Social and spatial (im)mobilities as conditions of protracted displacement. *Journal of Ethnic and Migration Studies* 48(18):4402–4418.

Coe, Neil M., und David C. Jordhus-Lier. 2010. Constrained agency? Re-evaluating the geographies of labour. *Progress in Human Geography* 35(2):211–233.

Coe, Neil M., und David C. Jordhus-Lier. 2023. The multiple geographies of constrained labour agency. *Progress in Human Geography* 47(4):533–554.

Etzold, Benjamin. 2019. Violence, mobility and labour relations in Asia: Editorial. *International Quarterly for Asian Studies* 50(1–2):5–18.

Etzold, Benjamin. 2020. Fragmentierungen im Feld des Asyls: Alte Hürden und neue Hierarchien beim Arbeitsmarktzugang von Geflüchteten in Deutschland. In *Fluchtmigration und Gesellschaft: Von Nutzenkalkülen, Solidarität und Exklusion*, Hrsg. Kristina Binner, Karin Scherschel, 149–168. Weinheim: Beltz Juventa.

Etzold, Benjamin, und Anne-Meike Fechter. 2022. Unsettling protracted displacement: Connectivity and mobility beyond ‚Limbo'. *Journal of Ethnic and Migration Studies* 48(18):4295–4312.

Etzold, Benjamin, Elvan Isikozlu, Simone Christ, Laura Morosanu, Albert Kraler, Ferruccio Pastore, Carolien Jacobs, Filyra Vlastou, Eva Papatzani, Alexandra Siotou, Panos Hatziprokopiou, Ben Buchenau, Fawwaz Ayoub Momani, Sarah Tobin, Tamara Al Yakoub, und Rasheed Al Jarrah. 2022. *Nothing is more permanent than the temporary – Understanding protracted displacement and people's own responses*. TRAFIG Synthesis Report. Bonn. https://doi.org/10.5281/ZENODO.6490950.

Ferreira, Nuno, Carolien Jacobs, Pamela Kea, Maegan Hendow, Marion Noack, Martin Wagner, Fekadu Adugna Tufa, Ali M. Alodat, Tekalign Ayalew Mengiste, Benjamin Etzold, Camilla Fogli, Thomas Goumenos, Panos Hatziprokopiou, Muhammad Javed Mudassar, Khoti Chilomba Kamanga, Albert Kraler, Fawwaz Ayoub Momani, und Emanuela Roman. 2020. *Governing protracted displacement. An analysis across global, regional and domestic contexts*. TRAFIG Working Paper No. 03. Bonn. https://doi.org/10.5281/zenodo.5841848.

Jacobsen, Karen. 2014. Livelihoods and forced migration. In *The Oxford Handbook of refugee and forced migration studies*, Hrsg. Elena Fiddian-Qasmiyeh, Gil Loescher, Katy Long, und Nando Sigona, 99–111. Oxford: Oxford University Press.

Kraler, Albert, Margarita Fourer, Are John Knudsen, Juul Kwaks, Katja Mielke, Marion Noack, Sarah Tobin, und Catherina Wilson. 2020. *Learning from the past. Protracted displacement in the post-World War II period*. TRAFIG Working Paper No. 02. Bonn. https://doi.org/10.5281/zenodo.5841846.

Lewis, Hannah, Peter Dwyer, Stuart Hodkinson, und Louise Waite. 2015. Hyper-precarious lives: Migrants, work and forced labour in the Global North. *Progress in Human Geography* 39(5):580–600.

Lier, David Christoffer. 2007. Places of work, scales of organising: a review of labour geography. *Geography Compass* 1(4):814–833.

Maroukis, Thanos, Krystyna Iglicka, und Katarzyna Gmaj. 2011. Irregular migration and informal economy in southern and central-eastern Europe: Breaking the vicious cycle? *International Migration* 49(5):129–156.

Meeus, Bruno, Karel Arnaut, und Bas van Heur (Hrsg.). 2019. *Arrival infrastructures: migration and urban social mobilities*. Cham: Palgrave Macmillan.

Mielke, Katja, Muhammad Shahid Nouman, Abdur Rauf Khatana, Ahmed Zahoor, Amber Irshad, Sobia Kiran, Benjamin Etzold, Shamin Asghari, und Mudassar Javed. 2021. *Figurations of displacement in and beyond Pakistan: empirical findings and reflections on protracted displacement and translocal connections of Afghans*. TRAFIG Working Paper No. 07. Bonn. https://doi.org/10.5281/zenodo.5841876.

O'Connell Davidson, Julia. 2013. Troubling freedom: Migration, debt, and modern slavery. *Migration Studies* 1(2):176–195.

Papatzani, Eva, Panos Hatziprokopiou, Filyra Vlastou-Dimopoulou, und Alexandra Siotou. 2022. On not staying put where they have put you: Mobilities disrupting the socio-spatial figurations of displacement in Greece. *Journal of Ethnic and Migration Studies* 48(18):4383–4401.

Raj-Reichert, Gale. 2022. Labour geography I: Labour agency, informal work, global south perspectives and the ontology of futures. *Progress in Human Geography* 47(1):187–193.

Roman, Emanuela, Milena Belloni, Pietro Cingolani, Giuseppe Grimaldi, Panos Hatziprokopiou, Eva Papatzani, Ferruccio Pastore, Alexandra Siotou, und Filyra Vlastou. 2021. *Figurations of Displacement in Southern Europe: empirical findings and reflections on protracted displacement and translocal networks of forced migrants in Greece and Italy*. TRAFIG Working Paper No. 09. Bonn. https://doi.org/10.5281/zenodo.5841883.

Samers, Michael. 2010. *Migration*. London, New York: Routledge.

Scherschel, Karin. 2018. An den Grenzen der Demokratie – Citizenship und Flucht. *Berliner Journal für Soziologie* 28(1):123–149.

Skran, Claudena, und Evan Easton-Calabria. 2020. Old concepts making new history: refugee self-reliance, livelihoods and the ‚refugee entrepreneur'. *Journal of Refugee Studies* 33(1):1–21.

Standing, Guy. 2011. *The Precariat: the new dangerous classes*. London, New Delhi, New York: Bloomsbury.

Strauss, Kendra. 2017. Labour geography I: towards a geography of precarity? *Progress in Human Geography* 42(4):622–630.

Tobin, Sarah, Are John Knudsen, Fawwaz Ayoub Momani, Tamara Al-Yakoub, und Rasheed Al-Jarrah. 2021. *Figurations of Displacement in and beyond Jordan: Empirical findings and reflections on protracted displacement and translocal connections of Syrian refugees*. TRAFIG Working Paper No. 6. Bonn. https://doi.org/10.5281/zenodo.5841870.

Tufa, Adugna, Markus Rudolf Fekadu, G. Abebe Mulu, Desalegn Amsalu, Tekalign Ayalew Mengiste, und Benjamin Etzold. 2021. *Figurations of Displacement in and beyond Ethiopia: Empirical findings and reflections on protracted displacement and translocal connections of Eritreans in Ethiopia*. TRAFIG Working Paper No. 05. Bonn. https://doi.org/10.5281/zenodo.5841864.

Turner, Lewis. 2015. Explaining the (non-)encampment of Syrian refugees: Security, class and the labour market in Lebanon and Jordan. *Mediterranean Politics* 20(3):386–404.

UNHCR. 2004. Protracted refugee situations. Executive Committee of the High Commissioner's Programme, EC/54/SC/CRP.14. Geneva. http://www.unhcr.org/excom/standcom/40c982172/protracted-refugee-situations.html.

UNHCR. 2024. Global Trends: Forced Displacement in 2023. Geneva. https://www.unhcr.org/global-trends-report-2023.

Wiedner, Jonas, Zerrin Salikutluk, und Johannes Giesecke. 2018. Arbeitsmarktintegration von Geflüchteten: Potenziale, Perspektiven und Herausforderungen. Flucht: Forschung und Transfer. State-of-Research Papier Nr. 07. Osnabrück / Bonn: IMIS / BICC. https://flucht-forschung-transfer.de/wp-content/uploads/2018/03/SoR-07-Arbeitsmarktintegration-von-Gefluechteten.pdf.

Wilson, Catherina, Bishara Msallam, Joan Kabyemela, Mira Demirdirek, Jovin Sanga, und Janemary Ruhundwa. 2021. *Figurations of Displacement in and beyond Tanzania: Reflections on protracted displacement and translocal connections of Congolese and Burundian refugees in Dar es Salaam*. TRAFIG Working Paper No. 8. Bonn. https://doi.org/10.5281/zenodo.5841878.

Wyss, Anna, und Carolin Fischer. 2022. Working for protection? Precarious legal inclusion of Afghan nationals in Germany and Switzerland. *Antipode* 54(2):629–649.

Part IV

Globale Produktions- und Logistiknetzwerke

Netzwerke der Solidarität und des Vertrauens: Neue Ansätze der gewerkschaftlichen Vernetzung und Organisierung in globalen Automobilwertschöpfungsketten

8

Hendrik Simon

Inhaltsverzeichnis

Zusammenfassung

Wie können Arbeiter:innen über nationale Grenzen hinweg Solidarität entwickeln, wenn sie doch zumindest potenziell in einem Standortwettbewerb zueinander stehen? Das Kapitel zeigt, dass eine mögliche Antwort auf diese Frage die Entwicklung von Vertrauen zwischen Arbeiter:innenvertretungen in transnationalen Netzwerken ist. Vorliegend wird dies anhand der von der IG Metall initiierten Internationalen Netzwerkinitiative (NWI) untersucht. Die NWI verfolgte zwischen 2012 und 2024 das Ziel, Arbeiter:innenvertreter:innen in Transnationalen Unternehmen (TNU) auf transnationaler und lokaler Ebene miteinander zu vernetzen, um so echte Gegenmacht von Arbeiter:innen entlang der globalen Automobilwertschöpfungskette zu entwickeln. Auf der Grundlage qualitativer

H. Simon (✉)
Forschungsinstitut Gesellschaftlicher Zusammenhalt, Standort Frankfurt am Main an der Goethe-Universität Frankfurt, Frankfurt am Main, Deutschland
E-Mail: hendrik.simon@fgz-risc.de

M. Doutch et al. (Hrsg.), *Arbeitswelten*, https://doi.org/10.1007/978-3-662-70955-9_8

und teilnehmend-beobachtender Forschung, die von 2016 bis 2024 in NWI-Vernetzungsprojekten in Finnland, Marokko, Mexiko und Südafrika durchgeführt wurde, argumentiere ich, dass die Schaffung von Vertrauen in globalen Wertschöpfungsketten voraussetzungsvoll ist und mit einigen Herausforderungen einhergeht – sie aber, wie das Beispiel der gelungenen Vernetzung von Arbeiter:innenvertreter:innen des Autozulieferers Lear in Südafrika zeigt, prinzipiell durchaus möglich ist.

Schlüsselwörter: Globale Wertschöpfungsketten, Solidarität, Vertrauen, lokal, transnational, IG Metall

Abstract

How can workers develop solidarity with each other when they may be in locations that are potentially in competition, and across national borders? This chapter shows that one possible answer to this question is the development of trust between workers' representatives in transnational networks, looking at the case of the International Network Initiative (NWI) initiated by IG Metall. Between 2012 and 2024, the NWI pursued the goal of connecting workers' representatives in transnational companies (TNC) at the transnational and local levels in order to develop power resources for workers along the global automotive value chain. On the basis of qualitative and participatory research conducted in NWI networking projects in Finland, Morocco, Mexico and South Africa from 2016 to 2024, I argue that building trust in global value chains is challenging and requires certain preconditions to be met. However, as the example of the successful networking of workers' representatives from the automotive supplier Lear in South Africa shows, it is possible in principle.

Keywords: global value chains, solidarity, trust, local, transnational, IG Metall

8.1 Einleitung

Die kapitalistische Produktion der jüngeren Gegenwart ist global ausgerichtet. Hochkomplexe Wertschöpfungsketten umspannen die Welt. In diesen Ketten lässt sich ein Phänomen beobachten, das in Rückgriff auf Vertreter:innen der *Labour Geography* (Herod 2001a; Castree et al. 2004; López 2023, S. 30) als „räumliche Asymmetrie" zwischen Kapital und Arbeit bezeichnet werden kann. Global agierende Unternehmen stehen weitgehend national oder sogar lokal agierenden Arbeiter:innen und ihren Vertretungen gegenüber. Mit der räumlichen Entgrenzung der Produktion im neo-liberalen Gegenwartskapitalismus (Ludwig et al. 2021) verstärkt sich diese Machtasymmetrie drastisch. Die Kosten tragen dabei Arbeiter:innen (Streeck 2016) – insbesondere im Globalen Süden (Suwandi 2019; Lessenich 2023). Hier wirkt sich der von multinationalen Unternehmen erzeugte Kostendruck besonders drastisch aus. In Ländern mit schwachen gewerkschaftlichen Strukturen, wie beispielsweise Indien, Bangladesch oder Marokko, zahlen auch deutsche Unternehmen, die hierzulande die Mitbestimmung von Arbeiter:innen respektieren mögen (beziehungsweise müssen), sehr niedrige Löhne, missachten systematisch Arbeitsstandards und verhindern, zuweilen aktiv, eine gewerkschaftliche Organisierung (Varga 2021; Teipen et al. 2022). Der in globalen Wertschöpfungsketten generierte Wohlstand kommt hier, an den unteren Gliedern der Kette, kaum an. Vielmehr fungieren globale Wertschöpfungsketten als Katalysatoren von Armut und Ungleichheit (Selwyn 2016; Ludwig und Simon 2021).

Ausgehend von dieser Beobachtung beschäftigt sich der vorliegende Beitrag mit neuen Ansätzen der gewerkschaftlichen Vernetzung zwischen Arbeiter:innen und ihren Vertretungen entlang globaler Automobilwertschöpfungsketten. Ziel dieser Vernetzung ist es, aktiv transnationale Gegenmacht aufseiten von Arbeiter:innen zu entwickeln, um so die globalen Machtasymmetrien zwischen Kapital und Arbeit neu aushandeln zu können (hierzu z. B. Herod 2001a; Schmalz et al. 2018; Ludwig et al. 2021). Dabei stehen Arbeiter:innen und Gewerkschaften vor einer grundsätzlichen Herausforderung: Wie können sie über nationale Grenzen hinweg langfristig Solidarität entwickeln, wenn sie, zumindest potenziell, zueinander in (Standort-)Konkurrenz stehen? Das ist keine rein wissenschaftlich zu diskutierende, sondern auch eine explizit politische Frage, die in den vergangenen Jahren vermehrt von Gewerkschaften in Deutschland, aber auch in Produktionsländern wie Südafrika, gestellt worden ist (NUMSA 2013; Ludwig 2014; Monaisa 2017). Eine Antwort auf diese Frage ist die Kultivierung von Vertrauen, wie ich hier anhand der Ergebnisse einer teilnehmend-beobachtenden Forschung zur 2012 initiierten und bis 2024 laufenden Internationalen Netzwerkinitiative (NWI) der Industriegewerkschaft Metall (IG Metall) zeigen will.[1] Die NWI zielte auf die Bildung dauerhafter Netzwerke zwischen betrieblichen Arbeiter:innenvertreter:innen aus verschiedenen Ländern innerhalb desselben Unternehmens ab. NWI-Projekte wurden dabei häufig von der IG Metall und ihrer jeweiligen Partnergewerkschaft initiiert sowie finanziell, inhaltlich und administrativ unterstützt. Letztlich müssen die während der NWI initiierten Projekte aber von den betrieblichen Akteur:innen, also etwa von deutschen Betriebsrät:innen oder südafrikanischen *Shop Stewards*, selbst getragen und verstetigt werden. In der NWI ging es damit um die transnationale Vernetzung lokaler Perspektiven von Arbeiter:innenvertreter:innen. Da Arbeiter:innen und ihre Vertreter:innen im Globalen Süden aber meist unter deutlich prekäreren Bedingungen arbeiten als ihre deutschen Kolleg:innen, war ein zweites, grundlegenderes Ziel der NWI, die Stärkung gewerkschaftlicher Strukturen im Ausland. Transnationale Vernetzung und lokale Organisierung sollen Hand in Hand gehen. Für beides braucht es jedoch Vertrauen zwischen den handelnden Akteur:innen.

Der vorliegende Beitrag widmet sich der Frage, wie Vertrauen seitens der Arbeiter:innen in neuartigen gewerkschaftlichen Vernetzungen wie der NWI entstehen kann. Anders formuliert: Welche Rolle spielt Vertrauen bei der Entwicklung von transnationaler Solidarität von Arbeiter:innen in machtdurchzogenen Globalen Wertschöpfungsketten? Um dieser Frage nachzugehen, biete ich zunächst einen Einblick

[1] Mehr Informationen zum Forschungsprojekt unter https://www.boeckler.de/de/suchergebnis-forschungsfoerderungsprojekte-detailseite-2732.htm?projekt=2022-158-3. Zugegriffen: 06.11.2024.

in grundlegende theoretische Konzepte wie „Macht“, „Solidarität“ und „Vertrauen“ (Abschn. 8.2), bevor ich die methodische Vorgehensweise einer teilnehmend-beobachtenden Forschung erläutere, mit der die (Nicht-)Entstehung von Vertrauen in der Forschung exploriert wurde (Abschn. 8.3). Anschließend gebe ich einen allgemeinen Überblick über die NWI der IG Metall (Abschn. 8.4.1), bevor ich anhand verschiedener empirischer Fälle (insbesondere aus Nord- und Südafrika) Potenziale und anhaltende Herausforderungen der NWI für die transnationale Vertrauensbildung in der entgrenzten Produktion des Gegenwartskapitalismus vertiefend diskutiere (Abschn. 8.4.2).

8.2 Theoretischer Rahmen: Netzwerke der Solidarität und des Vertrauens

8.2.1 „Räumliche Asymmetrie" – Entgrenzte Produktion, begrenzte Solidarität?!

Die globalen Machtasymmetrien zwischen Kapital und Arbeit basieren nicht zuletzt auf „räumlicher Asymmetrie“ (Castree et al. 2004; Herod 2001a; López 2023, S. 30): Während Transnationale Unternehmen (TNU) über nationale Grenzen hinweg operieren können, dominiert in Gewerkschaften häufig die „Container“-Logik des Nationalstaates (Giddens 1981, S. 144). Gewerkschaften und Betriebsräte fokussieren sich traditionell auf nationale Referenzrahmen sowie auf betriebliche Strukturen. Vor diesem Hintergrund stehen transnationale Unternehmen national agierenden Arbeiter:innenvertretungen gegenüber.

Damit verfügen TNU in globalen Wertschöpfungsketten über enorme Machtressourcen. Das gilt insbesondere für Fahrzeughersteller (Original Equipment Manufacturers, OEMs) wie Daimler, Ford und BMW, die an der Spitze der globalen Automobillieferketten stehen und sich den „Löwenanteil der in diesen Ketten generierten Wertschöpfung“ (Selwyn 2016, S. 1, eigene Übersetzung) sichern. Macht lässt sich dabei mit Max Weber (1972 [1921/22], S. 28 f.) als relationales Konzept definieren, nämlich als „jede Chance, innerhalb einer sozialen Beziehung den eigenen Willen auch gegen Widerstreben durchzusetzen“. Diese Chance nehmen TNU wahr, indem sie ihre Investitionsstrategien intransparent halten und Belegschaften im Namen der „Wettbewerbsfähigkeit“ offen zueinander in Konkurrenz setzen (Hübner 2015; Suwandi 2019; Teipen et al. 2022). Damit entfachen sie globale Unterbietungskämpfe mit Blick auf Löhne und Arbeitszeiten (Selwyn 2016; Ludwig und Simon 2021). So entstehen „Parallelwelten der Produktion“, wie es Marika Varga, die bis 2024 Gewerkschaftssekretärin beim Vorstand der IG Metall ist, auf den Punkt bringt: „Deutsche Unternehmen, die zu Hause die Mitbestimmung respektieren, setzen beispielsweise in den USA alles daran, gewerkschaftliche Organisierung zu verhindern.“ (Varga 2021, S. 214 f.) Hierbei ist insbesondere an die gewerkschaftsfeindlichen Kampagnen von VW in Chattanooga (Tennessee) zu denken, die lange Zeit der weltweit einzige produzierende

VW-Standort ohne Belegschaftsvertretung war. Erst im April 2024 gelang es der Gewerkschaft United Auto Workers (UAW) nach zwei gescheiterten Versuchen in den Jahren 2014 und 2019, den Standort gegen den Widerstand von VW gewerkschaftlich zu organisieren.

Darüber hinaus verfolgen viele TNU eine *Open Book*-Philosophie: Vor einer Investitionszusage holen sie Angebote von verschiedenen Standorten im eigenen Konzern oder jenen eines Zulieferers ein. In Audits lassen sie von eigenen Expert:innen zudem die Effizienz der Produktion in einzelnen Standorten beurteilen, bevor sie einen Auftrag vergeben. Weicht diese nachher von ihren Erwartungen ab, können TNU mit Vertragsstrafen disziplinieren. Zulieferbetriebe in der Automobilbranche sind, so ein Betriebsratsmitglied im Interview treffend, zu „verlängerten Werkbänken" geworden (Ludwig und Simon 2021, S. 230). Sie führen Aufträge aus und werden in ihrer Effizienz kontrolliert und gegebenenfalls bestraft, ohne ihrerseits die Investitionsstrategien ihrer Auftraggeber durchschauen zu können. Diese Kontrollmacht der TNU drückt sich auch in einer grundlegenden Ungleichheit zwischen der Kapital- und Arbeitsseite hinsichtlich der Transparenz ihrer Handlungen in Automobilketten aus. Während Investitionsstrategien in den Firmenzentralen etwa in Europa, Japan oder den USA entwickelt werden (JS 1), haben Arbeiter:innen – insbesondere in den Produktionsländern des Globalen Südens – nur einen sehr begrenzten Einblick in Unternehmensentscheidungen. Idealtypisch gesprochen herrscht auf der Seite der Arbeit völlige Transparenz, während TNU völlig undurchsichtig agieren.

Die räumliche Asymmetrie zwischen Kapital und Arbeiter:innen verschärft also zugleich globale Machtasymmetrien. Auf den ersten Blick könnte man daher resigniert zu dem Schluss kommen, dass Arbeiter:innen und ihre Vertretungen schlecht auf die Globalisierung kapitalistischer Produktion (re-)agieren können. Dieses Urteil ist allerdings unterkomplex, wie im Folgenden argumentiert werden soll.

8.2.2 Solidarität und Vertrauen in globalen Wertschöpfungsketten

Forschungen in der *Labour Geography* (Herod 2001a; Waterman 2004; López 2023), der Arbeits- und Organisationssoziologie (Mashilo 2010; Fichter 2015; Ludwig und Simon 2021) sowie der Internationalen Politischen Ökonomie (Selwyn 2016) verweisen auf Widerstandspotenziale und „Machtressourcen" (Schmalz und Dörre 2014; Schmalz et al. 2018) von Arbeiter:innen in Wertschöpfungsketten. Vertreter:innen der *Labour Geography* haben in diesen Debatten im Besonderen die bereits skizzierte „räumliche Asymmetrie" (Castree et al. 2004; Herod 2001a) zwischen globalem Kapital und nationaler/lokaler Arbeit in kritischer Absicht relativiert: So sei die Mobilität des globalen Kapitals qua der Notwendigkeit, an lokalen Standorten materielle Güter zu produzieren, keineswegs grenzenlos (Harvey 1982; López 2023, S. 30). Diese lokale Bindung der Produktion lässt lokale Gegenmachtentwicklungen von Arbeiter:innen etwas vielversprechender erscheinen. In den transdisziplinären Debatten zu *Inter-/Transnational Unionism* hat zudem auch die *Labour Geography* auf differente räumliche Positionierungen von Arbeiter:innen in der globalen Produktion hingewiesen und dabei auch ungleiche Machtressourcen, rassistische, sexistische und/oder klassistische Diskriminierungserfahrungen sowie Interessenskonflikte in grenzüberschreitenden Solidarisierungsbemühungen problematisiert (Waterman und Wills 2001; Cumbers et al. 2008; siehe auch Fischer et al. 2022). So wird auch die Notwendigkeit von lokalen, regionalen, nationalen, transnationalen und globalen Solidaritätsformen betont.

Während beispielsweise im Konflikt zwischen den United Steelworkers of America und der Ravenswood Aluminium Cooperation 1990–1992 eine internationale Solidaritätskampagne Öffentlichkeit erzeugte, die zum Erfolg beitrug („organizing globally", Herod 2001b), waren die United Auto Workers 1998 mit zwei lokalen Streiks bei General Motors in Flint, Michigan, also auch ohne internationale Solidaritätskampagne, erfolgreich („organizing locally", Herod 2001b). Andernorts wiederum braucht es eine Verknüpfung lokaler *und* globaler gewerkschaftlicher Strategien, so etwa im Textilexport-Cluster von Bangalore, wo lokale Gewerkschaften wie etwa die Garment and Textile Workers Union (GATWU) Allianzen mit Arbeiter:innenvertretungen des Globale Nordens geknüpft haben (López 2023). Diese Pluralität gewerkschaftlicher Strategien spiegelt sich auch in einer Pluralität der beteiligten Akteur:innen wider, die neben gewerkschaftlichen Funktionär:innen auch *Bottom-Up*-Netzwerke (Doutch 2022; López 2023) umfassen.

Aber was genau bedeutet Solidarität eigentlich in diesen Kontexten? Rainer Forst (2022, S. 145) hat das Konzept der „Solidarität" als „eine praktische Einstellung" definiert, „welche die Form einer Handlungsbereitschaft annimmt, die auf einer gemeinsamen Verbundenheit beruht, die ihrerseits ein gemeinsames Anliegen oder eine geteilte Identität voraussetzt, die gefördert werden sollen." Eigeninteressen und moralische Erwägungen schließen einander dabei nicht aus (Zeuner 2001). Entscheidend ist nach Bodo Zeuner (2001), ein Gefühl für gemeinsame Herausforderungen, „Schädigungsfaktoren" und „Gegner[:innen]" zu entwickeln. Zielführend für transnationale Solidarität ist also das Herstellen eines gemeinsamen politischen Bewusstseins durch Erfahrbarmachen der jeweiligen Lebensrealitäten vor Ort, die eine „gefühlte Solidarität" (Jungehülsing 2015) begünstigen können (siehe auch Cumbers et al. 2008; Fischer et al. 2022).

Wie aber können Arbeiter:innen über nationale Grenzen hinweg Solidarität entwickeln, wenn sie potenziell zueinander in (Standort-)Konkurrenz stehen? Eine Antwort hierauf liegt in der Entwicklung von Vertrauen (vgl. Zeuner 2015, S. 59), um in „transnationalen sozialen Räumen" (Pries 2001) eine kollektive Identität zu entwickeln („bonding"; Morgan und Pulignano 2020, in Anlehnung an Putnam 2000). Vertrauen kann dabei als eine positive Erwartung von A (eine Person oder ein kollektiver Akteur, z. B. eine Organisation) gegenüber B (eine Person oder ein kollektiver Akteur) verstanden werden, in einer Situation der Ungewissheit mit den eigenen Interessen berücksichtigt und nicht verletzt zu werden.[2] Dabei ist ein Ver-

[2] Ich teile die Grundannahmen der Frankfurter *ConTrust*-Research Initiative, siehe https://contrust.uni-frankfurt.de/en/about-us-2/. Zugegriffen: 06.11.2024.

trauensaufbau auf mehreren Handlungsebenen notwendig (zum Beispiel zwischen transnational agierenden Gewerkschaftsfunktionär:innen und betrieblichen Arbeiter:innenvertreter:innen). Auch angesichts dieser Mehrebenen-Vernetzung ist der Aufbau von Vertrauen zwischen Arbeiter:innen in transnationalen Netzwerken ein anspruchsvolles Unterfangen – nicht zuletzt aufgrund politischer, sozioökonomischer und epistemischer Ungleichheiten. Wie dieser Vertrauensaufbau gelingen kann und welchen Herausforderungen er ausgesetzt ist, soll in den Fallbeispielen, die folgen, illustriert werden.

8.3 Methodischer Ansatz: Qualitative Analyse von Vertrauensbeziehungen

Um die Leitfrage des Beitrags, wie Arbeiter:innen über nationale Grenzen hinweg Solidarität entwickeln können und welche Rolle hierbei Vertrauen spielt, zu beantworten, wurden qualitative Methoden der Sozialforschung herangezogen (siehe etwa Mayring 2016): In Gruppen- und Einzelinterviews mit Arbeiter:innen und Gewerkschafter:innen ließen sich die Perzeptionen und Meinungen von individuellen Akteur:innen und Gruppen erfragen. Die Interviews wurden aufgezeichnet, transkribiert, kodiert und im Sinne der qualitativen Inhaltsanalyse ausgewertet (Mayring 2016). Im Fokus standen dabei insbesondere Äußerungen zu den persönlichen Herausforderungen, Interaktionen und Vernetzungen der befragten Arbeiter:innenverter:innen. Um die (Nicht-)Entstehung von Vertrauen dokumentieren zu können, bauten meine Kolleg:innen und ich auf eine methodische Mischung aus qualitativen Interviews und teilnehmend-beobachtender Forschung (Eckhardt et al. 2020).

Dafür wurde die NWI der IG Metall im Zeitraum von 2016 bis 2024 begleitet. Der Feldzugang erfolgte über bestehende Kontakte in den IG Metall Vorstand. Damit war eine enge Begleitung der IG Metall Kontakte möglich – zugleich bedeutet das aber auch, dass die NWI vor allem aus deutscher (IG Metall) Perspektive untersucht wurde. Teilweise konnte diese Schwäche der Studie durch einen Forschungsaufenthalt in Südafrika in Kooperation mit der National Union of Metalworkers of South Africa (NUMSA) im Rahmen der südafrikanischen Fallstudie 2017 angegangen werden. Von 2016 bis 2022 übernahm ich zudem, zeitweise gemeinsam mit Carmen Ludwig, eine wissenschaftliche Begleit- und Koordinationsrolle in der NWI, mit der auch die Organisierung eines Initiierungsworkshops für neue NWI-Projekte in Südafrika 2017 verbunden war.

In vier Fallstudien (NWI-Projekte in Finnland, Marokko, Mexiko, Südafrika) konnten wir die transnationalen Vernetzungsaktivitäten auf Workshops, Konferenzen und informellen Treffen begleiten und durch mehr als 40 qualitative Einzel- und Gruppeninterviews ergänzen. Durch dieses methodische Vorgehen war es möglich, Muster (nicht) gelingender Vertrauensentwicklung zu analysieren, die ich im Folgenden skizziere.

8.4 *„United and Stronger Together"*[3]: die Internationale Netzwerkinitiative (NWI) der IG Metall

Die Internationale Netzwerkinitiative (NWI) der IG Metall zielte darauf ab, dauerhafte Netzwerke zwischen betrieblichen Arbeiter:innenvertreter:innen aus verschiedenen Ländern innerhalb desselben Unternehmens aufzubauen (IG Metall 2016; Varga 2021; Ludwig und Simon 2021; Simon 2021; Simon 2023). Sie war Ausdruck eines verstärkten Interesses von Gewerkschaften, sich entlang der Automobilwertschöpfungsketten zu vernetzen und zu organisieren (für Deutschland: Ludwig 2014; für Südafrika: Monaisa 2017). So argumentiert Jochen Schroth, ehemals Leiter des früheren Funktionsbereichs „Transnationale Gewerkschafspolitik" beim Vorstand der IG Metall, „dass wir als IG Metall in einem stärkeren Maße betriebs- und unternehmenspolitische Fragestellungen verknüpfen und miteinander verzahnen müssen – national und transnational" (JS 1). In der Laufzeit der Initiative zwischen 2012 und 2024 sind mehr als 15 NWI-Netzwerkprojekte entstanden.

Selbstgesetzte Agenda der IG Metall war es dabei „transnational echte Gegenmacht aufzubauen und Strategien der Konzernzentralen zu durchkreuzen", so Marika Varga (2021, S. 241): „Nur aktiver Schulterschluss hilft, Konkurrenzen zu überwinden" (MV 1). Inhaltlich reichten die zu behandelnden Themen vom Aufbau gewerkschaftlicher Strukturen über Arbeitszeitregelungen, Arbeits- und Gesundheitsschutz bis hin zu den Herausforderungen des digitalen Wandels (Varga 2021, S. 241). Der oben vorgeschlagenen Definition von Solidarität entsprechend ging es bei der NWI durchaus *auch* um Eigeninteressen der beteiligten Gewerkschaften. So argumentiert etwa die IG Metall, dass „gute Arbeit" in Deutschland nur durch die Stärkung globaler Arbeitsstandards in transnationaler Kooperation aufrechterhalten werden kann (IG Metall 2016). Mit diesem Narrativ sollten auch skeptische Gewerkschaftsmitglieder und -funktionär:innen vom strategischen Wert transnationaler Vernetzung und Organisierung überzeugt werden.

So galt es (und in einzelnen Fällen gilt es auch über die Initiierungsphase zwischen 2012 und 2024 hinaus) in NWI-Projekten, differente räumliche Ebenen gewerkschaftlichen Handelns möglichst langfristig miteinander zu verknüpfen: Die transnationale Vernetzung von lokalen Akteur:innen an Unternehmensstandorten in verschiedenen Ländern wurde durch die transnationale Kooperation zwischen IG Metall und Partner:innengewerkschaften gerahmt sowie finanziell und administrativ unterstützt. Es ging dabei also nicht (nur) um die „klassische Diplomatie" zwischen Gewerkschaftsfunktionär:innen, sondern vielmehr um die länderübergreifende Kooperation von Beschäftigten. Die wichtigsten Akteur:innen in NWI-Projekten und den aus ihnen entstandenen Vernetzungen waren/sind daher – neben den Arbeiter:innen vor Ort – die betrieblichen Interessensvertretungen in den verschiedenen Konzernstandorten, das heißt deutsche Betriebsrät:innen sowie betriebliche Gewerkschafter:innen im Ausland (etwa *Shop Stewards* in Südafrika). Allerdings stießen die transnationalen Vernetzungsbemühungen der NWI-Projekte auf Herausforderungen und Grenzen.

---

[3] Titel einer IG Metall Konferenz unter anderem zur transnationalen Vernetzung im IG Metall Bildungszentrum Berlin, 9.–11. März 2020.

8.4.1 Herausforderungen und Grenzen in der transnationalen Vernetzung

Das Ideal der NWI war eine transnationale Kooperation auf Augenhöhe zwischen IG Metall und ausländischer Partnergewerkschaft einerseits sowie betrieblichen Akteur:innen an einem deutschen und an einem ausländischen Unternehmensstandort andererseits. In der Praxis war es aber häufig die IG Metall, die die Initiative ergriff und transnationale Begegnungsräume schuf. So entstanden NWIs aus bereits bestehenden Kontakten von IG Metall-Funktionär:innen zu Welt- und Konzernbetriebsrät:innen, Partner:innengewerkschaften und Beschäftigten an ausländischen Unternehmensstandorten. 2017 und 2022 organisierte die IG Metall zum Beispiel in Südafrika Workshops, in denen Potenziale für neue NWI-Projekte eruiert wurden.[4] Diese Workshops ermöglichten Begegnungen zwischen *Matches* deutscher Betriebsräte und südafrikanischer *Shop Stewards* derselben TNU und bildeten damit die Grundlage für die Entwicklung von Solidarität und damit auch den (dafür notwendigen) Aufbau von Vertrauen. Die IG Metall fungierte häufig also qua ihrer finanziellen und personellen Ressourcen als *Enabler* von transnationalen Kooperationen.

Eine zu starke Machtasymmetrie zwischen gewerkschaftlichen Partner:innen kann hierbei aber zu Konflikten führen – insbesondere dann, wenn eine Seite zu dominant auftritt oder Uneinigkeit über Arbeitsprozesse besteht. Ein Betriebsratsmitglied berichtet im Interview, dass nicht alle Kolleg:innen dieselbe interkulturelle Sensibilität mitbrächten. Manche deutsche Betriebsrät:innen, so der Betriebsrat, seien überzeugt, dass der „deutsche Weg" der Mitbestimmung (also die Einbeziehung des Betriebsrats in Betriebsentscheidungen, die zugleich eine gewisse sozialpartnerschaftliche Kooperation mit dem Management voraussetzt) auch in anderen Ländern (wie Südafrika) der einzig richtige sei. Während eines transnationalen Vernetzungstreffens mit südafrikanischen Kolleg:innen jenseits der NWI-Workshops hätte das als arrogant wahrgenommene Verhalten der deutschen Betriebsrät:innen zu einer „eisigen Atmosphäre" geführt (OT 1). Um hingegen Vertrauen aufbauen zu können, betont der Interviewpartner, sei es von zentraler Wichtigkeit, die andere Seite ernst zu nehmen und guten Willen zu zeigen (OT 1). Die Äußerungen des Betriebsrats stützen Forschungsergebnisse, denen zufolge ein deliberativer Austausch in der transnationalen gewerkschaftlichen Zusammenarbeit keineswegs selbstverständlich ist (Seeliger 2018).

Wenngleich systematische Ungleichheiten in neokolonialen sozioökonomischen Kontexten nicht überwunden werden konnten, zeigte sich aber eine der Stärken des NWI-Ansatzes gerade darin, die Interessen auch deutlich schwächerer Partner:innengewerkschaft in gemeinsamer Interaktion in die gemeinsame Agenda integrieren zu können und dem Gegenüber damit Gehör zu verschaffen. So wurde etwa der während eines Workshops in Mexiko geäußerte Wunsch von betrieblichen Arbeiter:innenverteter:innen aufgegriffen, anstelle eines Austausches über Industrie 4.0 mehr über die Potentiale des deutschen Lieferkettengesetzes (LkSG) zu erfahren. Inwieweit Machtasymmetrien zwischen Gewerkschaften ausgespielt werden oder ob eine

[4] Neben der wissenschaftlichen Begleitung oblag mir gemeinsam mit Carmen Ludwig auch die Koordination des Workshops von 2017.

Begegnung auf Augenhöhe erfolgt, hängt also von den beteiligten Akteur:innen ab. Wie in den von uns beobachteten Fällen klar wurde, braucht es in Vernetzungsprojekten authentisch und empathisch auftretende Akteur:innen, die ihrem Gegenüber verlässlich deutlich machen können, dass sie an einem ernsthaften, respektvollen und dauerhaften Austausch auf Augenhöhe interessiert sind (siehe Abschn. 8.4.2). Fehlen sie, wird der Aufbau von Vertrauen deutlich erschwert.

Zudem gibt es auch große Herausforderungen jenseits interkultureller und interpersonaler Beziehungen – insbesondere dann, wenn es an gewerkschaftlichen Strukturen fehlt. Ein Beispiel ist Marokko, ein Land direkt vor den Toren Europas, das für Automobil-TNU besonders attraktiv geworden ist – nicht zuletzt angesichts niedriger Löhne und damit auf Kosten der Arbeiter:innen. So berichtet ein marokkanischer Gewerkschafter im Gespräch von prekären Arbeits- und Lebenssituationen der Beschäftigten sowie von der mangelnden Bereitschaft der marokkanischen Politik, Rechte von Arbeiter:innen effektiv zu schützen (CG 1). Das liege nicht zuletzt an der Ansiedlung vieler TNU in marokkanischen Freihandelszonen, so Claudia Rahman, Ressortleiterin Globalisierungspolitik der IG Metall:

> „Mit solchen Zonen hoffen Regierungen mit diversen Anreizen ausländische Direktinvestitionen anzuziehen. Häufig gibt es eine kostenlose Bereitstellung von Infrastruktur, fünf- bis zehnjährige Steuerfreiheit, eingeschränkte Gewerkschaftsrechte und niedrige Umwelt- und Sozialstandards. In diesen Zonen entstehen zwar Jobs, aber häufig entsprechen diese nicht den Standards menschenwürdiger Arbeit – auch nicht in Marokko. [...] Das würden wir in Marokko gerne ändern, damit auch dort die Arbeitnehmer:innen eine genuine Vertretung haben, die gemeinsam mit ihnen für bessere Arbeitsbedingungen eintritt. Dabei helfen würde uns auch ein deutsches oder europäisches Lieferkettengesetz, das zurzeit diskutiert wird. Es würde gesetzliche Regelungen für den Schutz der Menschenrechte entlang der gesamten Wertschöpfungskette größerer Unternehmen schaffen, die bei Nichtbeachtung mit Sanktionen bzw. Strafen geahndet werden. [...] Die aktuelle Corona-Pandemie macht die sozialen Verwerfungen innerhalb von Ländern und zwischen Nationen, die die Globalisierung mit ihrem aktuellen Wirtschaftsmodell geschaffen hat, noch deutlicher. Es ist Zeit, umzudenken. Wir brauchen bessere, nicht immer billigere Arbeit." (CR 1)

Die Gewerkschafter:innen bleiben mit Blick auf Marokko zwar optimistisch: „Umso wichtiger ist unser Handeln", sagt Jochen Schroth. „Weil wir so etwas aufzeigen. Wir schauen hin. Wir kümmern uns und versuchen durch transnationale Solidarität zu unterstützen" (JS 1). Aber Marokko sei schon „eine andere Nummer als Südafrika", so auch Lear-Gesamtbetriebsratsvorsitzender Holger Zwick (HZ 2). Jochen Schroth berichtet an dieser Stelle auch von industrieweiten schwarzen Listen:

> „[Uns] ist [...] mitgeteilt worden, dass Beschäftigte eines anderen Automobilzulieferers, die an einem gewerkschaftlichen Workshop im letzten Jahr in Marokko teilgenommen haben, anschließend vom Unternehmen gekündigt wurden. Und das geht noch weiter. Von unseren Gewerkschaftskolleg:innen in Marokko wissen wir: Es gibt schwarze Listen auf denen Beschäftigte landen, die sich gewerkschaftlich engagieren. So soll verhindert werden, dass sie in einem anderen Industriebetrieb wieder Arbeit finden." (JS 1)

Es verwundert daher nicht, dass die erfolgreiche Verstetigung eines NWI-Projekts über die Initiierung hinaus selten war. Die meisten wissenschaftlich begleiteten Initiierungen führten zwar zu einem von den beteiligten Akteur:innen als interessant wahrgenommenen Austausch. Aber nur in den wenigsten Fällen entwickelte sich aus dieser kurzfristigen Interaktion ein nachhaltiges NWI-Projekt. Das lag auch daran, dass ein NWI-Projekt neben kultureller Sensibilität, Vertrauensbeziehungen und Durchhaltevermögen der Beteiligten, so Marika Varga (2021, S. 245), „mehr zeitliche und finanzielle Ressourcen [benötigt], weil wir es mit verschiedenen Sprachen, industriellen Beziehungen und Arbeits- und Denkweisen zu tun haben." Diese auf den ersten Blick ernüchternde Realität muss beachtet werden, auch wenn ich im Folgenden über einen Fall der gelungenen Vernetzung zwischen Arbeiter:innenverteter:innen des Automobilzulieferers Lear in Deutschland und Südafrika berichte, aus dem ein bis heute bestehendes Netzwerk entstanden ist. Es handelt sich dabei um eine Ausnahme, nicht um die Regel.

8.4.2 *„Working together, winning together as ONE Lear"*: eine gelungene Vernetzung im deutsch-südafrikanischen Automobil-Arbeiter:innen-Netzwerk

Mit 169.000 Beschäftigten und einem Jahresumsatz von 21 Mrd. US-Dollar (2018) ist die US-amerikanische Lear Corporation einer der weltweit größten Automobilzulieferer. Ganz im Sinne der oben beschriebenen globalen Machtasymmetrien zwischen Kapital und Arbeit setzt der Firmensitz in Southfield, Michigan, eigene Betriebe weltweit in Konkurrenz zueinander. Dabei nimmt er auch, so Elijah Chiwota (2021), Gewerkschafter im Johannesburger Büro von IndustriALL Global Union, prekäre Beschäftigungsverhältnisse etwa der Arbeiter:innen in Südafrika in Kauf. Damit übereinstimmend berichtet auch Jochen Schroth:

> „Das nimmt zum Teil geradezu perverse Züge an, anders kann man das nicht bezeichnen: In East London [Stadt an der Ostküste Südafrikas, Anmerkung des Verfassers] haben die Beschäftigten seit Jahren undichte Dächer, sind massiven Repressalien, Verstößen im Arbeits- und Gesundheitsschutz sowie der Nichteinhaltung von entsprechenden Standards ausgesetzt, es fehlen öffentliche Transportsysteme, und es liegen [massive] Lohnungleichheiten vor. Verändert worden ist von Lear trotz massiver Kritik der Beschäftigten bislang nichts." (JS 1)

Schroth beschreibt zudem einen drastischen Vorfall im Jahr 2018: Widerstand und Demonstrationen der Arbeiter:innen seien von der Polizei gewaltsam niedergeschlagen worden:

> „Letztes Jahr ist es schließlich zu wilden Streikmaßnahmen gekommen, in denen Kolleg:innen nochmals gegen die konkreten Missstände und die Untätigkeit Lears protestiert haben. Das Unternehmen hat auf diese berechtigten Proteste reagiert, indem der Werksleiter zunächst die Polizei gerufen hat, die dann, weil es sich ja um wilde Streikmaßnahmen gehandelt hat, den Weg mit Gummigeschossen freigeschossen hat. Anschließend wurden zweihundert Kolleg:innen entlassen und durch Leiharbeiter:innen ersetzt. Um Letztere einzulernen, wurden deutsche Streikbrecher:innen nach Südafrika eingeflogen. So ein Flug kostet ein Vielfaches dessen, was die Kolleg:innen dort im Monat verdienen. Aber man fliegt da lieber zehn Leute ein, statt mit einem Bruchteil dieses Geldes dafür zu sorgen, dass die konkreten Arbeitsbedingungen im Werk selbst verbessert werden. Das macht das Unternehmen immer nur dann, wenn man sie dazu zwingt. So funktioniert dann letztlich Kapitalismus, wenn man so will, in Reinform." (JS 1)

Angesichts der arbeiter:innenfeindlichen Unternehmenskultur wurde im Jahr 2017 eine NWI zum Aufbau eines deutsch-südafrikanischen Netzwerks in der Lear Corporation initiiert. Dafür wurden südafrikanische Lear-*Shop Stewards* und Betriebsräte aus Deutschland im Rahmen des oben bereits skizzierten Workshops von 2017 in Port Elizabeth (Südafrika) zusammengebracht. Den betrieblichen Akteur:innen bot sich nun eine erste Gelegenheit, in der direkten Interaktion miteinander gemeinsame „Erfahrungen, Lernprozesse, Kommunikation und Vertrauen" (Zeuner 2015, S. 59) herauszubilden (Ludwig und Simon 2021). Die Begegnungen fanden sowohl in formellen Sitzungen mit gewerkschaftlichen und wissenschaftlichen Vorträgen, als auch in informellen Konstellationen, etwa bei einem Kaffee, Wasser oder Bier statt. Dabei ging es um das Management als gemeinsamen Gegenspieler sowie um gemeinsame und spezifische Herausforderungen und Interessen der Arbeiter:innenvertretungen in Deutschland und Südafrika. Holger Zwick, Gesamtbetriebsratsvorsitzender und Mitglied des Europäischen Betriebsrats (EBR) von Lear erzählt, dass der Austausch den

> „Blick geschärft [hat] für die Bedingungen unserer Kolleg:innen vor Ort. Regelungen, die in Deutschland erzwingbar sind oder selbstverständlich erscheinen, sind in Südafrika nicht vorhanden, arrogantes Auftreten des Managements ist an der Tagesordnung. Es ist eine komplett andere Welt – im gleichen Unternehmen mit dem gleichen Management." (HZ 1)

Der informelle Rahmen bot außerdem Gelegenheit, sich persönlich besser kennenzulernen und einen ersten Eindruck über die Vertrauenswürdigkeit des Gegenübers zu gewinnen. Dieser erste Eindruck konnte anschließend in der weiteren Interaktion verfestigt werden. Holger Zwick erinnert sich:

> „Der Austausch mit den Kolleginnen und Kollegen in Südafrika gab uns die Möglichkeit nicht abstrakt über Probleme in der Branche zu sprechen, sondern sehr spezifisch über die Probleme im Unternehmen. Ein weiterer positiver Aspekt ist die Möglichkeit sich intensiv kennenzulernen, dadurch wächst Vertrauen. Das gewonnene Vertrauen ist die Basis und unserer Meinung nach das Erfolgsgeheimnis guter Zusammenarbeit und förderlich für einen gemeinsamen Austausch in beide Richtungen." (HZ 1)

Die Bereitschaft des Gesamtbetriebsrats, von Deutschland nach Südafrika zu kommen, fand auf südafrikanischer Seite Wertschätzung. So berichtet ein südafrikanischer *Shop Steward* 2023, der persönliche Austausch face-to-face in Deutschland und Südafrika sei für die Verstetigung des Lear-NWI-Projekts essentiell gewesen (ST 1). Der Kontakt zu den deutschen Kolleg:innen sei gut. „Wir sprechen einmal im Monat über aktuelles", sagt der südafrikanische *Shop Steward* (ST 1). Dabei gehe es nicht nur um Herausforderungen auf südafrikanischer Seite: „Sie [die deutschen Kolleg:innen] erzählen uns auch von ihren Herausforderungen.", sagt der *Shop Steward* (ST 1). „Sie sind unsere Comrades [Kamerad:innen]" (ebd.). Auf beiden Seiten wird die Zuverlässigkeit in der Kooperation und der persönliche Kontakt hervorgehoben. Beide Seiten beurteilen sich auch als vertrauenswürdig. Dabei wird die Wichtigkeit personeller Kontinuitäten hervorgehoben, die allerdings durch den demokratischen Turnus von Betriebsrät:innen und *Shop Stewards* erschwert wird.

Im Lear-NWI konnte also in einem sicheren Rahmen die Grundlage für die Entwicklung von interpersonalem Vertrauen zwischen den deutschen und südafrikanischen Lear-Beschäftigten gelegt werden. So betont Zwick die Entwicklung von interpersonalen Vertrauensbeziehungen zwischen Arbeiter:innen differenter Kontexte. Obwohl sie potenziell miteinander um Aufträge und um Jobs konkurrieren, ermöglichten gemeinsame Problemwahrnehmungen und beiderseitige Zuverlässigkeit in der Kooperation das Entstehen von Vertrauen. Dieses Vertrauen wurde angesichts der potenziellen Standortkonkurrenz und gegen den gemeinsamen Gegner, das Management von Lear, aufgebaut. Infolgedessen wurde eine „gefühlte Solidarität" (Jungehülsing 2015) durch Vertrauensbeziehungen kultiviert. Ganz in diesem Sinne erklärt Kenny Mogane, IndustriALL-Regionalbeauftragter für Subsahara-Afrika: „Wir begrüßen das Lear-Netzwerk im Automobilsektor, da es die Solidarität zwischen den Beschäftigten in Afrika und Europa stärken und die Arbeitsbedingungen verbessern wird" (IndustriAll 2018).

Das Lear-Netzwerk stellt damit ein Beispiel für einen gelungenen Vertrauensaufbau mit Potenzial und somit eine Art „best-case" im NWI-Kontext dar. Mit seiner Verstetigung konnte zunächst ein direkter Informationsfluss zwischen den gewerkschaftlichen Interessensvertretungen in Deutschland und Südafrika hergestellt werden. Jochen Schroth äußert sich dazu:

> „Das Kernanliegen ist es […], dass wir informieren und beteiligen. Das macht das Unternehmen nämlich ohne uns garantiert nicht. […] Das ist zunächst wichtig für den Informationsaustausch und die Herstellung der häufig fehlenden Transparenz der Unternehmensstrategie. So können etwa deutsche Kolleg:innen den südafrikanischen Kolleg:innen auf kurzen Dienstweg Informationen mitgeben oder andersherum." (JS 1)

Schroth ergänzt:

> „Wir brauchen also eine vernetzte Mitbestimmungskette, die sich von den Vertrauensleuten und Betriebsräten im lokalen Betrieb über den Gesamt- und Konzernbetriebsrat und unsere Arbeitnehmer:innenvertreter:innen im Aufsichtsrat bis zu den Mitbestimmungsmöglichkeiten auf europäischer Ebene, im Europäischen Betriebsrat, spannen lässt und mit der wir unternehmensstrategische Fragestellungen und deren Auswirkung auf einzelne Länder vernetzt erörtern können. Mit anderen Worten: Es bedarf lokaler und transnationaler gewerkschaftspolitischer Gegenstrategien, um globalen Unternehmensstrategien, mit denen wir konfrontiert werden, entgegentreten zu können. Dafür ist die internationale Netzwerkinitiative der IG Metall eine wichtige Basis. […] Kurzum: Es geht darum, möglichst alle Kolleg:innen des Lear-Konzerns mit den Auswirkungen von veränderten Wertschöpfungsketten, -produkten, -prozessen vertraut zu machen, die Kommunikation zwischen den Beschäftigten der Standorte zu forcieren und die solidarische Kooperation zu stärken. Wenn wir wissen, wie Kapitalismus bei Lear funktioniert, ist es wichtig, dass wir über unsere Vernetzungsstrukturen für Transparenz, Austausch und auch gegenseitiges Vertrauen auf der Gewerkschaftsebene sorgen." (JS 1)

Neben des Austausches von Informationen dient die Lear-NWI dazu, Kolleg:innen aus Standorten in Afrika sowie in europäischen Nicht-EU-Staaten wie Serbien zukünftig ein volles Mandat im Europäischen Betriebsrates (EBR) von Lear anzuerkennen (JS 1) und die Geschäftsordnung des EBRs dahingehend zu verändern. Das ist rechtlich möglich, weil die afrikanischen und europäischen Lear-Standorte eine gemeinsame Organisationseinheit bilden. Allerdings berichtet Schroth auch hier vom Widerstand des Managements:

> „Auf der letzten EBR-Sitzung Mitte Mai 2019 in Valls/Spanien waren zwei gewählte Lear-Arbeitnehmervertreter aus Südafrika und Serbien von uns eingeladen worden, um mehr über die Arbeitsbedingungen bei Lear in den jeweiligen Ländern zu erfahren. Das Lear-Management forderte die Mitglieder des Europäischen Betriebsrats auf, diese Arbeitnehmervertreter vom Austausch mit dem Management auszuschließen.“ (JS 1)

Erfreulicherweise habe der EBR seinerseits mit solidarischem Widerstand reagiert:

> „Der Europäische Betriebsrat lehnte dies einstimmig ab, woraufhin das Management die Sitzung ohne Bericht verließ. Der einstimmige Beschluss im EBR war für mich ein großartiges Zeichen der transnationalen Solidarität, dass wir nicht bereit sind uns auseinanderdividieren zu lassen.“ (JS 1)

Schroth berichtet auch von Solidarität an einem deutschen Standort:

> „Mehr noch: Ein deutscher Standort lehnte in Folge des Auftretens des Managements in der EBR-Sitzung einen Antrag auf Mehrarbeit über Pfingsten ab. Beides zeigt: Die Beschäftigten von Lear lassen sich nicht gegeneinander ausspielen. Das Lear Management wirbt weltweit mit dem Slogan ‚*Working together, winning together as ONE Lear*‘. Die Arbeitnehmervertreter im EBR zeigen auf, was das heißt.“ (JS 1)

Auch für diese Formen transnationaler Solidarität bedurfte es der Entwicklung vertrauensvoller Beziehungen zwischen den handelnden Arbeiter:innen:vertretungen auf lokaler und transnationaler Ebene und im EBR.

8.5 Fazit

Arbeiter:innenvertreter:innen in globalen Wertschöpfungsketten können zum Aufbau von transnationaler Solidarität maßgeblich beitragen, auch wenn Arbeiter:innen in jenen komplexen Machtstrukturen zueinander in Standortkonkurrenz stehen. Die NWI der IG Metall stellt an dieser Stelle einen anspruchsvollen Ansatz zur transnationalen Vernetzung betrieblicher und überbetrieblicher Arbeiter:innenvertretungen dar, der im Erfolgsfall (Lear-NWI) vielversprechend ist und Potenziale birgt. Gelingende NWI-Projekte können für den Aufbau gewerkschaftlicher Machtressourcen und für die Verbesserung von Arbeitsbedingungen in TNU hilfreich sein. Zwar können durch Vernetzungen die auch aus der räumlichen Asymmetrie resultierenden Machtasymmetrien zwischen Kapital und Arbeit nicht aufgehoben, aber immerhin abgemildert oder zumindest beanstandet werden.

Ein Schlüsselfaktor, der sich in allen Fällen und insbesondere im Falle des Lear-NWI-Projekts in Südafrika und Deutschland identifizieren ließ, ist der Aufbau von zwischenmenschlichem Vertrauen unter den handelnden Akteur:innen als Grundlage für transnationale Solidarität. In diesem Zusammenhang kann soziales Kapital durch „Brückenschlag und Bindung“ entstehen (Morgan und Pulignano 2020, S. 18, in Anlehnung an Putnam 2000). Wie die untersuchten Fälle zeigen, hängt der Erfolg des Vertrauensaufbaus wiederum von direkten, persönlichen Interaktionen zwischen Arbeiter:innen:vertretungen über nationale Grenzen hinweg ab, um gemeinsame Sorgen, Herausforderungen und Gegner:innen zu identifizieren und darauf aufbauend gemeinsame Handlungsstrategien entwickeln zu können. Es braucht aber ein hohes Maß an interkultureller Sensibilität aller Beteiligten, um vom Gegenüber als vertrauenswürdig wahrgenommen zu werden. Die handelnden Akteur:innen müssen bereit sein, sich auf für sie ungewohnte Arbeitsbeziehungen und Gewerkschaftskulturen einzulassen und diese grundsätzlich zu respektieren. In den untersuchten Fällen gelang das vor allem im Lear-NWI-Projekt zwischen Südafrika und Deutschland, das Netzwerk besteht bis heute. Andere Initiativen mündeten hingegen in keinen dauerhaften Projekten. Das liegt vor allem auch daran, dass für gelingende transnationale Vernetzungsprojekte ein langer Atem und viel intrinsische Motivation aller Beteiligten über einen längeren Zeitraum hinweg erforderlich ist. So sind transnationale Kooperationen und Vernetzungsprojekte nicht nur von Fortschritten, sondern immer wieder auch von Rückschlägen gekennzeichnet. Gefragt sind daher Geduld, Ausdauer und Frustrationstoleranz. Neben interkultureller Sensibilität und geteilten Interessen bedarf der Vertrauensaufbau auch Verbindlichkeit und Engagement auf beiden Seiten. Wie die beobachteten Fälle (jenseits des Lear-Falls, etwa in Marokko) zeigen, gelingt das selten – nicht zuletzt, weil zeitliche und/oder finanzielle Ressourcen knapp sind oder Vertrauensbeziehungen durch Ausscheiden einzelner Akteur:innen neu geknüpft werden müssen. Das kann frustrieren. Missverständnisse können zudem zu Misstrauen führen. Wo aber, wie im Lear-NWI-Projekt, die Bereitschaft für ein längerfristiges Engagement vorhanden ist, wird transnationale Solidarität auch in einem Umfeld möglich, das durch Ungewissheit gekennzeichnet ist. Die transnationale gewerkschaftliche Vernetzung über globale Wertschöpfungsnetzwerke hinweg kann dann als ein heuristischer Prozess der Bildung von Inseln des Vertrauens und der Solidarität in einem Meer von Standortkonkurrenz betrachtet werden. Solidarität ist dann „nur noch" eine Frage des Vertrauens.

Danksagung Ich danke der Hans-Böckler-Stiftung (Projektnr. 2022-158-3), der Forschungsinitiative ConTrust an der Goethe-Universität Frankfurt am Main, sowie dem Forschungsinstitut Gesellschaftlicher Zusammenhalt (FGZ) für die Förderung der Forschung.

Literatur

Castree, Noel, Neil M. Coe, Kevin Ward, und Michael Samers. 2004. *Spaces of work: global capitalism and the geographies of labour*. London: SAGE.

Chiwota, Elijah. 2021. Ein Arbeitskampf ist kein Spaziergang. Zur Gründung eines afrikanisch-europäischen Netzwerkes bei der Lear Corporation. In *Entgrenzte Arbeit, (un-)begrenzte Solidarität? Bedingungen und Strategien gewerkschaftlichen Handelns im flexiblen Kapitalismus*, 2. Aufl., Hrsg. Carmen Ludwig, Hendrik Simon, und Alexander Wagner, 246–250. Münster: Westfälisches Dampfboot.

Cumbers, Andy, Corinne Nativel, und Paul Routledge. 2008. Labour agency and union positionalities in global production networks. *Journal of Economic Geography* 8(3):369–387.

Doutch, Michaela. 2022. *Women workers in the garment factories of Cambodia. A feminist labour geography of global (re)production networks*. Berlin: Regiospectra.

Eckhardt, Dennis, Sarah May, Martina Röthl, und Roman Tischberger. 2020. Digitale Arbeitskulturen: Transformationen erforschen. *Berliner Blätter* 82:3–15.

Fichter, Michael. 2015. *Organising in and along value chains: What does it mean for trade unions?* Berlin: Friedrich-Ebert-Stiftung.

Fischer, Karin, Signe Moe, und Cornelia Staritz. Hrsg. 2022. Scaling up? Transnational labour organising in globalised production. *Journal für Entwicklungspolitik* 38 (2/3): Special Issue.

Forst, Rainer. 2022. Solidarität: Konzept und Konzeptionen. In *Gesellschaft und Politik verstehen: Frank Nullmeier zum 65. Geburtstag*, Hrsg. Martin Nonhoff, Sebastian Haunss, Tanja Klenk, und Tanja Pritzlaff-Scheele, 141–155. Frankfurt am Main: Campus.

Giddens, Anthony. 1981. *The nation-state and violence*. Berkeley, Los Angeles: University of California Press.

Harvey, David. 1982. *The limits to capital*. Oxford: Basil Blackwell.

Herod, Andrew. 2001a. *Labor geographies: Workers and the landscapes of capitalism. Perspectives on economic change*. New York: Guilford.

Herod, Andrew. 2001b. Labor internationalism and the contradictions of globalization: or, why the local is sometimes still important in a global economy. *Antipode* 33:407–426.

Hübner, Carsten. 2015. *Globale Wertschöpfungsketten organisieren: eine neue Herausforderung für Gewerkschaften*. Berlin: Friedrich-Ebert-Stiftung.

IG Metall. 2016. *Auf gute Zusammenarbeit – weltweit! Die internationale Netzwerkinitiative der IG Metall*. Frankfurt am Main: IG Metall.

IndustriALL. 2018. South Africa: Unions meet to build an Africa-Europe network across the Lear supply chain. https://www.industriall-union.org/south-africa-meeting-strategizes-on-building-an-africa-europe-network-along-the-lear-value-chain. Zugegriffen: 6. Nov. 2024.

Jungehülsing, Jenny. 2015. Labour in the era of transnational migration: What prospects for international solidarity. In *Labour and transnational action in times of crisis*, Hrsg. Andreas Bieler, Roland Erne, Darragh Golden, Idar Helle, Knut Kjeldstadli, Tiago Matos, und Sabrina Stan, 191–207. London New York: Rowman & Littlefield International.

Lessenich, Stephan. 2023. Doubling down on double standards: the politics of solidarity in the externalization society. *Journal of Political Sociology* 1:15–32. https://journalofpoliticalsociology.org/article/view/14915/16825. Zugegriffen: 06.11.2024.

López, Tatiana. 2023. *Labour control and union agency in global production networks: a case study of the Bangalore export-garment cluster*. Wiesbaden: Springer.

Ludwig, Carmen. 2014. Organising along the value chain: the strategy of IG Metall in Germany. *South African Labour Bulletin* 37(5):32–34.

Ludwig, Carmen, und Hendrik Simon. 2021. Solidarität statt Standortkonkurrenz. Transnationale Gewerkschaftspolitik entlang der Automobil-Wertschöpfungskette. In *Entgrenzte Arbeit, (un-)begrenzte Solidarität? Bedingungen und Strategien gewerkschaftlichen Handelns im flexiblen Kapitalismus*, 2. Aufl., Hrsg. Carmen Ludwig, Hendrik Simon, und Alexander Wagner, 226–240. Münster: Westfälisches Dampfboot.

Ludwig, Carmen, Alexander Wagner, und Hendrik Simon (Hrsg.). 2021. *Entgrenzte Arbeit, (un-)begrenzte Solidarität? Bedingungen und Strategien gewerkschaftlichen Handelns im flexiblen Kapitalismus*, 2. Aufl., Münster: Westfälisches Dampfboot.

Mashilo Mohubetswane, Alex. 2010. *Changes in work and production organisation in the automotive industry value chain. An evaluation of the responses by labour in South Africa*. M.A.-Research Report. Johannesburg: WITS University.

Mayring, Philipp. 2016. *Einführung in die qualitative Sozialforschung: eine Anleitung zu qualitativem Denken*, 6. Aufl., Weinheim, Basel: Beltz.

Monaisa, Chere. 2017. Towards A powerful value chains trade union: South African NUMSA's expanded scope. Friedrich Ebert Stiftung. http://library.fes.de/pdf-files/iez/14218.pdf. Zugegriffen: 6. Nov. 2024.

Morgan, Glenn, und Valeria Pulignano. 2020. Solidarity at work: concepts, levels and challenges. *Work, Employment and Society* 34:18–34.

NUMSA. 2013. Special national congress declaration, December 2013. https://numsa.org.za/2014/01/resolutions-adopted-numsa-special-national-congress-december-16-20-2013/. Zugegriffen: 6. Nov. 2024.

Pries, Ludger. 2001. *New transnational social spaces. International migration and transnational companies in the early twenty-first century*. London, New York: Routledge.

Putnam, Robert D. 2000. *Bowling alone. The collapse and revival of American community*. New York: Simon and Schuster.

Schmalz, Stefan, und Klaus Dörre. 2014. Der Machtressourcenansatz: Ein Instrument zur Analyse gewerkschaftlichen Handlungsvermögens. *Industrielle Beziehungen. Zeitschrift für Arbeit, Organisation und Management* 21(3):217–237.

Schmalz, Stefan, Carmen Ludwig, und Edward Webster. 2018. The power resources approach: developments and challenges. *Global Labour Journal* 9:113–134.

Seeliger, Martin. 2018. Die soziale Konstruktion internationaler Solidarität. Gewerkschaftspolitische Positionsbildung im Bereich der Dienstleistungsfreiheit. *Industrielle Beziehungen. Zeitschrift für Arbeit, Organisation und Management* 4:425–445.

Selwyn, Benjamin. 2016. *Global value chains or global poverty chains? A new research agenda*. CGPE Working Paper 10.

Simon, Hendrik. 2021. „United and stronger together" – Transnationale gewerkschaftliche Organisierung in multinationalen Konzernen am Beispiel der IG Metall-Netzwerkinitiative. *Industrielle Beziehungen. Zeitschrift für Arbeit, Organisation und Management* 2:212–221.

Simon, Hendrik. 2023. Islands of trust in a sea of locational competition. Towards transnational solidarity in corporation-based workers networks. *Journal of Political Sociology* 1(2):136–152.

Streeck, Wolfgang. 2016. *How will capitalism end?* London: Verso Books.

Suwandi, Intan. 2019. *Value chains: the new economic imperialism*. New York: Monthly Review Press.

Teipen, Christina, Petra Dünhaupt, Hansjörg Herr, und Fabian Mehl. 2022. *Economic and social upgrading in global value chains. Comparative analyses, macroeconomic effects, the role of institutions and strategies for the Global South*. Basingstoke: Palgrave Macmillan.

Varga, Marika. 2021. Vorwärts, aber gemeinsam: Transnationale Gewerkschaftspolitik der IG Metall heute. In *Entgrenzte Arbeit, (un-)begrenzte Solidarität? Bedingungen und Strategien gewerkschaftlichen Handelns im flexiblen Kapitalismus*, 2. Aufl., Hrsg. Carmen Ludwig, Hendrik Simon, und Alexander Wagner, 241–246. Münster: Westfälisches Dampfboot.

Waterman, Peter. 2004. Adventures of emancipatory labour strategy as the new global movement challenges international unionism. *Journal of World-System Research* 1:217–253.

Waterman, Peter, und Jane Wills (Hrsg.). 2001. *Place, space and the new labour Internationalisms*. Oxford: Blackwell.

Weber, Max. 1972. *Wirtschaft und Gesellschaft. Grundriß der verstehenden Soziologie*, 5. Aufl., Tübingen: Mohr.

Zeuner, Bodo. 2001in. Sozialdarwinismus oder erneuerte Solidarität? Die politische Zukunft der Gewerkschaften. Vortrag zur Auftaktveranstaltung 2001 vor BildungsarbeiterInnen der ÖTV, Bezirk NW II am 19.01.2001 in Bochum. https://archiv.labournet.de/diskussion/gewerkschaft/zeuner2.html. Zugegriffen: 6. Nov. 2024.

Zeuner, Bodo. 2015. Akteure internationaler Solidarität: Gewerkschaften, NGOs und ihre Schwierigkeiten bei der Herstellung gelebter Solidarität. In *Last Call for Solidarity. Perspektiven grenzüberschreitenden Handelns von Gewerkschaften*, Hrsg. Sarah Bormann, Jenny Jungehülsing, Bian Shuwen, Martina Hartung, und Florian Schubert, 54–69. Hamburg: VSA.

Umkämpfte Logistifizierung: Konflikte und Machtressourcen im Logistikcluster der Region Leipzig

9

Hans-Christian Stephan

Inhaltsverzeichnis

Zusammenfassung

In Logistikclustern, die weltweit an den Kreuzungen logistischer Routen entstehen, sind die Menschen als Arbeiter:innen und Anwohner:innen einerseits mit neuen Lebens- und Arbeitsbedingungen wie Umweltverschmutzung, Lärm oder Niedriglohnjobs konfrontiert. Andererseits können sie an den *Choke Points*, den Knotenpunkten logistischer Netzwerke, auf neue potenzielle Machtressourcen im Kampf gegen die Folgen der kapitalistischen Raumveränderung zurückgreifen. In der Region Leipzig, die derzeit einen ökonomischen Aufschwung als Logistikcluster erlebt, lässt sich dieser ambivalente Prozess nachzeichnen. Die Herausbildung des Logistikclusters produziert hier soziale Konflikte. In diesem Kapitel will ich ausgehend von einer Analyse von sozialen Konflikten in Bezug auf den Flughafen Leipzig-Halle (LEJ) untersuchen, welche Machtressourcen die Bevölkerung mobilisiert und mobilisieren kann, um ihre Interessen in dem Prozess der logistischen Restrukturierung durchzusetzen. Dabei wird deutlich, dass fehlende Organisierungsfähigkeit von Gewerkschaften und Anwohner:in-

H.-C. Stephan (✉)
Ruhr Universität Bochum, Bochum, Deutschland

M. Doutch et al. (Hrsg.), *Arbeitswelten*, https://doi.org/10.1007/978-3-662-70955-9_9

nenitiativen, die Spaltung der Betroffenen sowie die Beweglichkeit des Logistikkapitals, den Logistikunternehmen einen Vorteil bei der Durchsetzung ihrer Interessen in der Raumgestaltung ermöglichen.

Schlüsselwörter: Logistikcluster, *Choke Points*, gewerkschaftliche Machtressourcen, metabolische Machtressourcen, Leipzig

Abstract

In logistics clusters that are emerging worldwide at the crossings of logistical routes, people as workers and residents are confronted with new living and working conditions such as environmental pollution, noise or low-wage jobs. On the other hand, they are given new potential power resources at the choke points, the nodes of logistical networks, in their struggles against the negative impacts of capitalist spatial change. This ambivalent process can be illustrated in the Leipzig region, which has been experiencing an economic boom as a logistics cluster, which has also brought social conflicts. This chapter examines, based on an analysis of social conflicts in relation to Leipzig-Halle Airport (LEJ), the power resources the population mobilises and can mobilise in order to assert their interests in the process of logistical restructuring. It becomes clear that the lack of organising capacity of unions and residents' initiatives, the assumed mobility of logistics capital, and the division of those affected by the growth of the logistics industry, give logistics companies an advantage in asserting their interests in spatial restructuring.

Keywords: logistics, choke points, trade unions, union power resources, metabolism, Leipzig

9.1 Einleitung

Die Region Leipzig entwickelte sich in den letzten Dekaden zu einem Logistikcluster, dessen Mittelpunkt der Frachtflughafen Leipzig-Halle (IATA-Code: LEJ) – Europas fünftgrößter Frachtflughafen – ist. LEJ ermöglicht verschiedenen Logistikunternehmen die Durchführung ihrer Geschäftsmodelle, für die ein schneller Warenumschlag entscheidend ist. Logistikcluster sind Orte, an denen sich Transportrouten wie Autobahnen, Fluglinien oder Wasserstraßen kreuzen und Ballungen von Warenlagern entstehen. Solche Ballungen entstanden im Zuge der logistischen Revolution an verschiedenen Orten der Welt. Hier ballen sich aber nicht nur Logistikbetriebe, sondern es treffen auch Menschen aufeinander, die gemeinsame Lebens- und Arbeitserfahrungen teilen (Moody 2017, S. 59–69) und Ansprüche an die Gestaltung der Logistikcluster stellen.

Studien zu den Arbeitsbedingungen und Klassenkonflikten in Logistikclustern zeigen, dass Arbeiter:innen in den Warenlagern Prekaritätserfahrungen teilen, was Lohn und Arbeitsplatzsicherheit angeht (ebd., siehe auch Bonacich und Wilson 2008, S. 225–240; Jaffe und Bensman 2016). In Bezug auf die Gesundheit der Arbeiter:innen in französischen Warenlagern sprechen Benvegnú, Gaborieau und Tranchant (2022, S. 70) von einer dort vorherrschenden „long-term, but silent, health crisis", die aus der Überlastung der Arbeiter:innen resultiert. Zugleich blieben global gesehen Erfolge der Gewerkschaften, was die Verbesserung der Arbeitsbedingungen in den Warenlagern angeht, regional beschränkt (Anderson 2022). Die Entstehung von Logistikclustern führt aber nicht nur zur Entwicklung eines Sektors mit prekären Arbeitsbedingungen. Logistische Infrastrukturen wie Flughäfen, Häfen oder Autobahnen haben auch negative Folgen für die Anwohner:innen. In seinem Konzept des *Supply-Chain-Urbanism* beschreibt Martin Danyluk, wie Regionen, um Logistikunternehmen anzulocken, nach deren Bedürfnissen umgestaltet werden (Danyluk 2021, S. 2149). Die ökologischen Folgen wie Luftverschmutzung waren Ausgangspunkt von Anwohner:innenprotesten (Vgl. Los Angeles: Bonacich und Wilson 2008, S. 65 f.; Brüssel: Oosterlynck und Swyngedouw 2010; Louisville: Negrey et al. 2011).

Ausgehend von den skizzierten Konfliktlinien gehe ich in diesem Kapitel der Frage nach, welche Machtressourcen Gewerkschaften und Anwohner:inneninitiativen mobilisieren können, um ihre Interessen bei der Gestaltung der Logistikcluster durchzusetzen und wo die Grenzen ihrer Machtausübung liegen. Dabei werde ich zeigen, dass die Logistikunternehmen, aufgrund der Beweglichkeit logistischer Infrastrukturen im Raum, andere Akteur:innen im Cluster unter Druck setzen und die Machtausübung der Gegenseite beschränken. Somit können sie ihre Ansprüche an die Gestaltung von Logistikclustern besser durchsetzen als Arbeiter:innen und Anwohner:innen. Diese Schwächung der Machtressourcen können die Akteur:innen derzeit nicht durch die Entwicklung anderer Machtressourcen kompensieren.

Im ersten Schritt stelle ich das Konzept der Machtressourcen vor und zeige anhand der Debatte um *Choke Points*, inwieweit Infrastrukturen als räumliche Gegebenheiten genutzt werden können, um Interessen von Arbeiter:innen und sozialen Bewegungen durchzusetzen (Abschn. 9.2). Daran anknüpfend stelle ich nach der Kurzvorstellung des Forschungsdesigns und der Datenerhebung (Abschn. 9.3) die Region Leipzig als Logistikcluster und die politökonomischen Rahmenbedingungen in ihrer Entwicklung vor (Abschn. 9.4). Anhand von zwei Fallstudien analysiere ich anschließend die Machtressourcen von Gewerkschaften (Abschn. 9.5) und von Anwohner:inneninitiativen in diesem Logistikcluster (Abschn. 9.6) und diskutiere die Hürden, denen sie begegnen, um tatsächlich Organisationsmacht aufbauen zu können. Die fünf zentralen Hürden fasse ich abschließen noch einmal zusammen (Abschn. 9.7).

9.2 Machtressourcen im Logistikcluster

Gemäß der Einsichten der *Labour Geography* (Herod 1997, siehe Kap. 1 Einleitung) können Arbeiter:innen und ihre Gewerkschaften bei der Gestaltung des Raumes in ihrem Sinne Machtressourcen nutzen. Um diese zu konzeptualisieren, greife ich auf den Jenaer Machtressourcenansatz (MRA) zurück, der ein Werkzeug ist, um das strategische Handeln von Gewerkschaften zu evaluieren. Dem MRA liegt die Idee zugrunde, dass Gewerkschaften verschiedene Machtressourcen mobilisieren und miteinander kombinieren können, um gegenüber der strukturell stärkeren Kapitalseite eigene Interessen im industriellen Konflikt durchzusetzen (zur Übersicht: AK Strategic Unionism 2013; Schmalz et al. 2018).

Gewerkschaftliche Macht beruht zum einen auf die Produktionsmacht, die sich aus der Stellung der Arbeiter:innen in der Warenproduktion und -zirkulation ergibt. Arbeiter:innen verfügen im verschiedenen Maße über die Fähigkeit durch Arbeitsniederlegungen, Druck auf die Kapitalseite auszuüben. Eine weitere Machtressource auf der strukturellen Ebene ist die Arbeitsmarktmacht. Mangel und Überfluss an Arbeitskräften auf dem lokalen Arbeitsmarkt wirkt sich auf die Durchsetzungschancen der Arbeiter:innen aus. Neben den strukturellen Machtressourcen gibt es noch weitere, die Gewerkschaften mobilisieren können. Die Organisationsmacht beruht nicht nur auf der Zahl der Mitglieder in Arbeiter:innenorganisationen, sondern auch darauf, inwieweit unter den Mitgliedern eine „willingness to act" (Offe und Wiesenthal 1980, S. 80) hergestellt werden kann und sie für kollektives Handeln mobilisierbar sind. Institutionelle Macht beruht auf der Fähigkeit, den Rechtsrahmen oder etablierte formalisierte Kanäle zur Durchsetzung der Interessen zu nutzen. Wichtige Institutionen im deutschen Kontext sind Betriebsrat und Tarifvertrag. Schließlich können Gewerkschaften auf gesellschaftliche Machtressourcen zurückgreifen. Diese bestehen in der Fähigkeit, die öffentliche Debatte zu beeinflussen (Diskursmacht) und Bündnisse mit anderen Akteur:innen einzugehen (Kooperationsmacht).

Klaus Dörre versucht in seinem Konzept der metabolischen Macht jüngst den MRA auf ökologische Konflikte zu übertragen. Metabolische Macht „bezeichnet eine Machtform, die aus der Stellung bewusster Interessensgruppen in der Reproduktion von Naturverhältnissen hervorgeht" (Dörre 2023, S. 9). Die Mobilisierung metabolischer Machtressourcen, die sich nicht auf Lohnarbeit in der Produktionssphäre, sondern auf Arbeit in der Reproduktionssphäre beziehen, sind für strategisches Handeln in Transformationskonflikten entscheidend. Strukturelle metabolische Macht beruht auf der Stellung in den Naturverhältnissen, wobei Dörre unter anderem die Fähigkeit sozialer Bewegungen zur Blockade wichtiger Infrastrukturen vor Augen hat. Organisierte metabolische Macht ist die Fähigkeit von sozialen Bewegungen und Organisationen im Bereich der Ökologie Menschen zu mobilisieren und sich zusammenzuschließen. Bei politisch-institutioneller metabolischer Macht geht es um die Frage, inwieweit bei der Durchsetzung ökologischer Interessen auf institutionelle Kanäle und Rechtswege zurückgegriffen werden kann (Dörre 2023, S. 10; siehe auch Dörre 2022, S. 292 f.).

Verschiedene Autor:innen haben hervorgehoben, dass Arbeiter:innen im Logistiksektor durch ihre Stellung in der Warenzirkulation über besondere Macht verfügen, weil sie durch das Stoppen dieser, Druck auf die Kapitalseite ausüben können (unter anderem AK Strategic Unionism 2013, S. 348; Bonacich und Wilson 2008, S. 244–249). Diese Machtressource lässt sich an *Choke Points* im Besonderen lokalisieren:

> „critical nodes in the global capitalist supply chain – which, if organized by workers and labor, provide a key challenge to capitalism's reliance on the ‚smooth circulation' of capital." (Alimahomed-Wilson und Ness 2018, S. 2)

Logistische Macht kann dabei nicht nur von Arbeiter:innen genutzt werden, sondern auch von sozialen Bewegungen, die durch Blockadeaktionen an logistischen Infrastrukturen ihren Interessen Nachdruck verleihen (Webster 2015). In der Debatte um *Choke Points* werden drei Aspekte hervorgehoben, die ihre Nutzbarkeit für die Arbeiter:innen einschränken:

Erstens kann die Produktionsmacht nur genutzt werden, wenn die Gewerkschaften ausreichend Mitglieder mobilisieren können und über Organisationsmacht an dem kritischen Netzwerkpunkt verfügen. Aufgrund von verschiedenen Strategien der Kapitalseite wie Leiharbeit oder Auslagerungen wird der Aufbau dieser oftmals erschwert (Anderson 2022, S. 1479 f.).

Zweitens haben nicht alle Logistikstandorte die gleiche strategische Bedeutung in globalen Produktionsnetzwerken. Die Möglichkeiten zur Verschiebung von Warenvolumen zwischen den Netzwerkpunkten oder ganzer Standorte durch das Management, also die *Spatial Fixes* (Silver 2003, S. 39) sind sehr unterschiedlich. Silver argumentiert, dass in der Kapitalimmobilität von Containerhäfen oder Bahnstrecken die historische Macht von Logistikarbeiter:innen ruht (2003, S. 100). Anhand von Amazons Logistiknetzwerk wurde jedoch gezeigt, dass Warenvolumina in Fällen von Streiks auch leicht von einen Standort zum andern verschoben werden können, was die Produktionsmacht der Arbeiter:innen entschieden schwächt (Vgontzas 2020).

Drittens hängt die Wirkmächtigkeit von Arbeitskämpfen an *Choke Points* nicht nur von den eigenen Machtressourcen der Arbeiter:innen ab, sondern auch von politökonomischen Rahmenbedingungen, die wiederum im Zusammenhang mit Entwicklungen der Weltwirtschaft und dem generellen Stand der Klassenkämpfe stehen (Nowak 2020; Engelhardt 2020).

In den zwei Fallstudien über Kämpfe am LEJ – einmal von gewerkschaftlicher Seite (Abschn. 9.5) und einmal von Anwohner:innen Seite aus (Abschn. 9.6) – werde ich zeigen, wie diese drei Aspekte – politökonomische Rahmenbedingungen, Hürden beim Aufbau der Organisationsmacht und *Spatial Fixes* – die Möglichkeiten der Interessendurchsetzung beeinflussen.

9.3 Forschungsdesign und Daten

Die zwei vorliegenden Fallstudien basieren auf Interviews, die ich im Rahmen meines Promotionsprojektes an der Ruhr Universität Bochum zu Gewerkschaftsstrategien im Logistiksektor vom März 2021 bis Juni 2023 führte (siehe Tab. 9.1). Im Anhang befindet sich eine Übersicht über die verwendeten Interviews. Mit dem Ziel, die Geschichte des Logistikclusters und der Interessenkonflikte zu verstehen, führte ich vier leitfadengestützte Expert:innen-Interviews mit „explorativ-felderschließend[en]" (Liebhold und Trinczek 2002, S. 66) Charakter mit Vertreter:innen der Stadt Leipzig, der Logistikwirtschaft und der Gewerkschaften. Ein Vertreter des Logistik-Lobbyverbandes und ein Mitarbeiter der Stadt Leipzig sind als Vertreter:innen einer prologistischen *Regional Class Alliance* (Harvey 1985, S. 150 f.) für die Logistikwirtschaft zu verstehen. Dies meint bei Harvey eine auf eine bestimmte Region beziehungsweise ein bestimmtes räumlich fixiertes Kapital begrenzte stetige Vernetzung von Vertreter:innen von Staatsapparaten und Kapitalfraktionen zur Herstellung eines (immer auch krisenanfälligen) Klassenkompromisses mit der Seite der Arbeiter:innenklasse. Im Falle der Region Leipzig ist es deren Ziel, die Akkumulationsbedingungen des Logistikkapitals abzusichern und zu vergrößern. Für die Fallstudie zum Kurier-, Express- und Paketlogistikunternehmen (KEP; pseudonymisiert) beziehe ich mich auf sieben leitfadengestützte Expert:innen-Interviews mit Arbeiter:innen und Gewerkschaftsvertreter:innen zu betrieblichen Machtressourcen und Strategien der Interessensdurchsetzung. Außerdem arbeitete ich von September bis Dezember 2020 als einfacher Lagerarbeiter in dem Betrieb, worüber ich Tagebuch führte. Für die Fallstudie zum Ausbaukonflikt führte ich darüberhinausgehend drei leitfadengestützte Expert:inneninterviews mit Flughafenausbaugegner:innen, die in verschiedenen Gruppen engagiert sind, aber in einem Aktionsbündnis zusammenarbeiten.

Bei meiner Forschung folge ich der interventionistischen Wissenschaftsorientierung der „organisch-öffentlichen Soziologie" (Burawoy 2012, Aulenbacher et al. 2017), die empirische Forschung in enger Zusammenarbeit sowie für soziale Bewegungen und gesellschaftlich unterdrückte Gruppen betreibt. So arbeitete ich eng mit Gewerkschaftsaktiven und Flughafenausbaugegner:innen zusammen. Zwischenergebnisse wurden immer wieder mit Aktiven in exklusiven und öffentlichen Formaten diskutiert, um deren strategische Fähigkeiten in den Auseinandersetzungen im Logistikcluster zu verbessern. Diese Diskussionen wirkten auf die Interpretation der Daten zurück.

9.4 Die Region Leipzig als Logistikcluster

Um die politökonomischen Rahmenbedingungen der Kämpfe am LEJ fassen zu können, gilt es vor allem die spezifische Entwicklung der Region Leipzig nach der Wende in Kürze nachzuzeichnen. So war Leipzig bereits zu DDR-Zeiten ein wichtiger Transportknotenpunkt, wobei allerdings die Schiene das entscheidende Transportmittel war (Heinker 2019a, S. 561–567). Luftfracht spielte in der DDR-Wirtschaft insgesamt kaum eine Rolle (L_G, 52). Leipzig war vor allem ein Standort für den exportorientierten Maschinenbau und den Bergbau. Im Zuge der kapitalistischen Transformation gingen in diesen Sektoren zwischen 1990 und 1992 95.000 Jobs verloren (Heinker 2019b, S. 869). Die politischen Entscheidungsträger:innen mussten auf die wirtschaftliche Krise reagieren. Zwischen 1993 und 2007 wurden staatlicherseits 1,34 Mrd. € in die Entwicklung von LEJ investiert (Rink und Kabisch 2019, S. 846), und damit eine Grundlage des Logistikclusters gelegt.

Die Region eignete sich besonders gut als Standort für Luftfracht-Hubs. Da an diesen Frachtflugzeuge primär umgeladen werden, ist es für eine Ansiedlung nicht entscheidend, ob die Region selbst ein relevanter Absatzmarkt ist (Hesse 2014, S. 337 f.). Leipzig war für die Unternehmen der Luftfrachtlogistik aufgrund kostenloser Infrastrukturen, Subventionen, sowie dem Vorhandensein von billigem Land und billiger Arbeitskräfte attraktiv. Außerdem gab es kaum Einschränkungen beim Nachtflug (LL, LP_1, siehe auch Hesse 2014, S. 348–350). Einen weiteren Standortvorteil stellt die räumlichen Nähe LEJs zu den Wohngebieten dar, weil dadurch billige Arbeitskraft nahe dem Hub verfügbar ist (LP_1; FA 3, 34). Die kurzen Pendelwege für die Arbeiter:innen bedeuten aber auch, dass die Luftfrachtlogistik als Lärmquelle in die Nähe der Anwohner:innen rückt.

Die logistikorientierte Wirtschaftsstrategie trug dazu bei, dass die Erwerbslosigkeit in Leipzig und den umliegenden Landkreisen seit ihrem Höhepunkt 2005 stark gesunken ist. So sank sie in Leipzig von 19,2 % (2005) auf 7,1 % (2023; Stadt Leipzig 2024a). Während in Leipzig heute (Stand 2021) 14.835 und 5,3 % der Erwerbstätigen im Logistiksektor arbeiten, sind es in Schkeuditz, im Landkreis Nordsachsen, wo der LEJ liegt, 7700 Menschen, was 39 % der Erwerbstätigen ausmacht (siehe Tab. 9.2).

Die logistikbasierte Wirtschaftsstrategie birgt jedoch Risiken. Da Hubs kaum in regionale Wirtschaftskreisläufe eingebunden sind, können sie relativ leicht verlagert werden (Hesse 2014, S. 337 f.). Hinzu kommt, dass nicht nur in Leipzig politische Entscheidungsträger:innen den Ausbau des Logistiksektors vorantrieben, sondern auch an anderen Orten wurde investiert, was die globale Konkurrenz zwischen den Logistikclustern um die Ansiedlung von Unternehmen bestärkt (Danyluk 2019). Beim KEP-Hub handelt es sich um einen strategisch sehr relevanten Unternehmensstandort in der Region Leipzig-Halle. Ein Großteil der Fracht des Unternehmens für den deutschen Markt wird hier umgeschlagen. Ein Ausfall des Netzwerkpunktes, etwa durch einen Streik, hätte enorme Folgen für das gesamte Netzwerk, was sich auch in einem Streik vor ein paar Jahren bereits zeigte (KEP_GA_2, 189; KEP_A_2, 52). Dennoch wird dieser Machthebel von Seiten der Gewerkschaft in der betrieblichen Interessenspolitik kaum genutzt.

9.5 Gewerkschaftsaktivismus im Unternehmen KEP

Die verschiedenen sozialen Segmente der Beschäftigten sind eine zentrale Hürde beim Aufbau von einer breiten Organisationmacht. Insbesondere Leiharbeit sowie eine moderate Gewerkschaftspolitik im Betrieb stellen hier die größten Herausforderungen dar.

In dem untersuchten Unternehmen KEP findet sich, wie auch in anderen Untersuchungen zu Warenlagern bereits eruiert, eine vielfältige Belegschaftszusammensetzung. Verschiedene Segmente der Arbeiter:innenklasse werden in die Warenlager integriert, so dass von einem System der „differential inclusion" (Mezzadra und Neilson 2013, S. 157–166) gesprochen werden kann. Vor allem in den Unternehmen, die bereits zur Finanzkrise von 2008 einen Standort in Leipzig hatten wie KEP, arbeiten unter den Festangestellten viele Deutsche ohne Migrationshintergrund, die zu einem Großteil die Phase der Deindustrialisierung im Zuge der kapitalistischen Transformation miterlebt haben. Bei Unternehmen, die wie Amazon Air erst 2020 ihren Flughafenstandort eröffneten, war die überwiegende Mehrheit der Arbeiter:innen migrantisch (Stephan 2023). Die Logistikunternehmen reagierten auf dem sich verkleinernden Arbeitsmarkt seit den 2010er mit einem „sozialräumlichen fix" (Butollo und Koepp 2020, S. 178 f.), indem sie begannen Arbeitskraft von anderen Arbeitsmärkten aus anderen Ländern zu rekrutieren. So setzte KEP, während ich in der *Peak Season* (dem Weihnachtsgeschäft) 2020 dort arbeitete, auf migrantische

Leiharbeiter:innen aus Osteuropa, um die durch den pandemischen *E-Commerce*-Boom stark gewachsenen Volumina zu bearbeiten. Mittlerweile setzt das Unternehmen verstärkt auf Arbeiter:innen aus Südeuropa mit Festverträgen, um auf den Mangel an Arbeitskräften zu reagieren (KEP_GA_2, 111–117).

Auf Leiharbeit wird in den Arbeitskraftregimen des Logistiksektors aufgrund der Flexibilitätsanforderung, die durch die schwankenden Warenvolumina bedingt sind, besonders oft zurückgegriffen (Gutelius 2015, S. 56; Butollo und Koepp 2020, S. 177). Zugleich gelten Leiharbeiter:innen als schwer organisierbar, aufgrund ihrer Vertragssituation (unter anderem Bonacich und Wilson 2008, S. 232). Der Gewerkschaft bei KEP mangelt es an einer Organisierungsstrategie sowohl für Leiharbeiter:innen als auch für migrantische Kolleg:innen, was den Aufbau von Organisationsmacht erschwert (KEP_ GS, 189). Gewerkschaftsmitglieder finden sich vor allem unter den Arbeiter:innen, die seit mehreren Jahren im Betrieb sind (KEP_OG_2, 353). Jedoch liegt die relativ geringe Zahl an Mitgliedern nicht nur an fehlenden Organizingstrategien.

Bei KEP setzten die Gewerkschaftsaktiven nicht auf eine „militante" strategische Ausrichtung (wie etwa die Organisierung von Streiks oder Blockaden), sondern auf eine „moderate". Bei dieser agieren die Gewerkschaften kooperativ mit dem Management und sind um einen Interessensausgleich zwischen Kapital und Arbeit bemüht. Sie setzen nicht auf Klassenkampfaktionen, um Forderungen durchzusetzen, sondern eher auf Verhandlungen in institutionellen Kanälen (zur Unterscheidung: Kelly 1998, S. 61 ff.). Diese strategische Orientierung der Gewerkschaft und des Betriebsrates, in dem dieselbe Gewerkschaft deutlich dominiert, kann Erfolge aufweisen. Mit ihr gingen seit Eröffnung der Standorts in den 2000ern stete Lohnerhöhungen für die Arbeiter:innen einher. Allerdings wird die strategische Orientierung zunehmend von den Kolleg:innen kritisch gesehen, was sich bei dem Konflikt um die erhöhte Arbeitsbelastung verdeutlichen lässt.

Seit der Pandemie haben sich stark erhöhte Warenvolumina im Vergleich zu vorher eingependelt. Nach wie vor gelingt es dem Management nicht, ausreichend Arbeitskräfte zu rekrutieren. In dieser Situation zeigen sich für einen Lagerarbeiter, der mit Unterbrechungen von 2015 bis 2021 im Unternehmen beschäftigt war, Schwächen der moderaten Strategie:

> „Das ist einfach körperlich dann wieder anstrengend [..] und die Firma, fährt dann halt auf Verschleiß [...]. Auch wenn wir weniger Leute sind, dann müssen wir halt alle eine Stunde früher kommen [...]. Das ist jetzt die Konsequenz [...] aus dem Personalmangel und da denke ich mir, das geht halt auf Dauer nicht. Und da frage ich mich halt auch: ‚Wo ist die Betriebsgruppe? Wo ist die Gewerkschaft?' [...] Das ist einfach das Thema Nummer eins. Da müssen die jeden Tag Stress machen eigentlich [...]. Ich denke mir da halt auch, jetzt müssten eigentlich alle mal STREIKEN [...]." (KEP_A_2, 70)

Durch Überstunden und mehr Leistungsdruck wird auf die fragile Beschäftigtensituation im Betrieb reagiert (siehe auch KEP_OG_1, 90). Die Gewerkschaft hält sich mit Protest in der Betriebsöffentlichkeit zurück. Während der Pandemie wurde sogar einer Aufhebung der Deckelung von Überstunden zugestimmt, kritisiert ein anderer Arbeiter, der während der Pandemie kündigte. Dies wurde in einem gemeinsamen

Schreiben von Management und Gewerkschaft an alle Arbeiter:innen festgehalten, in dem mit Verweis auf die Pandemie, Einigkeit und Bereitschaft zur „Flexibilität" von Seiten der Beschäftigten geforderte wurde. Bei den Arbeiter:innen kam das Schreiben schlecht an (KEP_A_1, 91–97).

Die Gewerkschaft forderte auch nach der Pandemie keine deutlichen Lohnerhöhungen oder mehr Urlaub als Kompensation auf der Ebene des Haustarifvertrags, was aufgrund der hohen pandemiebedingten Profite des KEPs für Unmut sorgt (KEP_OG_2, 59). Dass die Gewerkschaft sich mit zu hohen Forderungen zurückhält, begründet ein Gewerkschaftsaktiver in der folgenden Sequenz, auf meine Frage, ob eine Verlagerung des Hubs nach Osteuropa möglich wäre:

> „Warum nicht? […] Na klar ist das betreibbar […]. Die haben genug Arbeitskräfte. Die werden das genauso aufbauen. Die werden aus den Fehlern, die sie hier gemacht haben, […] gelernt haben und werden das dort anders umsetzen. Bin ich mir hundertprozentig sicher. Ich meine jetzt läuft es. Aber deswegen sage ich ja, man muss da eine ordentliche Waage halten, dass man sagt: ‚[…] Wenn Du tariflich, was verhandelst, soll das für die Leute, was Gutes sein, aber Du darfst den Bogen nicht überspannen.'" (KEP_GA_2, 149)

Grund für eine moderatere Strategie seitens der Gewerkschaft im KEP-Unternehmen am LEJ ist die Mobilität des Logistikkapitals. Sie macht den Gewerkschaftsaktiven Angst (siehe wörtliches Zitat zuvor) und zeigt deutlich, inwiefern die Mobilität des Logistikkapitals beziehungsweise der *Spatial Fixes* sich direkt auf die Strategien der Arbeiter:innen und ihrer Organisationen vor Ort auswirken. Standortverlagerungen scheinen bei zu hohem Lohnniveau eine Option zu sein. So setzt die Gewerkschaft nicht auf eine militante Strategie, sondern auf eine moderate unter Nutzung institutioneller Machtressourcen. Die „freundschaftliche Stimmung" zwischen den beiden Seiten wird auch in der betrieblichen Öffentlichkeit etwa auf Betriebsversammlungen kommuniziert (KEP_A_1, 139).

Diese strategische Orientierung wirkt auf die Organisationsmacht zurück: Die Arbeiter:innen entfremden sich von der Gewerkschaft. Derselbe Gewerkschaftsaktive ist sich nicht sicher, ob sie den *Choke Point* aufgrund fehlender Organisationsmacht überhaupt noch nutzen könnten:

> „Na, wir hatten ja schon einen Streik […]. [D]ort hat man auch ordentlich durchgesetzt. Aber das Problem ist […] wir sind ja nun nicht so riesenorganisiert bei uns […]. Auch wenn das viele denken, so viele Mitglieder haben wir nicht. Deswegen musst du immer pokern, dass es eigentlich nicht zum Streik kommt, weil dann sieht ja der Arbeitgeber, wie viele da rausgehen zum Streik." (KEP_A_2, 183)

Vor wenigen Jahren konnte die Gewerkschaft noch ausreichend Mitglieder mobilisieren, um wirksam zu streiken. Mittlerweile verlassen die Arbeiter:innen sie aus Frustration und neue Kolleg:innen treten nicht ein. Die schwindende Organisationsmacht der Gewerkschaft drückt sich in der Gründung einer neuen Betriebsratsliste aus, die bei der letzten Betriebsratswahl fast ein Drittel der Sitze gewann. Die Gewerkschaftsliste verweigert dabei jegliche Zusammenarbeit mit der neuen Gruppe im Betrieb (KEP_OG_1 und 2, 204–206).

Die Herausforderungen für die Gewerkschaft am untersuchten KEP-Hub sind groß. Über ein Stoppen des Warenflusses an dem *Choke Point*, den das Hub darstellt, könnte die Gewerkschaft das Funktionieren des Logistiknetzwerkes erheblich stören. Weiterhin könnte sie über Kampfaktionen neue Mitglieder für die Gewerkschaft gewinnen, was ihre Organisationsmacht stärken würde. Aber sie riskiert den Erhalt der etablierten Beziehungen mit der lokalen Geschäftsführung, die seit der Eröffnung des Standards moderate, aber stetige Lohnerhöhungen und Verbesserung der Arbeitsbedingungen absicherten. Diese sind durch die Existenz der neuen Betriebsratsliste jedoch ohnehin bedroht, weil der Konflikt zwischen den beiden Listen, die Betriebsratsarbeit erschwert. Ob ein wirkungsvoller Streik überhaupt möglich ist, ist unklar – auch weil nicht klar ist, inwieweit Leiharbeiter:innen und die wachsende Gruppe der migrantischen Kolleg:innen hierfür mobilisierbar wären. Doch nicht nur in den Warenlagern bringt die Logistikwirtschaft Konflikte für die Arbeit, Arbeiter:innen und ihre Vertretungen mit sich. Auch die Anwohner:innen in der Region um den Flughafen LEJ, der bald erweitert werden soll, stehen in Konflikt mit dem sich hier ausweitenden und manifestierenden Logistikkapital, wie im Folgenden verdeutlicht wird.

9.6 Anwohner:innen und Klimaaktivist:innen gegen das Logistikkapital am LEJ

In der bisherigen Auseinandersetzung mit dem Logistikkapital in der Region Leipzig zeigt sich nicht nur eine (Nicht-)Nutzung logistischer Machtressourcen auf Seiten der Gewerkschaften, sondern auch in den Kämpfen von Ausbaugegner:innen. So bestehen auch Hürden beim Aufbau von metabolischer Organisationmacht. Bevor diese diskutiert werden, müssen die spezifischen Kämpfe um den logistischen Standort in der Region vor den „politökonomische Hintergründe" und der Frage des *Spatial Fixes* breiter gefasst und zusammen diskutiert werden.

Während man im Zentrum der Stadt Leipzig den Fluglärm nicht hört, wird er immer spürbarer, je weiter man die Innenstadt verlässt. In den umliegenden Gemeinden werden die Bewohner:innen jede Nacht vom Fluglärm startender und landender Transportflugzeuge gestört. So liegen die Gemeinden und die Häuser der Anwohner:innen genau in der Einflugs- und Abflugschneise des Flughafens LEJ (IG Nachtflugverbot Leipzig/Halle e. V. 2006). Die weitgehende Nachtflugerlaubnis provoziert einen Dauerkonflikt zwischen Anwohner:inneninitiativen und dem Logistikkapital. Die Gegnerin der Anwohner:inneninitiativen ist die landeseigene Flughafenbetreiberin Mitteldeutsche Flughafen AG (MFAG), die zu 77 % dem Freistaat Sachsen gehört. Sie hat bei der Landesdirektion Sachsen 2020 eine Erweiterung der Flugzeugstellplätze von 60 auf 100 beantragt, wodurch nächtliche Flugzeugstarts und -landungen und damit die Lärmbelastung weiter zunehmen könnten (FA_1, 5). Damit soll auf das wachsende Frachtvolumen am LEJ in den letzten Jahren reagiert werden, deren Auswirkung auf die Arbeit in den Warenlagern im vorherigen Unterkapitel bereits thematisiert wurde. Von 2005 bis 2019 hat sich das Frachtvolumen von 15.641 auf 1.238.342 verachtzigfacht (Stadt Leipzig 2024b). Von Logistikforscher:innen wird betont, dass eine hohe Auslastung der Netzwerke für die Profitabilität in der KEP-Logistik wichtig ist, damit Skaleneffekte (also eine Kostenreduktion durch Masse) erzielt werden können (zum Beispiel Klaus 2023, S. 91). Das lässt sich auch auf das einzelne Hub herunterrechnen: Je höher die Auslastung ist und je mehr Flugzeuge bearbeitet werden können, desto profitabler der Standort. Es gibt jedoch Widerstand gegen die Ausbaupläne seitens Anwohner:innen und Klimagerechtigkeitsaktivist:innen.

Gleichzeitig gibt es Stimmen, die aufgrund des Widerstandes eine Gefahr des Wegzuges fürchten. So ist auch ein Mitarbeiter der Stadt Leipzig besorgt um den Logistikstandort Leipzig, falls dieser nicht ausgebaut werden sollte. Insbesondere sieht er die Jobs für so genannte „Geringqualifizierte", in Gefahr (LP1). Die Sorge um einen Hub-Wegzug ist nicht unbegründet. Das Beispiel um das Hub-Unternehmen die Posttochter DHL Express, die am LEJ ansässig ist, zeigt die Möglichkeit von einer Hub-Verlagerung auf. In den 2000ern verlagerte das Unternehmen sein Hub von Brüssel-Zaventem nach LEJ. Die belgischen politischen Entscheidungsträger:innen hatten aufgrund des ausgehenden Drucks der protestierenden Bevölkerung, einer Erhöhung der nächtlichen Flüge nicht zugestimmt (zur Übersicht: Oosterlynck und Swyngedouw 2010). Laut dem Mitarbeiter der Stadt Leipzig ist allerdings der Druck von Seiten der Ausbaugegner:innen in der Region Leipzig-Halle aktuell gering.

Ähnlich wie bei den Arbeiter:innen gibt es auch beim Kampf der Ausbaugegner:innen und Klimaaktivist:innen Konflikte und Probleme beim Aufbau ihrer Bewegung bzw. bei der Entwicklung von metabolischer Organisationsmacht. Die Ausbaugegner:innen haben ein Aktionsbündnis gegründet, in dem sich verschiedene Gruppen zusammenschlossen. Das gemeinsame Ziel ist der Ausbaustopp. Teil des Bündnisses ist die 2004 gegründete Initiative IG Nachtflugverbot (IN; FA_3, 82). Sie fordert nicht nur einen Ausbaustopp, sondern ein generelles Nachtflugverbot an LEJ. Die Interviewten argumentieren mit den gesundheitlichen Folgen des Nachtlärms, wie Schlafprobleme, Bluthochdruck und Depressionen (FA_3, 70). Vor allem setzt die IN bei der Durchsetzung des Ziels auf politisch-institutionelle metabolische Macht. Bisher konnte auf dem juristischen Weg in mehreren Gerichtsverfahren nur ein Nachtflugverbot von Passagiermaschinen, nicht aber von Transportmaschinen, die für LEJ relevanter sind, erreicht werden (FA_1, 13). Die Gerichtsverfahren, die bis auf die europäische Ebene gingen, stellten zugleich eine enorme finanzielle Belastung für die Aktivist:innen der IN dar (FA_3, 108, 427). Unterstützt werden sie parlamentarisch von der oppositionellen DIE LINKEN im Landtag, wobei diese neben dem Ausbaustopp, leisere Maschinen anstatt des Nachtflugverbotes fordert (FA_1, 7). Von der Landesregierung fühlen sie sich hingegen nicht gehört. Da die MFAG dem Freistaat Sachsen gehört, könnte diese den Ausbau über den Aufsichtsrat stoppen (FA_1, 21). So war das Setzen auf politisch-institutionelle Machtressourcen bisher wenig erfolgreich, doch auch die Nutzung anderer Machtressourcen ist beschränkt.

Der IN gelingt es heute kaum noch Anwohner:innen für Proteste zu mobilisieren und hierdurch Druck aufzubauen. Das sah in den 2000er Jahren als die Proteste begannen noch anders aus, als die IN mehrmals zu Protesten in der Leipziger Innenstadt aufrief. Die Infrastrukturen beziehungsweise die *Choke Points* an LEJ spielten bei diesen Protesten jedoch keine strategische Rolle, das bedeutet, sie wurden nicht besetzt oder blockiert. Die abnehmende Mobilisierungsfähigkeit wird mit der Mehrjährigkeit der Auseinandersetzung begründet (FA_2, 306). Allerdings verweisen 8000 Einwendungen, die Bewohner:innen auf Aufruf des IN gegen den Ausbau an die Landesdirektion schrieben, auf organisierte metabolische Macht. Die Überprüfung der Einwendungen verzögert den Start des Ausbaus (FA 3, 148). Doch der Protest gegen den Flughafenausbau bleibt nicht auf die IN beschränkt.

Auch in der Klimagerechtigkeitsbewegung der Städte Leipzig und Halle formiert sich Widerstand gegen die Ausbaupläne. Im Juli 2021 blockierten Aktivist:innen für wenige Stunden eine LKW-Zufahrt an LEJ, was einen Stau auslöste. Damit waren sie sehr wohl in der Lage das Potential des LEJ als *Choke Point* zu nutzen. Sie erklärten sich solidarisch mit den Anwohner:innen. Die Polizei reagierte repressiv gegen die Blockade. Am Ende wurden 40 Aktivist:innen unter dem Vorwand der Identifikationsüberprüfung in einem Gefängnis zur Sicherheitsverwahrung gebracht (FA_1, 41). Zwar wird die Aktion in Hinblick auf die generierte mediale Aufmerksamkeit als Erfolg bewertet (FA_1, 35; FA_3, 294), dennoch kam es seitdem nicht mehr zu vergleichbaren Blockadeaktionen. Die Aktivist:innen wurden auch durch die Repressionserfahrungen und die zivilen und Strafgerichtsprozesse, bei denen die Urteile teilweise noch ausstehen (Stand Juli 2024) abgehalten (FA_1, 47). Die IN-Vertreter:innen sind der Ansicht, dass es solchen zivilen Ungehorsam für die mediale Aufmerksamkeit braucht. Jedoch schrecken militantere Aktionsformen die eigenen Mitglieder ab, was neben der Repression auch mit dem hohen Durchschnittsalter zusammenhängen würde (FA_3, 294).

In der Auseinandersetzung um den Flughafenausbau zeigt sich beim Verfassen von Einwendungen und Protesten, dass Teile der Bevölkerung für die Einforderung ihre ökologischen und gesundheitlichen Interessen mobilisierbar sind. Durch das Aktionsbündnis konnten Anwohner:innen und Aktivist:innen aus der Klimagerechtigkeitsbewegung ihre Machtressourcen gegenseitig stärken. Insgesamt ist ihre metabolische Organisationsmacht jedoch zu schwach, um entscheidenden Druck auf die politischen Entscheidungsträger:innen ausüben zu können. Des Weiteren geht zumindest ein Ausbaugegener davon aus, dass dem Ausbauantrag stattgegeben werden muss (FA_1, 35). Das würde bedeuten, dass nur über den Druck der Straße der Ausbau verhindert werden kann. Die kollektiven Repressionserfahrungen erschweren es jedoch tatsächlich Gegenmacht zu entwickeln.

Inwiefern Gewerkschaften und ihre Mitglieder als Kooperationspartner:innen eine Machtressource für die Vertreter:innen von klimapolitischen Anliegen darstellen könnten, zeigt die Kooperation zwischen der Gewerkschaft ver.di und Fridays for Future in der Kampagne #wirfahrenzusammen (Lucht und Liebig 2023).

Ein Standortvorteil des Leipziger Logistikclusters ist die Nähe der Arbeitskraft zu den Logistikstandorten. Es ist allerdings unklar, wie viele Flughafenbeschäftigte in den umliegenden Gemeinden wohnen und wie viele aus den Städten Leipzig und Halle zu den Warenlagern pendeln. In den Interviews und Diskussionen mit den Ausbaugegner:innen fand ich keine Anzeichen dafür, dass Flughafenarbeiter:innen in der IN organisiert sind. Gleichwohl wird ihre Situation vor allem im Hinblick auf die Nachtarbeit in einer Broschüre der IN thematisiert (Aktionsbündnis gegen den Ausbau des Frachtflughafens Leipzig 2022).

Bisher hat die IN mit Gewerkschaften schlechte Erfahrungen gemacht. Mit dem Arbeitsplätze-Argument wurde eine Zusammenarbeit mit Arbeiter:innen und Ausbaugegner:innen bisher ausgeschlossen (FA_2, 313). Die Gewerkschaft ist aber dennoch eine Akteurin in dem Konflikt, wenn auch nicht als Kooperationspartnerin. Repräsentant:innen der Gewerkschaft sitzen im Aufsichtsrat der MFAG und unterstützten dort die Ansiedlung und den Ausbaus des LEJs aufgrund der wirtschaftlichen Vorteile. Die Forderungen der Anwohner:inneninitiativen spielten weniger eine Rolle (L_G, 123–131). Die Gewerkschaften sind also eher der *Regional Class Alliance* für Logistik zuzuordnen, die die Akkumulationsbedingungen des Logistikkapitals verbessern will, anstatt der Koalition der Ausbaugegner:innen, was die Hürden für den Aufbau metabolischer Organisationsmacht noch vertieft.

So scheint die Basis für gemeinsame Forderungen von Ausbaugegner:innen und Gewerkschaften am LEJ zu fehlen. Möglich scheinen jedoch Solidaritätsforderungen nach besseren Arbeitsbedingungen, wie sie etwa bei der Blockadeaktion von Seiten der Klimagerechtigkeitsaktivist:innen artikuliert wurden (FA_1, 35).

9.7 Fazit

Die Hubs am Flughafen Leipzig-Halle stellen *Choke Points* in transnationalen Logistiknetzwerken dar. Ihr Ausfall hätte massive Konsequenzen für die Logistikunternehmen. Allerdings können Gewerkschaften und Anwohner:inneninitiativen diese strukturelle Machtressource nicht nutzen, um ihre Ansprüche im Logistikcluster durchzusetzen. Das zeigt die hier vorliegende Analyse, in der die (Nicht-)Mobilisierung von unterschiedlichen (potentiellen) Machtressourcen der einzelnen in Konflikt stehenden Bevölkerungsgruppen untersucht wird. Hieraus geht hervor, dass vielmehr das Logistikkapital seine Ansprüche bei den Arbeitsbedingungen und der Gestaltung des Raums durchsetzt. Ich habe mich bei der Analyse vorranging an drei zentralen Aspekten – 1. politökonomische Rahmenbedingungen, 2. Hürden beim Aufbau der Organisationsmacht und 3. *Spatial Fixes* und damit der Mobilität des Logistikkapitals – orientiert, um herauszuarbeiten, welche Machtressourcen Gewerkschaften und Anwohner:inneninitiativen mobilisieren können, um ihre Interessen bei der Gestaltung der Logistikcluster durchzusetzen und wo aber auch die Grenzen ihrer Machtausübung liegen. Dabei konnte ich folgende fünf Hürden für Gewerkschaften und Anwohner:inneninitiativen beim Aufbau von Machtressourcen herausarbeiten.

Erstens, am Beispiel der Gewerkschaft bei dem Kurier-, Express- und Paketlogistikunternehmen KEP zeigt sich, wie Gewerkschaften im Management des Unternehmens einen Kooperationspartner finden und beide Seiten – Gewerkschaft und Management – eng zusammenarbeiten, was eine moderate Strategie ermöglicht. Bei dieser strategischen Orientierung wird auf Streiks weitgehend verzichtet, dennoch kann die Gewerkschaft auf kontinuierliche Lohnerhöhungen verweisen. Potentiell bleibt die Drohung den *Choke Point* mit einem Streik zu blockieren. Das hat jedoch seine Grenze, weil der Aufbau von signifikanter Organisationsmacht in der Belegschaft und damit auch die Möglichkeit militantere Formen des Widerstands zu entwickeln aufgrund der Unzufriedenheit der Arbeiter:innen mit der Gewerkschaft bei der Lösung der zunehmenden Arbeitsbelastung unterminiert werden.

Zweitens, wird bei den Protesten gegen den Flughafenausbau zwar deutlich, dass Blockaden von kritischen logistischen Infrastrukturen mediale Aufmerksamkeit erfolgreich generieren können. Allerdings ist dies aufgrund staatlicher Repression mit hohen politischen Kosten verbunden, was massive Auswirkungen auf die Bewegung und die Entwicklung einer tatsächlich nachhaltigen Gegenmacht hat.

Drittens, fällt es den involvierten Organisationen – sowohl in der Auseinandersetzung um höhere Löhne und weniger Arbeitsbelastung als auch mit Blick auf den Flughafenausbau – schwer, ausreichend Menschen für Kämpfe zu mobilisieren. Im Falle der Gewerkschaft sind, neben der moderaten Strategie gegenüber dem Management, eine fehlenden Organisierungsstrategie, insbesondere für Leiharbeiter:innen und migrantische Kolleg:innen, Gründe für einen sinkenden Organisationsgrad. Im Fall der organisierten Ausbaugegner:innen in der IN demobilisieren die starken Polizeirepressionen gegen Aktivist:innen die Bewegung als auch die sinkende Beteiligung an den Protesten. Der IN gelingt es in dem Dauerkonflikt um den Flughafen nicht die Mobilisierung der Bevölkerung hochzuhalten. In beiden Fällen kann außerdem institutionelle Macht fehlende Organisationsmacht nicht kompensieren.

Viertens, wirkt sich die mögliche Beweglichkeit der Hubs auf die Handlungsoptionen von Gewerkschaften und Anwohner:inneninitiativen aus, weshalb eine Analyse der *Spatial Fixes* aufschlussreich ist. Gewerkschaften und Arbeiter:innen haben Angst um die Arbeitsplätze. Bei den Ausbaugegner:innen führt der Druck der Unternehmen auf die Lokal- und Landespolitik dazu, dass politisch-institutionelle Machtressourcen, wie die Durchsetzung eines Verbotes des Ausbaus, begrenzt sind.

Fünftens, für den Aufbau einer hohen metabolischen Organisationsmacht wären Bündnisse zwischen Gewerkschaften, der IN und anderen Umweltinitiativen notwendig, um die Organisationsschwäche der Arbeiter:innen sowie Ausbaugegner:innen gleichermaßen zu kompensieren. Doch dafür fehlt es an einer gemeinsamen politischen Strategie und Perspektive für die Region. Es wurden bisher keine gemeinsamen Forderungen gefunden – schone alleine, weil die jeweiligen Organisationen nicht in Kontakt zueinanderstehen. Zudem gibt es einen vermeintlichen Interessengegensatz. Die Gewerkschaften unterstützen den Ausbau des Flughafens, während die Gegner:innen des Flughafens genau dagegen ankämpfen.

Der Beitrag zeigt, inwiefern der Machtressourcenansatz und seine Erweiterung über den Metabolismus als Werkzeug genutzt werden kann, um Machtressourcen von verschiedenen, politisch teilweise konträren Akteur:innen zu analysieren. Im Vergleich mit anderen Studien zu Konflikten an transnationalen Frachtflughäfen wäre zu überprüfen, inwieweit die hier vorgefundenen Machtkonstellationen woanders vorzufinden ist, und welche Strategien Akteur:innen dort anwenden, um den Hindernissen bei der Entwicklung von (metabolischen) Machtressourcen entgegenzuwirken, um die Vormacht des Logistikkapitals bei der Gestaltung logistischer Räume zu begrenzen.

Danksagung Bei der Entstehung dieses Textes halfen mir die Diskussionen mit Elisabeth Reckmann, die im Januar 2024 ihre Masterarbeit *Die Bedeutung des Aus-*

baukonflikts rund um den Flughafen Leipzig-Halle für beteiligte kollektive Akteure am Institut für Soziologie an der Friedrich-Schiller-Universität Jena einreichte. Bei meinen Forschungen unterstützte mich finanziell ein Promotionsstipendium der Hans-Böckler-Stiftung von Februar 2021 bis Juli 2024. Vielen Dank! Eine frühere Form der hier entwickelten Argumente findet sich bei Stephan 2024.

9.8 Anhang

Tab. 9.1 Übersicht der verwendeten Interviews

Bereich	**Interviewpartner (Abk.)**	**Ort**	**Monat**	**Bemerkung**
Logistikwirtschaft	Vertreter Logistik-Lobbyverband (LL)	Zoom	März 2021	zusammen mit Jan Rottenbach teil transkribiert
Lokalpolitik und Jobcenter	Mitarbeiter der Stadt Leipzig (LP_1)	Zoom	März 2021	zusammen mit Jan Rottenbach teil transkribiert
	Mitarbeiter Agentur für Arbeit Leipzig (LP_2)	–	Februar 2022	Interview wurde auf Wunsch des Befragten schriftlich geführt.
Gewerkschaft	Vertreter Gewerkschaft in der Logistik (LG)	Leipzig	März 2022	
KEP-Logistik: Worldfast	Gewerkschaftssekretär (KEP_ GS)	Halle	Juli 2022	
	Gewerkschaftsaktivist 1 (KEP_GA_1)	Leipzig	Mai 2022	
	Gewerkschaftsaktivist 2 (KEP_GA_2)	Leipzig	Mai 2022	
	Oppositionelle Gewerkschafter 1–2 (KEP_OG_1–2)	Leipzig	Juni 2022 Juni 2023	Zwei Gruppeninterviews. Letzteres als Update aufgrund neuer Situation.
	Arbeiter 1 (KEP_A_1)	Zoom	März 2021	
	Arbeiter 2 (KEP_A_2)	Halle	Juni 2022	
Flughafenausbaugegner:innen	Flughafenausbaugegner 1 (FA_1)	Zoom	Dezember 2021	
	Flughafenausbaugegner 2–3 (FA_2–3)	Kabelsketal	März 2022	Gruppeninterview

Tab. 9.2 Beschäftigte im Logistiksektor nach der Klassifikation der Wirtschaftszweige (WZ 2008) in der Region Leipzig. (eigene Darstellung n. Statistik der Bundesagentur für Arbeit, Auftragsnummer 325066 (erstellt am 20.01.2022))

Zahl der Beschäftigten 2021	Stadt Leipzig	Landkreis Nordsachsen	Stadt Schkeuditz
Gesamtzahl	279.330	75.866	19.667
in Klasse 479 Einzelhandel, nicht in Verkaufsräumen, an Verkaufsständen oder auf Märkten (z. B. Onlinehandel)	2929	249	0
in Klasse 521 Lagerei	3610	706	0
in Klasse 522 Erbringung von sonstigen Dienstleistungen für den Verkehr (z. B. Luftfracht)	5350	8362	7495
532 Sonstige Post-, Kurier- und Expressdienste	2946	905	275
im Logistiksektor (Anteil an den Gesamtbeschäftigten in Prozent)	14.835 (~5,3)	10.222 (~13,5)	7700 (~39)

Literatur

Aktionsbündnis gegen den Ausbau des Frachtflughafens Leipzig/Halle. 2022. *Jobwunder? Jobkiller! Killer-Job. Faktenpapier zum geplanten Ausbau des Frachtflughafens Leipzig/Halle.* Kabelsketal.

Alimahomed-Wilson, Jake, und Immanuel Ness. 2018. Introduction: Forging workers' resistance across the global supply chain. In *Chokepoints. Logistics workers disrupting the global supply chain*, 1–15. London: Pluto Press.

Anderson, Jeremy. 2022. Labour struggles in logistics. In *The Sage handbook of marxism*, Hrsg. Beverly Skeggs, Sarah Farris, und Alberto Toscano, 1463–1484. London: SAGE.

Aulenbacher, Brigitte, Michael Burawoy, Klaus Dörre, und Johanna Sittel. 2017. Zur Einführung: Soziologie und Öffentlichkeit im Krisendiskurs. In *Öffentliche Soziologie. Wissenschaft im Dialog mit Gesellschaft*, 11–30. Frankfurt a. M.: Campus.

Benvegnú, Carlotta, David Gaborieau, und Lucas Tranchant. 2022. Fragmented but wide-spread microconflicts: current limits and future possibilities for organizing precarious workers in the French logistics sector. *New Global Studies* 16(1):69–90.

Bonacich, Edna, und Jake B. Wilson. 2008. *Getting the goods. Ports, labor, and the logistics revolution.* Ithaca: Cornell University Press.

Burawoy, Michael. 2012. Öffentliche Soziologien: Widersprüche, Dilemmata und Möglichkeiten. In *Öffentliche Sozialforschung und Verantwortung für die Praxis. Zum Verhältnis von Sozialforschung, Praxis und Öffentlichkeit*, Hrsg. Kai Unzicker, Gurdrun Hessler, 19–40. Wiesbaden: Springer VS.

Butollo, Florian, und Robert Koepp. 2020. Die doppelte Einbettung der Logistikarbeit und die Grenzen prekärer Beschäftigung. *WSI Mitteilungen* 73(3):174–181.

Danyluk, Martin. 2019. Fungible Space. Competition and volatility in the global logistics network. *International Journal of Urban and Regional Research* 43(1):94–111.

Danyluk, Martin. 2021. Supply-chain urbanism: constructing and contesting the logistics city. *Annals of the American Association of Geographers* 111(7):2149–2164.

Dörre, Klaus. 2022. Kapital VIII. Machtressourcen und Transformationskonflikte: Eine Schlussbetrachtung. In *Abschied von Kohle und Auto? Sozial-ökologische Transformationskonflikte um Energie und Mobilität*, 2. Aufl., Hrsg. Madeleine Holzschuh, Jakob Köster, und Johanna Sittel, 287–307. Frankfurt a. M. New York: Campus.

Dörre, Klaus. 2023. Sozialeigentum und Klassenbildung in sozial-ökologischen Transformationskonflikten – 17 Thesen. Working Papers: Economic Sociology Jena 17 (22). https://klaus-doerre.

de/wp-content/uploads/2023/08/WPESJ-2023-22-Doerre-Sozialeigentum_Thesen.pdf. Zugegriffen: 26. März 2024.
Engelhardt, Anne. 2020. Logistische Knotenpunkte – der Schlüssel zur Macht? Transnationale Arbeitskämpfe im europäischen Hafensektor. In *Transnationalisierung der Arbeit und der Arbeitsplatzbeziehung. Interdisziplinäre Perspektiven*, Hrsg. Hans-Wolfgang Platzer, Matthias Klemm, und Udo Dengel, 179–213. Baden-Baden: Nomos.
Gutelius, Beth. 2015. Disarticulation distribution: Labor segmentation and subcontracting in global logistics. *Geoforum* 60(3):53–61.
Harvey, David. 1985. The geopolitics of capitalism. In *Social relations and spatial structures*, Hrsg. Derek Gregory, John Urry, 128–163. London: Palgrave.
Heinker, Helge-Heinz. 2019a. Wirtschaft und Verkehr. In *Vom Ersten Weltkrieg bis zur Gegenwart* Geschichte der Stadt Leipzig, Bd. 4, Hrsg. Ulrich von Hehl, 550–575. Leipzig: Leipziger Universitätsverlag.
Heinker, Helge-Heinz. 2019b. Wirtschaft und Verkehr. In *Vom Ersten Weltkrieg bis zur Gegenwart* Geschichte der Stadt Leipzig, Bd. 4, Hrsg. Ulrich von Hehl, 863–876. Leipzig: Leipziger Universitätsverlag.
Herod, Andrew. 1997. From geography of labour to a labour geography: labor's spatial fix and the geography of capitalism. *Antipode* 29(1):1–31.
Hesse, Markus. 2014. International hubs as a factor of local development: evidence from Luxembourg City, Luxembourg, and Leipzig, Germany. *Urban Research & Practice* 7(3):337–353.
IG Nachtflugverbot Leipzig/Halle e.V.. 2006. Detailkarte Start/Abflug Nacht (Karte). https://www.nachtflugverbot-leipzig.de/dokumente/laermkarte_abflug_nacht.pdf. Zugegriffen: 5. Juli 2024.
Jaffe, David, und David Bensman. 2016. Draying and picking: precarious work and labour action in the logistics sector. Working USA. *The Journal of Labor and Society* 19(1):57–79.
Kelly, John. 1998. *Rethinking industrial relations mobilisation, collectivism and long waves*. London: Routledge.
Klaus, Peter. 2023. *Profitmonitor. Erste umfassende Studie zur Profitabilität der Logistik-Dienstleistungswirtschaft in Deutschland*. Hamburg: DVV Media Group.
Liebhold, Renate, und Rainer Trinczek. 2002. Experteninterview. In *Methoden der Organisationsforschung*, Hrsg. Stefan Kühl, Petra Strodtholz, 33–71. Hamburg: Rowohlt.
Lucht, Kim, und Steffen Liebig. 2023. Sozial-ökologische Bündnisse als Antwort auf Transformationskonflikte? Die Kampagne von ver.di und Fridays for Future im ÖPNV. *PROKLA* 53(1):15–33.
Mezzadra, Sandro, und Brett Neilson. 2013. *Border as method, or, the multiplication of labor*. Durham: Duke University Press.
Moody, Kim. 2017. *On new terrain. How capital is reshaping the battleground of class war*. Chicago: Haymarket Books.
Negrey, Cynthia, Jeffrey L. Osgood, und Frank Goetzke. 2011. One package at a time: the distributive world city. *International Journal of Urban and Regional Research* 35(4):812–831.
Nowak, Jörg. 2020. Do choke points provide workers in logistics with power? A critique of the power resources approach in light of the 2018 truckers' strike in Brazil. *Review of International Political Economy* 29(5):1675–1697.
Offe, Claus, und Helmut Wiesenthal. 1980. Two logics of collective action: theoretical notes on social class and organizational form. *Political Power and Social Theory* 1(1):67–115.
Oosterlynck, Stijn, und Erik Swyngedouw. 2010. Noise reduction: the postpolitical quandary of night flights at Brussels airport. *Environmet and Planing A* 42(7):1577–1594.
Rink, Dieter, und Sigrun Kabisch. 2019. Von der Schrumpfung zum Wachstum – Demographische und ökonomisch-soziale Entwicklung. In *Vom Ersten Weltkrieg bis zur Gegenwart* Geschichte der Stadt Leipzig, Bd. 4, Hrsg. Ulrich von Hehl, 842–861. Leipzig: Leipziger Universitätsverlag.
Schmalz, Stefan, Carmen Ludwig, und Edward Webster. 2018. The power resources approach: developments and challenges. *Global Labour Journal* 9(2):113–134.
Silver, Beverly. 2003. *Forces of labour. Workers' movement and globalization since 1870*. Cambridge: Cambridge University Press.

Stadt Leipzig. 2024a. Erwerbstätigkeit und Arbeitsmarkt (Tabelle). https://statistik.leipzig.de/statcity/table.aspx?cat=7&rub=3&obj=0&per=y. Zugegriffen: 26. März 2024.

Stadt Leipzig. 2024b. Flughafen Leipzig/Halle. https://www.leipzig.de/wirtschaft-und-wissenschaft/investieren-in-leipzig/infrastruktur/verkehrsinfrastruktur/flughafen-leipzighalle. Zugegriffen: 31. März 2024.

Stephan, Hans-Christian. 2023. Amazon schließt Standort am Leipziger Flughafen. [Zweitteiliger Beitrag für die LIZ]. https://www.l-iz.de/wirtschaft/metropolregion/2023/10/amazon-schliesst-standort-am-leipziger-flughafen-airhub-uberflussig-559311. Zugegriffen: 26. März 2024.

Stephan, Hans-Christin. 2024. A never-sleeping region awakes. The social conflicts and power resources of the logistical restructuring in the Leipzig region. *Moving the Social* 73:133–159.

Strategic Unionism, A.K. 2013. Jenaer Machtressourcenansatz 2.0. In *Comeback der Gewerkschaften? Machtressourcen, innovative Praktiken, internationale Perspektiven*, Hrsg. Klaus Dörre, Stefan Schmalz, 345–375. Frankfurt am Main: Campus.

Vgontzas, Nantina. 2020. A new industrial working class? Challenges in disrupting Amazon's fulfillment process in Germany. In *The cost of free shipping Amazon in the global economy*, Hrsg. Jake Alimahomed-Wilson, Ellen Reese, 116–128. London: Pluto Press.

Webster, Edward. 2015. Labour after globalisation: old and new sources of power. In *Labour and transnational action in times of crisis: from case studies to theory*, Hrsg. Andreas Bieler, Roland Erne, Darragh Golden, Idar Helle, Knut Kjeldstaki, Tiago Matos, und Sabina Stan, 109–122. London: Rowman and Littlefield.

Social upgrading of migrant workers in global production networks: findings from the semiconductor industry in Taiwan

10

Ting-Chien Chen and Daniel Schiller

Inhaltsverzeichnis

T.-C. Chen (✉)
National Cheng Kung University, College of Social Sciences, Tainan, Taiwan
E-Mail: tingchien_chen@gs.ncku.edu.tw

D. Schiller
Institut für Geographie und Geologie, Universität Greifswald, Greifswald, Germany
E-Mail: daniel.schiller@uni-greifswald.de

M. Doutch et al. (Hrsg.), *Arbeitswelten*, https://doi.org/10.1007/978-3-662-70955-9_10

Abstract

Whether economic upgrading in global production is accompanied by social upgrading is a prominent topic in the literature on global production networks. This chapter examines how involvement in global production processes impacts work satisfaction of migrant workers. The chapter is based on a random sample survey of Filipino migrant workers in two leading clusters of the semiconductor industry in Taiwan: Hsinchu Science Park and Kaohsiung Export Processing Zone. The study examines how institutional factors, such as work experience and length of stay, are related to migrant workers' satisfaction with their work conditions. Findings from a regression analysis suggest that the length of stay and previous work experience in the semiconductor industry are negatively associated with job satisfaction. The results extend our understanding of the determinants of social upgrading and highlight new factors contributing to the (dis)satisfaction of migrant workers with their working conditions, and how involvement in global production limits the social upgrading of Filipino migrant workers.

Keywords: upgrading trajectories, migration, working conditions, job satisfaction, semiconductors, institutional factors, global re/production networks

Zusammenfassung

Die Frage, ob ökonomisches *Upgrading* in der globalen Produktion mit sozialem *Upgrading* einhergeht, wird in der Literatur über globale Produktionsnetzwerke stark diskutiert. Dieses Kapitel untersucht diese Frage mit einem Fokus auf migrantische Arbeiter:innen, die in globale Produktionsprozesse eingebunden sind. Das Kapitel basiert auf einer zufallsbasierten Befragung von philippinischen Arbeiter:innen in zwei führenden Clustern der Halbleiterindustrie in Taiwan: Hsinchu Science Park und Kaohsiung Export Processing Zone. Die Studie untersucht, wie institutionelle Faktoren wie Berufserfahrung und Aufenthaltsdauer mit der Zufriedenheit der migrantischen Arbeiter:innen und ihren Arbeitsbedingungen zusammenhängen. Die Ergebnisse einer Regressionsanalyse deuten darauf hin, dass die Aufenthaltsdauer und frühere Arbeitserfahrung in der Halbleiterindustrie negativ mit der Arbeitszufriedenheit verbunden sind. Die Ergebnisse erweitern unser Verständnis der Determinanten sozialer *Upgrading*-Prozesse, indem sie neue Faktoren aufzeigen, die zur (Un-)Zufriedenheit von migrantischen Arbeiter:innen mit ihren Arbeitsbedingungen beitragen und wie die Einbindung in globale Produktionsprozesse den sozialen Aufstieg philippinischer Arbeiter:innen in Taiwan begrenzt.

Schlüsselwörter: Soziales *Upgrading*, Migration, Arbeitsbedingungen, Arbeitszufriedenheit, Halbleiterindustrie, institutionelle Faktoren, globale Re/Produktionsnetzwerke

10.1 Introduction

Labour geography literature has long featured migrant workers (Strauss 2018). They are frequently documented to have a precarious and unfree status in the host country (Seo and Skelton 2017; Yea 2017) and are often employed in low-valued, low-wage, and low-skilled jobs (Parreñas et al. 2019; Balčaitė 2020). Literature on labour geographies and global production suggests that foreign workers in globalised industries are less powerful in negotiating their working conditions with employers (Kelly 2002; Raj-Reichert 2013).

There is an ongoing debate about the social upgrading opportunities available to migrant workers. Conceptually, 'social upgrading' refers to the improvement of workers' rights and entitlements, including access to better work resulting from economic upgrading, improved working conditions, protection, and rights. Enabling workers' rights, such as freedom of association and collective bargaining, is also an important aspect of social upgrading (Barrientos et al. 2011). By examining the tensions between economic and social drivers of upgrading and downgrading in global production networks (GPNs), Barrientos (2019) emphasised how complicated upgrading trajectories are. Several studies focus on the influence of demographic characteristics on migration behaviour in East and Southeast Asia (Findlay and Li 1998; Lowe and Chen 2016; Parreñas et al. 2019; Paul 2019). However, even though some people have opportunities to work abroad, studies showed that workers' position in GPNs leads to limitations of social upgrading (Anwar and Graham 2019; Kumar and Beerepoot 2019; Marslev et al. 2021).

There is a need to examine the impact of institutional factors on the trajectories of social upgrading migration in order to better understand the relationship between economic and social upgrading in the semiconductor industry. For example, it remains unclear under which industrial contexts and immigrant regulations the social upgrading of migrants occurs. Against this background, this study uses the concept of upgrading trajectories to examine whether individual migration in the transnational labour market translates into an improvement of labour standards by comparing job satisfaction at two points of time and explores how individual decision-making and national regulatory institutions, such as visa regulation and employment contract, influence social upgrading.

Conceptually, the study aims to contribute to a framework for analysing the migration trajectory of social upgrading in which better or worse working conditions can be identified. Thus, it focuses on the trajectories of social upgrading to reveal diverging trajectories that can accommodate major actors, governance, mechanisms, and key drivers in GPNs, because social upgrading has lagged behind economic upgrading in most cases and economic gains are not necessarily beneficial to social development (Barrientos et al. 2011; Gereffi and Lee 2016).

Empirically, the study addresses the research gap by examining the impact of seniority as an institutional factor on the trajectories of social upgrading migration, to better understand the relationship between economic and social upgrading in the semiconductor industry. It employs the concept of social upgrading, considering broader aspects of working conditions within GPNs. By broadening the focus from purely economic improvements to a more inclusive understanding of workers' working conditions, incorporating multidimensional aspects, contextual factors, and diverse stakeholder perspectives, strategies for social upgrading within GPNs can be developed. The study analyses the agency of migrants through workers' mobility between Taiwan and the Philippines and national regulations in the host country.

The study examines the effect of institutional factors on migrants' job satisfaction outcomes and on their subsequent trajectory of social upgrading in Kaohsiung and Hsinchu, Taiwan. It contributes to a better understanding of migrant workers' working conditions and demonstrates the determinants of social upgrading/downgrading. Also, the study highlights how migrant workers are engaged in the migration regime in Taiwan and how regulatory institutions may worsen their working conditions.

The chapter is organised as follows: The next section reviews recent literature on economic and social upgrading in GPNs. The third section explains the study design and data collection and introduces an integrated framework for job satisfaction (dependent variable) and institutional factors (independent variables). The fourth section provides background information on the empirical case study. The fifth section presents the findings, analysing job satisfaction of Filipino migrant workers in the Taiwanese semiconductor industry with two logistic regression models on social upgrading. The sixth section discusses these results. The final section summarises the implications of institutional factors on the trajectories of social upgrading in GPNs.

10.2 Literature review: Linking social upgrading, migration trajectories and job satisfaction

This section presents a review of the literature on the social upgrading of migrant workers in GPNs in three aspects: first, factors that influence social upgrading, such as institutional factors; second, migration trajectories of workers; and third, results from studies on the correlation of seniority and job satisfaction, including job quality and job security.

10.2.1 Factors influencing social upgrading by job satisfaction

Firstly, regarding economic upgrading at the firm level: studies on labour in GPNs have paid attention to the critical question of whether economic upgrading leads to social upgrading for the workers involved (Rossi 2013; Newsome et al. 2015; Bernhardt and Pollak 2016). Labour research has provided insights into different trajectories of economic and social upgrading in the global economy in the past decades (Lee and Gereffi 2015; Gereffi and Fernandez-Stark 2016). Some researchers have increasingly focused more on the governance framework that shapes the outcome for labour in GPNs, such as code of conduct and multi-stakeholder initiatives (Locke et al. 2007; Coe et al. 2008; Milberg and Winkler 2011). However, as Bernhardt and Milberg (2011) note, economic upgrading is insufficient for social upgrading to occur, and more empirical studies are needed which examine the improvement of labour standards from different industrial perspectives (Barrientos et al. 2011; Bernhardt and Pollak 2016).

With respect to education and skills development at the individual level: Barrientos et al. (2011) provide a new paradigm of social upgrading by comparing differences in the composition of the workforce in different industries. Moreover, they depict the trajectories of possible social upgrading according to measurable labour standards on different skill levels in the IT hardware industry, such as from low- and medium-skilled jobs to high-skilled technology and knowledge-intensive work. For instance, Barrientos et al. (2011) showed the key drivers of social upgrading for a medium-skilled worker in mixed production technologies. These included (1) a fair quantity of jobs, (2) higher relative wages than assembly jobs, (3) higher relative job security in vertically integrated firms, but increased use of flexible employment, (4) layers of skills and jobs down the supply chain make it possible to retain core skills and outsource other tasks to peripheral workers. Furthermore, the typology means that when a migrant worker switches from a labour-intensive industry to a technology industry, the job quality might be better, but the job security might be worse.

10.2.2 Migration trajectory

As mentioned in the research by Barrientos et al. (2011), migration and education are two important ways for workers to improve their working conditions in IT-related GPNs. Different domains of social upgrading occur through the different skill levels of jobs, such as low-skilled, labour intensive and medium-skilled to higher-skill or mixed production technology (Gereffi and Guler 2010; Barrientos et al. 2011). Scholars in migration studies have shown that an analysis of migrants' life courses is essential to understand their situations. Thus, applying the sociological life course approach to migration research may advance our study of migration patterns and further develop the life course perspective (Kley 2010; Liao and Gan 2020).

Previous research has shown that the migration agents shape the migration of Filipino workers in the UK temporary labour market (Jones 2012). Filipino domestic workers in Hong Kong provide caregiving services, including caring for children and looking after sick, disabled, and elderly individuals (Lai and Fong 2020). Lan's research in Taiwan has revealed that the majority of Filipino migrant domestic workers are female (Lan 2003).

10.2.3 Institutional factors measuring social upgrading by job satisfaction

Previous studies highlight the methodological challenges involved in measuring social upgrading, especially at the level of analysis and comparability (Salido Marcos and Bellhouse 2016). Qualitative studies on migrant workers in GPNs show that migrants are exposed to social up/downgrading, and workers have limited agency to change their status while working in factories which are dependent on lead firms in GPNs (Kelly 2002; Rossi 2013; Seo and Skelton 2017). However, these studies do not identify institutions that might contribute to the social up/downgrading. The institutional theory perspective emphasises the impact of institutions on migrant status during and after migration (Massey et al. 1993). This includes government immigration policies, such as visa status, that affect migrant workers in the destination country.

Migration regimes have an impact on workers' employment contracts, including visa regulations and employer-tied contracts. Seniority is an essential factor in migration regimes as it comprises various elements of an employee's tenure and experience within a specific role or industry. Seniority can thus be viewed as an institutional factor within the migration regime. Seniority affects employees' careers through various lenses (Rousseau and Shperling 2003). Therefore, seniority, including length of stay in the host country, work experience, and the length of service in the current firm, is essential to understand the impact of these factors on the social upgrading of migrants by job satisfaction.

This study uses objective and subjective measurements to better understand working conditions, especially quality of the job and security. As pointed out by Brown et al. (2012), there are two types of studies on job quality; first, research which focuses on objective measurements, such as job characteristics (Gallie 2007) and second, research which focuses on subjective measurements, such as workers' self-reported job satisfaction (Clark 2011).

10.3 Study design and data collection

10.3.1 Study design

This study extends our understanding of the social upgrading of migrant workers by examining how institutional factors make an important difference for employees in the semiconductor industry in Taiwan in terms of satisfaction with their working conditions. Two different stages of migration are analyzed (see below). Having two dependent variables helps to differentiate the impact resulting from the uneven development between Taiwan and the Philippines and the impact resulting from the migrant labour regime, including GPN structural factors and the national migration regime in the host country. In addition, we control for factors that have been identified previously to have an influence on working conditions: gender, age, education, marital status, kinship, and remittance.

Distinguishing the post-migration stage in Taiwan is supported by the findings that prior migration experience increases the likelihood of subsequent migration. Persons with migration experience might have learned to cope with such a move so that they feel more confident and expect migration to have less of a psychological cost (Massey and Espinosa 1997).

Fig. 10.1 illustrates the proposed framework for migrants' satisfaction with working conditions and the hypothesis about factors in two stages of the migration process. As far as the statistical analysis is concerned, the theoretical framework

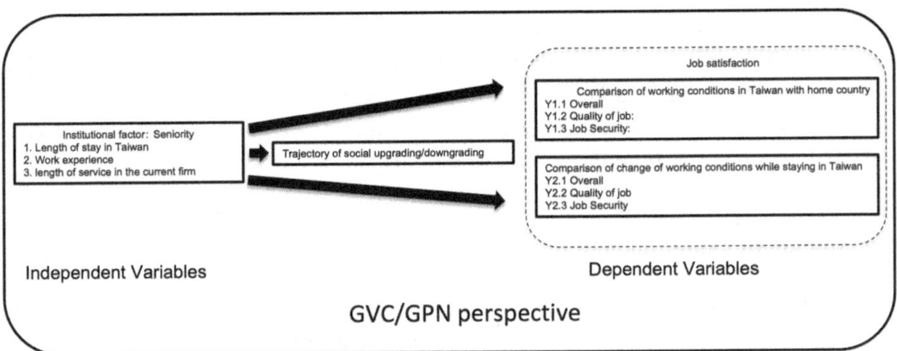

Fig. 10.1 Conceptual framework of workers' perspective on social upgrading/downgrading. (Source: own draft)

presented in Fig. 10.1 is used to identify factors influencing migrant workers' job satisfaction in different stages of the migration process by means of a logistic regression model. For example, respondents were asked, "Please compare the quality of your recent job in Taiwan with your home country according to the following points", and "Please compare the quality of your recent job with your first job in Taiwan according to the following points", in order to identify their work conditions at different stages. Work conditions were generally grouped into three parts: quality of work, job security, and overall satisfaction.

The satisfaction for each point was assessed on a five-point Likert scale, with possible responses ranging from very dissatisfied to very satisfied. The code was entered as "1" if respondents answered very satisfied or satisfied. On the other hand, those who responded somewhat satisfied, unsatisfied, and very unsatisfied were entered as "0". Furthermore, the analysis explores how demographic characteristics, job-related factors, and institutional intervention factors are related to the likelihood of satisfaction with work conditions. A binary logistic regression analysis was run to determine predictors related to migrant workers being more satisfied with their work conditions.

The study focuses on the change in job satisfaction at two critical points:

1. Job satisfaction during the stay in Taiwan compared to job satisfaction in the Philippines. The first stage of considering migration is hypothesized to be mainly the result of the uneven development of job opportunities between the sending and receiving countries. Job satisfaction is expected to increase with the opportunities to work in Taiwan.
2. Post-migration job satisfaction, whereby the comparison occurs after a job change during a worker's stay in Taiwan. The second stage of considering one's stay in Taiwan is hypothesized to mainly be the result of the constraints of the migrant labour regime (MLR), which constrains the agency of migrant workers in the local labour market (Chen and Schiller 2022). Therefore, the limited career potential of migrant workers within MLRs is expected to lead to lower job satisfaction.

Taking into consideration the institutional approach, it is to be expected that the institutional factors underpinning the migration regime are associated with the job satisfaction of migrant workers. The following hypothesis is the result of these considerations: *Migrant workers who have more seniority are more likely to be satisfied with work conditions than those with less seniority.*

10.3.2 Data collection

The empirical data was collected via a street survey among Filipino migrant workers with the assistance of an interpreter who speaks the Philippine language (Tagalog) during November 2019 and January 2020. Respondents completed questionnaires, comparing their experiences in two stages because we were unsure whether we could meet them again. In total, 457 migrants who work in the semiconductor industry in Taiwan were interviewed. Kaohsiung and Hsinchu were chosen as sites for the study because those two locations have been regarded as the main semiconductor clusters in Taiwan for many decades (Saxenian and Hsu 2001; Hsu et al. 2018).

In this research, the study uses a mixed-method approach, where quantitative analysis of survey data with 457 migrant workers is combined with qualitative evidence from semi-structured interviews with nine key actors, including human resource managers, private employment agents, governmental officers, and migrant workers. Although job satisfaction survey data does not fully represent job quality, the survey data on job satisfaction can still yield valuable information about the workplace experience. The study modified the paradigm of social upgrading (Barrientos et al. 2011) by using job quality and job security as indicators to assess to which extent workers undergo trajectories of social upgrading. The measurement focuses on workers' satisfaction with their working conditions, particularly in terms of job quality and security. Therefore, increased job satisfaction would be a clear indicator of social upgrading.

Table 10.1 provides an overview of the basic information and situation of migrant workers in Taiwan. When reporting the gender, age, marital status, education, etc. of the respondents, the study uses percentages for the categorical variables and the mean for continuous variables.

Table 10.1 Descriptive statistics of independent variables (n = 457)

Independent variables	mean	standard deviation	range
Demographic characteristics			
Gender (female = 1, male = 0)	0.987		
Age	29.91	4.673	20 to 47
Education			
Level 1, 2	0.169		
Level 3, 4	0.167		
Level 5	0.249		
Level 6	0.414		
Marital status (single = 1, married = 0)	0.767		
Children (yes = 1, no = 0)	0.363		
Remittances (yes = 1, no = 0)	0.987		
Less than 10 % of salary	0.121		
10–25 % of salary	0.300		
25–50 % of salary	0.294		
Over 50 % of salary	0.285		
Relatives (yes = 1, no = 0)	0.057		
Job-related factors			
Salary	26,051.65	3,644.75	23,000 to 70,000
Previous work experience in semi-conductor industry in the Philippines (yes = 1, no = 0)	0.583		
Previous work experience in Taiwan (yes = 1, no = 0)	0.313		
Previous work experience in the semi-conductor industry in Taiwan (yes = 1, no = 0)	0.242		
Location (Hsinchu = 1, Kaohsiung = 0)	0.284		
Institutional factors			
Labour market intermediary (private employment agency = 1, direct hiring program = 0)	0.785		
Duration of stay (years)	4.4	3.6	1 to 24

Source: own survey

10.4 Introduction of empirical case study: the migration regime in the Taiwanese semiconductor industry

Within the Taiwanese semiconductor industry, migrant workers, particularly from Southeast Asian countries such as the Philippines, play a crucial role. The migration regime governing these workers is shaped by a combination of national policies, employer practices, and transnational labour market dynamics.

To address labour shortages, the Taiwanese government introduced a temporary migration system in 1992. Based on bilateral agreements with five countries, namely the Philippines, Vietnam, Malaysia, Thailand, and Indonesia, employers can hire migrant workers under specific quota regulations by industries in three ways: first, through private employment agents; second, through governmental direct hiring centres, which have been set up since 2007 and provide online matching services; and third, through direct hiring programs via firms. The migration regime in Taiwan includes specific visa regulations and employment contracts that are often tied to particular employers, which influence the freedom of migrant workers to change employers. These regulations affect various aspects of their employment, from work conditions to career opportunities. For instance, state policies limit the maximum duration migrant workers can stay in the country, typically capping it at 12 years.

Regarding industrial dynamics, the migrants mainly worked in the assembly and test sector of IC chip production due to the labour-intensive nature of work. Electronics firms are under pressure to comply with third-party private governance power, such as the Responsible Business Alliance (RBA), which advocates for ethical labour practices, including policies like a zero placement fee for workers. This policy means that migrant workers should not have to pay fees to secure employment, which helps to prevent exploitation and indebtedness.

10.5 Results: Factors influencing workers' job satisfaction

10.5.1 Workers' characteristics

Among those surveyed, most respondents were female (98.7 %) with an average age of 29.9 years. 66.3 % of the respondents reported having ISCED-level 5 or 6 education, equivalent to tertiary education. Most respondents were unmarried (76.7 %) and only a small proportion had children (36.3 %). Almost all respondents sent remittances home (98.7 %), while only a few had relatives in Taiwan (5.7 %). In terms of job-related factors, the respondents earned an average salary of 26,052 New Taiwan Dollar per month, which is lower than the median monthly salary in Taiwan of 41,500 NTD in 2019 (Directorate-General of Budget, Accounting and Statistics, Executive Yuan, Taiwan, 2019). Over two-thirds of the respondents were working in Taiwan for the first time (66.7 %). With regard to institutional factors, the majority of them had secured employment through private employment agents (78.5 %). On average, they had been in Taiwan for 3.86 years, a relatively short time.

10.5.2 Workers' job satisfaction

We use logistic regression analysis to show the change of job satisfaction in two different stages when comparing Taiwan and the Philippines and then during workers' stay in Taiwan. The dependent variable is job satisfaction with work conditions. Respondents were asked to provide their satisfaction with different aspects.

Regarding descriptive statistics, the analysis includes dependent variables at two migration stages. For instance, comparing the working conditions in Taiwan and in the Philippines, the satisfaction with various aspects is shown in descending order as follows: health insurance (87.5 %), which means 87.5 % are more satisfied with their health insurance in Taiwan compared to their situation in the Philippines. This is followed by wages (84.0 %), length of contract (78.8 %), work schedule (70.1 %), training (68.4 %), accommodation (67.7 %), unemployment benefits (49.0 %), and pension (45.2 %). Regarding satisfaction after a job change during the workers' stay in Taiwan, the order of satisfaction with job quality and security is the same. However, when comparing the two stages, satisfaction with wages and health insurance decreased slightly; satisfaction with health insurance dropped to 76.9 % (−1.06 %), and satisfaction with wages dropped to 75.0 % (−0.09 %). A comparison of the overall satisfaction in the two stages, including newly arrived in Taiwan and the job change, reveals that there is not much change. The overall satisfaction after a move to Taiwan from the Philippines is 72.0 %, and the satisfaction after a job change during workers' stay in Taiwan is 72.6 %.

10.5.3 Seniority as institutional factor of migrant workers' job satisfaction

In this section the study demonstrates how seniority affects social upgrading (see Tables 10.2 and 10.3). In the logistic regression model, we also controlled for additional variables that are not shown in the tables to increase readability (gender, age, education, family status, salary, and location in Taiwan).

Seniority is measured by three aspects: length of stay, work experience, and the length of service in the current firm. First, length of stay is a significant factor in wage satisfaction in the Taiwan-Philippines comparison. However, those who had stayed longer in Taiwan were less likely to be satisfied with their wages. This is probably because the migration regime makes it difficult to change status, due to restrictions such as the maximum 12-year visa and conditions placed on employer change. The labour regime is also relevant when comparing work schedule satisfaction between Taiwan and the Philippines.

Second, seniority in the current company is another significant factor in training satisfaction in the Taiwan-Philippines comparison. Those with more seniority in the current firm were also less likely to be satisfied with training. Migrant workers who have worked in the same company for a longer time are likely to have higher expectations of training and promotion. Most operators have on-the-job training, and salary or bonus increases depend on job performance.

Table 10.2 Result of logistic regression on satisfaction of work condition between Taiwan and Philippines

	Job quality										Job security							
	Wage		Work schedule		Training		Accommodation		Years of contract		Unemployment benefit		Health insurance		Pension		Overall satisfaction	
	B	Sig.	B	Sig.	B	Sig.	B	Sig.	B	Sig.	B	Sig.	B	Sig.	B	Sig.		
Independent variables																		
Length of stay	−0.138	0.049**	−0.138	0.016**	0.008	0.885	−0.12	0.034**	−0.112	0.076*	−0.045	0.411	−0.098	0.234	−0.069	0.220	−0.057	0.330
No work experience in semiconductor industry in Philippine	0.305	0.356	0.333	0.207	0.215	0.400	−0.358	0.169	0.224	0.454	0.06	0.809	0.032	0.933	−0.06	0.812	−0.212	0.437
No work experience in Taiwan	−0.643	0.180	0.029	0.936	−0.017	0.962	−0.666	0.076*	−1.142	0.016**	−0.44	0.206	−1.706	0.007***	−0.118	0.729	−0.106	0.775
No work experience in semiconductor industry in Taiwan	0.234	0.638	−0.267	0.489	−0.001	0.998	0.702	0.073	1.346	0.004***	0.568	0.123	1.486	0.012**	0.466	0.202	0.39	0.321
Seniority in current firm	0.12	0.191	−0.035	0.636	−0.152	0.045**	0.022	0.761	−0.016	0.846	−0.086	0.225	0.049	0.639	−0.099	0.175	−0.087	0.248

*p < 10 %, **p < 5 %, ***p < 1 %
Source: own survey

Table 10.3 Result of logistic regression on satisfaction of work condition during the stay in Taiwan

	Job quality										Job security							
	Wage		Work schedule		Training		Accommodation		Years of contract		Unemployment benefit		Health insurance		Pension		Overall satisfaction	
	B	Sig.	B	Sig.	B	Sig.	B	Sig.	B	Sig.	B	Sig.	B	Sig.	B	Sig.		
Independent variables																		
Length of stay	0.021	0.740	−0.037	0.517	−0.072	0.203	−0.057	0.325	−0.014	0.821	−0.07	0.206	0.027	0.676	−0.044	0.422	−0.031	0.607
No work experience in semiconductor industry in Philippine	−0.026	0.925	0.053	0.839	−0.14	0.594	−0.359	0.171	−0.068	0.803	−0.107	0.669	0.166	0.563	−0.073	0.771	0.02	0.941
No work experience in Taiwan	−0.513	0.181	−0.163	0.646	−0.469	0.193	−1.08	0.004***	−0.52	0.176	−0.526	0.122	−0.767	0.064*	−0.015	0.963	−0.225	0.551
No work experience in semiconductor industry in Taiwan	0.34	0.405	−0.025	0.947	0.279	0.466	0.82	0.04**	0.835	0.04**	0.269	0.459	0.666	0.126	0.27	0.449	0.34	0.403
Seniority in current firm	−0.046	0.565	−0.067	0.368	−0.02	0.789	−0.066	0.385	−0.031	0.693	−0.026	0.722	−0.06	0.475	−0.073	0.306	−0.077	0.331

*p < 10 %, **p < 5 %, ***p < 1 %

Source: own survey

Thirdly, in Taiwan and the Philippines, work experience had a significant impact on satisfaction with accommodation. Interestingly, those with previous work experience in Taiwan were more likely to be satisfied. However, those who stayed longer in Taiwan were less likely to be satisfied. Work experience also influenced satisfaction with accommodation during their stay in Taiwan. Those with work experience in Taiwan, higher salaries, and education levels 3 and 4 were more likely to report satisfaction. Work experience has a significant impact on contract length in Taiwan and the Philippines. In Taiwan, the length of stay also affects satisfaction with the contract. People who had prior work experience in the Taiwanese semiconductor industry and those who stayed longer were again less likely to be satisfied with their contracts. Additionally, those with previous semiconductor industry experience in Taiwan were less likely to be satisfied with their contract length during their stay

10.6 Discussion

This section discusses the results presented above to illustrate the factors influencing job satisfaction, thereby shaping workers' social upgrading trajectories. In both Kaohsiung and Hsinchu, the research presents labour migration patterns, including workers' characteristics, and compares how institutional factors shape job satisfaction. The study identifies institutional factors, such as seniority, including length of stay, work experience, and seniority in the current firm, to examine their impact on the trajectories of social upgrading. This analysis also elucidates how the constraints of the migration regime can shape job satisfaction, thereby highlighting the potential implications for policy and practice.

Regarding work experience, those earning higher wages and having more work experience are more likely to be satisfied with working conditions. However, specific work experience in the semiconductor industry is a negative predictor. The findings show that those who have already worked in the semiconductor industry in Taiwan are less likely to be satisfied, specifically regarding the length of the contract, health insurance, and accommodation. No skill barriers allow many workers to work on the production site with on-the-job training as a profitable human resource strategy.

The results are comparable to studies about entry barriers, such as the Korean employment permit system (EPS), which requires certain skills and language qualifications to be a factory worker (Seo and Skelton 2017; Seo 2019). An employment agent mentioned in the interview that:

> "according to a worker who went to Korea, he/she paid more employment fees than he/she would have paid if working abroad through an employment agent."

However, a lack of national authorities to verify migrants' skill qualifications may cause experienced workers to lose opportunities to overcome skill barriers and enhance their employability and bargaining power.

Regarding the length of stay, it was expected that workers who had been in Taiwan for several years would be more likely to be satisfied with their jobs. However, the survey shows that those who had stayed longer were less likely to be satisfied with the quality of the job, specifically the wages, work schedule on the night shift, and accommodation. Furthermore, as migrant workers' employment permits do not allow them to work in Taiwan for a period longer than 12 years in total, the longer workers have stayed, the closer they are to the glass ceiling in their careers. There is less likelihood that they will get promoted to further their career. An employer said in the interview:

> "Because migrant workers cannot stay in Taiwan for a long time, they will go back when the time is up, so they only need to work hard here, work overtime, and make money to meet the needs of their family and personal needs. For them, this is a career plan."

Since April 30, 2022, Taiwan has been implementing the retention of foreign intermediated skilled workforce programs, which means migrants who have worked in Taiwan for at least six years can apply through their employers if they meet the appropriate salary or skill requirement to convert workers to intermediated skilled workers and waiving limits on the length of stay in Taiwan.[1] As the new policy opens up new possibilities for their career, the migration regime transforms to be more inclusive to the migrants. Thus, the study can only come to a temporal conclusion.

Seniority reflects the difficult situation faced by migrant workers. Even though the workers have many years of experience, they cannot extend their visas after working in Taiwan for 12 years due to the regulations of the migration regime. Even though working abroad is now more accessible, migration does not always guarantee an improved individual life. It may enhance working conditions in the short term, but the career may stagnate in the long term due to institutional barriers and the immobility of migration regimes in host countries. Therefore, labour market research should not solely focus on economic upgrading in global production networks, such as income growth, but should also adopt a broader perspective that encompasses social upgrading, working conditions, and labour agencies.

10.7 Conclusion

This study provided empirical results on the migration experience of Filipino industrial migrant workers in Taiwan. Our analysis is based on survey data collected in Taiwan in 2019-2020. The quantitative analysis shows the importance of identifying institutional factors as a dimension of social upgrading. This study uses a theoretical framework to illustrate the migration pattern as the trajectory of social upgrading to examine the two periods: pre- and post-migration. We expand the understanding of social upgrading to look at three dimensions: job quality, job security, and overall satisfaction with the working conditions.

[1] National Development Council, https://www.ndc.gov.tw/en/Content_List.aspx?n=DAD1D37FA6D9606D [Access data 29/07/2024].

Empirically, the study provides an overview of the motivations of aspiring migrants in the semiconductor industry and examines the impact of institutional factors on the trajectories of social upgrading. Theoretically, previous research has explored the external factors of social upgrading at the firm level (Barrientos 2019), but we analyse institutional factors of migrants' trajectories of social upgrading at the individual level.

Our study has important implications. Empirically, it provides descriptive data and statistical results for the semiconductor industry, an important industry at a global scale with a high number of migrant workers. The study analyses different dimensions of working conditions, allowing for a better identification of institutional factors contributing to better working conditions. Theoretically, this study examines the dynamics of social upgrading and personal mobility/agency through the concepts of social upgrading trajectories from the workers' perspective, which understands social upgrading rather as a process than an outcome. However, it is essential to note that our respondents were randomly interviewed at various locations in Kaohsiung and Hsinchu, Taiwan. The sample group for analysis was limited due to lack of access to their workplaces. According to a government report, Taiwan had about 126,661 migrant workers from the Philippines in 2019, so a limitation of the survey is that we only cover those who work in the semiconductor industry and the findings of the survey might be industry-specific, so there is a need to do research in other industries in the future.

Furthermore, while this study is a crucial step, more empirical exploration is necessary. Future research should critically examine the gender perspective in labour to better understand its social construction as more female migrant workers become involved in the semiconductor industry. It could also expand this analysis to other industries and other countries.

References

Anwar, Mohammad Amir, and Mark Graham. 2019. Does economic upgrading lead to social upgrading in contact centers? Evidence from South Africa. *African Geographical Review* 38(3):209–226.

Balčaitė, Indrė. 2020. Brokered (Il)legality: Co-producing the status of migrants from Myanmar to Thailand. In *The migration industry in Asia*, ed. Michiel Baas, 33–58. Singapore: Springer.

Barrientos, Stephanie. 2019. *Gender and work in global value chains: capturing the gains?* Cambridge: Cambridge University Press.

Barrientos, Stephanie, Gary Gereffi, and Arianna Rossi. 2011. Economic and social upgrading in global production networks: a new paradigm for a changing world. *International Labour Review* 150(3–4):319–340.

Bernhardt, Thomas, and William Milberg. 2011. *Economic and social upgrading in global value chains: analysis of horticulture, apparel, tourism and mobile telephones*. Capturing the Gains Working Paper 06. https://doi.org/10.2139/ssrn.1987688.

Bernhardt, Thomas, and Ruth Pollak. 2016. Economic and social upgrading dynamics in global manufacturing value chains: a comparative analysis. *Environment and Planning A: Economy and Space* 48(7):1220–1243.

Brown, Andrew, Andy Charlwood, and David A. Spencer. 2012. Not all that it might seem: why job satisfaction is worth studying despite it being a poor summary measure of job quality. *Work, employment and society* 26(6):1007–1018.

Chen, Tingchien, and Daniel Schiller. 2022. The migrant labour regime and labour market intermediaries in the Taiwanese semiconductor industry. *Work in the Global Economy* 2(2):248–271.

Clark, Andrew E. 2011. Worker well-being in booms and busts. In *The labour market in winter: the state of working britain*, ed. Paul Gregg, Jonathan Wadsworth, 128–143. Oxford: Oxford Acadamic.

Coe, Neil M., Peter Dicken, and Martin Hess. 2008. Global production networks: realizing the potential. *Journal of Economic Geography* 8(3):271–295.

Directorate-General of Budget, Accounting and Statistics, Executive Yuan. 2019. Average earnings by industry and occupation, 2019. Retrieved from https://eng.stat.gov.tw/Point.aspx?sid=t.4&;n=4203&sms=11713.

Findlay, Allan M., and F.L.N. Li. 1998. A migration channels approach to the study of professionals moving to and from Hong Kong. *International Migration Review* 32(3):682–703.

Gallie, Duncan. 2007. *Employment regimes and the quality of work.* Oxford: Oxford University Press.

Gereffi, Gary, and Karina Fernandez-Stark. 2016. *Global value chain analysis: a primer*, 2nd edn. Duke Center on Globalization, Governance & Competitiveness.

Gereffi, Gary, and Esra Guler. 2010. Global production networks and decent work in India and China: evidence from the apparel, automotive, and information technology industries. In *Labour in global production networks in India*, ed. Anne Posthuma, Dev Nathan, 103–126. New Delhi: Oxford University Press.

Gereffi, Gary, and Joonkoo Lee. 2016. Economic and social upgrading in global value chains and industrial clusters: why governance matters. *Journal of Business Ethics* 133(1):25–38.

Hsu, Jinn, Dong-Wan Gimm, and Jim Glassman. 2018. A tale of two industrial zones: a geopolitical economy of differential development in Ulsan, South Korea, and Kaohsiung, Taiwan. *Environment and Planning A: Economy and Space* 50(2):457–473.

Jones, Katharine Victoria. 2012. *The business of migration the role of agencies in facilitating migration into the UK from Australia, the Philippines and Poland.* Manchester: The University of Manchester. PhD diss.

Kelly, Philip F. 2002. Spaces of labour control: comparative perspectives from Southeast Asia. *Transactions of the Institute of British Geographers* 27(4):395–411.

Kley, Stefanie. 2010. Explaining the stages of migration within a life-course framework. *European Sociological Review* 27(4):469–486.

Kumar, Randhir, and Niels Beerepoot. 2019. Multipolar governance and social upgrading in the international services value chains: The case of support-service workers in Mumbai. *Geoforum* 104:147–157.

Lai, Yingtong, and Eric Fong. 2020. Work-related aggression in home-based working environment: experiences of migrant domestic workers in Hong kong. *American Behavioral Scientist* 64(6):722–739.

Lan, Pei-Chia. 2003. Political and social geography of marginal insiders: migrant domestic workers in Taiwan. *Asian and Pacific Migration Journal* 12(1–2):99–125.

Lee, Joonkoo, and Gary Gereffi. 2015. Global value chains, rising power firms and economic and social upgrading. *Critical perspectives on international business* 11(3–4):319–339.

Liao, Tim F., and Rebecca Gan Yiqing. 2020. Filipino and Indonesian migrant domestic workers in Hong Kong: their life courses in migration. *American Behavioral Scientist* 64(6):740–764.

Locke, Richard, Thomas Kochan, Monica Romis, and Fei Qin. 2007. Beyond corporate codes of conduct: work organization and labour standards at Nike's suppliers. *International Labour Review* 146(1–2):21–40.

Lowe, Mat, and Duan-Rung Chen. 2016. Brain drain issue and health professionals' migration from West Africa. *Journal of Population Studies* (53):61–96.

Marslev, Kristoffer, Cornelia Staritz, and Gale Raj-Reichert. 2021. *Worker power, state-labour relations and worker identities: re-conceptualising social upgrading in global value chains.* ie.WorkingPaper No. 13. Department of Development Studies, University of Vienna.

Massey, Douglas S., and Kristin E. Espinosa. 1997. What's driving Mexico-US migration? A theoretical, empirical, and policy analysis. *American Journal of Sociology* 102(4):939–999.
Massey, Douglas S., Joaquin Arango, Graeme Hugo, Ali Kouaouci, Adela Pellegrino, and J. Edward Taylor. 1993. Theories of international migration: A review and appraisal. *Population and Development Review* 19(3):431–466.
Milberg, William, and Deborah Winkler. 2011. Economic and social upgrading in global production networks: Problems of theory and measurement. *International Labour Review* 150(3–4):341–365.
Newsome, Kirsty, Philip Taylor, Jennifer Bair, and Al Rainnie. 2015. *Putting labour in its place: labour process analysis and global value chains*. London: Palgrave.
Parreñas Salazar, Rhacel, Rachel Silvey, Maria Cecilia Hwang, and Carolyn Choi Areum. 2019. Serial labor migration: precarity and itinerancy among Filipino and Indonesian domestic workers. *International Migration Review* 53(4):1230–1258.
Paul, Anju Mary. 2019. Unequal networks: comparing the pre-migration overseas networks of Indonesian and Filipino migrant domestic workers. *Global Networks* 19(1):44–65.
Raj-Reichert, Gale. 2013. Safeguarding labour in distant factories: Health and safety governance in an electronics global production network. *Geoforum* 44:23–31.
Rossi, Arianna. 2013. Does economic upgrading lead to social upgrading in global production networks? Evidence from Morocco. *World Development* 46:223–233.
Rousseau, Denise M., and Zipi Shperling. 2003. Pieces of the action: ownership and the changing employment relationship. *Academy of Management Review* 28(4):553–570.
Salido Marcos, Joaquín, and Tom Bellhouse. 2016. *Economic and social upgrading: definitions, connections and exploring means of measurement*. United Nations. https://hdl.handle.net/11362/40096. Accass data 15/12/2024.
Saxenian, AnnaLee, and Jinn-Yuh Hsu. 2001. The Silicon Valley-Hsinchu connection: technical communities and industrial upgrading. *Industrial and Corporate Change* 10(4):893–920.
Seo, Seonyoung. 2019. Temporalities of class in Nepalese labour migration to South Korea. *Current Sociology* 67(2):186–205.
Seo, Seonyoung, and Tracey Skelton. 2017. Regulatory migration regimes and the production of space: the case of Nepalese workers in south korea. *Geoforum* 78:159–168.
Strauss, Kendra. 2018. Labour geography 1: Towards a geography of precarity? *Progress in Human Geography* 42(4):622–630.
Yea, Sallie. 2017. The art of not being caught: temporal strategies for disciplining unfree labour in Singapore's contract migration. *Geoforum* 78:179–188.

Part V
Digitalisierung

11 Arbeitsgeographien der Plattformökonomie. Raumzeitliche Dynamiken algorithmischen Managements am Beispiel der Plattformen Amazon Flex und Appen

Moritz Altenried, Mira Wallis und Daniel Jarczyk

Inhaltsverzeichnis

Zusammenfassung

Digitale Technologien transformieren die Welt der Arbeit grundlegend. Diese Transformationen sind in zentraler Weise auch räumlicher und zeitlicher Natur. Der Beitrag diskutiert wesentliche Aspekte dieser zeit-räumlichen Rekonfigurationen im Bereich digitaler Plattformarbeit. Basierend auf empirischer Forschung untersucht der Beitrag sowohl Plattformen der ortsungebundenen als auch der ortsgebundenen *Gig Economy*. Algorithmisches Management und vernetzte Endgeräte ermöglichen in beiden Fallstudien neue und zunehmend automatisierte Formen der Organisation und Kontrolle von Arbeit aus der Distanz. Der Beitrag analysiert und diskutiert zeit-räumliche Implikationen dieses Phänomens in Bezug auf Arbeit, Mobilität und soziale Reproduktion sowie eigensinnige Raumproduktionen digitaler Arbeiter:innen. Der Haupteffekt des algorithmischen Managements, so das zentrale Argument, ist die Möglichkeit, über Plattformen räumlich verteilte und extrem heterogene Arbeiter:innen mit minimalen Kosten und minimaler Einarbeitung in den Produktionsprozess zu

M. Altenried · M. Wallis (✉) · D. Jarczyk
Humboldt-Universität Berlin, Berlin, Deutschland
E-Mail: moritz.altenried@hu-berlin.de; mira.wallis@hu-berlin.de; daniel.jarczyk@hu-berlin.de

M. Doutch et al. (Hrsg.), *Arbeitswelten*, https://doi.org/10.1007/978-3-662-70955-9_11

integrieren. Auf der Basis dieses Produktionsmodells entstehen wiederum neue Arbeitsgeographien und Produktionsnetzwerke, die nicht nur die räumliche Verteilung der Arbeit rekonfigurieren, sondern Arbeit auch zeitlich fragmentieren, verdichten und verflüssigen. Diese raum-zeitlichen Konfigurationen greifen zugleich in die gesellschaftliche Arbeitsteilung ein und verleihen der Plattformökonomie ein besonderes Verhältnis zur Mobilität der Arbeit.

Schlüsselwörter: Plattformökonomie, Plattformarbeit, algorithmisches Management, raum-zeitliche Rekonfiguration von Arbeit, Mobilität und Immobilität, virtuelle Migration

Abstract

Digital technologies are transforming the world of work, and these transformations are inherently spatial and temporal in nature. This chapter discusses key aspects of these spatial and temporal reconfigurations in the realm of digital platform labour. Based on empirical research, the paper examines both remote and location-based gig economy platforms. Algorithmic management and digital infrastructures enable new and increasingly automated forms of organizing and controlling work from a distance in both case studies. The paper analyses and discusses the spatio-temporal implications of this phenomenon concerning labour, mobility, and social reproduction, as well as the contested production of space by workers. The main effect of algorithmic management, as the chapter argues, is the ability to integrate spatially distributed and extremely heterogeneous workers into the production process at minimal cost and with minimal training. This production model, in turn, gives rise to new labour geographies and production networks that not only reconfigure the spatial distribution of work but also makes the temporality of work increasingly fragmented, intensified and liquid. These spatio-temporal configurations simultaneously impact the social division of labour and express a distinct relationship of the platform economy to the mobility of labour.

Keywords: platform economy, platform labour, algorithmic management, spatial-temporal reconfiguration of work, mobility and immobility, virtual migration

11.1 Einleitung: Berlin/Brandenburg, November 2020

In Berlin-Tegel staut sich eine bunte Mischung von Autos vor einem umzäunten Warenlager. Das Lager gehört dem Logistikkonzern Amazon und die Menschen in den Autos sind solo-selbstständige Lieferant:innen, die über das Programm Amazon Flex arbeiten. Für das Flex-Programm kann sich jede:r anmelden, um mit dem eigenen Auto Pakete für Amazon auszuliefern. Über eine App können sich die Fahrer:innen sogenannte Blöcke sichern, also Zeitspannen von zwei bis vier Stunden, in denen eine fixe Anzahl von Paketen ausgeliefert werden muss. In einem der Autos sitzt Sandrine[1]*, eine 25-jährige Lieferantin, für die Flex ein wichtiger Bestandteil ihres*

[1] Die Namen aller Interviewpartner:innen wurden verändert, um ihre Anonymität zu gewährleisten.

Einkommens ist. Diese Tätigkeit kombiniert sie mit Arbeit für die Plattform UberEats und anderen Nebenjobs. So versucht sie nicht nur, ihr Studium zu finanzieren, sondern auch ihren Eltern, die als Migrant:innen der ersten Generation mit größeren Schwierigkeiten auf dem Arbeitsmarkt konfrontiert sind, ein „Taschengeld" zu ermöglichen. Als sie an die Reihe kommt, ins Warenlager zu fahren, wartet dort bereits ein Trolley mit etwa 40 Paketen auf sie. Diese Pakete sind ihr heutiger Lieferblock. Um diesen zu bekommen, hat sie in der letzten Woche über eine Stunde vor ihrem Smartphone verbracht, um sofort bereit zu sein, wenn auf der App neue Blöcke freigeschaltet werden. Mithilfe dieser App scannt sie nun jedes einzelne Paket und lädt es in ihr Auto. Die App zeigt ihr dann eine Route durch die Stadt. Bei jedem Stopp dokumentiert sie die einzelnen Schritte des Lieferprozesses, immer bedacht darauf im Ranking der App nicht abzufallen, da sie befürchtet, dass ihr ansonsten in Zukunft weniger Lieferblöcke angeboten werden.

Weniger als 100 km von Sandrine entfernt, in einer mittelgroßen Stadt in Brandenburg, sitzt Eric zu Hause vor seinem Computer und loggt sich in seinen Arbeitsplatz ein. Eric arbeitet ebenfalls solo-selbstständig für eine Plattform. In seinem Fall ist das die Crowdwork-Plattform Appen. Die Plattform Appen hat ihren Hauptsitz in Australien und ist spezialisiert auf die Bearbeitung von Daten durch Menschen. Diese Arbeit ist zentral für die Entwicklung und Optimierung zahlreicher Anwendungen aus dem Bereich der Künstlichen Intelligenz (KI) und des maschinellen Lernens. Große Teile dieser oft sehr repetitiven Arbeit werden über Crowdwork-Plattformen an eine global zerstreute Gruppe von digitalen Arbeiter:innen ausgelagert. Appen wirbt mit einer „crowd" von über einer Million „remote workers", die über 180 Sprachen sprechen. Wie auch Eric arbeiten die meisten dieser Arbeiter:innen von Zuhause. Aus ihren Wohnzimmern oder Küchen loggen sie sich auf der Plattform ein, um Geld zu verdienen, wann immer sie etwas Zeit haben. Eric erledigt diese Art von Aufgaben an jedem Wochentag für etwa eine Stunde und versucht am Wochenende weitere fünf Stunden zu arbeiten. Er ist 37 Jahre alt und kam vor einigen Jahren für sein Promotionsstudium der Linguistik aus Kamerun nach Deutschland. Für die Arbeit auf der Plattform entschied er sich, um sein Stipendium und das Einkommen seiner Partnerin zu ergänzen und gleichzeitig mehr Zeit für seine Familie zu haben.

Diese (leicht fiktionalisierte) Vignette aus dem Arbeitsleben zweier Interviewpartner:innen aus unserer Forschung verweist auf unterschiedliche Dimensionen der Plattformökonomie und ihrer raum-zeitlichen Dynamiken. Während die Lieferarbeit über Amazon Flex an eine konkrete urbane Geographie, unter anderem die Adressen des Warenlagers und der Kundschaft, gebunden ist, kann die Arbeit über die Crowdwork-Plattform Appen anscheinend von überall erledigt werden, vorausgesetzt ein Smartphone oder Laptop mit stabiler Internetverbindung sind vorhanden. Die Lieferrouten von Sandrine durch Berlin, der Arbeitsort von Eric im eigenen Zuhause und die verstreute Geographie der Crowd, die fragmentierten Arbeitszeiten, die Migrationsgeschichten der beiden, dies alles zeigt: digitale Technologien und Plattformen sind Teil einer grundlegenden Transformation der Arbeitswelt und zentrale Aspekte dieses Wandels sind räumlicher und zeitlicher Natur. Von den logistischen Geographien eines entstehenden Plattform-Urbanismus über die digitalen Lieferketten der künstlichen Intelligenz bis hin zu den von diversen (Im)Mobilitäten geprägten Arbeitsalltagen und Lebensverläufen einer jährlich wachsenden Zahl von Plattformarbeiter:innen umfasst diese Transformation viele sehr unterschiedliche Dimensionen.

Obwohl Eric und Sandrine in sehr unterschiedlichen Bereichen der Plattformökonomie arbeiten, lassen sich zahlreiche Gemeinsamkeiten beobachten. In beiden Fällen erlaubt die digital organisierte Plattformarbeit eine neuartige Rekombination von präziser Organisation und Kontrolle digitaler Arbeit mit Formen flexibler und prekärer Arbeit. Algorithmisches Management und vernetzte Endgeräte ermöglichen in beiden beschriebenen Konstellationen neue und zunehmend *automatisierte* Formen der Organisation und Kontrolle von *zeitlich fragmentierter* Arbeit *aus der Distanz*. In diesem Beitrag wollen wir einige Aspekte dieser neuen Geographien der Plattformökonomie untersuchen. Dabei interessieren uns insbesondere die raum-zeitlichen Dynamiken, die durch die neuen Formen algorithmischen Managements in der Plattformökonomie entstehen. Welche raum-zeitlichen Implikationen der Arbeitsorganisation und -kontrolle hat das Modell der Plattformarbeit? Wie navigieren und gestalten Arbeiter:innen die unterschiedlichen Räumlichkeiten und Zeitlichkeiten, die durch die Arbeit auf digitalen Plattformen entstehen? Wie prägen Mobilität und Immobilität die Arbeitsgeographien der Plattformökonomie?

Empirisch stützt sich der Beitrag auf unsere qualitative und ethnographische Forschung in einem Forschungsprojekt zu Plattformarbeit und Migration.[2] Die in der Vignette veranschaulichten Teilbereiche des Forschungsprojekts stehen stellvertretend für zwei unterschiedliche Typen von Plattformarbeit. Das Beispiel Amazon Flex steht stellvertretend für die ortsgebundene Plattformarbeit, wie sie über Plattformen wie Uber, Deliveroo oder Helpling erbracht wird. Diese Form der Plattformarbeit haben wir in unserem Projekt am Beispiel der Essens- und Paketzustellung in Deutschland untersucht. Neben umfassender ethnographischer Forschung stützen wir uns in diesem Bereich auf 23 Interviews mit Plattformarbeiter:innen. Im Bereich der ortsungebundenen Plattformökonomie, oft auch als Cloud- oder Crowdwork bezeichnet, stützen wir uns auf ethnographische Forschung und qualitative Interviews mit 40 Crowdworker:innen, die schwerpunktmäßig auf Appen und ähnlichen Plattformen tätig sind und in Deutschland oder Rumänien leben. Diese Länder verbindet sowohl eine lange Migrationsgeschichte als auch wirtschaftliche Beziehungen, insbesondere das Outsourcing deutscher Unternehmen nach Rumänien, die sich nun unter dem Einfluss digitaler Plattformen verändern (Wallis 2021a).

Im Folgenden entwickeln wir zunächst eine kurze historische und konzeptionelle Perspektive auf das Phänomen digitaler Plattformen, Plattformarbeit und algorithmisches Management, wobei der Schwerpunkt auf räumlichen Aspekten liegt (Abschn. 11.2). Darauf folgt eine empirische Betrachtung von Arbeit in der urbanen Lieferlogistik und beim Crowdwork: Hier untersuchen wir die Fragen von Raum, Zeit und Migration im Kontext von digitaler Plattformarbeit und algorithmischem Management (Abschn. 11.3). Im abschließenden Fazit führen wir unsere Argumentation zusammen und diskutieren die Implikationen unserer Ergebnisse.

[2] Digitalisierung von Arbeit und Migration (Manuela Bojadžijev, Moritz Altenried, Mira Wallis, Daniel Jarczyk, Felix Busch-Geertsema, Tiziana Ratcheva), Leuphana Universität Lüneburg und Humboldt-Universität zu Berlin, gefördert von der Deutschen Forschungsgemeinschaft (DFG), Fördernummer 398798988, Laufzeit: 2018–2022.

11.2 Geographien der Plattformarbeit

David Harveys berühmter Satz „labour-power has to go home every night“ (1989, S. 19), der auf die geographische Verankerung der Arbeit (im Gegensatz zum Kapital) verweist, steht in digitalen Zeiten erneut zur Diskussion. Obgleich auch die beiden Plattformarbeiter:innen aus unserer Vignette abends nach Hause zurückkehren müssen und (mehr oder weniger fest) an ihre räumlichen Reproduktionsorte gebunden sind, scheint es um die Mobilität ihrer Arbeit und Arbeitskraft sehr unterschiedlich bestellt zu sein. Während der Crowdworker Eric über das Internet scheinbar mühelos für Kund:innen rund um den Globus arbeiten kann, ist die Arbeit der Flex-Fahrerin Sandrine an den konkreten Ort des Warenlagers und die Adressen ihrer Kund:innen gebunden. Bei näherer Betrachtung erweisen sich jedoch auch diese Verortungen als sehr vielschichtig: So ist Sandrine in einer Branche (der Logistik) tätig, die darauf ausgerichtet ist, die Distanz zwischen den Orten der Produktion und des Konsums zu überwinden und die Arbeitskraft in ähnlicher Weise mobil zu machen, wie es in Erics Fall digitale Technologien tun. In beiden Fällen zeigt sich, dass digitale Plattformen in die räumliche Arbeitsteilung (Massey 1995) intervenieren, wenn auch auf komplexe und teilweise sehr unterschiedliche Weise. Auch die Arbeitsorte selbst, Erics Küche und Sandrines Auto, und die Art und Weise, wie ihre Arbeit mittels digitaler Technologien aus der Distanz organisiert und kontrolliert wird, verweisen auf die Zentralität räumlicher Aspekte von Plattformarbeit. Bevor wir uns diesen Fragen widmen, ist jedoch eine kurze Einführung in das Phänomen der Plattformarbeit erforderlich.

Millionen von Menschen arbeiten heute weltweit über digitale Plattformen. Die Plattform Appen wirbt, wie oben angedeutet, mit einer Million digitaler Arbeiter:innen. Amazon hat sein Flex-Programm in Deutschland inzwischen eingestellt, aber in anderen Ländern gibt es weiterhin zehntausende Solo-Selbstständige, die Pakete mit ihren eigenen Autos ausliefern. Die Arbeiter:innen dieser beiden Plattformen stellen nur einen kleinen Ausschnitt der globalen Plattformökonomie dar, die Tausende von Plattformen umfasst. Ihre qualitative Relevanz erhält die Plattformökonomie darüber hinaus als wichtiges Experimentierfeld für neue Formen digital vermittelter, organisierter und kontrollierter Arbeit.

In ihrer heutigen Form ist die Plattformökonomie ein Produkt der letzten großen Finanz- und Schuldenkrise ab 2007, in der vor allem in den USA durch Entlassungen freigesetzte Arbeitskräfte auf großzügig mit Risikokapital ausgestattete Plattformunternehmen trafen und so einen neuen Kreislauf flexibler Arbeit begründeten. Die 2009 gegründete Taxi-Plattform Uber lieferte dafür eine Art Blaupause: Wie die meisten Plattformen versteht sich Uber als Technologieunternehmen, das zwischen Kund:innen und selbstständigen Taxiunternehmer:innen vermittelt. Die Fahrer:innen der Plattform führen mit ihren eigenen Autos einzelne Taxifahrten durch, die ihnen über die Uber-App vermittelt und abgerechnet werden. Dieses Modell – die Auslagerung einzelner, zeitlich befristeter Aufträge („*Gigs*“) an formell selbstständige Arbeiter:innen mittels digitaler Plattformen – bildet die Grundlage der heutigen *Gig Economy*. Inzwischen dringen solche Plattformmodelle in nahezu alle Bereiche der gesellschaftlichen Arbeitsteilung vor. Gleichzeitig beginnen viele Plattformen aufgrund rechtlichen und politischen Drucks mit Alternativen zur Solo-Selbstständigkeit zu experimentieren (z. B. *Subcontracting*).

Die Plattform Uber ist ebenso wie die Plattform Amazon Flex ein Beispiel für ortsgebundene Plattformarbeit. Solche Plattformen, etwa in den Bereichen der Taxidienstleistungen, der Paket- oder Essenslieferungen oder der haushaltsnahen Dienstleistungen wie Reinigung, haben sich in der letzten Dekade weltweit verbreitet. Verschiedenste digitale Plattformen in den unterschiedlichsten Bereichen sind heute als globales Phänomen zu betrachten (siehe u. a. Ness 2023, S. 259–515). Da sie auf die räumliche Nähe zu ihrer Kundschaft angewiesen sind, zielen ortsgebundene Plattformen zumeist auf dicht besiedelte Regionen ab und entwickeln eine primär urbane Geographie. Angesichts dieses Phänomens und der Art und Weise, wie diese Plattformen den städtischen Raum und das Zusammenleben verändern, hat sich in den letzten Jahren eine Debatte über einen entstehenden „Plattform-Urbanismus" entwickelt (Altenried et al. 2021).

Ortsungebundene Plattformen wie Appen produzieren wiederum vielschichtige globale Geographien digitaler Arbeit. Graham und Ferrari (2022) sprechen von der Entstehung eines „planetaren Arbeitsmarktes". Mit dem Begriff möchten sie den globalen Charakter von komplexen Geographien digitaler Produktion und Infrastrukturen beschreiben, ohne das Globale als einen „Ort jenseits von Raum" (ebd., S. 5) zu verstehen. Im Fall von Crowdwork ist dieser planetare Arbeitsmarkt durch eine doppelte zeit-räumliche Rekonfiguration von Arbeit gekennzeichnet, die in der Forschungsdebatte auch als „(dis)embeddedness" bezeichnet wird (siehe z. B. Wood et al. 2019b, S. 932): Einerseits deterritorialisieren und entgrenzen Crowdwork-Plattformen Arbeit; Unternehmen können zu jeder Tages- und Nachtzeit auf geographisch verstreute Arbeitskraftressourcen zugreifen. Andererseits geht Crowdwork auch mit unterschiedlichen Formen der Re-Territorialisierung von Arbeit einher. Erstens ist Crowdwork zwar für die Kapitalseite weitgehend ortsunabhängig, nicht aber für die Arbeitenden. Diese sind, wie betont, zum Großteil an die Orte ihrer Reproduktion gebunden – ihre Küchen, Wohn- und Schlafzimmer, die sich in viele kleine Einheiten einer globalen *Bedroom Factory* verwandeln. Zweitens ist die Crowd bei weitem nicht gleichmäßig über den Globus verteilt. Digitale Arbeiter:innen sind in bestimmten Teilen der Welt stark konzentriert, vor allem in Südasien, auf den Philippinen, aber auch in manchen Teilen Südamerikas wie Venezuela, oder in osteuropäischen Ländern (Stephany et al. 2021, S. 4; Braesemann et al. 2022, S. 9; Anwar et al. 2024, S. 577). Solche räumlichen Knotenpunkte digitaler Arbeit entstehen in einem komplexen Wechselspiel zwischen den Reproduktionsbedarfen von Kapital und Arbeit (siehe beispielsweise Schmidt 2019 für Venezuela; Anwar und Graham 2020 für Afrika). Krisen sozialer Reproduktion auf Seite der Arbeitenden treffen hier auf immer ausdifferenziertere Bedarfe der IT-Industrie, die über niedrige Lohnkosten, zeitliche Flexibilität und schnelles Internet weit hinausgehen. Tätigkeiten wie Content-Moderation, virtuelle Assistenz oder die Produktion von KI-Trainingsdaten erfordern beispielsweise spezifische Sprachkenntnisse und kulturelle Kompetenzen, zu denen Crowdwork-Plattformen Zugang versprechen (Wallis 2021a; Altenried 2022, S. 151 ff.). Auch ortsungebundene Plattformarbeit ist also in spezifische räumliche, gesellschaftliche und kulturelle Kontexte eingebunden.

Mit Blick auf die Arbeitsprozesse stellt ein genuines Charakteristikum von Plattformarbeit das Zusammenspiel von algorithmischem Management einerseits und flexiblen Vertragsverhältnissen andererseits dar. Der Sammelbegriff „algorithmisches Management“ beschreibt ein Bündel von Technologien, mit denen die Planung, Organisation und Steuerung von Arbeit und Arbeitsprozessen digital und weitgehend automatisiert erfolgen (Beverungen 2017). Statt Anweisungen und Steuerung durch menschliche Vorgesetzte erhalten Arbeitende ihre Aufträge und Vorgaben digital, wie die Flex-Fahrerin Sandrine aus unserer Vignette: Sie bekommt Arbeitszeiten, Navigationsrouten, Kundeninformationen oder Bewertungen über die Smartphone-App angezeigt. Es ist gerade die Kombination aus diesen neuen Formen algorithmischen Managements und digitaler Kontrolle auf der einen Seite und (zum Teil sehr alten) Flexibilisierungs- und Prekarisierungsstrategien auf der anderen Seite, die Plattformarbeit für Unternehmen attraktiv macht und auch die Auseinandersetzungen und Konflikte in der Plattformökonomie strukturiert.

In der wissenschaftlichen Debatte werden vor allem die Kontrolldimensionen des algorithmischen Managements sowie die Möglichkeiten von *Agency* und Widerstand der Arbeitenden thematisiert (z. B. Wood et al. 2019a). Mit wenigen Ausnahmen spielen räumliche Dimensionen meist eine untergeordnete Rolle. Heiland und Schaupp (2020) sowie Wells et al. (2021) etwa sprechen von einer „Atomisierung“ der Arbeitenden durch algorithmische Steuerung, zeigen aber gleichzeitig, dass die Arbeitenden durch vielfältige Strategien und Solidaritätskulturen auch in der Lage sind, diese Vereinzelung zu überwinden. Gerade aus der Perspektive der *Labour Geography* lässt sich also festhalten, dass zum Beispiel die gewerkschaftliche (Selbst-)Organisierung von Arbeitenden (zumindest in ihrer traditionell gedachten Weise) auf räumliche Problematiken der digitalen Vereinzelung stoßen, aber von den Arbeitenden mit kreativen Widerstandsstrategien und Raumproduktionen der Solidarität von unten beantwortet werden (Johnston 2020).

Mit Blick auf die gegenwärtige Plattformökonomie lässt sich somit eine Vielzahl relevanter Fragestellungen aus geographischer Perspektive aufwerfen. Unser Beitrag hebt im Folgenden drei bisher wenig behandelte Aspekte besonders hervor: Die Dynamiken des algorithmischen Managements in Bezug auf räumliche (Abschn. 11.3.1) und zeitliche (Abschn. 11.3.2) Aspekte, sowie die Praktiken und Formen von (Im)Mobilität (Abschn. 11.3.3), die durch die raum-zeitliche Flexibilisierung von Arbeit durch digitale Plattformen entstehen.

11.3 Raum, Zeit und Mobilität: Plattformarbeit in der Logistik der letzten Meile und im globalen Crowdwork

11.3.1 Kontrolle auf Distanz

Sowohl die digitalen Arbeiter:innen von Plattformen wie Appen als auch die in der Stadt verteilten Lieferfahrer:innen von Amazon Flex befinden sich außerhalb des Sichtfeldes ihres Managements. Die Möglichkeit der Organisation und Kontrolle der Arbeit *aus der Distanz* durch digitale Technologien sind damit eine Voraussetzung für die effiziente Organisation und Ausbeutung räumlich verteilter Plattformarbeiter:innen, sowohl in ihrer ortsgebundenen als auch in ihrer ortsungebundenen Form.

Die Plattform Amazon Flex nutzt dafür die App, die auf dem Smartphone ihrer Fahrer:innen installiert ist. Über diese App wird sowohl die Vergabe von Aufträgen und die Bezahlung als auch die detaillierte Durchführung des Arbeitsalltags für die Fahrer:innen organisiert. Gerhard, ein Flex-Fahrer aus Hessen, beschreibt den Prozess, der beginnt, sobald er mit seinem Fahrzeug zu Beginn eines Lieferblocks im Lager eintrifft:

> „Den Wagen, wo die Pakete und die Tour drauf sind, kriegt man dann hinter das Auto geschoben. Dann scannt man mit seinem Handy den QR-Code für die Tour und im Anschluss die einzelnen Pakete […]. Man klickt dann auf „Fahrt starten" wenn man das erste Paket ausliefert, dann fährt man zu der Adresse hin über das Navi. Wenn man dort angekommen ist, klickt man „ich habe eingeparkt". Und dann wird das Paket, das man abliefern muss, noch mal über den QR-Code gescannt."

Hier wird deutlich, wie der gesamte Arbeitsalltag eines Flex-Fahrers kleinteilig über die App organisiert wird. Kontakt zum menschlichen Management kommt nur bei außergewöhnlichen Problemen zustande. Das System algorithmischen Managements gibt die einzelnen Arbeitsschritte vor und beinhaltet gleichzeitig verschiedene Kontrollfunktionen, die eine ordnungsgemäße Ausführung der Arbeit sicherstellen sollen. Dazu gehören GPS-Tracking, Fotodokumentationen durch die Arbeitenden oder auch Kundenfeedback. Aus einem Teil dieser gesammelten Leistungsparameter wird den Arbeiter:innen über die App ein persönlicher „Leistungsstand" dargestellt, an den die Vergabe neuer Aufträge geknüpft wird. Falls das Rating der Fahrer:innen zu weit sinkt, werden sie vom Flex-Lieferprogramm ausgeschlossen, wie uns Fahrer:innen in Interviews berichten. In Foren und sozialen Medien tauschen sich Fahrer:innen viel über solche Deaktivierungen sowie die (Nicht-)Vergabe von Aufträgen an Accounts mit schlechtem Rating (die genaue Logik bleibt hier opak) aus.

Auch im Bereich der *Online Gig Economy* strukturiert das digitale Interface der Plattform den Arbeitsalltag. Die Arbeitenden loggen sich über ihren PC oder ihr Smartphone ein und erledigen verschiedene Aufgaben, die ihnen dort angeboten werden. Verteilung, Organisation und Kontrolle der Arbeit sind auch hier weitgehend automatisiert. Der Zugang zu komplexeren und besser bezahlten Aufgaben erfolgt häufig mittels Leistungsrankings oder Qualifizierungstests. Unsere Interviews und unsere Online-Ethnographie zeigen, dass die Kontrolle der korrekten Ausführung der Arbeit auf unterschiedliche Weise erfolgt: etwa durch versteckte Fragen, die die Aufmerksamkeit testen, durch Kundenfeedback oder dadurch, dass Aufgaben von mehreren Arbeiter:innen erledigt und die Resultate verglichen werden. Im Bereich komplexerer und besonders sicherheitsrelevanter Aufgaben (z. B. bei der Annotation von Datensätzen für selbstfahrende Autos) gibt es oft mehrere Stufen der Kontrolle. Hier werden automatisierte Formen der Überwachung mit der Kontrolle durch andere Crowdworker:innen kombiniert. Eric, der Crowdworker aus unserer Vignette, ist „auditor" bei der Plattform Appen und mit der Validierung der Ergebnisse der „rater" (also den „normalen" Arbeiter:innen der Plattform) befasst.

Die verschiedenen (teil-)automatisierten Arrangements zur Organisation von Plattformarbeit zeigen: Digitale Technologien ermöglichen eine kleinteilige Taktung und Kontrolle der Arbeit, wie sie in prädigitalen Zeiten weitaus schwieriger zu organisieren war. Die disziplinären Arrangements wie die Fabrik erforderten eine gewisse räumliche Konzentration der Arbeitenden im Sichtfeld des Managements. Die Plattformen als „digitale Fabriken" (Altenried 2022) erlauben nun die präzise Organisation und Kontrolle von Arbeitenden aus der Distanz, ob sie sich auf den Straßen oder in ihren heimischen Küchen befinden.

Nicht nur bei Plattformen ermöglichen digitale Technologien, GPS oder Sensorik mittlerweile eine relativ einfache und kostengünstige Erhebung einer Vielzahl von Daten über den Arbeitsprozess. Im Fall digitaler Plattformen allerdings erfüllt die Möglichkeit der digitalen Kontrolle auf Distanz eine zentrale Funktion: Sie schafft überhaupt erst die Voraussetzung für die flexible und temporäre Inklusion von sehr diversen Arbeitskräften (die zumeist keinerlei Training erhalten haben, sich außerhalb des Sichtfeldes des Managements befinden, nur temporär für die Plattformen arbeiten und daher auch wenig Bindung oder Verpflichtungsgefühl gegenüber diesen haben).

Im Kontext digitaler Plattformen sehen wir den Haupteffekt des algorithmischen Managements also nicht unbedingt im neuartigen, digital ermöglichten Kontrollniveau, sondern gerade in der Möglichkeit der Organisation und Kontrolle auf Distanz, die es den Plattformen möglich und effizient macht, räumlich verteilte und extrem heterogene Arbeiter:innen mit minimalen Kosten und minimaler Einarbeitung in ihren Produktionsprozess zu integrieren – und ebenso schnell wieder auszuschließen. Auf der Basis dieses Produktionsmodells der Plattformarbeit entstehen wiederum neue Arbeitsgeographien und Produktionsnetzwerke, die nicht nur die räumliche Verteilung der Arbeit rekonfigurieren, sondern auch in die gesellschaftliche Arbeitsteilung eingreifen.

Die Effektivität der Kontrolle durch algorithmisches Management wird allerdings häufig eher überschätzt. Die Formen des algorithmischen Managements bergen immer auch Lücken für Tricks und Widerstandsstrategien der Arbeitenden, die diese über alle Plattformen hinweg gezielt nutzen. Im Falle von Crowdwork lassen sich beispielsweise diverse räumliche Strategien beobachten, mit denen Arbeitende versuchen, ihren Aufenthaltsort zu verändern oder zu verschleiern. Der Anreiz dazu entsteht dadurch, dass einige Plattformen Arbeitenden aus bestimmten Regionen oder Ländern mehr oder besser bezahlte Aufträge anbieten. Eine Strategie der Arbeitenden, um auf diese Aufträge zuzugreifen, ist die informelle „Ausleihe" von Accounts auf Plattformen. Wie uns beispielsweise ein rumänischer Interviewpartner, der auf der Plattform Upwork tätig ist, berichtete, erhält er regelmäßig Anfragen von Arbeitenden von den Philippinen, die aufgrund geographischer oder rassistischer Ausschlüsse erschwerten Zugang zu vielen Aufträgen haben (vgl. dazu auch Anwar und Graham 2020, S. 1279). Eine weitere Strategie, von der uns Arbeitende berichteten, ist die Nutzung von VPN-Clients, um die eigene IP-Adresse zu verbergen, was die meisten Plattformen jedoch zu unterbinden versuchen,[3] da sie ihren Kund:innen genaue Informationen über den geographischen Standort, die nationale Identität und den kulturellen Hintergrund der Arbeitenden versprechen. Daraus ergibt sich ein ständiges Wechselspiel zwischen den Plattformbetreiber:innen, die möglichst viel Kontrolle über den Aufenthaltsort und die Identität der Arbeitenden erlangen wollen, und den Strategien der Arbeitenden, diese Kontrollmechanismen zu umgehen.

Diese Strategien verdeutlichen in Anlehnung an Andrew Herod und sein Verständnis von „labor geographies" (2001), dass die Macht des Kapitals bei der Gestaltung globaler ökonomischer Landschaften nie unangefochten bleibt. Im Gegenteil: Arbeitende sind handelnde Akteur:innen, sie fordern die Geographien des Kapitalismus heraus, indem sie Raum zu ihrem eigenen Vorteil gestalten (Herod 2001, S. 2 u. 32). Dabei schaffen sie mit Hilfe von „spatial fixes" und „scalar fixes" selbst die räumlichen Bedingungen ihrer Reproduktion, die das Kapital oft nicht oder nur unzureichend gewährleistet (ebd., S. 35). Unsere Forschung zeigt, dass auch diese Reproduktionsstrategien in der globalen Plattformökonomie zunehmend auf globale Netzwerke beruhen, etwa wenn nach Deutschland migrierte Plattformarbeiter:innen ihre Konten an Familienangehörige in anderen Teilen der Welt verleihen und so zur Reproduktion des transnationalen Familienhaushalts beitragen. Hier zeigen sich eine zunehmende „Vervielfältigung von Raumbezügen und das Auseinanderfallen von sozialem und geografischem Raum" (Will-Zocholl et al. 2019, S. 45).

11.3.2 Die Verflüssigung der Arbeitszeit

Wie bereits beschrieben, entfaltet das algorithmische Management von Plattformarbeit seine Wirkung in Kombination mit hyper-flexiblen Vertragsverhältnissen. Plattformen wie Amazon Flex oder Appen stufen ihre Arbeiter:innen als solo-selbständige Auftragnehmer:innen ein. Die Rationalität dieser Auslagerung von unternehmerischen und sozialen Risiken auf die Arbeitenden ebenso wie die prekarisierenden Auswirkungen für diese sind in der Literatur wie auch in den politischen Debatten zur Plattformarbeit umfassend beschrieben und kritisiert worden (siehe z. B. Woodcock und Graham 2019; Altenried et al. 2021). Wir wollen nun auf einen weiteren Aspekt eingehen: die zeitlichen Dimensionen von algorithmischem Management und hyper-flexiblen Vertragsverhältnissen. Im Folgenden beschreiben wir, wie Arbeitszeit im Plattformkapitalismus *verflüssigt* wird, und zwar durch drei zentrale Elemente: Die Aneignung unbezahlter Arbeitszeit, die Fragmentierung der Arbeitszeit sowie die Verdichtung durch Stücklöhne.

11.3.2.1 Aneignung unbezahlter Arbeitszeit

Zunächst lässt sich feststellen, dass das Modell der solo-selbständigen Arbeiter:innen, die pro Auftrag bezahlt werden, dazu führt, dass diese einen relevanten Teil ihrer

[3] Siehe zum Beispiel die Guidelines der Plattform Microworkers: www.microworkers.com/faq-guidelines.php (Zugriff am 14.06.2024).

Arbeitszeit unbezahlt leisten müssen. Dazu gehört in erster Linie die Suche nach neuen Aufträgen, die in der von einem Überangebot an Arbeitskräften geprägten Plattformökonomie kein geringes Problem darstellt. Fast alle unserer Interviewpartner:innen von Amazon Flex berichteten von der ständigen Suche nach Aufträgen, den sogenannten Blöcken. Diese Blöcke werden über die App an diejenigen Fahrer:innen vergeben, die sie am schnellsten annehmen. Flex-Fahrer Gerhard beschreibt, wie die Suche nach Blöcken für ihn sogar zu einer Art Sucht geworden ist:

> „Man weiß halt nie, wann das kommt und ist im Prinzip immer gezwungen den ganzen Tag vor dem Handy zu hängen und zu gucken, wann kommt was. [...] Man sagt zwar, man ist damit flexibel, aber eigentlich ist man ja doch irgendwie total abhängig von dem, was man zum Fressen vorgeworfen kriegt. [...] Also diese App, ich finde die macht süchtig. Ich merke das dann auch oft, dass ich dann oft diesen Zwang habe, das Handy in die Hand zu nehmen, drauf zu gucken."

Ähnlich wie Gerhard berichteten uns auch andere Interviewpartner:innen von diesen Tendenzen. Auch Online-Crowdwork ist geprägt von einem globalen Überangebot an Arbeitskräften, das sich in einem ständigen Konkurrenzkampf um Aufträge und einer fast permanenten digitalen Aufmerksamkeit niederschlägt. Viele Plattformarbeiter:innen nutzen technische Hilfsmittel, um sich im Wettbewerb um Aufträge zu behaupten, wie zum Beispiel Bots, die Aufträge in der Flex-App automatisch und blitzschnell annehmen können, dafür aber einen Anteil der Bezahlung einbehalten.

Die Suche nach Aufträgen ist eine relevante, aber bei weitem nicht die einzige Form unbezahlter Arbeit in der Plattformökonomie: Andere Beispiele sind Einstufungstests bei Crowdwork-Plattformen, Fahrzeiten zu den Warenlagern und zurück nach Hause für die Flex-Fahrer:innen und die Kommunikation mit Kundschaft oder der Plattform.

11.3.2.2 Fragmentierung der Arbeitszeit

Während die ständige Suche nach Aufträgen bei vielen Arbeiter:innen ein Gefühl des permanenten „Online-Seins" erzeugt, ist die bezahlte Arbeitszeit der Plattformarbeit charakteristischerweise fragmentiert, über den Tagesablauf verstreut und häufig mit anderen Tätigkeiten verschränkt. Viele Flex-Fahrer:innen etwa fahren je nach Angebot ein bis zwei Blöcke von etwa zwei Stunden pro Tag, die sich unregelmäßig in den Tagesablauf einfügen. Dadurch stehen die Fahrer:innen vor der Herausforderung, die unregelmäßigen und verhältnismäßig kurzen Blöcke mit anderen Arbeits- und Freizeitformen zu synchronisieren.

Auch bei vielen unserer Interviewpartner:innen aus dem Bereich des Crowdwork verband sich die fragmentierte Plattformarbeit auf besondere Art und Weise mit den spezifischen Anforderungen ihres Alltags. Ein wichtiges Beispiel hierfür ist die Gruppe der Crowdworker:innen, die digitale Heimarbeit mit reproduktiven Tätigkeiten wie etwa der Betreuung von Kindern verbindet. Für diese Gruppe, die – wenig überraschend – überwiegend weiblich ist, ergibt sich häufig die Möglichkeit, zwischen den reproduktiven Tätigkeiten einige Stunden (oder auch nur Minuten) digitale Arbeit zu verrichten (Berg et al. 2018; Wallis 2021b). Alexandra, eine rumänische

Crowdworkerin für die Plattform Appen, hatte zum Zeitpunkt des Interviews ein kleines Kind, das sie tagsüber so sehr in Anspruch nahm, dass sie meist nur abends Zeit für die Arbeit auf der Plattform fand:

> „That's something I do after he [the baby] sleeps. So, after 8 pm sometimes around 9 pm, when I'm not too, too, too tired, then I start and I try to work until 12 at night. […] In the daytime, I don't have enough time because he's sleeping half an hour. […] So, you can't just sit down and work, especially if you're alone because my husband is working, and he gets home past 4 pm. So, you just can't. And I'm not hiring a babysitter because that requires money as well."

Crowdwork lässt sich zwar theoretisch zeitlich und räumlich flexibler mit Sorgearbeit verbinden als andere Formen der Erwerbsarbeit. Unsere Interviews zeigen jedoch, dass die starke Fragmentierung der Arbeitszeiten in Verbindung mit dem hohen Konkurrenzdruck auf den Plattformen neue Herausforderungen mit sich bringt, zum Beispiel, wenn aufgrund der geringen Anzahl verfügbarer Aufträge alle angenommen und in einer von der Plattform vorgegebenen Zeit erledigt werden müssen.

11.3.2.3 Arbeitsverdichtung durch Stücklöhne

Diese Fragmentierung der Arbeit ist mit einem weiteren wichtigen zeitlichen Aspekt der Plattformarbeit verknüpft: der Bezahlung pro Auftrag. Anstelle der üblichen Zeitlöhne (als Entlohnung für geleistete Arbeitsstunden) dominieren in der Plattformökonomie Stücklöhne, das heißt die Entlohnung pro erledigter Aufgabe, wie einem Flex-Lieferblock oder einer Aufgabe auf einer Crowdwork-Plattform. Diese Form der Entlohnung hat ihre eigene Logik der Verzeitlichung der Arbeit und der Aneignung des erwirtschafteten Mehrwerts.

Der Stücklohn, so schreibt schon Karl Marx (1962, S. 577), bildet die Grundlage des Systems früh-industrieller Heimarbeit, denn diese Form der Leistungskontrolle ersetzt das System der direkten Kontrolle durch die Vorarbeiter in den Fabriken. Hier, genau wie in der heutigen Plattformökonomie, geht es darum, räumlich verteilte Arbeiter:innen zu schnellem und effektiven Arbeiten anzuhalten. Das Einkommen richtet sich nicht einfach nach den geleisteten Arbeitsstunden, sondern nach den in dieser Zeit erledigten Aufgaben.

Ein Lieferblock im Flex-Programm besteht formal aus einer Zeitangabe, faktisch jedoch aus einer bestimmten Anzahl von Paketen. Die Vergütung bleibt gleich, unabhängig davon, ob die vorgegebene Zeit über- oder unterschritten wird. Dadurch kann die Plattform darauf setzen, dass die Arbeitenden ihre Arbeitszeit selbst verdichten und versuchen, die Pakete so effizient wie möglich zuzustellen. Dilan, Flex-Fahrer aus Berlin, antwortet auf die Frage, ob er es normalerweise schaffe, die Pakete in der vorgegebenen Zeit auszuliefern:

> „Uff [lacht kurz] das war wiederum so eine Herausforderung für mich, jedes Mal. […] Hin und wieder kam es auch dazu, dass man wo nicht so viele Autos unterwegs waren, einfach mitten auf der Straße geparkt hat und dann kurz das Paket geliefert hat und dann wieder zurück. […] Wenn man so ein Parkticket kriegt, dann ist es schon schade, weil […] dann hat man vielleicht ein Drittel oder fast die Hälfte von seinem Lohn, was man an dem Tag verdient quasi verpulvert."

Ein weiteres zentrales Problem für die Flex-Fahrer:innen sind nicht zugestellte Pakete, da diese nach Beendigung der Tour wieder ins Warenzentrum zurückgebracht werden müssen, was den Arbeitstag erheblich verlängern kann. Auch im Bereich des Crowdwork hängt die reale Entlohnung fast immer direkt von der Geschwindigkeit und Effizienz der Arbeitenden ab.

Die systematische Aneignung unbezahlter Arbeitszeit, die Fragmentierung der Arbeitszeit und die Verdichtung durch Stücklöhne sind Elemente einer Verflüssigung der Arbeitszeit im Plattformkapitalismus. Der Arbeitstag verliert seine Linearität, wird elastisch und fragmentiert (Nadeem 2009; Wallis 2021b), beschleunigt und verlangsamt. Diese Temporalitäten sind ein zentraler, wenn auch selten beleuchteter Aspekt von Plattformarbeit. Zugleich sind sie nur im Zusammenspiel mit den räumlichen Transformationen von Arbeit in der Plattformökonomie zu verstehen. Crowdwork ist hier ein prägnantes Beispiel: Das Geschäftsmodell der Plattformen beruht darauf, die Kosten für die Reproduktion der Arbeitenden so weit wie möglich auf diese abzuwälzen. Dies wird unter anderem durch die Verlagerung des Arbeitsplatzes in das private Zuhause der Arbeitenden möglich. Denn erst die räumliche Überlappung der Sphären der Produktion und Reproduktion erlaubt den Arbeitenden, die zeitlichen Anforderungen des Arbeitsalltags auf Plattformen flexibler zu navigieren (Wallis 2021b) – sei es, indem sie wie Alexandra ihre Arbeit in die Abend- und Nachtstunden verlagern, oder indem sie die Rhythmen ihrer Reproduktionsarbeit an die zeitlichen Erfordernisse von Kund:innen in anderen Teilen der Welt anpassen.

11.3.3 Mobilität und Immobilität

Wie jede Form der Arbeit ist auch Plattformarbeit nicht ohne die ihr eigenen Formen der Mobilität zu verstehen. Aus unserer Perspektive sind die komplexen Geographien der Mobilität und Immobilität der Arbeit ein zentraler Bestandteil der Arbeitsgeographien der Plattformökonomie. Wir argumentieren, dass es nicht zuletzt die Formen algorithmischen Managements und ihre raum-zeitlichen Konfigurationen sind, die der Plattformökonomie ein spezielles Verhältnis zur Mobilität der Arbeit verleihen (Altenried et al. 2020).

Mit Blick auf die ortsgebundene Plattformökonomie zeigt sich, dass die Belegschaften der meisten Plattformen wie Amazon Flex, Uber oder Deliveroo in Berlin und vielen anderen Städten Europas und der Welt in ihrer übergroßen Mehrheit migrantisch sind. Das ist kein Zufall. Mehrsprachige Apps, einfache Bewerbungsprozesse und wenig formale Anforderungen machen digitale Plattformen attraktiv für migrantische Arbeitskräfte, deren Alternativen auf Arbeitsmärkten häufig gering sind. Aus der Perspektive der Plattformen wiederum sind es die beschriebenen Charakteristika der Plattformarbeit, die den effizienten Zugriff auf diese Arbeitskräfte möglich machen: Digitale Technologien lassen die Aufnahme von Arbeit beinahe ohne Training, Vorkenntnisse oder Sprachkenntnisse zu und erlauben gleichzeitig die granulare und kostengünstige Kontrolle der im Raum verteilten Arbeitenden (Altenried et al. 2021).

Eine hohe Fluktuation der Arbeitenden ist unter diesen Voraussetzungen kein Problem für digitale Plattformen, sondern vielmehr Teil ihrer Kalkulation. Flexible

Vertragsverhältnisse erlauben dazu eine einfache Skalierbarkeit der Belegschaft je nach Auftragslage und Anforderungen. Ein Uber-Fahrer beispielsweise ist immer nur während der gebuchten Fahrten ein Kostenfaktor für die Plattform. Während seiner Wartezeiten wird er dagegen für Minuten oder Stunden Teil der von Karl Marx (1962) beschriebenen „industriellen Reservearmee", deren zeitliche und räumliche Einsatzmöglichkeiten unter den beschriebenen Bedingungen immer flexibler und fluider werden.

Oft sind es in der urbanen *Gig Economy* in der überwiegenden Mehrheit Migrant:innen, die Pakete oder Mahlzeiten liefern, oder Taxidienste und Hausreinigung anbieten. In der ortsunabhängigen Plattformarbeit auf Online-Plattformen wie Appen zeigt sich eine etwas andere, vielschichtige Dynamik. Zunächst bieten diese Plattformen – analog zu ihren Offline-Pendants wie Amazon Flex – oft eine Arbeitsmöglichkeit für Migrant:innen, die auf den Arbeitsmärkten ihrer neuen Heimat mit Hürden und Ausschlüssen konfrontiert sind. So war es für Marik, der 2019 aus Ägypten ins Ruhrgebiet zog, um dort *Computer Engineering* zu studieren. Marik ist ausgebildeter Produktionsingenieur, arbeitete aber bereits in Ägypten seit Jahren neben seinem regulären Job auf Appen und anderen Plattformen. Nach seiner Ankunft in Deutschland war er zunächst mit einem offiziellen Arbeitsverbot und einem prekären Aufenthaltstitel konfrontiert. In dieser Situation stellten digitale Plattformen eine der wenigen Möglichkeiten für ihn da, etwas Geld zu verdienen.

Crowdwork verbindet sich also auf vielfältige Weise mit Formen und Praktiken von Mobilität und Immobilität. Dies betrifft unterschiedliche räumliche Ebenen: vom Privathaushalt, in dem sich wie bei Alexandra Erwerbs- und Sorgearbeit auf neue Weise miteinander verschränken, bis hin zu strukturschwachen ländlichen Regionen in Ostdeutschland wie bei Eric oder urbanen Regionen in Ägypten wie bei Marik. Während Crowdwork sich auf einer ersten Ebene mit unterschiedlichen Formen der Immobilität von Arbeit verbindet, so finden sich auf einer zweiten Ebene, im Arbeitsprozess, neue Formen der *digitalen* Mobilität. Obgleich die Arbeiter:innen physisch am gleichen Ort bleiben, arbeiten sie zumeist für Plattformen und Kund:innen in anderen Teilen der Welt. Dabei sind oft kulturelle and sprachliche Anpassungsleistungen ebenso gefragt wie die Adaption von Arbeitszeiten an andere Zeitzonen oder der Umgang mit Vorurteilen und rassistischer Diskriminierung.

Der Soziologe Aneesh beschrieb diese Dynamiken bereits 2006 als „virtuelle Migration", als er die transnationale Zirkulation von Daten und Arbeitskraft am Beispiel von IT- und Call-Center-Arbeiter:innen untersuchte, die von Indien aus für Unternehmen in den USA arbeiteten. Mit Bezug auf David Harvey argumentierte Aneesh, dass virtuelle Arbeitsmobilität eine neue Form der „space-time-compression" darstelle, bei der „räumlich verstreute Orte sowie Tage und Nächte unterschiedlicher zeitlicher Horizonte in einen einheitlichen Rahmen integriert werden" (Aneesh 2006, S. 83 f., eigene Übers.). Während dadurch zentrale Spannungen zwischen Nationalstaat und Kapital überwunden werden könnten (Arbeitskraft kann frei zirkulieren, während Migration weiterhin erschwert wird), erfahren Arbeitende diese Form der raumzeitlichen Integration auch als eine „raum-zeitliche Entfremdung" (ebd., S. 92 f.).

Im Anschluss an Aneesh beschreiben wir mit dem Begriff der *digitalen Arbeitsmobilität* das Phänomen der Mobilität von Arbeitskraft ohne die Migration des physischen Körpers (vgl. auch Altenried und Bojadžijev 2017). Aus Perspektive des Kapitals versucht der Begriff die ökonomische Rolle digitaler Migrant:innen für Unternehmen und Nationalstaaten zu fassen. Crowdwork-Plattformen ermöglichen eine neuartige „institutionelle Form" des Offshoring (Lehdonvirta et al. 2019, S. 569). Im Vergleich zu früheren Offshoring-Institutionen müssen Geschäftsprozesse nicht mehr über formale Organisationen (wie beispielsweise Call-Center-Agenturen) ausgelagert werden. Stattdessen ermöglichen Crowdwork-Plattformen Unternehmen, mit einzelnen Arbeitskräften, die global um Aufträge konkurrieren, in Verbindung zu treten. Dadurch können sie die Kosten der Reproduktion weiter senken und Geschäftsrisiken auslagern – und zwar nicht an Subunternehmen, sondern an die Arbeiter:innen selbst, die ohne soziale Absicherung sozialräumlich voneinander isoliert in unterschiedlichen Teilen der Welt im Home-Office sitzen.

Doch diese „virtuelle Migration" ist nicht nur ein Modus der Vermittlung und Regulation von Arbeitskraft aus Perspektive des Kapitals. Sie kann auch als eine Mobilitätsstrategie der Arbeiter:innen verstanden werden – oder, erneut mit Herod (2001) gesprochen, als ein Versuch, über digitale Plattformen neue Praktiken der Arbeitsmobilität und damit neue räumliche Bedingungen der Reproduktion zu schaffen (siehe Abschn. 3.1). Damit gehen vielschichtige Subjektivierungsprozesse einher, die etwa Rowe et al. (2013) ausführlich untersucht haben. Trotz ausbleibender physischer Migration erzeuge virtuelle Mobilität „ein Gefühl von Bewegung und Migration, von Assimilation und Dazwischensein" (Rowe et al. 2013, S. 174). Vielfach überlappen sich auch unterschiedliche Formen der Mobilität und Migration, wie das Beispiel von Marik zeigt. Der Begriff der digitalen Arbeitsmobilität versucht also auch die subjektive Erfahrung der Arbeitenden zu beschreiben – in kultureller, zeitlicher, ökonomischer oder rechtlicher Dimension.

In diesen Konstellationen, die wir hier nur anreißen können, zeigt sich das vielschichtige Verhältnis von digitalen Plattformen, der Mobilität der Arbeit und den komplexen Arbeitsgeographien, die dabei entstehen.

11.4 Fazit

Plattformarbeit zeigt eine neue Konfiguration von Arbeit: automatisch organisiert und digital kontrolliert und gleichzeitig hoch flexibel. In diesem Beitrag haben wir die raum-zeitlichen Dynamiken des algorithmischen Managements in den Mittelpunkt gestellt. Wir haben argumentiert, dass die Möglichkeiten automatisierter Organisation und Kontrolle von Arbeit aus der Distanz eine zentrale Voraussetzung für die Logik und Praxis von Plattformarbeit sind. Diese Formen der Organisation und Kontrolle interagieren mit spezifischen Zeitlichkeiten der Fragmentierung, Verdichtung und Verflüssigung. Die zeit-räumliche Eindeutigkeit, die ein Arbeitstag in der Fabrik oder im Büro hat, wird mithilfe digitaler Technologien zerlegt und neu zusammengesetzt. Auf die Wichtigkeit einer räumlichen Perspektive verweist auch unsere abschließende Argumentation zur Digitalisierung von Arbeit und Migration. Zugleich geht es nicht einfach um eine räumliche Umverteilung von Arbeit, sondern um eine Neuordnung der gesellschaftlichen Arbeitsteilung in all ihren Dimensionen.

Abschließend ist es noch einmal wichtig zu betonen, dass die Plattformarbeiter:innen in dieser Entwicklung keine passive Rolle spielen. Wir haben bereits weiter oben argumentiert, dass wir algorithmisches Management keineswegs als allumfassendes Kontrollregime verstehen. Im Gegenteil: Arbeiter:innen nutzen alle möglichen Tricks, versuchen die Algorithmen zu manipulieren und entwickeln individuelle und kollektive Strategien, um die Arbeit für sich lohnend und erträglicher zu machen. Auf diese alltäglichen Widerstandsformen antworten Plattformen mit neuen Technologien und Strategien. Entlang dieser alltäglichen Auseinandersetzungen entwickelt sich die Plattformarbeit kontinuierlich weiter. Diese Dynamik und Logik lässt sich auch im Hinblick auf widerständige Raumproduktionen und Migration beobachten: Während Plattformarbeit in vielerlei Hinsicht auf den Stratifzierungen von Grenzen und Migrationsregimen aufbaut und diese für sich produktiv macht, werden eben jene Grenzen andauernd von der Eigensinnigkeit der (digitalen) Migration herausgefordert und transformiert.

Danksagung Für die produktive Zusammenarbeit und die gemeinsame Forschungspraxis im Projekt „Digitalisierung von Arbeit und Migration“ an der Leuphana Universität Lüneburg und der Humboldt-Universität zu Berlin, gefördert von der Deutschen Forschungsgemeinschaft (DFG, Fördernr. 398798988), danken wir herzlich Manuela Bojadžijev, Felix Busch-Geertsema und Tiziana Ratcheva.

Literatur

Altenried, Moritz. 2022. *The digital factory. The human labor of automation*. Chicago, London: University of Chicago Press.

Altenried, Moritz, und Manuela Bojadžijev. 2017. Virtual migration, racism and the multiplication of labour. *Spheres: Journal for Digital Cultures* 4:1–16.

Altenried, Moritz, Manuela Bojadžijev, Mira Wallis, und Dennis Eckhardt. 2020. Körper, Daten, Arbeitskraft: Ein Gespräch zu Migration und Arbeit unter digitalen Bedingungen. *Berliner Blätter: Digitale Arbeitskulturen: Rahmungen, Effekte, Herausforderungen* 82:43–53.

Altenried, Moritz, Stefania Animento, und Manuela Bojadžijev. 2021. Plattform-Urbanismus. *Arbeit, Migration und die Transformation des urbanen Raums. sub\urban* 9(1/2):73–92.

Aneesh, Aneesh. 2006. *Virtual migration: the programming of globalization*. Durham: Duke University Press.

Anwar Amir, Mohammad, und Mark Graham. 2020. Digital labour at economic margins: African workers and the global information economy. *Review of African Political Economy* 47(163):95–105.

Anwar Amir, Mohammad, Susann Schäfer, und Slobodan Golušin. 2024. Work futures: Globalization, planetary markets, and uneven developments in the gig economy. *Globalizations* 21(4):571–589.

Berg, Janine, Marianne Furrer, Ellie Harmon, Uma Rani, und M. Six Silberman. 2018. *Digital labour platforms and the future of work. Towards decent work in the online world. Rapport de l'OIT.* Genf: ILO.

Beverungen, Armin. 2017. Algorithmisches Management. In *Nach der Revolution. Ein Brevier digitaler Kultur*, Hrsg. Timon Beyes, Jörg Metelmann, und Claus Pias, 52–63. Berlin: Tempus Corporate.

Braesemann, Fabian, Fabian Stephany, Ole Teutloff, Otto Kässi, Mark Graham, und Vili Lehdonvirta. 2022. The global polarisation of remote work. *PloS one* 17(10):e274630.

Graham, Mark, und Fabian Ferrari. 2022. Introduction. In *Digital work in the planetary market*, Hrsg. Mark Graham, Fabian Ferrari, 1–20. Cambridge: MIT Press.

Harvey, David. 1989. *The urban experience*. Oxford: Blackwell.

Heiland, Heiner, und Simon Schaupp. 2020. Digitale Atomisierung oder neue Arbeitskämpfe? Widerständige Solidaritätskulturen in der plattformvermittelten Kurierarbeit. *Momentum Quarterly-Zeitschrift für sozialen Fortschritt* 9(2):50–67.

Herod, Andrew. 2001. *Labor geographies: workers and the landscapes of capitalism. Perspectives on economic change*. New York: Guilford.

Johnston, Hannah. 2020. Labour geographies of the platform economy: understanding collective organizing strategies in the context of digitally mediated work. *International Labour Review* 159:25–45.

Lehdonvirta, Vili, Otto Kässi, Isis Hjorth, Helena Barnard, und Mark Graham. 2019. The global platform economy: a new offshoring institution enabling emerging-economy microproviders. *Journal of Management* 45(2):567–599.

Marx, Karl. 1962. *Das Kapital*. Bd. 1. Berlin: Dietz.

Massey, Doreen. 1995. *Spatial divisions of labor: Social structures and the geography of production*, 2. Aufl., New York: Routledge.

Nadeem, Shehzad. 2009. The uses and abuses of time: globalization and time arbitrage in India's outsourcing industries. *Global Networks* 9(1):20–40.

Ness, Immanuel (Hrsg.). 2023. *The Routledge handbook of the gig economy*. Abingdon New York: Routledge.

Rowe Carrillo, Aimee, Sheena Malhotra, und Kimberlee Pérez. 2013. *Answer the call: virtual migration in Indian call centers*. London: University of Minnesota Press.

Schmidt, Florian Alexander. 2019. *Crowdproduktion von Trainingsdaten: Zur Rolle von Online-Arbeit beim Trainieren autonomer Fahrzeuge*. Studie der Hans-Böckler-Stiftung 417. Düsseldorf: Hans-Böckler-Stiftung.

Stephany, Fabian, Otto Kässi, Uma Rani, und Vili Lehdonvirta. 2021. Online Labour Index 2020: New ways to measure the world's remote freelancing market. *Big Data & Society* 8(2):1–7.

Wallis, Mira. 2021a. Digital labor between Germany and Romania. East East. https://easteast.world/en/posts/367. Zugegriffen: 8. Apr. 2024.

Wallis, Mira. 2021b. Digital labour and social reproduction – Crowdwork in Germany and Romania. *spheres: Journal for Digital Cultures* (6).

Wells, Katie J., Kafui Attoh, und Declan Cullen. 2021. „Just-in-Place" labor: driver organizing in the Uber workplace. *Environment and Planning A: Economy and Space* 53(2):315–331.

Will-Zocholl, Mascha, Jörg Flecker, und Philip Schörpf. 2019. Zur realen Virtualität von Arbeit: Raumbezüge digitalisierter Wissensarbeit. *AIS-Studien* 12(1):36–54.

Wood, Alex, Mark Graham, Vili Lehdonvirta, und Isis Hjorth. 2019a. Good gig, bad gig: autonomy and algorithmic control in the global gig economy. *Work, Employment and Society* 33(1):56–75.

Wood, Alex, Mark Graham, Vili Lehdonvirta, und Isis Hjorth. 2019b. Networked but commodified: The (dis)embeddedness of digital labour in the gig economy. *Sociology* 53(5):931–950.

Woodcock, Jamie, und Mark Graham. 2020. *The gig economy: a critical introduction*. Cambridge: Polity Press.

12 Machtvolle Rhythmen: Digitale Arbeitsvermittlungsplattformen und ihr Einfluss auf Zeit-Räume der Re/Produktion

Isabella Stingl und Marisol Keller

Inhaltsverzeichnis

Zusammenfassung

Plattformen prägen unsere Lebens- und Arbeitsgewohnheiten maßgeblich. Dieser Beitrag untersucht den Einfluss plattformvermittelter Arbeit auf die täglichen Rhythmen der Re/Produktion im Leben von Arbeiter:innen. Empirisch stützt sich der Beitrag auf eine autoethnographische Studie, die eine der Autorinnen als Arbeiterin auf verschiedenen Plattformen in der Schweiz durchgeführt hat. In Anlehnung an die *Feminist Labour Geographies* wenden wir ein erweitertes Verständnis von Arbeit an, um die Verbindungen zwischen bezahlter und unbe-

I. Stingl (✉)
Geographisches Institut, Universität Heidelberg, Heidelberg, Deutschland
E-Mail: isabella.stingl@uni-heidelberg.de

M. Keller
Statistisches Amt, Koordinationsstelle Teilhabe, Kanton Zürich (ehemalig Universität Zürich), Zürich, Schweiz
E-Mail: marisol.keller@ji.zh.ch

M. Doutch et al. (Hrsg.), *Arbeitswelten*, https://doi.org/10.1007/978-3-662-70955-9_12

zahlter Plattformarbeit mit einer Reihe von Tätigkeiten der Sorge für sich selbst und andere zu untersuchen. Auf Grundlage einer machtsensiblen Rhythmusanalyse analysieren wir, wie plattformvermittelte Arbeit die zeitlich-räumlichen Rhythmen dieser Aktivitäten formt. Unsere Ergebnisse zeigen, dass Plattformarbeit die Grenzen zwischen produktiver und reproduktiver Arbeit im Leben von Plattformarbeiter:innen verwischt. Dies geschieht durch die Fragmentierung des Arbeitstages in mehrere Einheiten bezahlter und unbezahlter Arbeitszeit, die Invisibilisierung zahlreicher für die Plattformarbeit notwendiger Tätigkeiten als Nicht-Arbeit und das kontinuierliche Eindringen der Plattform in etablierte Zeit- und Räumlichkeiten der Reproduktion. In der Folge erleben Plattformarbeiter:innen Unsicherheiten, eine Unplanbarkeit des Alltags, einen Druck zur ständigen Verfügbarkeit und ein Defizit an Erholung und sozialem Austausch. Der Beitrag verdeutlicht, dass die Sphäre der sozialen Reproduktion eine wichtige Dimension der Prekarisierung im Plattformmodell darstellt.

Schlüsselwörter: Plattformarbeit, soziale Reproduktion, feministische *Labour Geography*, Rhythmen, Schweiz

Abstract

Platforms significantly shape our work-life patterns. This chapter examines the impact of platform-mediated work on the daily rhythms of re/production in workers' lives. Empirically, the paper draws on an autoethnographic study conducted by one of the authors who has worked on different platforms in Switzerland. Building on feminist labour geographies, we adopt an expanded understanding of work to explore the connections between paid and unpaid platform work and workers' ability to care for themselves and others. Using a power-sensitive rhythm analysis, we explore how platform work affects the temporal and spatial rhythms of these activities. Our findings show that platform work blurs the boundaries between productive and reproductive work in the lives of platform workers. The platform (model) fragments the workday into multiple units of paid and unpaid work, relegates essential tasks to the realm of non-work, and continuously intrudes into established times and spaces of reproduction. As a result, platform workers often face uncertainty and unpredictability in their daily routines, experience pressure to remain constantly available for work, and struggle with a lack of time for rest or social interaction. This chapter thus demonstrates that the sphere of social reproduction constitutes a critical dimension of precaritization within the platform model.

Keywords: platform labour, social reproduction, feminist labour geography, rhythms, Switzerland

12.1 Einleitung

Digitale Arbeitsvermittlungsplattformen haben die Art und Weise, wie Dienstleistungen angeboten und konsumiert werden, grundlegend verändert: Mit wenigen Klicks können über eine Website oder App Lebensmittel geliefert, eine Kinderbetreuung gefunden oder eine Designidee angefragt werden. Die Arbeiter:innen, die diese oft kurzfristig gebuchten Dienstleistungen erbringen, sind vielfach auf selbstständiger Basis tätig. Die Plattformen verstehen sich in der Regel nur als Vermittlerin zwischen Kund:innen und Arbeiter:innen, nicht als Arbeitgeberin (Woodcock und Graham 2020). Für Plattformarbeiter:innen bedeutet dies, dass ihr Zugang zu Sozialschutz und Arbeitsrechten begrenzt ist. Gleichzeitig üben die Plattformen durch algorithmisches Management und digitale Überwachung ein hohes Maß an Kontrolle über den Arbeitsprozess aus und strukturieren die Beziehung zu den Kund:innen in erheblichem Maße (Shapiro 2018; Richardson 2020). Die Plattformforschung kritisiert daher, dass die Plattformökonomie prekäre Arbeitsverhältnisse schafft, die durch geringe Einkommenssicherheit, ein hohes Maß an Kontrolle und Überwachung, fehlende soziale Schutzmechanismen und geringe berufliche Entwicklungsmöglichkeiten gekennzeichnet sind (Rosenblat 2018; Zwick 2018).

In der Forschung wird zwischen ortsgebundener und nicht ortsgebundener Plattformarbeit, der so genannten Crowdwork, unterschieden. Crowdwork bezieht sich auf Tätigkeiten, die online und somit unabhängig vom Standort der Arbeiter:innen erbracht werden können, zum Beispiel in den Bereichen Übersetzung, Transkription, Grafikdesign und Bilderkennung (z. B. Wallis 2021; James 2022). In diesem Beitrag fokussieren wir auf die ortsgebundene Plattformarbeit. Dazu gehören etwa plattformvermittelte Liefer- und Fahrdienste, Reinigungsdienste, Betreuungsdienste für Haustiere, Kinder oder ältere und kranke Menschen sowie andere haushaltsnahe Dienstleistungen wie Umzugshilfen oder Gartenarbeiten. Gerade ortsbezogene Plattformarbeit im Bereich haushaltsnaher Dienstleistungen wird vielfach als ein potentieller *Technological Fix* (Huws 2019) für die Krise der sozialen Reproduktion diskutiert.

Die Krise der sozialen Reproduktion meint unter anderem, dass immer mehr Menschen nicht mehr genügend Zeit und Energie für die Haus- und Sorgearbeit haben – eine Situation, die Huws (2019) mit dem Begriff des *Domestic Time Squeeze* beschreibt. Die Ursachen für diese Krise sind vielfältig: Zum Beispiel bedingte die steigende Arbeitsmarktbeteiligung von Frauen ohne eine entsprechend reduzierte Arbeitszeit bei den Männern, dass weniger unbezahlte Arbeit im eigenen Haushalt oder der Gemeinschaft zur Verfügung steht (England 2010). Gleichzeitig führen Neoliberalisierungsprozesse und anhaltende Sparpolitiken in vielen Ländern zu einem Rückgang und/oder einer (Re-)Privatisierung öffentlicher Dienstleistungen (England 2010; Huws 2019; Dowling 2022). In diesem Kontext scheinen Plattformen „zeitarmen Haushalten" (Huws 2019: S. 20) eine ideale Lösung zu bieten, um sozial reproduktive Tätigkeiten wie Kochen, Reinigen oder Betreuen kostengünstig und bedarfsgerecht auszulagern (Sharma 2018; Ecker et al. 2021; Wallis 2021). Arbeiter:innen wird wiederum eine leicht zugängliche und flexible (zusätzliche) Einkommensmöglichkeit in Aussicht gestellt. Diese soll ein hohes Maß an Autonomie darüber bieten, wann und wo Lohnarbeit stattfindet, und damit eine leichte Vereinbarkeit mit Sorgearbeit gewährleisten.

Im vorliegenden Beitrag möchten wir beleuchten, wie sich diese zeitlich-räumlichen Verheißungen im Alltag von Plattformarbeiter:innen manifestieren. Dazu untersuchen wir, welchen Einfluss bezahlte und unbezahlte Plattformarbeit (Produktion) auf die Reproduktion von Plattformarbeiter:innen nimmt. Mit dem Begriff der Re/Produktion erfassen wir das Zusammenwirken und die gegenseitige Bedingung von Produktions- und Reproduktionsprozessen. Als empirische Grundlage dienen uns Daten, welche eine von uns Autorinnen (Marisol Keller) im Rahmen einer autoethnographischen Forschung als Arbeiterin auf verschiedenen Plattformen in der Schweiz gesammelt hat. Auf theoretisch-konzeptioneller Ebene folgen wir Ansätzen der *Feminist Labour Geographies* (Mitchell et al. 2004; Strauss und Meehan 2015; Mullings 2021), welche für ein erweitertes Verständnis von Arbeit plädieren.

Im nächsten Abschnitt stellen wir die theoretisch-konzeptionelle Rahmung unseres Beitrags näher vor und konkretisieren unser Erkenntnisinteresse in Bezug auf die räumlich-zeitlichen (Re-)Konfigurationen re/produktiver Tätigkeiten in Folge von Plattformarbeit anhand des Konzepts der *Intersectional Rhythmanalysis* (Reid-Musson 2018). Danach erörtern wir die Potentiale und Grenzen der durchgeführten Autoethnographie, bevor wir im Ergebnisteil anhand ausgewählter Vignetten zeigen, wie plattformvermittelte Arbeit etablierte zeitlich-räumliche Rhythmen der Re/Produktion stört und zur Entstehung neuer Zeit-Räume der Erholung beiträgt. Basierend auf diesen Ergebnissen diskutieren wir im Fazit die Versprechen der Plattformökonomie mit Blick auf die Krise der sozialen Reproduktion.

12.2 Theoretisch-konzeptionelle Rahmung

12.2.1 Geographien der sozialen Reproduktion

Mit unserer Forschungsperspektive schließen wir an feministische Marxist:innen der zweiten Welle des Feminismus in den 1970er Jahren an. Diese kritisierten Marx' Arbeitsbegriff als verkürzt und forderten den Einbezug der Reproduktionsarbeit in ökonomische Analysen. Als Reproduktionsarbeit verstanden sie all jene Tätigkeiten, die zur „Wiederherstellung" der Arbeitskraft dienen, wie Reinigen, Waschen, Einkaufen, Kochen, Pflegen und Erziehen, und die überproportional von Frauen geleistet werden (z. B. Dalla Costa und James 1975; Federici 1975).

In der weiteren konzeptionellen Entwicklung der *Social Reproduction Theory* stellten Geograph:innen die scharfe räumliche und zeitliche Trennung im Verständnis von produktiver und reproduktiver Arbeit in Frage und beschrieben deren Sphären als sich überlappend. Dies geschah unter anderem in Anerkennung sozial reproduktiver Tätigkeiten, die entweder bezahlt oder unbezahlt geleistet werden und sowohl innerhalb als auch außerhalb des Privathaushalts erfolgen können. Dazu zählt etwa die Betreuung von kranken und älteren Menschen oder das Bereitstellen von gekochten Mahlzeiten (Mullings 2021, S. 151; Winders und Smith 2019, S. 43). Angesichts zunehmend flexibilisierter Arbeits- und Produktionsbedingungen sowie Informations- und Kommunikationstechnologien, die für viele Menschen die Zeit-Räume von Arbeit und Nicht-Arbeit verwischen, wurden soziale Reproduktion und Produktion in anderen Konzeptionen als zeitlich wie räumlich vollständig verschmolzen gefasst (Mitchell et al. 2004; Winders und Smith 2019; Mullings 2021).

Diesem Bild entsprechend entwickelten Mitchell, Marston und Katz (2004) mit dem Begriff der *Life's Work* ein Verständnis von Arbeit, das nicht vom Rest des Lebens zu trennen ist und das auch Formen und Erleben von Intimität, Emotionen, Affekten, Körperlichkeiten und Subjektivitäten umfasst (Strauss und Meehan 2015; Rodriguez-Rocha 2021). Unter dem Einfluss poststrukturalistischer und intersektionaler Ansätze beschäftigen sich jüngere Analysen der *Social Reproduction Theory* zudem verstärkt damit, wie Machtverhältnisse die Auswirkungen und das Erleben von (prekärer) Arbeit beeinflussen (Strauss und Meehan 2015) und wie diverse Unterdrückungsformen sowohl materiell als auch subjektiv und alltäglich erlebt werden (Rodriguez-Rocha 2021).

Trotz dieser Entwicklung hin zu einem Verständnis von Arbeit als untrennbar mit dem Leben verwoben, verwenden wir die Kategorien Produktion und Reproduktion in diesem Beitrag aus analytischen Gründen getrennt. Konkret folgen wir damit Autor:innen wie Knaus et al. (2021), die betonen, dass die Grenzziehungen, die im Kontext von Digitalisierungsprozessen zwischen Produktion und Reproduktion beziehungsweise zwischen Arbeit und Nicht-Arbeit vorgenommen werden, wichtige Momente der Wissensproduktion darstellen. Dementsprechend untersuchen wir, welchen Einfluss bezahlte und unbezahlte Plattformarbeit (Produktion) auf die Reproduktion von Plattformarbeiter:innen nimmt und wie diese Tätigkeiten zeitlich-räumlich konfiguriert sind. Aktivitäten, die in direktem Zusammenhang mit der Plattformarbeit stehen, aber in der Regel außerhalb der bezahlten Arbeitszeit ausgeübt werden, sind etwa die Pflege des eigenen Online-Profils oder das Bewerben auf einzelne Jobs. Zur Reproduktion von Arbeiter:innen zählen wir Aktivitäten des Erholens, der Pflege sozialer Beziehungen oder der freiwilligen Arbeit – kurz gesagt, der Sorge für sich selbst und andere. Ziel der Untersuchung ist es, die dem Plattformmodell inhärenten Machtungleichheiten und ihre Auswirkungen auf den Alltag der Plattformarbeiter:innen zu identifizieren. Im nächsten Abschnitt stellen wir den analytischen Rahmen für dieses Vorhaben weiter vor.

12.2.2 Rhythmusanalyse

Unser Interesse an der Frage, wie Plattformarbeit die zeitlich-räumliche Konfiguration von Produktion und Reproduktion im Leben von Arbeiter:innen beeinflusst, ist durch das Konzept der *Intersectional Rhythmanalysis* der kanadischen Geographin Reid-Musson (2018) beeinflusst. In diesem Konzept greift sie Lefebvres (2004) Konzeptualisierung von Rhythmen zur Analyse der Auswirkungen des Kapitalismus auf das alltägliche Leben auf. Reid-Musson (2018) stellt fest, dass sich Lefebvres' Beschreibungen vor allem auf die Erfahrungen Weißer, sesshafter Männer im urbanen Frankreich der Nachkriegszeit beziehen. Folglich erweitert und korrigiert Reid-Musson diese Überlegungen mit Konzepten der feministischen Intersektionalitätstheorie (z. B. Crenshaw 1991; Valentine 2007). Am Beispiel von migrantischen Niedriglohnarbeiter:innen in der kanadischen Landwirtschaft macht Reid-Musson die Verflechtungen von Alltagsrhythmen mit ineinandergreifenden Differenzkategorien und Machtverhältnissen begreifbar.

Reid-Musson (2018) zeigt, wie die alltäglichen Rhythmen von migrierten Arbeiter:innen durch die Bedingungen des kanadischen Seasonal Agricultural Worker Program (SAWP) und damit durch die saisonalen Anforderungen der kanadischen Landwirtschaft, fehlende staatsbürgerliche Rechte, strenge Arbeitsbedingungen und eine begrenzte Autonomie über ihren Privatbereich und ihre Freizeit geprägt sind. Arbeiterinnen erfahren zudem feminisierte Zwänge durch ihre Vorgesetzten und männlichen Kollegen. So macht Reid-Musson (2018) deutlich, dass Rhythmen durch rassistische, koloniale, geschlechtsspezifische und sexualisierte Politiken bestimmt sind. Rhythmen können bestehende Machtverhältnisse reproduzieren und verstärken. Gleichzeitig schaffen sie die Möglichkeit, Ungleichheitsbeziehungen herauszufordern, etwa wenn Migrant:innen in Reid-Mussons (2018) Studie gegen auferlegte zeitlich-räumliche Zwänge verstoßen und sich Räume außerhalb ihres Arbeitsplatzes aneignen.

Für den analytischen Rahmen unserer Studie verbinden wir zentrale Merkmale einer machtsensiblen Rhythmusanalyse nach Reid-Musson mit feministisch-geographischen und kulturwissenschaftlichen Überlegungen zu Zeit und Raum. Diese betonen den relationalen und differenzierten Charakter von Zeit und Raum sowie deren untrennbare Verwobenheit (Massey 1994; Sharma 2014). Letzteres erfassen wir in Anlehnung an May and Thrifts (2001) Konzept der *TimeSpaces* unter dem Begriff der „Zeit-Räume". Auf dieser Grundlage verstehen wir Rhythmen als relational und multiskalar. Sie sind Ausdruck von Machtverhältnissen und zugleich gelebte Nutzungen von Zeiten und Räumen, die bestehende Machtverhältnisse reproduzieren, aber im Sinne von *Counter-Rhythms* (Reid-Musson 2018, S. 893–894) auch herausfordern und verändern können.

Ausgehend von diesem Verständnis von Rhythmen versucht unsere Analyse folgende Fragen zu beantworten: Wie formt Plattformarbeit die zeitlich-räumlichen Rhythmen der Re/Produktion im Leben von Plattformarbeiter:innen? Welche (Synchronisations-)Konflikte entstehen zwischen den Rhythmen von Plattformen, Kund:innen, Arbeiter:innen und anderen und welche Machtgefälle kommen dabei zum Ausdruck? Wie versuchen Arbeiter:innen diese Ungleichheiten herauszufordern? Im nächsten Abschnitt stellen wir vor, wie wir über die Methode der Autoethnographie empirisch zur Beantwortung dieser Fragen beitragen.

12.3 Methodologie

Um die formulierten Forschungsfragen zu beantworten, sind möglichst detaillierte qualitative Daten über das Erleben des Lebens- und Arbeitsalltages von Plattformarbeiter:innen erforderlich. Die Methode der Autoethnographie ermöglicht es, genau diese alltäglichen, psychischen und körperlichen Erfahrungen innerhalb eines sozialen Kontextes zu erfassen und zu analysieren, indem die forschende Person sich selbst ins Zentrum des Forschungskontexts stellt (Reed-Danahy 1997; Butz und Besio 2009). Unsere Ergebnisse basieren auf der autoethnographischen Datenerhebung einer von uns Autorinnen (Marisol Keller), die zwischen Mai 2020 und Dezember 2021 auf drei verschiedenen digitalen Plattformen in der Schweiz Erfahrungen als Plattformarbeiterin gesammelt hat. Alle drei Plattformen vermittelten Arbeiten, die eine physische Präsenz der Arbeiterin erfordern.

Im Rahmen der Autoethnographie als Plattformarbeiterin putzte Marisol Wohnungen, unterstützte Schulkinder bei den Hausaufhaben, füllte Gestelle im Supermarkt auf und briet Würste bei einem Fußballspiel. Während der Datenerhebung war Marisol weiterhin als wissenschaftliche Mitarbeiterin angestellt und bezog ihr Gehalt, war aber zeitweise von ihren universitären Verpflichtungen weitestgehend entbunden. Die über Plattformen vermittelten Arbeitseinsätze wurden brutto pro Stunde mit 19 bis 21 Schweizer Franken entlohnt, was in der Schweiz einem sehr niedrigen Stundenlohn entspricht. Die Intensität von Marisols Plattformarbeit schwankte zwischen 3 bis 4 Aufträgen pro Woche und Phasen, in denen sie keine bezahlten Einsätze hatte, jedoch viel unbezahlte Zeit darauf verwendete, nach neuen Aufträgen zu suchen und sich darauf zu bewerben (siehe dazu Keller 2023).

Autoethnographische Forschung über Machtverhältnisse ist in hohem Maße von der Positionalität der forschenden Person abhängig. Wir müssen daher kritisch anerkennen, dass die Erfahrungen von Marisol nur bedingt repräsentativ für die Vielfalt der Lebenssituationen und Herausforderungen von Arbeiter:innen in der globalen Plattformökonomie sein können. So ist Marisol als Weiße Schweizer Staatsbürgerin mit muttersprachlichen Kenntnissen der Lokalsprache anders positioniert als eine Vielzahl von Plattformarbeiter:innen, die häufig migrierte und/oder rassifizierte Personen sind. Ähnlich wie in der Untersuchung von Reid-Musson (2018) sind die Erfahrungen dieser Arbeiter:innen häufig durch temporäre Migrationsregime geprägt. Wie Studien zeigen, verleitet ein befristeter oder anderweitig unsicherer Aufenthaltsstatus viele Menschen dazu, auf Plattformen zu arbeiten, weil sie sich von anderen Bereichen des Arbeitsmarktes ausgeschlossen fühlen (z. B. Altenried 2021; van Doorn 2023; Orth 2024). Dies kann sie besonders vulnerabel für ausbeuterische Arbeitsbedingungen in diesem Sektor machen.

Zudem erleben migrierte und/oder rassifizierte Personen oft Diskriminierungen im Arbeitsalltag, sei es durch Kund:innen, Plattformmitarbeiter:innen oder Dritte (Rosenblat 2018; Fairwork 2023). Marisols kontinuierliche Anstellung an der Universität und die dadurch gewährleistete finanzielle Stabilität wirkten sich ebenfalls auf ihre Erfahrungen mit der Plattformarbeit aus. Im Gegensatz dazu zeigen andere Studien, dass der geringe Verdienst vieler Plattformarbeiter:innen zu erheblichem (psychischen) Druck und langen Arbeitszeiten führt (Kaine und Josserand 2019; Stingl 2023).

Trotz dieser methodologischen Limitationen erlaubt uns die gemeinsame Analyse und Reflexion der autoethnographischen Daten, einige Muster in Bezug darauf zu erkennen, wie Plattformarbeit die Rhythmen der Re/Produktion im Leben von Arbeiter:innen beeinflusst, und so zu einem präziseren Verständnis der Arbeitsbedingungen in der Plattformökonomie beizutragen. Im folgenden Abschnitt zeigen wir dies anhand ausgewählter Vignetten aus Marisols Arbeitsalltag als Plattformarbeiterin auf.

12.4 Ergebnisse

12.4.1 Störung etablierter zeitlich-räumlicher Rhythmen der Re/Produktion

Im ersten Teil der Ergebnisse gehen wir der Frage nach, wie die Aufnahme von Plattformarbeit etablierte Rhythmen der Re/Produktion im Leben von Arbeiter:innen formt. Wie die erste autoethnographische Vignette zeigt, geschieht dies unter anderem durch die Ausweitung der mit Plattformarbeit verbundenen Arbeitszeiten und -orte, weit über die einzelnen bezahlten Einsätze hinaus:

> „Am Abend kurz vor dem Einschlafen klicke ich aus Versehen auf meinem Smartphone auf das Emailprogramm. Ich sehe, dass ich ganz viele Nachrichten von ‚Fast Gig' erhalten habe, darunter eine Zusage. Ich öffne die Email fast automatisch und verschaffe mir einen schnellen Überblick. Ich merke sofort, dass ich eigentlich zu müde bin, mich damit gegen Mitternacht noch auseinanderzusetzen. Dennoch überlege ich mir gedanklich schon, wie ich den Samstag planen und was ich anziehen werde. Neben mir liegt mein Partner, mit ihm bin ich für die gleiche Zeit eigentlich schon verabredet. Ich sage ihm erstmal nichts und versuche zu schlafen. Ich schlafe schlecht."

Wie bereits andere Studien gezeigt haben, umfasst ortsspezifische Plattformarbeit neben einem beispielsweise zweistündigen Reinigungseinsatz in einer Privatwohnung zahlreiche weitere Tätigkeiten, die im Plattformmodell unentlohnt bleiben: das Pflegen des eigenen Profils; das Bewerben auf einzelne Einsätze und das Warten auf die jeweilige Entscheidung; das Reagieren auf Jobangebote auf der Webseite oder in der App; das Koordinieren einzelner Aufträge und Kund:innenwünsche; das Einfordern des Lohns, wenn ein:e Kund:in nicht bezahlt (z. B. Bor 2021; Raval 2020). Erst die regelmäßige Ausübung dieser Tätigkeiten macht bezahlte Plattformarbeit möglich und rentabel für die Arbeiter:innen. Die oben beschriebenen Gedankengänge von Marisol zeigen, wie das Gefühl, dass Plattformarbeit ständige Aufmerksamkeit und Aktivität verlangt, Folge dieses weitreichenden Tätigkeitsprofils ist (siehe auch Bauriedl und Strüver 2022, S. 19; Keller 2022, S. 145).

Im Rahmen der Autoethnographie fanden diese unbezahlten Aktivitäten der Plattformarbeit häufig früh morgens, abends, nachts kurz vor dem Schlafengehen oder am Wochenende statt und wurden meist im eigenen Schlaf- oder Wohnzimmer, in Parks oder im Supermarkt erledigt. Zeit- und Räumlichkeiten, die von Marisol zuvor mit Erholung, Entspannung oder Reproduktion im weiteren Sinne assoziiert wurden, erfuhren so zumindest vorübergehend eine Umdeutung – die Grenzen zwischen Arbeits- und Freizeit, Zuhause und Arbeitsort verwischten. Wie die erste Vignette bereits gezeigt hat und die folgende weiter verdeutlicht, wurden diese Zeit- und Räumlichkeiten auch durch das ständige Eindringen der Plattform(arbeit) über Geräte wie das Mobiltelefon oder den privaten Laptop gestört, sei es in Form von Anrufen, Push-Nachrichten oder Emails.

> „Die Woche war anstrengend, es ist Freitagabend nach 18 Uhr, ich beschließe das Wochenende einzuläuten. Ich setze mich mit meinen Mitbewohner:innen auf das Sofa und beginne mich zu entspannen. Plötzlich sehe ich, dass mich ‚Fast Gig' anruft. Ich bin geschockt und

> überlege hin und her, ob ich den Anruf annehmen soll. Ich habe zu diesem Zeitpunkt wirklich ganz und gar nicht mehr mit solch einem Anruf gerechnet."

Durch diese Eingriffe wurden also nicht nur Zeit- und Räumlichkeiten, welche zuvor der Erholung galten, rekonnotiert. Auch Infrastrukturen der sozialen Reproduktion wie das private Handy oder der private Laptop erfuhren eine Umwidmung und wurden zugleich zu Infrastrukturen der bezahlten und unbezahlten Plattformarbeit. In diesem Zusammenhang zielen Instrumente wie Push-Nachrichten auf die direkte Kontrolle der Reaktionszeiten von Plattformarbeiter:innen und setzen sie unter Druck, unbezahlte Plattformarbeit im Einklang mit den zeitlichen Vorgaben der Plattform beziehungsweise den Bedürfnissen der Kund:innen zu leisten. Die nächste Vignette zeigt, wie Marisol das erlebt hat:

> „Heute habe ich den ganzen Nachmittag Push-Nachrichten für kurzfristige Jobs bekommen. In einem Fall hatte die Schicht zum Zeitpunkt der Anfrage bereits begonnen – ich habe abgelehnt. Ich hoffe, dass das keine negativen Konsequenzen für meinen Algorithmus hat. [...] Diese Push-Nachrichten stressen mich zusätzlich – sie geben mir das Gefühl, dass ich sie sofort bearbeiten muss, da sie sonst vielleicht nicht wieder auffindbar sind und mir wichtige Jobmöglichkeiten entgehen."

Diese Vignette verdeutlicht, dass die Rhythmen der Plattform und jene der Kund:innen im Plattformmodell taktgebend sind: Wenngleich ein:e Plattformarbeiter:in durch die Annahme oder Ablehnung bestimmter Aufträge zumindest eine gewisse Entscheidungsmacht darüber hat, wann bezahlte Arbeit stattfindet, gilt dies nicht unbedingt für die unbezahlte Plattformarbeit, beispielsweise die Beantwortung von Kund:innenanfragen. Diese werden in der Regel in Echtzeit versendet, können die Arbeiter:innen also jederzeit erreichen (Bor 2021, S. 158).

Im Bemühen um eine stärkere Selbstkontrolle ihrer alltäglichen Rhythmen von Erholung und bezahlter wie unbezahlter Plattformarbeit schaltete Marisol beispielsweise ihr Handy zu bestimmten Zeiten gezielt aus oder schloss das E-Mail-Programm auf ihrem Laptop. Diese Versuche waren jedoch nicht immer erfolgreich, denn das ständige Denken an die Arbeit und potenzielle Jobmöglichkeiten ließ sich nur schwer abschalten. Die gefühlte Gleichzeitigkeit von Reproduktion und Produktion resultierte häufig in einer Frustration darüber, dass weder das eine, Erholung, noch das andere, Arbeit, gerade richtig stattfinden konnte. Die Zeit-Räume der Erholung und der Pflege sozialer Beziehungen wurden durch die Aufnahme von Plattformarbeit jedoch nicht einfach nur verwischt oder beschnitten, sondern verlagerten sich in einigen Fällen (vermehrt) in andere Zeit- und Räumlichkeiten, wie wir im nächsten Abschnitt zeigen.

12.4.2 Entstehung neuer Zeit-Räume der Erholung

Die Analyse des empirischen Materials zeigt, dass Erholung nicht einfach ersatzlos wegfällt beziehungsweise wegfallen kann. Aus Ermangelung an regelmäßigen Rhythmen der Erholung während der Tätigkeit als Plattformarbeiterin hat Marisol Zeit-Räume der Erholung im (Arbeits-)Alltag „externalisiert". Dies bedeutet, dass

Phasen oder Momente der Erholung relativ spontan und je nach Möglichkeiten zwischen den bezahlten Arbeitseinsätzen stattfanden:

> „Glücklicherweise erwische ich gleich einen Bus. Ich weiß noch nicht genau, wo und was ich essen möchte. An einer Bushaltestelle sehe ich ein Café, das ich kenne. Ich bin schon beim Eintreten ziemlich gestresst, da ich nur 25 min Zeit habe, ehe ich für den nächsten Job wieder zum Bus muss. Es dauert lange, bis das Essen kommt, und ich checke auf dem Handy immer wieder die Busverbindungen. Nebenbei schaue ich noch den zweiten Lauf des Skirennens. Endlich kommt die sehr heiße Suppe und ich weiß, dass ich rechtzeitig kommen könnte, wenn ich mich beeile. Ich verbrenne mir die Zunge. Kaum bin ich fertig, zahle ich und verlasse das Café, eventuell erwische ich noch den Bus."

Die Externalisierung von Zeit-Räumen der Erholung lässt sich auf die Fragmentierung des Arbeitstages in der Plattformökonomie zurückführen. Dieser wird in abgegrenzte Einheiten von bezahlten Einsätzen zerteilt. Dazwischen liegen mehr oder weniger lange unbezahlte Phasen, die auch für das Pendeln zum nächsten Arbeitsort genutzt werden müssen. Die häufig wechselnden Arbeitsorte, die manchmal erst kurz vor dem Einsatz bekannt sind, erfordern viel Planungsarbeit der Plattformarbeiter:innen sowie Spontanität und Flexibilität in ihren Rhythmen der Reproduktion. Diese müssen mit den Anforderungen der Plattform und den Wünschen der Kund:innen synchronisiert werden.

So musste Marisol Erholungszeiten und Pausen oft spontan stattfinden lassen und hatte, wie in der obigen Vignette beschrieben, häufig das Gefühl, sie zwischen zwei Einsätze „quetschen" zu müssen. Wie auch Huws et al. (2017) beschreiben, geschieht dies im Rahmen von Marisols Tätigkeit als Plattformarbeiterin oft im öffentlichen Raum (Parks, öffentliche Verkehrsmittel, Fahrrad) und somit an Orten, die als eher ungemütlich und wenig erholsam empfunden wurden. Auch hier ist die Gleichzeitigkeit in den Aktivitäten der Re/Produktion auffällig: Während Marisol die Suppe schlürft, plant sie zugleich die Fahrt zum nächsten Einsatz.

Pausen fanden aber nicht nur zwischen den bezahlten Arbeitseinsätzen im öffentlichen Raum statt, sondern auch während dieser Einsätze, zum Beispiel in den (privaten) Räumlichkeiten der Kundschaft. Immer wieder hat Marisol in ihren Feldnotizen notiert, wie sie sich während der bezahlten Arbeitszeit kleine Zeit-Räume der Erholung schuf:

> „Heute stehen wieder mehrere Einsätze an Arbeitsorten, die ich bereits kenne, an. In der ersten Wohnung habe ich in den letzten Wochen regelmäßig geputzt. Ich denke, dass ich in den drei Stunden, für die mich die Kundin gebucht hat, leicht fertig werde. Meine rechte Körperseite schmerzt immer noch von einer unglücklichen Bewegung, die ich gestern beim Putzen einer anderen Wohnung gemacht habe. Also setze ich mich erst einmal auf das Sofa und rufe meine Schwester an. Nach dem Gespräch ringe ich mich endlich dazu durch, mit dem Putzen zu beginnen."

In diesem Beispiel verwischte Marisol bewusst die zeitlich-räumlichen Grenzen von Produktion und Reproduktion, indem sie sich eine kurze Phase der Erholung und des Pflegens sozialer Beziehungen während des Arbeitseinsatzes erlaubte, obwohl das Plattformmodell keine Pausen während dieser Zeit vorsieht. Dieses Verhalten kann daher als kleiner Akt des Widerstands gelesen werden, indem Marisol die Arbeitsbedingungen der Plattform unterlief und sie an ihre eigenen Bedürfnisse anpasste.

Trotz solcher Momente hatte Marisol nicht das Gefühl, dass sie ihre Rhythmen der Re/Produktion als Plattformarbeiterin wirklich kontrollieren konnte. Selbst wenn es ihr gelang, kurze Entspannungsphasen in die bezahlte Arbeitszeit zu integrieren, mussten diese meist spontan und ungeplant erfolgen, zum Beispiel wenn ein Auftrag schneller als geplant erledigt werden konnte und die Kund:innen nicht zu Hause waren, so dass der Arbeitsplatz früher verlassen oder für einen kurzen Moment der Entspannung genutzt werden konnte. Dies hatte zur Folge, dass Marisols Rhythmen der Re/Produktion oft räumlich und zeitlich asynchron zu jenen ihrer Umgebung lagen. So beschreibt Marisol in ihrem autoethnographischem Feldtagebuch, wie sie Mahlzeiten mit ihren Mitbewohner:innen verpasste oder es aufgrund des sich ständig ändernden Arbeitsplans als herausfordernd empfand, sich mit Freund:innen zu verabreden und ehrenamtlichen Tätigkeiten nachzugehen.

12.4.3 Diskussion: Der Einfluss von Plattformarbeit auf die Rhythmen der Re/Produktion

Auf Grundlage der in den vorangegangenen Abschnitten dargestellten Ergebnisse möchten wir nun die unter Abschn. 12.2.2 aufgeworfenen Forschungsfragen diskutieren. Diese zielten darauf, wie Plattformarbeit die Rhythmen der Re/Produktion formt, welche Konflikte und Machtungleichheiten im Plattformmodell sichtbar werden und welche Möglichkeiten Arbeiter:innen nutzen, um Letztere herauszufordern. Sowohl unsere Ausführungen zur Störung etablierter zeitlich-räumlicher Rhythmen der Re/Produktion als auch zur Entstehung neuer Zeit-Räume der Erholung zeigen, wie Plattformarbeit die Grenzen zwischen reproduktiver und produktiver Arbeit im Leben von Plattformarbeiter:innen verwischt. Dies geschieht im Plattformmodell unter anderem durch die Fragmentierung des Arbeitstages in diskrete Einheiten von bezahlter und unbezahlter Arbeitszeit und durch die damit verbundene Invisibilisierung zahlreicher für die Plattformarbeit notwendiger Tätigkeiten als Nicht-Arbeit. Gleichzeitig dringt die Plattform immer wieder in etablierte Zeit- und Räumlichkeiten der Erholung ein.

Außerdem haben wir gezeigt, wie Marisol selbst die zeitlich-räumlichen Grenzen zwischen reproduktiver und produktiver Arbeit aktiv verwischte, etwa wenn sie während der bezahlten Arbeitszeit eine Pause in der Privatwohnung einer Kundin einlegte. Auch andere Handlungen können dieser *Small Scale Agency* (Dutta 2016) zugeordnet werden, zum Beispiel das bewusste Ausschalten des Mobiltelefons oder des Laptops, um sich dem Eindringen der Plattform in als privat konnotierte Räumlichkeiten zu entziehen. Dadurch behalten Plattformarbeiter:innen eine Kontrolle darüber, wann und wo unbezahlte Plattformarbeit stattfindet. Die Befähigung zu solchen Handlungen hängt jedoch stark von der individuellen Situation der Arbeiter:innen und ihrer Abhängigkeit von der jeweiligen Lohnarbeit ab. So muss in diesem Zusammenhang Marisols privilegierte Stellung als Person, die nicht auf die Plattformarbeit als Einkommensquelle angewiesen ist, als ein Faktor berücksichtigt werden, der ihre Risikobereitschaft erhöhen kann.

Darüber hinaus ist es wichtig, die Besonderheit des Privathaushalts der Kund:innen als Arbeitsort für bezahlte Plattformarbeit in unserem Fallbeispiel hervorzuheben. Im Gegensatz zu anderen Formen der Plattformarbeit, wie etwa im Bereich von Fahr- oder Lieferdiensten, bei denen über GPS-Technologie und andere Tracking-Methoden die Position der Fahrer:innen in Echtzeit überwacht werden kann, unterliegt der Arbeitsprozess im Privathaushalt der Kund:innen (bislang) weniger direkter (algorithmischer) Kontrolle durch die Plattformen. Im weiteren Kontrast zu Plattformarbeit im Liefersektor verfügen gerade Arbeiter:innen im Reinigungs- oder Betreuungsbereich in der Regel nicht über eine Basisstation, wo Kolleg:innen zusammenkommen, sich austauschen und entspannen können. Es kann daher davon ausgegangen werden, dass das geringere Maß an Kontrolle im Privathaushalt zwar kleinere Akte des Widerstands begünstigt, aber kollektive Formen des Protests (z. B. Orth 2022) aufgrund der Isolierung der Arbeiter:innen erschwert (Stingl 2023).

Trotz dieser Akte des Widerstands und Marisols finanzieller Autonomie waren die Plattformen und Kund:innen in unserer Untersuchung taktgebend. Auf den ersten Blick scheint das Plattformmodell ungleiche Abhängigkeitsverhältnisse zwischen Kund:innen und Arbeiter:innen zu verringern. Es stellt den Arbeiter:innen einen großen Pool von potentiellen Aufträgen in Aussicht und verspricht damit große Flexibilität darüber, ob, wo, wann oder wie lange jemand für bestimmte Kund:innen tätig ist. Wie wir zeigen konnten, wird diese potenziell starke Position von Arbeiter:innen im Beziehungsgeflecht mit Plattformen und Kund:innen jedoch dadurch geschwächt, dass Plattformarbeiter:innen in der Praxis wenig Zugang zu relevanten Informationen haben, wie etwa das Verhältnis zwischen Aufträgen und aktiven Arbeiter:innen auf einer Plattform oder die möglichen Konsequenzen bei Nichtbeantwortung eines Jobangebots (siehe auch Ivanova et al. 2018). Zudem sind es die Plattformen, die vorgeben, welche Tätigkeiten bezahlt werden und welche als unproduktiv definiert und außerhalb der Zeit- und Räumlichkeiten bezahlter Arbeit verortet werden. Dadurch gelingt es den Plattformen, Arbeitssubjekte zu produzieren, die ständig verfügbar sind und sich ohne Garantie auf bezahlte Arbeit in ihren eigenen Rhythmen der Re-/Produktion an die Vorgaben der Plattformen und die zeitlich-räumlichen Bedürfnisse der Kund:innen anpassen. So wird die in der Plattformökonomie versprochene *Just-In-Time-And-Place* Erbringung von Dienstleistungen erst realisierbar.

Für Plattformarbeiter:innen wird indes die von Mitchell et al. (2004, S. 3) beschriebene Figur des *Life Worker* zur Realität: ein flexibles und durch neue Technologien permanent mobilisiertes Subjekt, dessen Sphären von Arbeit, Zuhause und Freizeit nicht mehr zu unterscheiden sind. In unserem Fallbeispiel wird das Verschwimmen der Grenzen von Produktion und Reproduktion in Verbindung mit einer relativen Unplanbarkeit der Arbeitswoche und dem ständigen Gedanken an Plattformarbeit als Defizit an Erholung und sozialem Austausch erlebt. Dies wird besonders dann spürbar, wenn die Rhythmen der Plattformarbeit in Konflikt mit den Rhythmen der eigenen Umgebung stehen und zum Beispiel Verabredungen mit Freund:innen immer wieder verschoben werden müssen. Im folgenden Fazit möchten wir diskutieren, wie diese Ergebnisse im Hinblick auf die in der Einleitung beschriebene Krise der sozialen Reproduktion zu bewerten sind.

12.5 Fazit

Dieser Beitrag hat gezeigt, wie Plattformarbeit direkt und indirekt in die Sphäre der sozialen Reproduktion von Arbeiter:innen eingreift. Für diese verschwimmen in der Folge die zeitlich-räumlichen Grenzen von Arbeit und Nicht-Arbeit, was in unserem Beispiel zu Unsicherheiten, einer Unplanbarkeit des Alltags, einem Druck zur ständigen Verfügbarkeit und einem Defizit an Erholung und sozialem Austausch, also an Zeit-Räumen für die eigene soziale Reproduktion, führt. Unsere Ergebnisse verdeutlichen, dass die Sphäre der sozialen Reproduktion eine wichtige Dimension der Prekarisierung darstellt, die in Debatten über und Kämpfen für bessere Arbeitsbedingungen in der Plattformökonomie dringend berücksichtigt werden muss (für ein Verständnis von Prekarität als Ausgangspunkt für Widerstand siehe Waite 2009). Damit schließt unsere Arbeit an Autor:innen wie Klenner et al. (2011) an, die unter dem Begriff der „Prekarisierung im Lebenszusammenhang“ für ein erweitertes Verständnis von Prekarität plädieren.

Angesichts der beschriebenen Limitationen der Autoethnographie und des begrenzten geographischen Fokus unserer Studie müssen unsere Ergebnisse durch weitere kritische Analysen ergänzt werden. Diese Analysen sollten unter anderem untersuchen, wie intersektionale Differenzkategorien die Kapazitäten von Arbeiter:innen beeinflussen, ihre zeitlich-räumlichen Rhythmen der Re/Produktion zu kontrollieren und zu gestalten (vgl. Smith und Winders 2015). In Verbindung mit der Positionalität der Arbeiter:innen erfordert dies zudem eine Differenzierung nach geographischem Kontext. Mit Blick auf Indien unterstreicht auch Raval (2020) die Bedeutung kontextspezifischer Diagnosen der Plattformökonomie. Sie argumentiert zum Beispiel, dass in Regionen des Globalen Südens sowie in Bezug auf wirtschaftlich und historisch benachteiligte Gemeinschaften, in denen Prekarität eher die Norm als die Ausnahme ist, Plattformarbeit eine vorübergehende, aber dennoch solide Alternative darstellen kann.

In Bezug auf die Krise der sozialen Reproduktion verdeutlicht unsere Untersuchung, dass Plattformen Kund:innen und Arbeiter:innen nicht in einem Verhältnis gegenseitiger Abhängigkeit, Verantwortung und Sorge verbinden (Tronto 2001; Sharma 2018) und daher keine politisierende und potentiell systemverändernde Lösung darstellen (Ecker et al. 2021). Wie Lisa Bor (2021) bereits im Hinblick auf Reinigungskräfte in Berlin festgestellt hat, bieten Plattformen vielmehr wohlhabenden Haushalten die Möglichkeit, zumindest einen Teil ihrer Krise der sozialen Reproduktion auf Plattformarbeiter:innen zu verlagern. Dies kann, wie auch unsere Analyse zeigt, bei Letzteren zu einer Ausweitung und Verschärfung bestehender Versorgungskrisen führen.

Offen bleibt in der aktuellen Debatte, inwieweit die teilweise Verlagerung der Krise der sozialen Reproduktion von Kund:innen auf Arbeiter:innen die Situation in den Haushalten, die sozial reproduktive Tätigkeiten über Plattformen externalisieren, wirklich verbessert. Klar wird hingegen, dass die Bedingungen, unter denen sozial reproduktive Tätigkeiten ausgeübt werden, nicht verbessert werden. Vielmehr knüpft das Plattformmodell an die lange Geschichte der Feminisierung und Abwertung dieser Tätigkeiten an und dehnt deren Ausübung unter prekären Bedingungen auf neue Subjekte aus (Sharma 2018). Im Zuge dessen erfahren diese Tätigkeiten, wie Sharma (ebd., S. 69) argumentiert, eine weitere Abwertung als nutzlose Zeitverwendung. Sie werden zu Tätigkeiten, die von irgendjemandem erledigt werden können und von denen es sich daher schnell über wenige Klicks zu befreien gilt.

Danksagung Wir möchten unseren herzlichen Dank den Herausgeberinnen Tatiana López Ayala und Anne Engelhardt für ihre wertvolle Unterstützung aussprechen. Ebenso danken wir Anna Oechslen, Karin Schwiter sowie der oder dem anonymen Gutachter:in für ihre wertvollen Anmerkungen zu einem früheren Entwurf dieses Artikels. Isabella Stingl dankt dem Schweizerischen Nationalfonds (SNF) für die Gewährung eines Postdoc-Mobilitätsstipendiums (P500PS_206769), das die Forschungsarbeiten für diesen Artikel ermöglicht hat.

Literatur

Al James. 2022. Women in the gig economy: feminising ‚digital labour'. *Work in the Global Economy* 2(1):2–26.

Altenried, Moritz. 2021. Mobile workers, contingent labour: migration, the gig economy and the multiplication of labour. *Environment and Planning A: Economy and Space*https://doi.org/10.1177/0308518X211054846.

Bauriedl, Sybille, und Anke Strüver. 2022. Platformized cities and urban life. An introduction. In *Platformization of urban life. Towards a technocapitalist transformation of european cities*, Hrsg. Anke Strüver, Sybille Bauriedl, 103–118. Bielefeld: transcript.

Bor, Lisa. 2021. Helpling hilft nicht – zur Auslagerung von Hausarbeit über digitale Plattformen. In *Plattformkapitalismus und die Krise der sozialen Reproduktion*, Hrsg. Moritz Altenried, Julia Dück, und Mira Wallis, 148–167. Münster: Westfälisches Dampfboot.

Butz, David, und Kathryn Besio. 2009. Autoethnography. *Geography Compass* 3(5):1660–1674.

Costa, Dalla, Maria Rosa, und Selma James. 1975. *The power of women and the subversion of the community*. Virginia: Falling Wall Press Limited.

Crenshaw, Kimberlé. 1991. Mapping the margins: Intersectionality, identity politics, and violence against women of color. *Stanford Law Review* 43(6):1241–1299.

Dowling, Emma. 2022. Platform care as care fix. In *Platformization of urban life. Towards a technocapitalist transformation of european cities*, Hrsg. Anke Strüver, Sybille Bauriedl, 103–118. Bielefeld: transcript.

Dutta, Madhumita. 2016. Place of life stories in labour geography: why does it matter? *Geoforum* 77:1–4.

Ecker, Yannick, Marcella Rowek, und Anke Strüver. 2021. Care on Demand: Geschlechternormierte Arbeits- und Raumstrukturen in der plattformbasierten Sorgearbeit. In *Plattformkapitalismus und die Krise der sozialen Reproduktion*, Hrsg. Moritz Altenried, Julia Dück, und Mira Wallis, 112–129. Münster: Westfälisches Dampfboot.

England, Kim. 2010. Home, work and the shifting geographies of care. *Ethics, Place and Environment* 13(2):131–150.

Fairwork. 2023. *Fairwork United States ratings 2023: a crisis of safety and fair work in a racialised platform economy*. Oxford.

Federici, Silvia. 1975. *Wages against housework*. Bristol: Falling Wall Press and the Power of Women Collective.

Huws, Ursula. 2019. The hassle of housework: digitalisation and the commodification of domestic labour. *Feminist Review* 123(1):8–23.

Huws, Ursula Neil H.Spencer, Dag S. Syrdal, und Kaire Holts. 2017. *Research results from the UK, Sweden, Germany, Austria, the Netherlands, Switzerland and Italy*. Brussels: FEPS – Foundation for European Progressive Studies.

Ivanova, Mirela, Joanna Bronowicka, Eva Kocher, und Anne Degner. 2018. *Foodora and Deliveroo: the app as a boss? Control and autonomy in app-based management – the case of food delivery riders*. Working Paper Forschungsförderung, Nr. 107. Düsseldorf: Hans-Böckler-Stiftung.

Kaine, Sarah, und Emmanuel Josserand. 2019. The organisation and experience of work in the gig economy. *Journal of Industrial Relations* 61(4):479–501.

Keller, Marisol. 2022. „When Clean Angels calls, I run": Working conditions of a gigified careworker. In *Platformization of urban life. Towards a technocapitalist transformation of european cities*, Hrsg. Anke Strüver, Sybille Bauriedl, 103–118. Bielefeld: transcript.

Keller, Marisol. 2023. Getting the first gig: Exploring the affective relations of accessing place-based platform labour. *Digital Geography and Society*https://doi.org/10.1016/j.diggeo.2023.100067.

Klenner, Christina, Svenja Pfahl, Sabine Neukirch, und Dagmar Weßler-Poßberg. 2011. Prekarisierung im Lebenszusammenhang – Bewegung in den Geschlechterarrangements? *WSI Mitteilungen* 8/2011:416–422.

Knaus, Katharina, Nina Margies, und Hannah Schilling. 2021. Thinking the city through work: blurring boundaries of production and reproduction in the age of digital capitalism. *City* 25(3–4):303–314.

Lefebvre, Henri. 2004. *Rhythmanalysis: space, time and everyday life*. London New York: Continuum.

Massey, Doreen. 1994. *Space, place and gender*. Minneapolis: University of Minnesota Press.

May, Jon, und Nigel Thrift. 2001. *Timespace. Geographies of temporality*. New York: Routledge.

Mitchell, Katharyne, Sallie A. Marston, und Cindi Katz. 2004. Life's work: an introduction, review and critique. In *Life's work*, Hrsg. Katharyne Mitchell, Sallie A. Marston, und Cindi Katz, 1–26. Malden: Blackwell.

Mullings, Beverley. 2021. Caliban, social reproduction and our future yet to come. *Geoforum* 118:150–158.

Orth, Barbara. 2022. Riders united will never be divided? – A cautionary tale of disrupting platform urbanism. In *Platformization of urban life. Towards a technocapitalist transformation of european cities*, Hrsg. Anke Strüver, Sybille Bauriedl, 185–204. Bielefeld: transcript.

Orth, Barbara. 2024. Stratified pathways into platform work: Migration trajectories and skills in Berlin's gig economy. *Environment and Planning A: Economy and Space* 56(2):476–490.

Raval, Noopur. 2020. *Platform-living: Theorizing life, work, and ethical living after the gig economy*. University of California Irvine. Dissertation Thesis.

Reed-Danahy, Deborah E. 1997. *Auto/ethnography: Rewriting the self and the social*. Oxford New York: Berg.

Reid-Musson, Emily. 2018. Intersectional rhythmanalysis: power, rhythm, and everyday life. *Progress in Human Geography* 42(6):881–897.

Richardson, Lizzie. 2020. Platforms, markets, and contingent calculation: the flexible arrangement of the delivered meal. *Antipode* 52(3):619–636.

Rodriguez-Rocha, Vivian. 2021. Social reproduction theory: State of the field and new directions in geography. *Geography Compass* 15(8):1–16.

Rosenblat, Alex. 2018. *Uberland: how algorithms are rewriting the rules of work*. Oakland: University of California Press.

Shapiro, Aaron. 2018. Between autonomy and control: Strategies of arbitrage in the „on-demand" economy. *New Media & Society* 20(8):2954–2971.

Sharma, Sarah. 2014. *In the meantime: temporality and cultural politics*. Durham: Duke University Press.

Sharma, Sarah. 2018. TaskRabbit: the gig economy and finding time to care less. In *Appified: culture in the age of apps*, Hrsg. Morris, Jeremy Wade, und Sarah Murray, 63–71. Ann Arbor: University of Michigan Press.

Smith, Barbara Ellen, und Jamie Winders. 2015. Whose lives, which work? Class discrepancies in ‚Life's Work.'. In *Precarious worlds: contested geographies of social reproduction*, Hrsg. Kendra Strauss, Katie Meehan, 101–117. University of Georgia Press.

Stingl, Isabella. 2023. Eine Lösung für wen? Digital vermittelte Arbeit und die Krise(n) der sozialen Reproduktion. WZB Mitteilungen Online Nr. 108: Digitalisierung. https://wzb.eu/de/artikel/eine-loesung-fuer-wen. Zugegriffen: 13. Apr. 2024.

Strauss, Kendra, und Katie Meehan. 2015. Introduction: new frontiers in life's work. In *Precarious worlds: contested geographies of social reproduction*, Hrsg. Kendra Strauss, Katie Meehan, 1–22. University of Georgia Press.

Tronto, Joan. 2001. An ethic of care. In *Ethics in community-based elder care*, Hrsg. Martha B. Holstein, Phyllis B. Mitzen, 60–68. New York: Springer.

Valentine, Gill. 2007. Theorizing and researching intersectionality: a challenge for feminist geography. *The Professional Geographer* 59(1):10–21.

Van Doorn, Niels. 2023. Liminal precarity and compromised agency. Migrant experiences of gig work in Amsterdam, Berlin, and New York City. In *The Routledge handbook of the gig economy*, Hrsg. Immanuel Ness, 158–179. London: Routledge.

Waite, Louise. 2009. A place and space for a critical geography of precarity? *Geography Compass* 3:412–433.

Wallis, Mira. 2021. Digital labour and social reproduction – crowdwork in Germany and Romania. *Spheres* 6:1–14.

Winders, Jamie, und Barbara Ellen Smith. 2019. Social reproduction and capitalist production: a genealogy of dominant imaginaries. *Progress in Human Geography* 43(5):871–889.

Woodcock, Jamie, und Mark Graham. 2020. *The gig economy: a critical introduction.* Cambridge: Polity Press.

Zwick, Austin. 2018. Welcome to the gig economy: neoliberal industrial relations and the case of Uber. *GeoJournal* 83(4):679–691.

13 Zwischen Berliner Kiez und Instagram: Arbeitsgeographische Strukturierungen von unsichtbarer, zukunftsgerichteter und emotionaler Arbeit im digitalen Raum

Alica Repenning

Inhaltsverzeichnis

Zusammenfassung

Digitale Medienplattformen wie Instagram, Twitter oder TikTok sind zu zentralen Interaktionsräumen moderner Gesellschaften geworden. Globale Tech-Unternehmen, die diese Plattformen bereitstellen, tragen zunehmend dazu bei, wie Meinungsbildung, Diskussionen und Wertschöpfungsprozesse auf diesen Plattformen strukturiert sind. Dieser Beitrag schaut hinter die Kulissen der Plattform Instagram und versteht diese vor allem als Arbeitsraum. Anhand des Beispiels von Berliner Modeunternehmer:innen wird untersucht, wie die Medienplattform in die Arbeit der Unternehmer:innen eingebunden wird und unter welchen Umständen und mit welchen Intentionen die digitalen Inhalte für die Plattform produziert werden. Vor diesem Hintergrund werden die zentralen Dimensionen der

A. Repenning (✉)
Humangeographie, Universität Greifswald, Greifswald, Deutschland
E-Mail: alica.repenning@uni-greifswald.de

M. Doutch et al. (Hrsg.), *Arbeitswelten*, https://doi.org/10.1007/978-3-662-70955-9_13

digitalen Arbeit auf Instagram herausgearbeitet, die als unsichtbare, zukunftsgerichtete und emotionale Arbeit definiert werden. Der Beitrag erläutert, wie diese Arbeitsformen in einem engen Verhältnis zur Wertschöpfung des Plattformunternehmens stehen und wie die Plattforminfrastruktur diese Arbeitsformen bewusst anregt und steuert.

Schlüsselwörter: Plattformkapitalismus, Plattformarbeit, Soziale Medien, Instagram, zukunftsgerichtete Arbeit, algorithmisches Management

Abstract

Digital media platforms such as Instagram, Twitter, and TikTok have become central spaces for social interaction in modern societies. The global tech companies behind these platforms play a significant role in shaping opinions, discussions, and value-creation processes that occur within these digital environments. This article looks behind the scenes of the digital platform Instagram, conceptualizing it primarily as a workspace. Focusing on Berlin fashion entrepreneurs, it explores how Instagram is integrated into their work, the circumstances under which digital content is produced, and the intentions driving this production. The study identifies key dimensions of digital labour on Instagram, characterizing it as invisible, aspirational, and emotional work. Furthermore, it elucidates how these forms of labour are intricately connected to the value creation of the platform company and how the platform's infrastructure deliberately stimulates and controls these work practices.

Keywords: platform capitalism, platform labour, social media, Instagram, aspirational labour, algorithmic management

13.1 Einleitung

> „Instagram beherrscht mich völlig. Ich träume davon, schöne selbstgemachte Fotos hochzuladen. Das dominiert mich sehr, leider. Das ist etwas, was ich wirklich nicht mag. Ich habe gelernt, damit friedlich zu leben, aber leider bin ich damit nicht sehr glücklich. Deshalb versuche ich, die Arbeit so weit wie möglich zwischen mir und dem Team aufzuteilen, damit niemand so viel Aufwand damit hat. Und wir versuchen, auch Spaß daran zu haben, weniger ein Sklave der Plattform zu sein." (Des_06, übersetzt aus dem Englischen)

Dieses Zitat stammt aus einem Interview mit einem Berliner Modedesigner. Es zeigt die Interaktion mit Instagram als eine Form von digitaler Arbeit in der Modeindustrie und leitet eine kritische Lesart der Plattform am Beispiel der Arbeit von Modeunternehmer:innen ein. Es wird auf die Machtbeziehungen zwischen Modeunternehmer:innen und der Plattform verwiesen. Gleichzeitig deutet das Zitat darauf hin, dass Aushandlungsprozesse stattfinden. Demnach wird die digitale Arbeit im Team aufgeteilt, um den Arbeitsaufwand und den Einfluss von Instagram zu begrenzen.

Diese Beobachtungen können in einem weiteren Zusammenhang mit dem akademischen Diskurs zum Plattformkapitalismus und der Debatte zur Plattformarbeit gesehen werden. Während Formen von *Gig Work* wie Crowdworker:innen (Ettlinger 2016; Oechslen 2023), Uber-Fahrer:innen (Wells et al. 2021) oder Courierfahrer:innen von Lieferdiensten (Popan 2023), bis hin zu Blogger:innen auf Instagram, LinkedIn oder Youtube (Brydges und Sjöholm 2019; Parry und Hracs 2020; Caplan und Gillespie 2020) im Diskurs um Plattformarbeit zentral Berücksichtigung finden, betrachtet dieser Beitrag einen Bereich digitaler Arbeit, der bisher kaum als eine Form von Plattformarbeit untersucht wurde. Es wird die Arbeit von Modeunternehmer:innen in Berlin analysiert, die auf der digitalen Plattform Instagram getätigt wird. Die Analyse dieses noch wenig erforschten Bereiches der Plattformarbeit ermöglicht es, neue Einblicke in die Ausgestaltung, Aushandlung und Ausdehnung von Plattformarbeit zu erlangen.

Dieser Beitrag argumentiert, dass die Räume der Arbeit von Modeunternehmer:innen als ein Geflecht von Online- und Offline-Interaktionen verstanden werden können. Die Interaktionsräume der Modeindustrie finden sich auf der Plattform Instagram, sowie auf Modeevents oder in den Alltagsräumen der Kreativstädte, in denen die Unternehmen ansässig sind (Repenning 2022). Zusätzlich sind neue zentrale Intermediäre wie Mode-Blogger:innen entstanden (Brydges und Sjöholm 2019; Duffy 2017). Dabei hat sich Instagram in der gesamten Mode-Branche als wichtiger Arbeitsraum etabliert. Die Modeunternehmer:innen, deren Arbeit für diese Studie untersucht wurde, „arbeiten zwischen haptischen Produkten und digitalen Darstellungen ihrer Kleidungsstücke, zwischen Instagram-Fenstern und Schaufenstern und zwischen Online-Bestellungen und der körperlichen Erfahrung ihrer Kleidung“ (Repenning 2022, S. 2). Die Arbeit in der Modeindustrie ist von den Strukturen der Plattform Instagram abhängig geworden, da Prozesse des Netzwerkens, des Verkaufs, des Marketings, und des Reputationsmanagements zusätzlich bis maßgeblich auf der Plattform stattfinden (Repenning 2022). Deshalb nutzen Modeunternehmer:innen die Plattform Instagram als eine Art Infrastruktur (vgl. van Dijck 2013), um ihr Unternehmen zu entwickeln.

Bei dieser digitalen Arbeit produzieren die Designer:innen Daten, die dem Plattformkonzern Meta maßgeblich zur Wertabschöpfung nutzen. Die digitale Arbeit auf Instagram umfasst entsprechend die Arbeiten, die durch Interaktionen auf der Plattform getätigt werden, bei der diese mit Daten „gefüttert“ wird. Dies geschieht teils unmerklich durch die Interaktion mit Inhalten, die von anderen Nutzenden bereitgestellt werden. Andererseits umfasst die Arbeit das Hochladen von Video- und Bildmaterial oder das aktive Kommentieren. Die digitalen Arbeitspraktiken beinhalten somit den Konsum und die Generierung von digitalen Daten und werden täglich, mehrmals täglich oder wöchentlich ausgeübt – je nach der Funktionsweise der Plattform in den Prozessen des Kreativunternehmens und der Nutzungsintensität (van Dijck 2013). Oft bleibt die Arbeit der Datengenerierung von Nutzenden jedoch als Form der Arbeit unsichtbar, da nunmehr andere Formen der Plattformarbeit, die zum Beispiel im Stadtraum sichtbar auftreten, wie Lieferdienste, in den Diskurs in den Blick genommen werden (Bauriedl und Strüver 2022).

Um die Dimensionen der digitalen Arbeit auf Instagram aus der Perspektive der Arbeitenden zu untersuchen, orientiert sich der Beitrag an der Perspektive der „Geographien der Arbeit“ und nimmt aus einer politisch-ökonomischen Perspektive Strukturierungen von Arbeitsräumen und Praktiken in den Blick (vgl. zu *geographies of labour* vs. *labour geographies*: Ecker, López und Schlitz 2023; oder Berndt und Fuchs 2002). Damit werden die Mechanismen und Strukturen von Plattformen auf der Ebene der alltäglichen und gelebten Erfahrungen der Arbeitenden analysiert (Wells et al. 2021; Orth 2022). Es ergeben sich entsprechend die folgenden Forschungsfragen: Welche Dimensionen und Strukturen von Arbeit werden durch die Plattform Instagram im Fall der Modeunternehmer:innen strukturiert und angeregt und inwiefern tragen die Praktiken der digitalen Arbeit zur Wertabschöpfung des Plattformunternehmens bei?

Um diese Forschungsfrage zu beantworten, ist dieser Beitrag folgendermaßen strukturiert: Zunächst wird die Plattformarbeit auf Instagram aus einer arbeitsgeographischen Perspektive definiert und in der vorhandenen Literatur positioniert. Dann folgt eine knappe Erläuterung der Methoden, die diesem Beitrag zu Grunde liegen (für eine ausführlichere Beschreibung des Forschungsdesigns s. Repenning 2024). Es schließt sich eine Analyse der zentralen Dimensionen der digitalen Arbeit von Modeunternehmer:innen an. Zentrale Dimensionen sind erstens unsichtbare Arbeit; zweitens zukunftsgerichtete Arbeit; und drittens emotionale Arbeit. Folglich wird eruiert, inwiefern Plattformunternehmen aus diesen Formen der Arbeit gezielt Wert generieren und abschöpfen.

13.2 Plattformarbeit auf Instagram aus einer arbeitsgeographischen Perspektive

13.2.1 Strukturierung von Arbeit im Plattformkapitalismus

Unter dem Begriff des Plattformkapitalismus wird die Wertgenerierung der Plattformunternehmen kritisch betrachtet. Während der Begriff Plattformökonomie analytisch neutral ist, steht Plattformkapitalismus für einen kritischeren Ansatz (Langley und Leyshon 2017; Srnicek 2021). Diese Perspektive soll der idealisierten Vorstellung der *Sharing Economy* entgegenwirken, die Plattformen als neutrale Austauschflächen darstellt. Stattdessen werden mit dem Begriff des Plattformkapitalismus die monetären Motive und die Verantwortung der Plattformanbieter betont (Frenken und Schor 2017; Gillespie 2010). Der Begriff hebt hervor, dass Plattformunternehmen durch ihre digitalen Apps bestimmte Nutzungsfunktionen bereitstellen, die digitale Arbeit anregen und strukturieren. Diese Mechanismen der Wertabschöpfung sind integraler Bestandteil der Plattformen (Langley und Leyshon 2017; Srnicek 2021; van Dijck 2013).

Die Literatur verdeutlicht das komplexe Verhältnis von Abhängigkeit und Macht zwischen Plattformarbeit und Plattformkapitalismus, was oft zu prekären Arbeitsbedingungen führt (Fuchs et al. 2022; Jarrett 2022; van Doorn 2017). Van Doorn (2017) beschreibt mit dem Begriff „real-time algorithmic control", wie Plattformen wie Uber Algorithmen einsetzen, um Arbeitende zu steuern und so das Geschäftsmodell zu optimieren. Übertragen auf Instagram bedeutet dies, dass die digitalen Strukturen und Oberflächen der Plattform gezielt eingesetzt werden, um die Handlungen der Nutzenden zu lenken und digitale Interaktionen zu maximieren, was für Werbezwecke genutzt wird (Srnicek 2021; Zuboff 2019).

Herod (1997) betont, dass Arbeitende nicht passive Opfer kapitalistischer Strukturen sind, sondern die Fähigkeit haben, sich zu widersetzen und Arbeitsrelationen zu gestalten. Im Plattformkapitalismus ist kollektiver Widerstand jedoch schwierig, da Solo-Selbstständigkeit individuelle Bewältigungsstrategien fördert, die selten die Bedingungen der Plattformökonomie infrage stellen (Anwar und Graham 2020; Wells et al. 2021). Entsprechend sind Widerstandsformen im Bereich der Content-Produktion auf digitalen Medien überwiegend individuell (Brydges und Sjöholm 2019; Cutolo und Kenney 2020; Jorge 2019). Eine gängige Praxis ist, eine Pause von digitalen Medien zu nehmen, um Kontrolle zurückzugewinnen. Jorge (2019) argumentiert jedoch, dass solche individuellen Lösungen die Toleranz für unangemessene Arbeitsstrukturen erhöhen, anstatt Strukturveränderungen hervorzurufen. Van Dijck (2013, S. 160) hebt die ungleiche Machtverteilung zwischen Plattformunternehmen und Nutzenden hervor und betont die Notwendigkeit, diese Ungleichheit in den Mittelpunkt der Analyse von Plattformen und Plattformennutzung zu stellen.

13.2.2 Definition der Dimensionen digitaler Arbeit auf Instagram

Praktiken der Plattformarbeit auf Instagram können ein weites Feld umfassen. Während die Unternehmer:innen die Funktionen der Plattform für ihre Zwecke einsetzen, werden ihre digitalen Praktiken auch von der Plattform genutzt, um Wert für das Plattformunternehmen zu generieren, zum Beispiel in Form von Nutzungsdaten, die zu Werbezwecken verkauft werden können. Genauer ist die Plattform auf diese Nutzungsinteraktionen angewiesen, damit ihr Geschäftsmodell funktioniert (Jarrett 2022). Die Plattformunternehmen strukturieren die digitalen Interfaces, die die Praktiken der Nutzenden leiten, in ihrem Sinne (van Dijck 2013). Die Nutzenden widersetzen sich diesen Vorgaben als eine Form des Arbeitswiderstands (Anwar und Graham 2020; Repenning 2024). Plattformarbeit auf Instagram ist entsprechend als digitale Praktik von Nutzenden zu verstehen, die zum Funktionieren der Plattform und der Wertschöpfung der multinationalen Plattformkonzerne und der Nutzenden beitragen. Um von digitaler Arbeit sprechen zu können, muss die Rolle der Plattformen als zentrale Einkommensquelle der Nutzenden betont werden (Jarrett 2022). Beispiele sind Online-Händler:innen oder Unternehmen, die einen großen Anteil ihrer Ware über digitale Plattformen wie Instagram oder Amazon verkaufen und vermarkten (Repenning und Oechslen 2023). Zudem zeigt das Beispiel der Modeindustrie, dass sich selbstständige Unternehmer:innen der Plattform Instagram und ihres Einflusses kaum verwehren können. Es handelt sich damit um ein Arbeitsfeld, das von der digitalen Plattform Instagram als Interaktionsraum abhängig geworden ist (Nieborg und Poell 2018).

Für diesen Beitrag sind drei Dimensionen digitaler Arbeit bedeutsam: Erstens, die *Unsichtbarkeit der digitalen Arbeit* auf Instagram. Die Dimension der unsichtbaren Arbeit unterstreicht die Relevanz, Plattformarbeit auf Instagram, die von Modeunternehmer:innen getätigt wird, als Arbeit zu definieren und zu erforschen. Diese Perspektive schließt sich einer feministischen Arbeitsperspektive an, die ein breites Spektrum digitaler Praktiken mit der Kategorie der digitalen Arbeit assoziiert (Jarrett

2022; Bauriedl und Strüver 2022; Keller 2022). Dies eröffnet eine erweiterte Definition von Arbeit, die Nutzende, Selbstständige und Angestellte betrachtet, damit ihre digitale Arbeit nicht unsichtbar bleibt (Brydges und Sjöholm 2019; Jarrett 2022; Parry und Hracs 2020; van Doorn 2017). Mit dem Begriff „from leisure to labour" untersuchen Parry und Hracs (2020) die Arbeitspraktiken des Bloggens und heben somit Fähigkeiten, Aufgaben und den zeitlichen Aufwand dieser Praktiken hervor, die sie nunmehr als Arbeit verstehen. Damit schließt Arbeit die alltäglichen Praktiken ein, die oft in der Freizeit stattfinden und sich somit nicht leicht kategorisieren lassen. Auch Formen der Arbeit, die weniger prominent im Stadtraum zu sehen sind, wie die Arbeit von Unternehmer:innen auf Instagram, werden als unsichtbarer Teil der Plattformarbeit hervorgehoben (vgl. Bauriedl und Strüver 2022).

Die zweite Dimension, die *zukunftsgerichtete Arbeit*, die dieser Beitrag als zentrale Dimension der digitalen Arbeit herausarbeitet, kann in einem weiteren Zusammenhang mit dem Konzept von „Hope Labour" betrachtet werden. Kuehn und Corrigan (2013, S. 10, eigene Übers.) legen in dem Zusammenhang die zentrale Definition vor, mit der sie zukunftsgerichtete Arbeit klassifizieren: „un- oder unterbezahlte Arbeit, die in der Gegenwart verrichtet wird, oft um Erfahrungen oder Kontakte zu sammeln, in der Hoffnung, dass sich daraus zukünftige Beschäftigungsmöglichkeiten ergeben". Duffy (2017) spricht in ihrem Buch in diesem Zusammenhang von „Aspirational Labor" und überträgt die Perspektive von „Hope Labour" auf die Arbeit von Selbstständigen, die sich Einkommensmöglichkeiten erhoffen. Damit definiert sie zukunftsgerichtete Arbeit als Kernelement der Arbeit von Blogger:innen auf Instagram. Unter dem Titel „(not) getting paid to do what you love" analysiert Duffy (2017), wie sich Hoffnungen und unternehmerische Bestrebungen überschneiden und von einem instabilen und undurchsichtigen Bezahlungs- und Evaluationssystem ausgenutzt werden.

Drittens hebt der Beitrag zusätzlich die Relevanz der *emotionalen Arbeit* auf Instagram hervor, bei der die Person, ihr Leben und das Teilen von persönlichen Emotionen im Zentrum stehen. Auf der Grundlage von Hochschilds (1983) Konzept der emotionalen Arbeit, die als eine klassische Komponente des Dienstleistungssektors definiert wurde und bei der ästhetische sowie persönliche Charakteristika und Fähigkeiten im Vordergrund der Arbeit stehen, stellen Brydges and Sjöholm (2019) die Arbeit von Blogger:innen in einen weiteren Zusammenhang mit emotionaler Arbeit: „Blogger:innen konstruieren modische Weiblichkeit und führen diese nicht nur gemäß ihrer eigenen Geschäftslogik und -strategien vor, sondern auch durch Interaktionen mit ihrem Publikum" (Brydges und Sjöholm 2019, S. 121, eigene Übers.).

13.3 Überblick über die Fallstudie, die methodische Vorgehensweise und das Datenmaterial

Die Plattform Instagram ist eine digitale App des globalen Technologiekonzerns Meta. Zu dem Konzern gehören neben Instagram auch die Plattformen Facebook und WhatsApp. Auf der Social-Media-Plattform Instagram können Plattformnutzende Inhalte mit individuellen Informationen erstellen und visuelle Inhalte wie Fotos und Videos teilen. Die Inhalte werden auf der individuellen Startseite der Nutzenden, dem sogenannten

Feed, und in kurzen „Stories“ geteilt, die 24 Stunden lang online sind. In jüngerer Zeit hat der Plattformkonzern auch längere Video-Features eingeführt. Instagram bietet zudem vorkonfigurierte Filter zur Veränderung von Bildern an und es können Beschreibungen zu Bildern und Videos hinzugefügt werden. Außerdem werden über Instagram Funktionen zur Bewertung der von anderen Nutzenden geteilten Inhalten in Form von Like-Buttons, Kommentaren und Follow-Funktionen bereitgestellt.

Instagram wird nicht mehr nur als ein Austauschraum visuellen Materials gesehen, sondern der Konzern Meta steht als Mediator von öffentlichen Debatten und Kulturen zunehmend in der Kritik (Couldry und van Dijck 2015). Van Dijck (2013) schlägt daher eher die Verwendung des Begriffs „connective media“ vor, um die Rolle der Plattform als einflussreiche Mediatorin von Interaktionen hervorzuheben. Im Jahr 2023 erwirtschaftete Meta einen weltweiten Umsatz in Höhe von rund 134,9 Mrd. US-Dollar (Statista 2023). Das Geschäftsmodell des Konzerns fußt auf Werbeeinnahmen. Es werden detailgenaue Daten der Nutzenden gesammelt, die es ermöglichen, effizient Produkte zu bewerben.

Um die Forschungsfrage zu beantworten, welche Dimensionen und Strukturen von Arbeit durch die Plattform Instagram im Fall der Modeunternehmer:innen strukturiert und angeregt werden und inwiefern die Praktiken zur Wertabschöpfung des Plattformunternehmens beitragen, wurde mit Hilfe einer digitalen Ethnographie (Hine 2015; Pink et al. 2016; Postill und Pink 2012) in Berlin die Arbeit unabhängiger Modedesigner:innen auf Instagram untersucht.

Die Datengrundlage besteht aus 21 semi-strukturierten Interviews (durchschnittlich 90 min), geführt mit unabhängigen Modedesigner:innen (neun Interviews und zwei Follow-up Interviews) und Modeexpert:innen (zehn Interviews). Die Designer:innen betreiben lokale Geschäfte oder verkaufen ihre Artikel national und international und sind in verschiedenen Sub-Bereichen der Berliner Modeszene tätig. Die Anzahl der Mitarbeitenden reicht von eins bis zehn und die Instagram-Followerzahlen der Modeunternehmen variieren von 300 bis 61.000. Alle Designer:innen haben mindestens eine Hochschulausbildung im Modedesign, meist an internationalen oder Berliner Hochschulen. Die Mehrheit der Unternehmen wird von Frauen geführt oder gemeinsam mit Lebenspartner:innen, was den hohen Frauenanteil in der Modebranche widerspiegelt.

Außerdem wurden sechs Feldbeobachtungen in Berlin vorgenommen (zum Beispiel auf Modewochen, bei einer Preisverleihung, Studio-Events und einem Modemarkt). Zusätzlich wurden die Informationen auf der Webseite „meta for business“ gesichtet, um zu analysieren, wie für die Erstellung eines Business-Profils auf Instagram geworben wird. Schließlich wurden von Januar 2020 bis August 2022 Online-Beobachtungen von Modedesigner:innen und modespezifischen Accounts auf Instagram durchgeführt.

Um die Anonymität der Teilnehmenden zu wahren, werde ich mich auf die beobachteten Screenshots anhand von Beschreibungen oder Textzitaten beziehen. Interviews wurden nummeriert. Die Transkriptionen der Interviews wurden zusammen mit den Beobachtungsprotokollen und den gesammelten Screenshots der Feldbeobachtungen in MAXQDA anhand einer qualitativen, induktiven Inhaltsanalyse analysiert (Mayring 2022).

13.4 Analyse der Dimensionen der Plattformarbeit von Modeunternehmer:innen in Berlin

Um die digitale Arbeit im Alltag der Modeunternehmer:innen in den Blick zu nehmen, werden im nächsten Teil dieses Beitrages die zentralen Dimensionen digitaler Arbeit auf der Plattform Instagram analysiert.

13.4.1 Die Dimension der unsichtbaren Arbeit

Vor dem Hintergrund der vielseitigen Rollen, die die Plattform Instagram einnehmen kann, hebt der Artikel bewusst hervor, dass die Grenzen zwischen Arbeit und Freizeit, Nutzung und Ausnutzung bei der Arbeit auf Instagram nicht klar gezogen sind. Dies unterstreicht die Schwierigkeiten bei der Klassifizierung von Tätigkeiten auf Plattformen als digitale Arbeit. Oft hat dies das Resultat, dass die Arbeit, die täglich von Modeunternehmer:innen auf Instagram verrichtet wird, als Form von Arbeit unsichtbar bleibt, da sie eher als Freizeit, Spaß oder Nebenaktivität gesehen wird. Assoziationen von Spiel, Spaß und Leichtigkeit finden sich auch in dem Marketing der Firma Meta wieder:

> „Die Einrichtung eines Instagram-Unternehmenskontos ist kinderleicht.“ (Meta 2023)

> „Du bist kein Profi-Fotograf? Das Erstellen von hochwertigen Instagram-Inhalten muss nicht schwer sein. Du kannst sogar mit deinem Handy professionelle Fotos und Videos aufnehmen.“ (Meta 2023)

Es wird suggeriert, dass man mit wenig Aufwand digital sichtbar wird und die Erstellung eines Profils „kinderleicht“ sei. Während der Anmeldeprozess auf Instagram tatsächlich mit wenigen Klicks möglich ist, zeigt sich jedoch, dass die befragten Designer:innen das tägliche Hochladen von Video- und/oder Bildmaterial, das langfristige Planen von kreativen Inhalten und das digitale Netzwerken als sehr arbeitsintensiv erleben. Dies wird durch alle Interviews sowie auch durch die Online-Beobachtungen bestätigt. Deswegen ist es wichtig, dass die Arbeit auf Instagram nicht als unsichtbare, spielerische Freizeitaktivität definiert wird, sondern als aufwendiger Prozess betrachtet wird, der viel Zeit, Energie und Können benötigt.

> „Also ich finde schon, dass man Dinge auf Instagram ganz gut vermitteln kann. Ich finde aber auch, dass da unglaublich viel Zeit reingeht. Also wirklich, diese ganze Aufarbeitung dafür, das ist schon echt heavy. Und ich habe das Gefühl, man muss wirklich ständig dranbleiben.“ (Des_04)

Aus der Sicht des Plattformunternehmens können Assoziationen wie „Spaß“, „Passion“, oder „Leichtigkeit“, die mit der Arbeit auf der Plattform in Verbindung gebracht werden, gewinnbringend eingesetzt werden. Die Arbeit gilt nicht als Arbeit, sondern als ein Hobby, eine Freizeitbeschäftigung, als schnell erledigt und kinderleicht. Dies führt zur Nutzung der Plattform und dazu, dass sie als Unterstützerin oder Helferin gesehen wird, wie folgendes Zitat zeigt (Repenning und Hardaker 2024).

„Und durch Instagram kann man seine eigene Marke sogar in seinem Hinterzimmer umsetzen. Das ist etwas, das uns in den letzten Jahren geholfen hat.“ (Des_06)

Entgegen diesen Hoffnungen zeigt sich, dass viel Arbeit aufgewendet werden muss, damit sich ein Erfolg auf der Plattform einstellt. Größere Unternehmen haben zudem die Möglichkeit, Agenturen mit der digitalen Arbeit auf Instagram zu beauftragen, die die Klaviatur des digitalen Marketings beherrschen und regelmäßig Postings planen und durchführen sowie entgeltlich Werbung schalten. Damit ist es für kleine Unternehmer:innen noch einmal schwieriger, gegen die Masse „anzuarbeiten“ und mit ihren Beiträgen Aufmerksamkeit zu generieren (vgl. Kneese und Palm 2020).

13.4.2 Die Dimension der zukunftsgerichteten Arbeit

„Wenn man eine Anfrage auf Instagram aussendet oder online gesehen wird, dann wird halt wirklich schnell abgecheckt: Okay, mit wem ist der verknüpft? Was ist das Niveau? Was ist das Level? Und bei einem gewissen Level bekommst Du auch gar keine Antwort. Also ich kenne das auch von Freunden, die noch ganz am Anfang stehen. Gewisse Leute antworten dann auch einfach nicht, weil du noch nicht das Level hast, das sie haben. Man muss sich das wirklich erarbeiten über die Jahre.“ (Des_07)

Dieses Zitat zeigt einerseits, wie arbeitsintensiv es ist, eine Präsenz und eine Reputation auf Instagram aufzubauen. Anderseits wird betont, dass zukunftsgerichtetes Arbeiten eine wichtige Rolle spielt. Oft wird in dem Zusammenhang der irreführende Begriff des sogenannten „organischen Wachstums“ verwendet. Dieser Ausdruck findet sich sowohl in den Interviews als auch in Marketing-Texten von Meta. „Organisches Wachstum“ stellt sich als eine euphemistische Beschreibung genau dieser zukunftsgerichteten Arbeit dar. Es wird davon ausgegangen, dass über einen längeren Zeitraum stetig Arbeit investiert werden muss, um ein digitales Profil aufzubauen und im digitalen Dschungel sichtbar zu werden. Am Anfang ist die Arbeit, sich eine Online-Präsenz aufzubauen, von Frustration und Enttäuschung geprägt, wie die Designerinnen im Interview ausdrücken:

„also man kann Instagram schon ziemlich vielfältig nutzen. Aber natürlich ist es halt immer, [wie soll ich es sagen] ja, du bekommst halt drei Likes am Anfang, oh Gott ey.“ (Des_03)

„man muss sich ständig wiederholen und immer wieder in den Stories, immer wieder das gleiche erzählen und immer wieder ähnliches in einem anderen Format posten, und das ist einfach nicht so mein Ding, irgendwie jeden Tag die ganze Zeit da dran rumzurödeln.“ (Des_04)

Die Designerin 03 hatte das „Glück“, wie sie selbst sagt, dass ein viraler Moment ihre Follower:innen- und Verkaufszahlen rapide steigen ließ und sich somit das anfänglich arbeitsreiche Investment auszahlte. Andere Designer:innen arbeiten jedoch noch immer daran, ihre digitale Sichtbarkeit zu erhöhen, indem sie „organisch wachsen“ und folgen dabei den Empfehlungen von Meta. Ein Interviewter berichtet sogar, dass er sich Follower hinzugekauft habe, um die Sichtbarkeit seines Accounts zu erhöhen, Erfolg zu symbolisieren und schneller zu wachsen (Des_07).

Der Begriff des „organischen Wachstums" suggeriert eine natürliche Entwicklung, die sich jedoch, wie die erhobenen Daten zeigen, nicht automatisch einstellt. Erfolgreiche Instagram-Accounts, die für die interviewte Mode-Einkäuferin relevant werden, haben mindestens 30.000 Follower (Cont_11). Einige der Designer:innen in Berlin sind mit viel stetiger digitaler, kreativer Arbeit und Glück erfolgreich auf Instagram geworden. Die ständige Präsenz auf der Plattform hat ihrer Marke einen Wachstums- und Verkaufsschub ermöglicht. Einige interviewte Kreativunternehmer:innen sind jedoch mit dem Verhältnis zwischen dem täglichen Aufwand für eine Instagram-Präsenz und dem Nutzen der Plattformfunktionen unzufrieden. Deshalb arbeiten viele von ihnen nach den oben genannten Angaben von Meta daran, ihren Online-Auftritt zu verbessern und die Plattform zu durchschauen, um erfolgreich zu werden. Andere sind desillusioniert und sehen Instagram nicht mehr als Hoffnungsträgerin für ihre unabhängigen Labels, um sichtbar, verkaufsstärker und erfolgreich zu werden. Sie gehen der digitalen Arbeit nun eher als eine Art „Zusatz" (Des_09) oder „Spaß-Faktor" (Des_07) nach. Folglich erstellen sie nach ihren eigenen Neigungen und Rhythmen Inhalte für die Plattform und grenzen sich von den Vorgaben der Plattform ab (Repenning 2024).

Der nachstehende Post einer Modeunternehmer:in fasst die Unsicherheiten, die viele Interviewte mit der Arbeit auf Instagram assoziieren, prägnant zusammen:

> „Seit einigen Wochen, ich kann sogar von Monaten sprechen, sehe ich hier auf Instagram sehr unregelmäßige Aktivitäten. Mal schauen nur wenige zu, mal ganz viele. Es ist unberechenbar geworden. Die haben da irgendetwas verändert. Aus der Zuckerbrot- und Peitschen-Technik ist scheinbar gefühlt nur noch Peitsche geworden. Aber wisst ihr was? Es ist mir zunehmend egal." (Screenshot von einer Instagram Story, 2023)

Dieses Zitat hebt die undurchsichtigen Mechanismen der Plattform Instagram hervor und zeigt die Dynamiken der Plattform und den Imperativ an die Nutzenden, ihre Handlungen so anzupassen, dass sie auf die Veränderung der Algorithmen und Strukturen der Plattform reagieren können. Das Zitat impliziert, dass die Designerin versucht, das „Spiel" der dynamischen Veränderung der Plattform, das sie als „Zuckerbot und Peitsche" bezeichnet, mitzuspielen, damit ihre Inhalte weiterhin verlässlich von der Plattform ausgespielt werden. Gleichzeitig lässt das Zitat erkennen, dass sie zunehmend resigniert.

Diese Analyse zeigt, dass sich die Arbeit von Kreativunternehmer:innen auf Instagram auf die Praktiken des Self-Brandings stützt. Diese Arbeit des Self-Brandings drückt sich zum Beispiel in der Erstellung digitaler Inhalte oder in der Interaktion mit anderen online aus, um sichtbarer zu werden oder die eigene Position in Rankings und Bewertungen zu verbessern (Stark 2020). In diesem Beitrag argumentiere ich, dass der Prozess des Self-Brandings von Kreativunternehmer:innen auf Instagram in starkem Maße von den Mechanismen der Plattform abhängt. Diese Form der zukunftsgerichteten Arbeit ist von Unsicherheit geprägt, da es für die Arbeitenden unklar bleibt, ob sich ihre aktuelle digitale Arbeit auf Instagram, die sie regelmäßig tätigen, durch die gegenwärtigen oder zukünftigen Mechanismen der Plattform auszahlt.

Überdies kann die Komplexität, die Dynamik und die damit einhergehende Undurchsichtigkeit der Pattformmechanismen als bewusste Designentscheidung verstanden werden. Dadurch wird das stetige Engagement der Nutzenden gefördert, die

die Plattform mit ihren Beiträgen aktuell halten. Dass einiges klappt, anderes nicht und man so nicht voraussehen kann, welcher Beitrag wie viele Reaktionen und Käufe hervorruft, stellt die Chancen immer wieder auf null und erzeugt mit jedem Beitrag die Hoffnung auf neue Möglichkeiten. Dieser Mechanismus spielt eine Rolle beim Aufbauen der digitalen Präsenz eines jungen Unternehmens. Außerdem berichten Befragte mit langjährigen, sehr gut funktionierenden Accounts über Veränderungen bei den Algorithmen. Sie beschreiben, dass ihre Beiträge plötzlich weniger gut sichtbar sind und sie sich somit vor erneute Herausforderungen gestellt sehen, ihre digitalen Aktivitäten anzupassen. Diese Dynamik macht auch Abhängigkeiten und Machtverhältnisse deutlich, die zwischen den Kreativunternehmer:innen und dem Plattformunternehmen bestehen. Während sich die Interfaces und Algorithmen ändern und neue Möglichkeiten für neue Nutzende eröffnen, bleiben die Designer:innen von der Plattform abhängig, auf der sie sich bereits eine Präsenz aufgebaut haben. Sie müssen ihre Nutzungspraktiken an die abgewandelte Ausrichtung der Plattform anpassen (vgl. Cutolo und Kenney 2020; Ibert et al. 2022).

13.4.3 Die Dimension der emotionalen Arbeit

Die Nutzenden von Instagram werden vor allem durch visuelle, kreative und persönliche Inhalte angesprochen. Besonders kreative Persönlichkeiten sind motiviert, Daten zu generieren, da es ihrer visuellen Ausdrucksweise und ihren Fähigkeiten entspricht, Fotos, Videos und Skizzen zu erstellen und zu präsentieren. Die Plattformmechanismen versprechen, diese Fähigkeiten effizienter einzusetzen. Modedesigner:innen arbeiten ästhetisch und visuell, oft im Hintergrund, indem sie Stoffe designen, die andere präsentieren. Die Arbeit als Blogger:in hebt diese Teilung auf. Es sind persönliche Inhalte gefragt, auf denen die Designer:innen selbst im Zentrum stehen und neben ihrer Mode auch sich selbst vermarkten. Bei den untersuchten Modedesigner:innen ist hervorzuheben, dass sie auch als Blogger:innen für ihre eigene Marke arbeiten (müssen), um diese auf Instagram zu bewerben. Die Wichtigkeit dieser personalisierten emotionalen Arbeit auf Instagram zeigt sich in diesem Zitat, in dem eine Berliner Expertin der Modeszene über eine Designerin spricht:

> „Die kann halt diesen Produktionsprozess zeigen, sie sagt, das ist unglaublich, wenn sie zu sehen ist, als Person – das kann sie an den Bestellzahlen und an den Klickzahlen, an den Likes sehen – dieses Personalisierte das geht einfach nochmal besser. Gefühlt potenziert es sich. Und wenn sie nur das Produkt zeigt, ist das so durchschnittlich. Aber wenn sie damit draufsteht und ihre Story, guckt mal hier, dies und da, und alles ganz lustig. Das ist extrem, wie das so an einer Person hängen kann." (Cont_02)

Dieses Zitat zeigt den großen Anteil an emotionaler digitaler Arbeit, bei der die Person, ihr Aussehen, ihre Emotionen und ihre Ausdrucksweise im Zentrum stehen. Die Modeunternehmer:innen müssen hierbei ihre Emotionen managen, um ihre Persönlichkeit zu inszenieren und das Publikum anzusprechen. Problematisch gestaltet sich dieses Aufgabenfeld jedoch, wenn Personen, die sich nicht als Blogger:innen sehen, nun vermehrt die emotionale Arbeit der digitalen Selbstdarstellung verrichten müssen und ihr Unternehmenserfolg – unter anderem – von diesen Fähigkeiten abhängt. Die interviewten Modedesigner:innen, die oft eine langjährige Ausbildung im Feld der Mode haben, identifizieren sich als Kreative, als Unternehmer:innen und als Designer:innen und haben entsprechend Probleme mit den Anforderungen, die die Arbeit des Bloggens an sie richtet:

> „Aber Instagram funktioniert, wenn du nonstop 24 h online bist, wenn du Stories machst und erzählst – und das ist für mich schwierig. Also ich finde es nicht so gut. Und wenn ich einen guten Tag habe, erzähle ich etwas und dann habe ich eine Woche, wo ich einfach gar keine Lust habe, mich da irgendwo zu filmen oder meine Urlaube oder meinen Alltag oder meine Beziehung oder mein Privatleben. Und das ist halt so eine Sache für mich.“ (Des_08)

Dieses Zitat zeigt die Anforderungen der emotionalen digitalen Arbeit, die sehr stark auf die Designer:innen als Personen zugeschnitten sind. Die Modedesigner:innen wollen ihre Marke präsentieren, jedoch verlangt die Plattformlogik, dass sie als Personen ins Zentrum der Präsentation rücken. Indem sie einen Teil von sich selbst präsentieren, funktioniert Instagram, wenn sie regelmäßig über sich und ihre Emotionen sprechen und persönliche Inhalte auf der Plattform zeigen. Die Designer:innen verrichten diese Arbeit der digitalen Selbstdarstellung oft zusätzlich zu ihrer anderen unternehmerischen und kreativen Arbeit und berichten, dass es schwierig ist, sich selbst zu zeigen und persönliche Inhalte zu planen und zu präsentieren. Die Fähigkeit, sich selbst als Person auf Instagram zu präsentieren und eine emotionale Verbindung zu einem Kund:innenkreis in einem digitalen Netzwerk aufzubauen, wird als Erfolgsfaktor gesehen. In den Interviews berichten alle, dass sie Schwierigkeiten damit haben, sich als Person zu zeigen, während sie gleichzeitig annehmen, dass es für andere leichter ist:

> „Es gibt bestimmt Leute, denen es sehr leicht fällt. Die haben Freude daran, das zu teilen. Für mich ist es schwierig.“ (Des_08)

Dieses Zitat zeigt, dass die wahren Emotionen und Schwierigkeiten dieser Arbeit hinter den Kulissen verborgen bleiben, ähnlich wie bei klassischer emotionaler Arbeit im Dienstleistungssektor. Gründe für Schwierigkeiten mit der digitalen Selbstpräsentation suchen die Befragten oft bei sich selbst. Sie denken zum Beispiel, dass sie wenig Talent haben oder nicht fotogen sind. In der Zusammenschau zeigen die Interviews, dass diese Schwierigkeiten in der Gruppe der Designer:innen geteilt werden. Alle Befragten empfinden es als lästig, sich regelmäßig zu zeigen, ansprechende Inhalte zu kreieren und persönliche Geschichten zu erzählen. Diese Probleme werden jedoch nicht in den digitalen Medien kommuniziert, da auf Instagram die Präsentation von Leichtigkeit und Erfolg im Zentrum steht.

13.5 Fazit

Dieser Beitrag analysiert die digitale Arbeit von Modeunterneher:innen aus der Sicht der Arbeitenden, um die digitalen Arbeitsprozesse und -kontexte offenzulegen und die Wirkung der Mechanismen der digitalen Plattform zu untersuchen.

Es wurde beleuchtet, welche Dimensionen und Strukturen von Arbeit durch die Plattform Instagram strukturiert und angeregt werden und inwiefern die Praktiken zur Wertabschöpfung des Plattformunternehmens beitragen. Es wurde analysiert, dass die digitale Arbeit von Modedesigner:innen von drei zentralen Dimensionen der Arbeit geprägt ist: der *unsichtbaren*, der *zukunftsgerichteten* und der *emotionalen Arbeit*.

Dieser Beitrag unterstreicht, dass die Geographien der Arbeit von Modedesigner:innen in einem eng verzahnten On- und Offline-Raum produziert werden. Die Strukturen und Anforderungen der Arbeitsräume werden zwischen den globalen digitalen Plattformunternehmen und der lokalen Unternehmer:in ausgehandelt. Das Tech-Unternehmen strukturiert die Anforderungen im digitalen Raum. Die Modedesigner:innen arbeiten auf der Plattform, weil sie sich zukünftige Einnahmen erhoffen, die mit geringen monetären Kosten erzielt werden können. Sie erhoffen sich, zu ihren eigenen Bedingungen zu arbeiten – auch wenn die Art und Weise, wie sie arbeiten, in hohem Maße durch die Möglichkeiten und Vorgaben der Plattform strukturiert ist. Denn um auf der Plattform erfolgreich zu sein, versuchen sie den algorithmischen Vorgaben der Plattform gerecht zu werden. Die Arbeit mit Instagram erfordert viel Mühe, Können und Glück. Außerdem ist die Plattform kein neutraler Raum, der den Vorstellungen der Kreativunternehmer:innen folgt, sondern wird vielmehr von den monetären Anreizen des digitalen Unternehmens gesteuert. Diese sind höchst dynamisch und bleiben für die Designer:innen unsichtbar. Während Modedesigner:innen Instagram nutzen, um als unabhängige Selbstständige erfolgreich zu sein, verlieren sie einen Teil ihrer Unabhängigkeit, da die Anforderungen der Plattform mitbestimmen, wann, wo und wie sie arbeiten. Diese Ergebnisse unterstreichen, dass arbeitsgeographische Perspektiven, die die Strukturierung von Arbeit hervorheben (Ecker et al. 2023; Berndt und Fuchs 2002) in Verbindung mit der kritischen Perspektive des Plattformkapitalismus bei der Betrachtung von Arbeit im digitalen Raum eine zentrale Rolle spielen.

Danksagung Ein herzlicher Dank richtet sich an die Interviewpartner:innen für die Zeit, die sie sich für das Interview genommen haben und für die vielfältigen Einblicke in ihre Arbeitswelten, die mir gewährt wurden.

Literatur

Anwar Amir, Mohammad, und Mark Graham. 2020. Hidden transcripts of the gig economy: Labour agency and the new art of resistance among African gig workers. *Environment and Planning A: Economy and Space* 52(7):1269–1291.

Bauriedl, Sybille, und Anke Strüver. 2022. Platformized cities and urban life. In *Platformization of urban life: Towards a technocapitalist transformation of European cities*, Hrsg. Anke Strüver, Sybille Bauriedl, 11–39. Bielefeld: transcript.

Berndt, Christian, und Martina Fuchs. 2002. Geographie der Arbeit. Plädoyer für ein disziplinübergreifendes Forschungsprogramm. *Geographische Zeitschrift* 90(3+4):157–166.

Brydges, Taylor, und Jenny Sjöholm. 2019. Becoming a personal style blogger: changing configurations and spatialities of aesthetic labour in the fashion industry. *International Journal of Cultural Studies* 22(1):119–139.

Caplan, Robyn, und Tarleton Gillespie. 2020. Tiered governance and demonetization: the shifting terms of labor and compensation in the platform economy. *Social Media + Society* 6(2):1–13.

Couldry, Nick, und José van Dijck. 2015. Researching social media as if the social mattered. *Social Media + Society* 1(2):1–7.

Cutolo, Donato, und Martin Kenney. 2020. Platform-dependent entrepreneurs: power asymmetries, risks, and strategies in the platform economy. *Academy of Management Perspectives* 35(4):584–605.

van Dijck, José. 2013. *The culture of connectivity: a critical history of social media.* New York: Oxford University Press.

van Doorn, Niels. 2017. Platform labor: on the gendered and racialized exploitation of low-income service work in the ‚on-demand' economy. *Information, Communication & Society* 20(6):898–914.

Duffy, Brooke Erin. 2017. *(Not) getting paid to do what you love: Gender, social media and aspirational work.* New Haven: Yale University Press.

Ecker, Yannick, Tatiana López, und Nicolas Schlitz. 2023. Wichtiger denn je! Ein Plädoyer für eine intensivere Auseinandersetzung mit Arbeit in der kritischen Stadtforschung. *sub/urban* 11(1/2):265–281.

Ettlinger, Nancy. 2016. The governance of crowdsourcing: rationalities of the new exploitation. *Environment and Planning A: Economy and Space* 48(11):2162–2180.

Frenken, Koen, und Juliet Schor. 2017. Putting the sharing economy into perspective. *Environmental Innovation and Societal Transitions* 23:3–10.

Fuchs, Martina, Peter Dannenberg, und Cathrin Wiedemann. 2022. Big tech and labour resistance at Amazon. *Science as Culture* 31(1):29–43.

Gillespie, Tarleton. 2010. The politics of ‚platforms'. *New Media & Society* 12(3):347–364.

Herod, Andrew. 1997. From a geography of labor to a labor geography: labor's spatial fix and the geography of capitalism. *Antipode* 29(1):1–31.

Hine, Christine. 2015. *Ethnography for the internet: embedded, embodied and everyday.* London, New York: Bloomsbury Academic.

Hochschild, Arlie Russel. 1983. *The managed heart: commercialization of human feeling.* Berkeley: University of California Press.

Ibert, Oliver, Anna Oechslen, Alica Repenning, und Suntje Schmidt. 2022. Platform ecology: a user-centric and relational conceptualization of online platforms. *Global Networks* 22(3):564–579.

Jarrett, Kylie. 2022. *Digital labor. Digital media and society series.* Cambridge: Polity.

Jorge, Ana. 2019. Social media, interrupted: users recounting temporary disconnection on Instagram. *Social Media + Society* 5(4):1–19.

Keller, Marisol. 2022. „When clean angels calls, I run": working conditions of a gigified care-worker. In *Platformization of urban life: towards a technocapitalist transformation of European cities*, Hrsg. Anke Strüver, Sybille Bauriedl, 136–149. Bielefeld: transcript.

Kneese, Tamara, und Michael Palm. 2020. Brick-and-platform: listing labor in the digital vintage economy. *Social Media + Society* 6(3):1–11.

Kuehn, Kathleen, und Thomas F. Corrigan. 2013. Hope labor: the role of employment prospects in online social production. *The Political Economy of Communication* 1(1):9–25.

Langley, Paul, und Andrew Leyshon. 2017. Platform capitalism: the intermediation and capitalization of digital economic circulation. *Finance and Society* 3(1):11–31.

Mayring, Philipp. 2022. *Qualitative Inhaltsanalyse: Grundlagen und Techniken*, 13. Aufl., Weinheim: Beltz.

Meta. 2023. Meta business profiles. https://de-de.facebook.com/business/profiles. Zugegriffen: 5. Juni 2023.

Nieborg, David B., und Thomas Poell. 2018. The platformization of cultural production: theorizing the contingent cultural commodity. *New Media & Society* 20(11):4275–4292.

Oechslen, Anna. 2023. *Global platform work. Negotiating relations in a translocal assemblage.* Arbeit und Alltag, Bd. 25. Frankfurt New York: Campus. Dissertation.

Orth, Barbara. 2022. Riders united will never be divided: A cautionary tale of disrupting the platformization of urban space. In *Platformization of urban life: Towards a technocapitalist transformation of European cities*, Hrsg. Anke Strüver, Sybille Bauriedl, 185–204. Bielefeld: transcript.

Parry, Jane, und Brian J. Hracs. 2020. From leisure to labour: towards a typology of the motivations, structures and experiences of work-related blogging. *New Technology, Work and Employment* 35(3):314–335.

Pink, Sarah, Heather Horst, John Postill, Larissa Hjorth, Tania Lewis, und Jo Tacchi. 2016. *Digital ethnography: principles and practice*. London: SAGE.

Popan, Cosmin. 2023. The fragile ‚art' of multi-apping: resilience and snapping in the gig economy. *Environ Plan A* 56(3):802–815.

Postill, John, und Sarah Pink. 2012. Social media ethnography: the digital researcher in a messy web. *Media International Australia* 145(1):123–134.

Repenning, Alica. 2022. Workspaces of mediation: How digital platforms shape practices, spaces and places of creative work. *Tijdschrift voor Economische en Sociale Geografie* 113(2):211–224.

Repenning, Alica. 2024. Speeding up, slowing down, losing grip: on digital media metronomes and timespace friction in the platformised temporalities of fashion design. *Environment and Planning A: Economy and Space* 56(5):1503–1520.

Repenning, Alica, und Sina Hardaker. 2024. The platform fix: analyzing mechanisms and contradictions of how digital platforms tackle pending urban-economic challenges. *Journal of Economic Geography* 24(5):615–636.

Repenning, Alica, und Anna Oechslen. 2023. Creative digipreneurs: artistic entrepreneurial practices in platform-mediated space. *Digital Geography and Society* 4:100058.

Srnicek, Nick. 2021. *Platform capitalism*. Malden: Polity Press.

Stark, David. 2020. *The performance complex: competitions and valuations in social life*. Oxford: Oxford University Press.

Statista. 2023. Umsatz von Meta weltweit in den Jahren 2005 bis 2023 (in Millionen US-Dollar). https://de.statista.com/statistik/daten/studie/193380/umfrage/umsatz-von-facebook-weltweit/#:~:text=Diese%20Statistik%20zeigt%20den%20Umsatz,%2C9%20Milliarden%20US%2DDollar. Zugegriffen: 14. Febr. 2024.

Wells, Katie J., Kafui Attoh, und Declan Cullen. 2021. „Just-in-place" labor: driver organizing in the Uber workplace. *Environment and Planning A: Economy and Space* 53(2):315–331.

Zuboff, Shoshana. 2019. *The age of surveillance capitalism: the fight for a human future at the new frontier of power*. London: Profile Books.

The home as a workplace: Domestic technology and skill in the digital era

14

Lizzie Richardson

Inhaltsverzeichnis

Abstract

The home office provides fertile ground for reconsidering the relationship between technology and skill. The introduction of technologies into factories was understood to deskill workers. Meanwhile, debates concerning domestic technologies have historically bypassed questions of skill in favour of questions of work time, nonetheless implicitly relying on a definition of housework as low skilled. Whether in production or reproduction, skill definition functions as a classificatory mechanism that (re)produces gendered inequalities in the labour market, as well as playing a role in defining the boundaries of paid labour. Building on this, the chapter emphasises the geographically constituted definition of skill in relation to the technologies of home and office. The main finding is that contemporary digital technologies that allow the home office can result in new types of skill for work that can – but do not necessarily – challenge conventional gendered systems of skill valuation. The creation of a place for work in the home demands skills from all workers to manage this adaptable working location. A key contribution to debates in labour geography is that skill is geo-

L. Richardson (✉)
Institut für Humangeographie, Goethe Universität, Frankfurt, Germany
E-Mail: richardson@geo.uni-frankfurt.de

M. Doutch et al. (Hrsg.), *Arbeitswelten*, https://doi.org/10.1007/978-3-662-70955-9_14

graphically constituted, understood to respond to and to alter the environment of work's undertaking.

Keywords: domestic technologies, skill, home office, social reproduction, digital technologies, feminist geographies

Zusammenfassung

Das Home-Office ist ein guter Ausgangspunkt, um die Beziehung zwischen Technologie und Fertigkeiten (*Skills*) zu überdenken. Die Einführung von Technologien in Fabriken wurde als Dequalifizierung der Arbeiter:innen verstanden. In Debatten über Haushaltstechnologien gerieten in der Zwischenzeit Fragen nach Fertigkeiten ins Hintertreffen zugunsten von Fragen der Arbeitszeit. Dabei stütze man sich jedoch implizit auf eine Definition der Hausarbeit als gering qualifiziert. Ob in der Produktion oder in der Reproduktion, die Definition von Fertigkeiten fungiert als Klassifizierungsmechanismus, der vergeschlechtlichte Ungleichheiten auf dem Arbeitsmarkt (re)produziert und eine Rolle bei der Definition von Grenzen der Lohnarbeit spielt. Darauf aufbauend wird in diesem Kapitel die geografisch konstituierte Definition von Fertigkeiten in Bezug auf Technologien im Heim und im Büro hervorgehoben. Die wichtigste Erkenntnis ist, dass die heutigen digitalen Technologien, die das Home-Office ermöglichen, zu neuen Arten von Fertigkeiten für die Arbeit führen können, die die herkömmlichen vergeschlechtlichten Systeme der Bewertung von Fertigkeiten in Frage stellen können – aber nicht müssen. Die Schaffung eines Arbeitsplatzes in den eigenen vier Wänden erfordert von allen Arbeiter:innen die Fähigkeit, diesen anpassungsfähigen Arbeitsort zu verwalten. Ein wichtiger Beitrag zu den Debatten in der *Labour Geography* besteht darin, dass Qualifikation geographisch konstituiert ist und auf das Umfeld der Arbeitsausübung reagiert und dieses verändert.

Schlüsselwörter: Haushaltstechnologien, Fertigkeiten (*Skills*), Home-Office, soziale Reproduktion, digitale Technologien, feministische Geographien

14.1 Introduction

To be "working from home" or in "the home office" is, since the coronavirus pandemic, a commonplace description for everyday geographies of work in administrative and knowledge-based activities in the UK. The use of mobile digital devices for working at least some portion of work time at home, and therefore not in a formal office building, has continued to be popular well after public health restrictions were lifted (Work after Lockdown Survey 2022). Whilst acknowledging the impacts on office buildings themselves (Richardson 2021; 2022), this chapter focuses on the implications of this changing geography of work for a different location: the home. Although undertaking office work remotely, including from home (Clark 2000), has been possible since the 1980s, with the first domestic broadband internet connection installed in the UK in 2000, the widespread extent of the practice for long periods during the pandemic made clear both its advantages and disadvantages.

Office workers in quite different occupations – from financial traders to secretaries – were freed from long, often costly, commutes. Whilst many reported working more efficiently, they equally frequently faced challenges to separate work from other activities in the home (e.g. caring responsibilities), at the same time as they missed office-based socialising with colleagues. This extensive shift to the home office thus drew attention to the changing spatial structure of work in the digital era. Rather than the clear segmentation of work activity in both space and time that composed industrial rhythms (Thompson 1967), the pandemic home office concretised what commentators had already noted: digitalisation is constituted by shifting boundaries and multi-functional spaces, implying for work that the office is always on, including at home (Crary 2013; Wainwright 2010; Gregg 2011).

Acts of transforming homes into offices during the pandemic also frequently drew attention to other types of home-based work. Scenes in which a video call is conducted against the background of the kitchen, interrupted periodically by children and maintained despite the sound of the washing machine triumphantly crescendoing through its last spin, demonstrated that this "office" was far from a separate virtual space somehow untroubled by the mundane realities of everyday life. The technologies that create the home office in many cases stubbornly leave the office worker in the midst of a cacophony of competing reproductive activities that make it difficult to ignore the labour that sustains domesticity. A whole host of generally unremunerated "housework" that ensures the reproduction of domestic life, from cleaning to entertaining, also becomes part of the office infrastructure. The home of home-based office work is a site of production in which different types of work are jumbled up and bundled together, materialising the longstanding feminist argument that the home – as a site of social reproduction – is central to the productive economy. Indeed, by drawing attention to the background of work, the home office can lay bare certain types of "invisible" work (Star and Strauss 1999) that are necessary for all workplaces. A variety of skilled activities are required to set the stage for work, whether that workplace is in or outside the home. Historically in the office, the skills of the secretary have created the time and space for others to work (Clement 1993; Gustavsson 2005), while the technician's expertise allowed others to use workplace technology (Barley and Orr 1997). Recognising the essential nature of this staging activity and its growing complexity amidst a general increase in forms of mobile working, this chapter considers how the use of home office technology (i.e. digital ICTs) is reconfiguring the types of skills required for work in domestic space, with a view to contributing to conceptualisations of digital skill that foreground spatial practices (Richardson and Bissell 2019).

This geographical approach to skill complements feminist studies of technology that have indicated not only the political nature of the classification of skill in labour markets, but also how the gendering of skill as part of this politics changes over time (Wajcman 1991; Light 1995). Through the case of the home in the UK, the chapter details how the implications of technology for conceptions and practices of skill depend on where the technology is located, even as the possibilities of location are altered by technologies. As the first section shows, for much of the 20th Century, the home has been a site where work – in the form of "housework" and care – is at worst unrecognised as work, or at best recognised as "low skilled" or "unskilled".

The introduction of technologies to the home particularly from the 1950s onwards has frequently been motivated by the following logics, either by a vision of the home as a site of consumption (as opposed to production) or as a site where work should be minimised. The technologies enabling the home office – notably the networked personal computer – have both built upon but also challenged this narrative by altering the location of work, as the second section outlines. Through this technology, domestic space not only functions as a site for production ("the office"), but also enables elements of housework to be directed from outside the home. The consequences of this geography for skill are currently developing, as is considered in the third section that argues that the work required to combine home and office environments is resulting in emerging types of "technical skills".

14.2 Housework, skill and domestic technologies

In comparison to parallel critical debates on the implications of new technologies for workers in factory production, narratives concerning the introduction of technologies in the home have been framed less around their impacts on the worker's skill and more around their implications for worker's time. The oft-cited "deskilling" thesis (Braverman 1974) argued that the demands of factory-based mass production for more efficient and cost-effective production, encourages the introduction of technology that replaces human labour and results in an ever-growing unskilled proletariat. Building on Marx, who argued that machinery removed control of the means of production from workers to managers, Braverman translated this into a "deskilling" exactly because it reduced the abilities of workers to act, not just manually but also by removing their knowledge of the production process. Whilst critiqued on theoretical, empirical and methodological grounds (e.g. Attewell 1987), the deskilling debate was paradigmatic of the "labour process theory" approach to technology that remains relevant today, for example providing at minimum a discursive frame for (if not empirical reality of) the implications artificial intelligence in knowledge work. The introduction of technologies into the home in the 20th century, meanwhile, was shaped by a rather different set of concerns, a starting point for which is the changing function of the household under industrial capitalism. The growth of factory production meant the gradual decline of the home as a site where tangible products were made (Cowan 1976). Whilst "proto-industrialisation" in Britain involved many forms of so-called cottage industry particularly for textiles, the invention of new large scale industrial technologies that concentrated workers together in factories reduced the requirement for domestic sites of production (Mendels 1972). The result was that households performed a supposedly much reduced set of functions, mainly "consumption, socialisation of small children, and tension management" (Cowan 1976, S. 2). Industrial capitalism thus was organised through a spatial separation of production functions, which now increasingly took place in factories, from the household.

From this perspective, the deskilling thesis was then largely irrelevant for assessing the implications of new domestic technologies because the home was not a site of production. It was indeed the issue that the home was not perceived to be a site of production, and yet simultaneously it was there that a majority of women undertook their (unpaid) labour, which made work *time* instead of skill the central axis for debate. According to Bose et al. in 1984, the category of domestic technologies included perhaps most obviously "appliances", so machines used in performing housework, but also increasingly household infrastructure such as running water and electricity, together with changes to food provisioning through technologies of preservation. It is evident therefore that these technologies differed from those involved in manufacture. Particularly in the case of appliances, domestic technologies were small-scale devices intended usually to aid one specific more-or-less standalone task that was not part of a wider production process for a material good intended for the market, as would be the case in manufacturing. The purpose of these technologies in the home was therefore to aid in "household work" that "largely involves services and consumption" (Bose et al. 1984, S. 54). This was "immaterial" work in the sense that it did not produce goods but that was nevertheless necessary for the functioning of the household and thus a bind on the time of the woman undertaking these tasks. One central rationale framing the introduction of many domestic technologies was therefore the possibility that they could free up the time of the housewife by undertaking tasks or aspects of tasks for her, which was of course famously found not to be the case (Cowan 1983).

If domestic appliances in particular were framed within discussions of time rather than skill, their introduction does nonetheless provide an indication of perceptions of skill in relation to this labour. By aiming to reduce the time on the task, the use of domestic appliances is underpinned by a logic that devalues domestic labour in relation to other activity, seeking either to pass it on to a machine; or when that is not possible, to someone who is outside the household proper – previously a servant, now more likely a cleaner, a nanny or similar, obtained for a low wage through the market. This devaluation of housework remains pervasive in justifications for today's domestic technologies. For example, contemporary "smart" technologies in the home are said to improve the comfort and convenience of the household in part because they take on – automate – much of the work of managing the domestic environment (Sadowski et al. 2021), the implication being therefore that time (and money) should be spent on other things. The rationales underpinning technology in the home contribute to the systematic devaluation of housework and the labour of the housewife, and in this sense echo the deskilling thesis in which the targets of technological intervention in factory production are jobs that are perceived to be low skill, and therefore low value. In both the factory and the home, the introduction of technology has been justified by but also reinforces a regime of labour valuation that depreciates economically and socially the value of the work undertaken in these spaces.

Skill, and its social construction, is an intrinsic part of this regime of labour valuation. Skill is a sometimes explicit but also subtle mechanism of differentiation in the organisation of labour and its social meaning. If the housewife's tasks are not directly labelled as low skilled, they are implicitly represented as such because they are considered work that either should be delegated or that should take as little time as possible (Gregg 2018). Yet, this does not mean, of course, that a housewife's work is unskilled. Cooking, for example, can accrue a high social status and classification of skill, when performed by a chef. Thus, as sociologists have shown, skill is neither intrinsic to the worker nor the task but instead "is socially and institutionally produced, which, in turn, can affect the value that employers (and others) attribute to it" (Iskander and Lowe 2018, S. 521). This social construction of skill takes an obvious material form in the classificatory spectrum of unskilled to high-skilled work that justifies wages, becomes a logic for getting rid of certain jobs or tasks, and designates social status to particular jobs or "professions" (Abbott 1988). Thus diminishing the skill grade of housework initially through its absence of a wage, and later through the explicit classification of much household work as low-skilled on the labour market has served as justification for the introduction of technologies that claim to reduce time on domestic labour or even to rid the home completely of this work in the future.

If domestic appliances were technologies introduced to remove or reduce time spent on low skilled work, another set of technological developments gradually altered the home in the 20th century. These were communications technologies; including the telephone and then later the broadcast media communications technologies of radio and television. Of these three technologies, the telephone was perhaps most likely to be associated with work, as one of its initial functions was to communicate orders between upstairs and downstairs in households large enough to have servants (Patton 2020). All three technologies, though, were reformulating the boundaries of the domestic in ways that have significant continuities with today's home office. As Raymond Williams (1974, S. 19) observed, radio and television in particular were composites of a new category of technology that would eventually be called "consumer durables" whose existence was characterised by:

> "Two apparently paradoxical yet deeply connected tendencies of modern urban industrial living: on the one hand mobility, on the other hand the more apparently self-sufficient family home."

This "at-once mobile and home-centred way of living" constituted "a form of *mobile privatisation*" (*ibid.*, emphasis in original), an evocative description of the complex spatialities implied by broadcast (amongst other) modern technologies. As Morley and Silverstone (1990, S. 37) noted, these technologies of communication are part of the "history of the relations between the private and public spheres" and specifically "the history of the domestic sphere." Radio and television entered into "already constructed, historically specific divisions of space and time" but also transformed "those pre-existing divisions" (*ibid.* p. 42). In doing so then, these technologies paved the way for the contemporary home office, for even as they reinforced a notion of domesticity as a site for leisure and consumption, they also created a less clearly segmented division of work and home than that underpinning the industrial rhythm.

14.3 Personal computing and home-based work

The personal desktop computer is foundational to the contemporary home office, but as is often the case with new technologies, there was initially no consensus concerning its role and meaning in domestic space (Pfaffenberger 1988). Whilst there were accounts of the implications of the personal computer for "the home as office" (Ahrentzen 1989) in the late 1980s and early 1990s, these were primarily orientated around what this meant for conceptions of office work and its management, rather than the implications for the life of the home. The notion of "remote office work" (Olson 1983), which included as an "extreme case" the "work-at-home" arrangement (p. 183), was part of an emerging understanding of an "*office* as a place where *office work* is done, thus shifting the emphasis [...] from the nature of the locale to the nature of the activity performed" (Hewitt 1986, S. 272). The discussion of this nascent geography of office work was found largely in research on information technologies (and specifically office systems), as well as within management research that centred on questions of manager control and employee progression in a "career evaluation system" that appeared "to be based as much on presence and proximity as on work products" (Perin 1988, S. 33). In such research, many of the now familiar challenges and opportunities of turning the home into an office via the personal computer were occasionally noted but deemed of minor significance (e.g. the inadequate separation of work from other activities, the benefits of more flexibility to undertake non-work tasks). The presence of computers in the home was, though, seen as distinct from "domestic technologies" involved in undertaking housework (with some notable exceptions such as Weiser's (1991) description of an environment of ubiquitous computing).

The usage and meaning of the personal computer in the home were more explicitly discussed in relation to the computer's potential as a media technology, and thus within this framework, the computer was at least initially understood as directed at leisure and consumption. Similar to television, the personal computer was considered part of the domestic media environment (Silverstone et al. 1992). Morley und Silverstone (1990, S. 38) for example noted how the entry of video and personal computers into the home were being differently incorporated into masculine and feminine spheres of activity, in a way that bore similarities to the domestication of radio. From initially being a disturbance which separated men and women in the household, radio came to be accommodated into the household's spatial and social relations. Personal computers similarly initially reinforced masculine and feminine spheres of domestic activity, before gradually being subsumed into both. It was with the discussion of what was termed "new media" in the 1990s that the significance of the personal computer in the home became apparent. The trends that bore the label of new media were characterised by on the one hand personalisation and diversification for which the computer was a medium, and on the other hand convergence and interactivity that were driven in part by computing technology. Shifting away from "family television" (Morley 1986), the computer was a key technology through which media were personally consumed, in increasingly diverse forms and content that aligned to different concepts of "lifestyle" (Livingstone 1999, S. 62). Simultaneously though, the change from one-way broadcast media to "more interactive communication between medium and user" was made possible by the personal computer, in part through its role in the convergence of media, information and telecommunications; a convergence that was already noted to blur "key social boundaries" such as "home/work" (*ibid.*).

From the beginning then, the personal computer was ambiguously positioned as a technology in the home that blurred production and consumption, both signalling the possibility for office work as computers increasingly became the norm in office buildings, but also the opportunity for diversion and entertainment. From a contemporary vantage point, it is clear that the personal computer changed not only the definition of work that could be undertaken in the home, but also the sorts of technology that comprise domesticity. The home as a site for unpaid work became part of the paid workplace with the personal computer, altering the performance and meaning of both types of labour (Gregg 2011). Yet initial scholarly and corporate interest in "home-based work" focused less on work definition and the associated implications for skills in terms of both the skills required and the modes of skill classification. Instead the emphasis lay on the advantages and disadvantages for workers (and employers); often through the vocabulary of work-life balance and flexibility (Herod 1991; Bryant 2000; Sullivan 2003). A minority of studies did explore how the "shifting of the workplace into the home" posed questions about "the meaning of work, paid and unpaid, in terms of broad social definition and subjective understanding by workers" (Johnson et al 2007, S. 145). Implicit in such analyses was the possibility that the personal computer was bringing a subtle shift in the meanings of domestic technologies. If the most common examples of domestic technologies were various types of appliances for housework (mainly cooking and cleaning), personal computers and the development of complex computing environment turned the home into a "code/space" (Kitchin and Dodge 2011) in which computer software suffused the domestic realm.

The connectivity of computers with a wider environment of internet-enabled hardware and software meant that computing technologies were imagined and increasingly able to play a role in the work of the household. When predicting the emergence of "ubiquitous computing", Weiser (1991) imagined this process as one that was intricately tied to domestic space, including examples of shopping and eating in his speculations on the role such computers would play. This speculation concerning the ubiquity of computing technology has become at least technically possible, if not affordable (let alone desirable), for domestic environments in the UK. These "smart homes", like other "intelligent buildings" (Johnson 2007), are supposed to have capacities to anticipate and respond to the needs of their occupants, including regulating the domestic environment (e.g. heating and lighting) (Sadowski et al. 2021). Such regulation is in part a ceding of control of the home by the occupants, outsourcing management to, for example, a smart thermostat operating through an "AI-based algorithm" that "monitors and tracks human preferences and then uses these as a baseline to produce an optimal environment" (Starosielski 2021, p. 63). This is "computational domestic-management labour" (Schiller and McMahon 2019, S. 175) that takes over work that may previously have been carried out by household occupants. Yet, regulation through technology is also used to increase the control of the home dwellers through the construction of a "hyperpersonalised environment" (Starosielski 2021, S. 62). Such control is articulated not usually as a form of labour, but rather as akin to a consumption choice that is aided by the information provided through the smart technology. These alterations implied by the personal and increasingly ubiquitous computing to the types of work and technologies composing domesticity create new challenges for the home-based worker, who is required to develop new skills and competencies.

14.4 Technical skills and the home office

Skill classifications operate through the selective – and thus politically motivated – recognition of a given work activity as skilled. This ideological approach to skill offers an explanation for gendered divisions of labour in which jobs undertaken in greater numbers by women tend to be disproportionately classified as low skill and without technical competence, meanwhile men occupy high skilled roles with technical abilities (Wajcman 1991). As Wajcman (1991, S. 38) argued though, there certainly remain "real material aspects of skill" that also result in disparities in qualification, thus structuring inequality in the labour market. Perhaps most notably, those in lower-skilled jobs (e.g. women, people of colour) often have a "relative lack of power" that means that they are unable to gain access to higher skills (*ibid.*). However, starting from the insufficiency of skill classifications as an absolute means of capturing the abilities required for a working activity, allows not only for an analysis that makes sense of the structuring of labour market inequality, but also one that examines the complex competencies required for particular work. In the case of the home office, it is clear that whilst the jobs undertaken in home-based office work have a formal skill classification, the workplace of the home imposes a different set of requirements on the worker associated with household and caring activities. The combination of these two workplaces means that the worker is thus required not only to have the skills for office work itself, but also to have techniques to either ignore household work of different kinds or juggle these competing types of demand. Yet instead of necessarily being problematic for the undertaking of work, these changes to working environments can rather be understood as essential to skill development and transformation.

An alteration of the place of work, such as the turning of the home into an office, results in the adaptation of existing skills together with the development of new techniques; a situation that arises because a skill is dependent on its given environment of action. Skill "is a property not of the individual human body as a biophysical entity, a thing-in-itself, but of the total field of relations constituted by the presence of the organism-person, indissolubly body and mind, in a richly structured environment" (Ingold 2000, S. 291). If the ideological approach above decentres skill from the worker by critiquing classificatory systems, this ecological perspective similarly undermines any analysis of skill as an individual attribute, and does so by emphasising relations with the environment of practice. The implication of this ecological perspective on skill for the home office is that the skills of office work that were performed in relation to an office building are likely to be in some way deficient if the working environment changes. The "individual can master a technique 'up to one point', [in] a certain type of space" but "skills are not absolute: the mastery of techniques, the capability of one individual to act, is still relative to the space he (*sic.*) is engaged in" (Lucas 2022, S. 85). The limits of office-based skills in the home thus depend on the specific home office working environments, as "some spaces can be understood as more problematic than others" (*ibid.*). Given the range of different domestic environments in which home-based office work is undertaken, there can be no uniform understanding of the types of skill adaptability and development that are required.

For example, some workers have a separate, dedicated room in the home for their office activities, whilst others have to share space, often moving around different sites that could be suitable spots for work. In his study of female platform workers in the UK, James (2023) describes how these women often create makeshift space-times for work in the home, such as in front of the TV at night, in order to fit working around other duties. Such differences in workspace, which create difficulties in making any uniform claim concerning skill adaptability in the home office, are reinforced by variations in the type of work and the profile of the worker. Since the coronavirus pandemic, just over a quarter of working adults in the UK (rising to 40 % in London) reported some combination of working from home and travelling to work (ONS 2023). Whilst those in the highest income band and those in professional occupations were most likely to report some working from home (circa. 70 %), around half of those in lower income administrative and secretarial occupations were also home working (*ibid.*). These differences indicate different types of work tasks, but also potentially very different home environments for that activity. As James (2022) identifies, home working is often understood as a means for women to accommodate paid work around majority responsibility for childcare, which creates distinctive challenges in terms of structuring the space and time of the workday that are less omnipresent in the stable and familiar structure of a designated office. Regardless of the gender of the worker though, the potential mix of requirements and demands in the environment of the home office means that all workers may have to develop new skills.

The challenge posed to skill in such "unfamiliar situations" (Ingold 2018, S. 161) is central to defining and altering the limits of a pre-existing ability to act, as well as stimulating the development of new ones. For home-based work, it is possible to identify certain "technical skills" that are emerging to manage working activity in relation to this adaptable environment. Technical skills here are not those that are typically isolated to a certain profession or gender (c.f. Wajcman 1991), but rather are competencies required for work at the "intersection of craft and science", implying both improvisation and the use of rules and theories for the undertaking of activity (Barley and Orr 1997, S. 12). In case it is not immediately obvious what could be technical about the skills required for working in the home office, it is useful to posit a definition of technical work as a rather broad constellation of traits that do not align it with a particular technology nor occupation. Barley and Orr (*ibid.*) suggest technical work has some combination of:

> "(a) the centrality of complex technology to the work, (b) the importance of contextual knowledge and skill, (c) the importance of theories or abstract representations of phenomena, and (d) the existence of a community of practice that serves as a distributed repository for knowledge of relevance to practitioners."

A further important element to the work is that it is "socially essential precisely because it allows all other types of work to proceed" (p. 15).

In this sense then, all home office workers may become "technicians", insofar as they take on at least some of the labour creating the conditions allowing their "work to proceed" in the home. In certain ways, such a possible universality could be an equalising force, undermining the gendered structure of skill valuation in which certain types of capacities have been systematically undervalued. Yet equally, as evidence has shown, it frequently remained the case during the coronavirus pandemic that women took on the brunt of certain reproductive labours in home working environments, and in many cases served to deepen inequalities in domestic responsibilities (Lambert and Cayouette-Remblière 2021). The sorts of technical skills required for home-based work include the capacity to manage interruptions and to organise the arrangement of household and office tasks. One example demonstrating the technical nature of capacities to deal with distractions and juggle competing demands is the use of various types of "personal productivity equipment" (Mackenzie 2008). Perhaps not strictly a "complex technology", this is software (including for smart phones) that aims to support, often in a manner similar to a secretary, the ordering of individual work tasks and the definition of time windows (Gregg 2015).

Although certainly not specific to working at home, productivity software is underpinned by the rationales of self-organisation and self-management typical of digital work, rationales whose internalisation in the worker allow work to occur beyond direct managerial oversight in the workplace (Richardson 2018). Theories of (individual) time management are therefore central to the deployment of these technologies by home workers to create their conditions of work (Wajcman 2019), with each worker also possessing a good deal of contextual knowledge concerning how best to relate their working activity to their environment. It is in this way that the worker can make judgements about the limits of the productivity software in directing their activity, also incorporating knowledge from broader work-based or sometimes media discussions about how to manage working from home. The capacity to manage interruptions and juggle tasks are attributes of office work that certainly pre-dated the contemporary widespread use of the home office but they, and other similar emerging technical skills, become qualitatively and quantitatively more important as the work environment changes. For example, Wajcman and Rose's (2011) study on the management of email in office work indicated that the capacity to deal with interruptions became part of the skills of working. Equally, the ongoing development of a plethora of software that block out distractions provide further evidence of the requirement to develop capacities for self-management in order to "stay on task".

14.5 Conclusion

The marriage of home and office provides fertile ground for reconsidering the relationship between technology and skill. Whilst labour process theories have argued that the introduction of technologies into workplaces tends to result in the deskilling of workers, debates concerning domestic technologies have historically bypassed questions of the alteration of work skill in favour of discussions concerning work time, which nonetheless implicitly relies on a definition of housework as low skilled. In both cases, skill functions as a classificatory mechanism that (re)produces inequalities in the labour market, together with playing a role in defining the boundaries of paid labour. Building on this sociological approach, this chapter has emphasised the geographically constituted definition of skill in relation to technologies of the home and the office. Whether work with a technology is defined as skilled depends at least in part on the location of that technology. Domestic technologies have thus historically not been understood to deskill workers, as these workers were in the first place not perceived to be skilful. Yet contemporary digital technologies such as the personal computer can alter the meaning and constitution of location, for example turning the home into an office or allowing housework to be undertaken outside the home. Skill with technologies in this context must therefore be understood to respond to and, in turn, to alter the environment of work's undertaking. The creation of the place for work in the home requires specific "technical skills" to manage working activity in relation to this adaptable working environment.

There are at least two implications of this argument. Firstly, if the home becomes recognised as a site for skill definition this can draw attention to existing classifications of skilled and unskilled work. Although by no means guaranteed, this could result in greater acknowledgement of the inadequacy of remuneration for supposedly low-skilled work, including those that were frequently coded female, as well as better accommodations for workers who are engaged in the technical work of smoothing over the home office amidst other life activities. Secondly, acknowledging the role of geography in constructing the notion of skill indicates how abilities to act are responsive to different environments rather than universal, which means that people can accrue different skill sets in specific environments. Such geographies of skill also point to the wider designation of skill that structures international labour market mobility, where a qualification and ability to practice in one national context is not recognised in another. Future research could examine the types of routine domestic working environments that are established; together with the specific processes through which work and non-work requirements can result in new skills, as well as their gendered implications.

References

Abbott, A.D. 1988. *The system of professions: an essay on the division of expert labor*. Chicago: University of Chicago Press.

Ahrentzen, S. 1989. A place of peace, prospect, and …a P.C.: the Home as Office. *Journal of Architectural and Planning Research* 6:271–288.

Attewell, P. 1987. The deskilling controversy. *Work and Occupations* 14:323–346.

Barley, S.R., and J.E. Orr (eds.). 1997. *Between craft and science: technical work in U.S. settings*. Ithaca: IRL Press.

Bose, C.E., P.L. Bereano, and M. Malloy. 1984. Household technology and the social construction of housework. *Technology and Culture* 25:53.

Braverman, H. 1974. *Labor and monopoly capital: the degradation of work in the twentieth century*. New York.

Bryant, S. 2000. At home on the electronic frontier: work, gender and the information highway. *New Technology, Work and Employment* 15:19–33.

Clark, M. 2000. *Teleworking in the countryside: home-based working in the information society*. Aldershot: Ashgate.

Clement, A. 1993. Looking for the designers: transforming the "invisible" infrastructure of computerized office work. *AI & Society* 7:323–344.

Cowan, R. 1983. *More work for mother: the ironies of household technology from the open hearth to the microwave*. New York: Basic Books.
Cowan, R.S. 1976. The "industrial revolution" in the home: household technology and social change in the 20th century. *Technology and Culture* 17:1.
Crary, J. 2013. *24/7*. London: Verso.
Gregg, M. 2011. *Work's Intimacy*. Cambridge: Polity.
Gregg, M. 2015. Getting things done: productivity, self-management and the order of things. In *Networked affect*, ed. K. Hillis, S. Paasonen, and M. Petit, 187–202. Cambridge: MIT Press.
Gregg, M. 2018. *Counterproductive: time management in the knowledge economy*. Durham: Duke University Press.
Gustavsson, E. 2005. Virtual servants: stereotyping female front-office employees on the Internet. *Gender Work & Organisation* 12:400–419.
Herod, A. 1991. Homework and the fragmentation of space: challenges for the labor movement. *Geoforum* 22:173–183.
Hewitt, C. 1986. Offices are open systems. *ACM Transactions on Office Information Systems* 4:271–287.
Ingold, T. 2000. *The perception of the environment: essays on livelihoods, dwelling and skill*. London: Routledge.
Ingold, T. 2018. Five questions of skill. *Cultural Geographies* 25:159–163.
Iskander, N., and N. Lowe. 2018. Immigration and the politics of skill. In *The handbook of economic geography*, ed. G.L. Clark, M.P. Feldman, M.S. Gertler, and D. Wójcik. Oxford University Press.
James, A. 2022. Women in the gig economy: feminising 'digital labour. *Work in the Global Economy* 2:2–26.
James, A. 2023. Platform work-lives in the gig economy: recentering work-family research. *Gender, Work & Organization*https://doi.org/10.1111/gwao.13087.
Johnson, E. 2007. Building IQ: intelligent buildings are becoming part of global real estate market. *Journal of Property Management* 72(3):1–24.
Johnson, L.C., J. Andrey, and S.M. Shaw. 2007. Mr. Dithers comes to dinner: telework and the merging of women's work and home domains in Canada. *Gender, Place & Culture* 14:141–161.
Kitchin, R., and M. Dodge. 2011. *Code/space: software and everyday life*. Cambridge: MIT Press.
Lambert, A., and J. Cayouette-Remblière. 2021. *L'explosion des inégalités. Classes, genre et générations face à la crise sanitaire*. La Tour d'Aigues: Editions de l'Aube.
Light, J.S. 1995. The digital landscape: new space for women? *Gender, Place & Culture* 2:133–146.
Livingstone, S. 1999. New media, new audiences? *New Media and Society* 1(1):59–66.
Lucas, L. 2022. The skills behind the spatial practices. *Space and Culture* 25:77–89.
Mackenzie, A. 2008. The affect of efficiency: personal productivity equipment encounters the multiple. *Ephemera: theory and politics in organization* 8:137–156.
Mendels, F. 1972. Proto-industrialization: the first phase of the industrialization process. *The Journal of Economic History* 32:241–261.
Morley, D. 1986. *Family television: cultural power and domestic leisure*. London: Routledge.
Morley, D., and R. Silverstone. 1990. Domestic communication – technologies and meanings. *Media, Culture & Society* 12:31–55.
Olson, M.H. 1983. Remote office work: changing work patterns in space and time. *Communications of the ACM* 26:182–187.
ONS. 2023to. Characteristics of homeworkers, Great Britain: September 2023 to January 2023. https://www.ons.gov.uk/employmentandlabourmarket/peopleinwork/employmentandemployeetypes/articles/characteristicsofhomeworkersgreatbritain/september2022tojanuary2023. Accessed 10 Jan 2024.
Patton, E. 2020. *Easy living: the rise of the home office*. New Brunswick: Rutgers University Press.
Perin, C. 1988. *The moral fabric of the office: organizational habits vs. high-tech options for work schedule flexibilities*. Sloan School of Management: Working Paper.
Pfaffenberger, B. 1988. The social meaning of the personal computer: or, why the personal computer revolution was no revolution. *Anthropological Quarterly* 61:39.

Richardson, L. 2018. Feminist geographies of digital work. *Progress in Human Geography* 42:244–263.
Richardson, L. 2021. Coordinating office space: digital technologies and the platformization of work. *Environment and Planning D: Society and Space* 39:347–365.
Richardson, L. 2022. Digital work: where is the urban workplace and why does it matter? *Geography* 107:79–84.
Richardson, L., and D. Bissell. 2019. Geographies of digital skill. *Geoforum* 99:278–286.
Sadowski, J., Y. Strengers, and J. Kennedy. 2021. More work for big mother: revaluing care and control in smart homes. *Environment and Planning A*https://doi.org/10.1177/0308518x211022366.
Schiller, A., and J. McMahon. 2019. Alexa, alert me when the revolution comes: gender, affect, and labor in the age of home-based artificial intelligence. *New Political Science* 41:173–191.
Silverstone, R., E. Hirstute, and D. Morley. 1992. Information and communication technologies and the moral economy of the household. In *Consuming technologies: media and information in domestic spaces*, ed. R. Silverstone, E. Hirstute, 15–31. London: Routledge.
Star, S.L., and A. Strauss. 1999. Layers of silence, arenas of voice: the ecology of visible and invisible work. *Computer Supported Cooperative Work (CSCW)* 8:9–30.
Starosielski, N. 2021. *Media hot & cold.* Durham: Duke University Press.
Sullivan, C. 2003. What's in a name? Definitions and conceptualisations of teleworking and homeworking. *New Technology, Work and Employment* 18:158–165.
Thompson, E.P. 1967. Time, work-discipline, and industrial capitalism. *Past and Present* 38:56–97.
Wainwright, E. 2010. The office is always on: DEGW, Lefebvre and the wireless city. *The Journal of Architecture* 15:209–218.
Wajcman, J. 1991. Patriarchy, technology, and conceptions of skill. *Work and Occupations* 18:29–45.
Wajcman, J. 2019. The digital architecture of time management. *Science, Technology, & Human Values* 44:315–337.
Wajcman, J., and E. Rose. 2011. Constant connectivity: rethinking interruptions at work. *Organization Studies* 32:941–961.
Weiser, M. 1991. The computer for the 21st century. *Scientific American* 265:94–104.
Williams, R. 1974. *Television: technology and cultural form*. London New York: Routledge.
Work after Lockdown. 2022. Work after lockdown: no going back. https://www.workafterlockdown.uk/blog-and-reports/second-report. Accessed 10 Oct 2022.

Part VI
Arbeit, Transformation und Werte

Wertvolles Arbeiten – moralisches Wirtschaften? Möglichkeiten und Grenzen von transformativem Handeln

15

Miriam Wenner und Sinje Grenzdörffer

Inhaltsverzeichnis

Zusammenfassung

Sowohl in der Transformationsforschung als auch in der *Labour Geography* spielen konzeptionelle Überlegungen zur Verbindung von Arbeit, transformativem Handeln und moralischen Werten bislang eine untergeordnete Rolle. Dies ist verwunderlich, da universelle Werte wie Gerechtigkeit oder Solidarität oft herangezogen werden, um einer augenscheinlich „unmoralischen“ kapitalistischen Ökonomie eine Alternative gegenüberzustellen. Ausgehend von aktuellen Lesarten der Moralökonomie entwickeln wir das Konzept einer *Moral Labour Geography*, die dieser binären Lesart von „moralischen Alternativen“ versus

M. Wenner (✉)
Abteilung für Humangeographie, Georg-August-Universität Göttingen, Göttingen, Deutschland
E-Mail: miriam.wenner@uni-goettingen.de

S. Grenzdörffer
Geographisches Institut, Universität Bern, Bern, Schweiz
E-Mail: sinje.grenzdoerffer@unibe.ch

M. Doutch et al. (Hrsg.), *Arbeitswelten*, https://doi.org/10.1007/978-3-662-70955-9_15

„unmoralischen, kapitalistischen“ Ökonomien eine Sichtweise gegenüberstellt, welche die Ökonomie insgesamt als werteplurales Feld versteht. Dabei verwischen potentiell die Grenzen zwischen kapitalistischen Wirtschaftsformen und Gegenentwürfen und Akteure sind mit Wertekonflikten konfrontiert, die sie in ihrem transformativen Handeln beeinflussen. Basierend auf einer Studie von durch Arbeiter:innen geführten Unternehmen in Deutschland ergründen wir die Zusammenhänge zwischen wert-voller Arbeit und transformativem Handeln. Ein besonderes Augenmerk liegt dabei auf der Handlungswirksamkeit von Arbeitenden (*Labour Agency*) und den potentiell transformativen Auswirkungen ihrer Handlungen und Entscheidungen auf die gegebenen Strukturen.

Schlüsselwörter: Diverse Ökonomien, *Labour Agency*, Moralökonomie, *Moral Labour Geography*, sozial-ökologische Transformation, Wertepluralismus

Abstract

Both in transformation research and in labour geography, conceptual considerations on the connection between labour, transformative action and moral values have so far played a subordinate role. This is surprising, as universal values such as justice or solidarity are often used to provide an alternative to an apparently “immoral” capitalist economy. Based on current readings of moral economy, we develop the concept of a moral labour geography that contrasts this binary reading of “moral alternatives” versus “immoral, capitalist” economies, with a view that understands the economy on the whole as a value-plural field. The boundaries between capitalist economic forms and alternative concepts are potentially blurred and actors are confronted with value conflicts that influence their transformative actions. Based on a study of worker-led companies in Germany, we explore the connections between “valuable” work and transformative action. Particular attention is paid to labour agency and the potentially transformative effects of their actions and decisions on the given structures.

Keywords: diverse economies, labour agency, moral economy, moral labour geography, socio-ecological transformation, value pluralism

15.1 Einleitung

Ausgehend von der Kritik an mit dem Kapitalismus einhergehenden Ungleichheiten und der Übernutzung menschlicher und natürlicher Ressourcen werden vermehrt Transformationen hin zu einer solidarischeren, gerechteren und nachhaltigen Wirtschaft diskutiert und angestrebt (Brand und Wissen 2017). Dabei ermöglicht es insbesondere der Bezug auf universelle Werte, wie Rücksicht, Fairness oder Respekt vor der Natur, einer augenscheinlich „unmoralischen“ kapitalistischen Ökonomie eine Alternative gegenüberzustellen (Gibson-Graham und Dombroski 2020; Göpel 2016; Harcourt 2014; Wright 2013). Ausgehend von aktuellen Diskussionen in der Moralökonomie, die betonen, dass *alle* Wirtschaftsformen auf Werten basieren (Götz 2015; Palomera und Vetta 2016), möchten wir dieser binären Lesart von „moralischen Alternativen“ versus „unmoralischen, kapitalistischen" Ökonomien eine Sichtweise gegenüberstellen, welche die Ökonomie insgesamt als werteplurales Feld versteht. Unsere Sichtweise basiert auf der Annahme, dass die Grenzen zwischen kapitalistischen Wirtschaftsformen und (potentiellen) Gegenentwürfen permanent ausgehandelt, verstetigt und neu ausgelegt werden.

Weiterhin gehen wir davon aus, dass Akteur:innen mit Wertekonflikten konfrontiert sind, die sie in ihrem transformativen Handeln beeinflussen. Als „transformativ" bezeichnen wir jene Handlungen und normativen Positionen, die auf eine grundlegende Veränderung der kapitalistischen Produktionsweise und die damit verbundenen Maximen von Wachstum, Profitmaximierung und Akkumulation abzielen (Brand et al. 2020; Grenzdörffer 2021; Schmid und Smith 2021) – unabhängig davon, ob ihnen tatsächlich eine Transformation auf allen Ebenen und in sämtlichen Sektoren gelingt. Wir verstehen Transformation als wertebezogenen Begriff, der gegenwärtige gesellschaftliche Normen und Routinen grundsätzlich hinterfragt (Brand und Wissen 2017, S. 29) und Wandel in eine bestimmten Zielen und Werten entsprechende Richtung anstrebt (Feola 2015). Dabei nehmen Arbeiter:innen eine Schlüsselposition bei der Übersetzung von Werten sozialökologischer Gerechtigkeit in die Praxis innerhalb und außerhalb des Arbeitsplatzes ein (Grenzdörffer 2021).

Ziel des Beitrags ist es, im Rahmen einer *Moral Labour Geography* die empirischen und konzeptionellen Zusammenhänge zwischen moralischen Werten und transformativen Handeln zu vertiefen und zu erkunden, inwieweit diverse Wirtschaftsformen und -entwürfe neben den zurzeit vorherrschenden kapitalistischen Strukturen über Werte definiert werden können (oder nicht). Dabei stützen wir uns auf das Konzept von Moralökonomie und sozialanthropologische Zugänge zu Wertepluralismus und Wertekonflikten. Dadurch leisten wir einen Beitrag zur Verbindung von Moral mit Themen der *Labour Geography* (Hastings 2016).

Während *Labour Agency* vor allem in Form von Bemühungen von Arbeiter:innen zur Verbesserung ihrer Positionen in bestehenden Systemen thematisiert wird (zum Beispiel Proteste/Arbeitskämpfe, gewerkschaftliche Bestrebungen, Streiks oder Sabotage (Cumbers et al. 2008; Peck 2018; López 2021)), möchten wir hier das Augenmerk auf sogenannte von Arbeiter:innen geführte Unternehmen (AGU) richten. Diese verstehen wir als Überkategorie für verschiedene kollektiv und von Arbeiter:innen gemeinschaftlich organisierte Unternehmen. Arbeitskämpfe werden traditionell als Ausdruck innerbetrieblicher oder tariflicher Konflikte zwischen Unternehmer:in und Arbeiter:in verstanden. Diese Binarität ist in AGU intern aufgelöst. Das kollektiv geführte Unternehmen muss als solches jedoch weiterhin innerhalb externer Marktlogiken navigieren (beispielsweise beim Abwägen zwischen Lohnerhöhungen und marktfähigen Produkt-/Service-Preisen).

Bestehende Forschung zu AGU fokussiert vor allem auf Südamerika und Südeuropa (Azzellini 2016; Larrabure 2017; Kokkinidis 2015). Hier haben sich AGUs eher als Reaktion auf Wirtschaftskrisen[1] gegründet, um beispielsweise den Bankrott eines Unternehmens zu verhindern. Bei AGU in Deutschland können wir beobachten, dass oft eher *persönliche individuelle* Krisen und Notlagen die Entscheidung bedin-

[1] Diese Krisen sind natürlich im Kontext globaler Ungleichheiten und Machtkonstellationen zu verstehen.

gen, anders arbeiten zu wollen. Hier ist weniger ein strukturell-kollektives Widerstandsmoment zu beobachten. Diese Segmentierung spiegelt sich auch in der hohen Diversität der arbeitenden Menschen, die diese Krisen durchleben. Dadurch sind sie weniger im Sinne von *Labour* als Klasse zu betrachten. Da Transformation von Arbeit, Wirtschaft und Gesellschaft ein integriertes und explizites Ziel der Unternehmensstrategie ist, eignen sich AGU besonders gut, um Werteorientierungen von Mitwirkenden sichtbar zu machen und zu hinterfragen. AGU gibt es in vielen Branchen und Rechtsformen. Bei den für diese Studie mitwirkenden Arbeiter:innen handelt es sich um Lohnarbeitende mit diversen Bildungshintergründen (siehe Abschn. 15.4). Zu den AGU dieser Studie gehören Kaffeeröstereien, Stripclubs, Handwerksbetriebe, Kommunikationsagenturen und Getränkehersteller:innen. Diesen ist gemein, dass es sich größtenteils um kleine und mittelständische Unternehmen mit wenig verketteten Produktions- und Zulieferstrukturen handelt. Der rechtlich-institutionelle Rahmen der AGU ist in Deutschland uneindeutig. Im Gegensatz zu anderen Ländern gibt es in Deutschland derzeit kein rechtliches Äquivalent zu *Worker Cooperatives*, *Worker-Recuperated Companies* oder *Employee-Owned Firms*. So wird beispielsweise die Rechtsform einer Genossenschaft, die eine demokratische Form des Wirtschaftens vorsieht, in Deutschland meist für Konsum- oder Energiegenossenschaften verwendet. Während 23,4 % der für diese Studie befragten AGU eingetragene Genossenschaften sind, nutzen andere den rechtlichen Rahmen einer GmbH, um ihn dann auf ihre Weise zu interpretieren und zu demokratisieren. In der kreativen Auslegung des rechtlichen Rahmens zeigt sich bereits ein transformatives Element, das bestehende Annahmen über Unternehmensstruktur und -organisation pluralisiert.

Die Auswahl der Unternehmen erfolgte entlang der folgenden Kriterien:

1. Kernentscheidungen werden gemeinsam und demokratisch getroffen.
2. Alle Beteiligten sind (gleichwertige) finanzielle Eigentümer:innen der Unternehmung oder streben dies an.

Basierend auf einer qualitativen Studie von AGU in Hamburg und Berlin ergründen wir, welche Bedeutung moralische Werte für das transformative Handeln der Mitwirkenden spielen[2]. Ein besonderes Augenmerk unserer Studie liegt auf der Handlungswirksamkeit von AGU-Mitwirkenden (*Labour Agency*) und den potentiell transformativen Auswirkungen ihrer Handlungen und Entscheidungen auf die gegebenen Strukturen.

Folgende Fragen leiten unsere Untersuchung:

1. Was sind zugrundeliegende Werte der befragten AGU-Mitwirkenden?
2. Inwieweit kommt es zu Konflikten und Aushandlungen zwischen verschiedenen Werten im Lebensbereich „Arbeit“?
3. Welche Konsequenzen hat ein werteplurales Verständnis von Arbeits- und Wirtschaftsrealitäten für die Transformationsforschung, und inwieweit kann dieses zu

[2] Die Fallstudie basiert auf Grenzdörffer (2023).

einer (Weiter-)Entwicklung und verstärkter Sichtbarkeit von diversen sozialökologisch gerechteren Wirtschaftsformen beitragen?

Nach einer Einordnung der Thematik in die Transformationsforschung führen wir in Abschn. 15.3 Ansätze der Moralökonomie und Tugendethik ein. Die Fallstudie (Abschn. 15.4) untersucht die Bedeutung von Werten und Wertekonflikten für AGU. Die Diskussion widmet sich den Möglichkeiten und Grenzen von sozialökologischem Arbeiten innerhalb der vorherrschenden wirtschaftlichen, politischen, sozialen und ökologischen Strukturen. Das Fazit schließt mit einer grundlegenden Bewertung der Ergebnisse für die *Labour Geography*.

15.2 Transformation und Werte

Vor dem Hintergrund steigender sozialer und ökologischer Kosten der wachstumsorientierten Wirtschaftsweise hat sich ein breiter Forschungszweig etabliert, der sozialökologisch gerechtere Wirtschaftsformen untersucht und konzeptualisiert. Diese Transformationsforschung vereint verschiedene Strömungen wie Postwachstum (Lange et al. 2022; Schmid 2019), *Commons* (Helfrich und Euler 2021; Ostrom 1990) oder „diverse Ökonomien" (Gibson-Graham und Dombroski 2020). Häufig wird hierbei neben der Analyse auch eine normativ begründete, gesellschaftliche Veränderung angestrebt (Brand et al. 2020; Feola 2015; Hölscher et al. 2021).

Eine zentrale – und für unser Anliegen wichtige – Grundannahme der Transformationsforschung ist, dass Wirtschafts- und Arbeitsstrukturen durch menschliche Handlungen und Entscheidungen im Sinne einer sozialökologischen Transformation verändert werden können (Göpel 2016). Dies resoniert mit dem Konzept der *Labour Agency* aus der *Labour Geography*, welche die Handlungswirksamkeit von Arbeitenden betont, beispielsweise bei der Umstrukturierung bestehender Arbeitsstrukturen (Herod 2017). Dies kann im Sinne einer „transformative labour agency" (Grenzdörffer 2022) förderlich für eine sozialökologische Transformation sein. Mögliche Beispiele sind eine Reduktion der Arbeitszeit, alternative Lohnkonzepte oder eine Dekommodifizierung von Arbeit durch eine sichergestellte Grundversorgung (ebd.; Kap. 17, Fuchs).

Während transformative *Labour Agency* in vielen Unternehmen eine Rolle spielt, sehen wir in AGU eine beispielhafte Form des Arbeitens, die es ermöglicht, auf Transformation gerichtete Arbeits- und Wirtschaftsweisen sichtbar zu machen und hinsichtlich ihrer Wertebasis zu untersuchen.

15.3 Moralökonomie und Wertepluralismus

Um die Verschränkung von Werten mit Handlungen und Entscheidungen in AGU in Deutschland zu untersuchen, führen wir nun die Begriffe Moral und Werte ein. Anschließend skizzieren wir Moralökonomie und Wertepluralismus, um Werte im Sinne einer *Moral Labour Geography* konzeptionell zu integrieren.

15.3.1 Werte, Moral und Ethik

Moralische Werte verstehen wir als Konzepte über gewünschte Zustände oder Verhalten, auf deren Grundlage das eigene Verhalten oder das anderer evaluiert wird (Schwartz und Bilsky 1987, S. 551). Im Gegensatz zu einem substantiellen Moralverständnis, welches Handlungen dann als moralisch bezeichnet, wenn sie mit *universellen* Standards von richtig und falsch (beispielsweise hinsichtlich Gerechtigkeit, Fairness) übereinstimmen, beziehen wir uns auf ein formales Moralverständnis. Dieses geht davon aus, dass es Personen- oder gruppenabhängige Verständnisse von „gut und schlecht", „richtig oder falsch", „wertvoll oder wertlos" gibt (Hitlin und Vaisey 2013, S. 55). Was als moralisch gut oder schlecht erachtet wird, hängt also von *individuellen Bewertungsmaßstäben* ab. Auch Arbeitsverhältnisse, Arbeitsstandards oder Formen wirtschaftlicher Organisation und Arbeitsteilung können gemäß persönlichen oder gruppenspezifischen Vorstellungen als „gerecht oder ungerecht", als „gut oder schlecht" bewertet werden.

In diesem Zusammenhang verstehen wir Werte als Ausdruck übergeordneter, philosophischer Reflexionen über die ethischen Begründungen und Bedingungen der Gültigkeit von Vorstellungen von „richtigem" oder „falschen" Handeln. Werte vermitteln zwischen einer abstrakten Ethik und den damit verbundenen persönlichen Vorstellungen von Moral (vgl. Fischer et al. 2008, S. 29). Ethische Begründungen und moralische Werte dienen aber nicht nur der Evaluierung bereits bestehender Verhältnisse. Sie können – in konservativer Weise – zur Legitimierung bestehender Verhältnisse genutzt werden (warum etwas so bleiben sollte) oder – als transformativer Motor – Vorstellungen von Alternativen und Wandel inspirieren (wie etwas anders sein sollte), so auch im Bereich Arbeit.

15.3.2 Moralökonomie und *Labour Geography*

Obwohl vielen Beiträgen aus der *Labour Geography* eine starke Normativität innewohnt, die Werte wie Gerechtigkeit, Demokratie oder Solidarität als expliziten Maßstab für die Kritik bestehender Produktionsverhältnisse verwendet, wird die Frage nach den ethischen und moralischen Dimensionen von Arbeiter:innenkämpfen bislang kaum beachtet (Hastings 2016, S. 307). Es fehlt an einem Konzept, um die Zusammenhänge zwischen *Labour Agency* und Moral zu verstehen. Vor diesem Hintergrund stimmen wir mit Hastings (2016) überein, Moralökonomie als Ansatz zu nutzen, der es ermöglicht, Handlungen von Arbeiter:innen mit gesellschaftlichen moralischen Normen in Bezug zu setzen (ebd., S. 308). Dabei werden Arbeiter:innen als nicht-homogene Gruppe mit unterschiedlichen Werten und Zielen verstanden (Hastings 2016).

Dies ähnelt neueren Interpretationen der Moralökonomie, die entgegen ursprünglichen Lesarten scheinbar „moralische" (zum Beispiel Subsistenzsysteme, Gemeinschaftsarbeit) Wirtschaftsformen nicht von „unmoralischen" (kapitalistischen) Wirtschaftsformen unterscheiden (Scott 1976; Thompson 1971), sondern die Beziehungen zwischen Wirtschaft und Moral grundsätzlich analysieren (Götz

2015; Palomera und Vetta 2016). In diesem Verständnis sind alle Ökonomien (auch kapitalistische) Moral-Ökonomien, da eine bestimmte Art von Moral im Interesse einer bestimmten Art von Wirtschaft angewendet wird (Palomera und Vetta 2016). Diese Abgrenzung von auf universellen Moralvorstellungen beruhenden Kategorisierungen macht die Moralökonomie als deskriptiv-analytischen Ansatz fruchtbar, der anerkennt, dass Markt und Ökonomie nicht autonom von der sozialen Welt existieren und dass Vorstellungen vom „richtigen" oder „falschen" Verhalten wirtschaftliches Handeln beeinflussen (Götz 2015). Diese Vorstellungen werden als kontextgebunden und sozial, also überwiegend außerhalb der Wirtschaft, generiert verstanden (Hastings 2016, S. 308). Demnach stehen Moral und Ökonomie nicht nur in einem Wechsel- sondern auch in einem Spannungsverhältnis, wenn zum Beispiel moralische Werte durch ökonomische Kräfte kompromittiert werden (ebd., S. 312). Um diese Widersprüche zu verstehen, widmen wir uns sozialanthropologischen Ansätzen zu Tugendethik und Wertepluralismus.

15.3.3 Tugendethik und Wertepluralismus

Die Tugendethik beruht auf der Annahme, dass Personen moralische Wesen sind, die sich zum Ziel setzen, „richtig" zu handeln und dadurch einen „guten" Charakter zu entwickeln (Laidlaw 2014). Demnach sind Personen frei, moralische Entscheidungen zu treffen. Auch Arbeiter:innen können als Personen betrachtet werden, die sich mit Moral als Ziel befassen. Gleichzeitig sind sie aber in ihren Handlungen und Entscheidungen auch beeinflusst von strukturellen Faktoren, die Vorstellungen von „gut" und „schlecht" inspirieren (Laidlaw 2014; für Diskussionen zu Tugendethik in außer-europäischen Kontexten siehe beispielsweise Pandian 2009; Penfield 2023; Wenner 2018). Moralisches Handeln wird weiter dadurch verkompliziert und erschwert, dass unterschiedliche Lebensbereiche und Situationen verschiedene Anforderungen an moralisches Handeln stellen. Diese Vielzahl von Normen und Traditionen zwingt Akteur:innen dazu, Entscheidungen zwischen gleichermaßen geschätzten Dingen zu treffen, sich also mit Wertekonflikten auseinanderzusetzen (Mattingly 2012; Williams 1981).

Diese Vielfalt spiegelt sich im Konzept des Wertepluralismus, welches besagt, dass moralische Werte sich nicht aufeinander reduzieren lassen. Das heißt, es gibt keinen übergeordneten Wert, der alle anderen in sich vereint (Robbins 2013). Robbins (2013) unterscheidet zwischen verschiedenen Domänen oder „value-spheres" (wie Familie, Politik, Wirtschaft), um die unterschiedlichen moralischen Anforderungen und Logiken zu unterscheiden, mit denen Personen, die gleichermaßen in diesen Domänen agieren, konfrontiert sind. So nehmen auch Arbeiter:innen verschiedene Rollen ein und sind zum Beispiel gleichzeitig Elternteil, Musiker:in/Künstler:in, Parteimitglied und Mitgärtner:in in der solidarischen Landwirtschaft. Ein Ziel dieses Beitrags ist es im Sinne von Berliner et al. (2016, S. 5), die „ambivalenten Aussagen, widersprüchlichen Einstellungen, inkompatiblen Werte, und emotionellen internen Zusammenstöße" (eigene Übersetzung) als Forschungsgegenstände zu thematisieren. Entsprechend fragen wir, inwieweit sich solche Widersprüche im Handeln und Selbstverständnis von transformativen Akteur:innen in der Wirtschaft zeigen und wie sie mit diesen umgehen. Die Art des Umgangs hat Konsequenzen für die tatsächlichen Veränderungen, die diese Personen bewirken können. In diesem Sinne nutzen wir das Konzept der Moralökonomie weniger zur Analyse von Protesten und Mobilisierung (Hastings 2016), sondern vielmehr zur Beleuchtung des alltäglichen Aushandelns von wirtschaftlichen Abläufen im Lebensbereich „Arbeit" bei AGU in Deutschland.

15.4 Werteplurales Handeln in AGUs

Die empirische Fallauswahl beruht auf der Annahme der *Labour Agency*, dass Menschen in ihrer Rolle als Arbeitende Wirtschaftsstrukturen aktiv mitgestalten können. In AGU ist durch die internen, partizipativen Strukturen ein vergleichsweise großer Gestaltungsspielraum gegeben. Um zu untersuchen, wie dieser Handlungsspielraum im Sinne einer sozialökologischen Transformation genutzt wird (*Transformative Labour Agency*), stellen wir Ergebnisse einer qualitativen Fallstudie mit je 20 AGU aus Hamburg und Berlin vor. Beide Städte besitzen eine sehr hohe Dichte an AGU (eigene Erhebungen). Sinje führte zwischen Februar und Oktober 2022 insgesamt 40 Gruppen- und Einzel-Interviews mit 52 Mitwirkenden[3]. Das Geschlechterverhältnis[4] der Interviewten ist ausgewogen. Befragte waren zwischen 20 und 65 Jahre alt und besaßen unterschiedliche finanzielle, soziale und Bildungshintergründe (ohne Schulabschluss, mit Fachausbildung oder mit akademischem Abschluss), woraus sich ein heterogenes Bild der Mitwirkenden ergibt. Nur wenige (ca. 10 %) Mitwirkende haben einen Migrationshintergrund oder eine andere Muttersprache als Deutsch. Diese Daten werden durch eine deutschlandweite, quantitative Umfrage (158 gültige Fälle, im Zeitraum Januar bis März 2021) ergänzt. Die Präsentation der Ergebnisse erfolgt entlang der folgenden Leitfragen:

1. Was sind zugrundeliegende Werte der befragten AGU?
2. Inwiefern und warum kommt es zu Wertekonflikten in Bestrebungen zu einer Transformation vom Lebensbereich Arbeit in unseren derzeitig vorherrschenden Wirtschaftsstrukturen?
3. Welche Potentiale für eine Transformation der Arbeitsstrukturen ergeben sich durch eine Transformation von bestehenden Wertevorstellungen in der Wirtschaft?

[3] Hierbei handelt es sich um alle im Unternehmen angestellten Personen. Möglichkeiten von Gleichberechtigung unterscheiden sich nach Rechtsform und interner Organisation. Teilweise werden allgemein anfallende Aufgaben wie Reinigung kollektiv übernommen. Bei Bedarf werden externe Dienste eingekauft (wie IT, rechtliche Unterstützung, Wartung/Pflege).

[4] Nur zwei Mitwirkende haben sich als divers identifiziert.

15.4.1 Zugrundeliegende Werte

Um zugrundeliegende Werte der AGU zu identifizieren, schauen wir zunächst auf die Motivationen der Mitwirkenden. Sowohl Motivationen als auch Kapazitäten der Mitwirkenden sind je nach räumlichem Kontext und der damit verbundenen ungleichen Position in globalen Wirtschaftskontexten unterschiedlich. Trotz dieser ungleichen Positionen ist die interne Ausgestaltung der AGU ähnlich.

Allen Befragten ist gemeinsam, dass der Entscheidung zur AGU ein Moment der „moralischen Empörung“ (Klandermans 2001) in Form einer (persönlichen) Krise und ein Prozess der (Selbst-)Reflektion vorausgingen. Diese persönlichen Wendepunkte lassen sich grob anhand von vier Kategorien unterscheiden:

1. Leidensdruck durch ein abhängiges (oft prekäres) Arbeitsverhältnis und der Wunsch nach Autonomie und Selbstwirksamkeit;
2. Leidensdruck durch Überlastung und der Wunsch nach einer bedürfnisorientierteren Arbeitsorganisation (oft in Verbindung mit Stundenreduktion);
3. Unsicherheitserfahrung als (Solo-)Selbstständige und der Wunsch nach Zusammenschluss mit Anderen bei gleichzeitigem Erhalt der Autonomie;
4. Reflektion über ressourcenübernutzende Wirtschaftsstrukturen in Verbindung mit Kapitalismuskritik und eine Übertragung dieser Logik auf die eigene „Humanressource“.

Neben Autonomie, Selbstwirksamkeit, Vereinbarkeit von persönlichen Bedürfnissen und Arbeit sowie Erhalt der natürlichen und eigenen Ressourcen gibt es noch weitere Werte, die AGU-Mitwirkende anstreben und die sie in ihrem bisherigen Arbeitsleben nicht verwirklicht sahen (siehe Abb. 15.1). Dieser Konflikt zwischen Werten und vorherigen Arbeitserfahrungen wurde in einem Interview deutlich. Hier fragte sich

Abb. 15.1 Werte-Wolke basierend auf Interviewdaten und offenen Textfeldern der Umfrage. (Eigene Darstellung)

der Mitwirkende eines Kaffee-AGU, wie man auf der Gesellschaftsebene Werte von Demokratie, Teilhabe und Solidarität fordern könne, jedoch gleichzeitig auf der Arbeit Entscheidungen treffen könne, die nicht die Interessen aller Beteiligten mit einbeziehen. Als Gruppe kamen sie zu dem Schluss: „Es geht nur so [Arbeiten in demokratischer Form, Anm. Autorinnen]. Sonst können wir doch nicht mehr in den Spiegel schauen." (Mitwirkender Kaffee-AGU1 Hamburg)

Zentrale Motive der AGU-Mitwirkenden sind neben dem Wunsch nach Selbstwirksamkeit und Unabhängigkeit auch Gestaltungsfreiheit und Mitbestimmung bei unternehmerischen Entscheidungen. So sagte die Mitwirkende eines Stripclubs:

> „Weil wir Arbeitsbedingungen in […] klassischen Stripclubs sehr problematisch finden. Wir wollten einfach unabhängiger vom Management sein. […] Wenn man einen Manager hat, der will halt auch immer ein bisschen mehr Geld von jedem Auftrag. Als Arbeiterinnen [wollen] wir aber […] mehr Geld für unsere Arbeitskraft […] kriegen […] und mit dem Ziel haben wir angefangen." (Mitwirkende Stripclub-AGU Berlin)

Neben diesen individuellen Motivationen teilen AGU-Mitwirkende altruistische Motive. So sind die Bestrebungen zur Umgestaltung bestehender Arbeitsbedingungen stark von Werten der Gemeinschaft und (gesellschaftlichen) Sinnhaftigkeit in der Arbeit geprägt. Dabei wird Gemeinschaft in einem globalen Sinn empfunden:

> „Man spricht natürlich immer über Verbesserung und über lokale Partner[:innen] und das Miteinander. Aber eigentlich stehen wir in Verbindung mit Menschen, die sich auf der anderen Seite der Welt befinden, die trotzdem irgendwie ein Teil von uns sind und wir ein Teil von ihnen." (Mitwirkender Recycling-AGU Hamburg)

Werte wie Kooperation, Solidarität und gegenseitige Unterstützung spiegeln sich in Kooperationsstrukturen, beispielsweise in einer „konkurrenzlosen Zusammenarbeit mit anderen AGU" (IT-AGU1 Hamburg) und einer Kultur der gegenseitigen Unterstützung. Dabei beschreiben kooperatives Denken und Handeln eine Grundhaltung, die nicht nur am eigenen Standort oder unter „Gleichgesinnten", sondern räumlich und sozial darüber hinaus gelebt wird:

> „Lieber kooperativ sein und gerade zu denen, die die größten Wettbewerber [sic] sind, am freundlichsten sein und versuchen zu kooperieren. Weil am Schluss, wenn ich einen Wettbewerber [sic] hab', der mich auch ernst nimmt, dann machen wir uns gegenseitig kaputt, anstatt dass wir miteinander zusammenarbeiten." (Mitwirkender Beratungs-AGU1 Berlin)

Im Kontext von Kooperationen mit anderen, aber auch in Hinblick auf die internen Unternehmensstrukturen, geht aus den Interviews deutlich der Wert von Transparenz hervor:

> „Transparenz in Bezug auf die Handels-Strukturen [und Wertschöpfungsketten] ist das Allerwichtigste, glaube ich. Wir wollen gerne ein Vorbild für die Kaffeebranche sein und […] mit Transparenz auch andere Leute in der Branche ein bisschen vor uns hertreiben. […] Und dann gibt es halt auch die Transparenz bei uns nach innen aus unseren eigenen Strukturen. Da zeigen wir wie wir kalkulieren aber auch, wie wir organisiert sind." (Mitwirkender Kaffee-AGU1 Hamburg, Pos. 72)

Diese Zitate zeigen, dass die Beteiligten aus verschiedenen Branchen und Arbeitsrealitäten zu ähnlichen Schlussfolgerungen hinsichtlich der Kerncharakteristika einer Neu-/Umgestaltung ihrer Arbeit kommen. Werte der Sicherheit, Zusammenarbeit und Verbindung mit anderen auf Augenhöhe bei gleichzeitiger Autonomie, Selbstwirksamkeit und genügend Raum für individuelle Bedürfnisse werden sichtbar. Auf persönlicher Ebene erwächst aus diesen Werten die Motivation, Arbeitsstrukturen trotz herausfordernder legaler Strukturen anders zu gestalten und zu leben. AGU werden zu Räumen, in denen Mitwirkende mehr Kohärenz zwischen persönlichen Wertevorstellungen und Arbeit erreichen können. Dies verdeutlicht, dass für die Mitwirkenden Arbeit nicht losgelöst von ihren persönlichen Bedürfnissen steht, sondern vielmehr als integraler Bestandteil ihres Lebens gesehen wird.

Auf überindividueller Ebene sehen wir geteilte Werteorientierungen und moralische Empörung über bestehende Verhältnisse als zentral für eine gesellschaftlich-orientierte kollektive Handlung im Sinne einer transformativen Handlung, die eine grundlegende Umgestaltung der Strukturen von Arbeit und Wirtschaft auf unterschiedlichen Ebenen anstrebt. Diese Handlung kann als präfigurative Praxis (Daskalaki et al. 2019) einen Wertewandel in der Gesellschaft antreiben, indem sie durch das Selbstverständlich-Machen vermeintlich „anderer/abweichender" wirtschaftlicher Praktiken eine Alternative aktiv vorlebt. Diese Aneignungspraktiken und bewusste Abgrenzung von einer gegebenen wirtschaftlichen Wertehoheit stellen in unserem Beispiel eine wesentliche Motivation transformativer *Labour Agency* dar.

Wie im Folgenden deutlich wird, bleibt dies jedoch ein permanenter Aushandlungsprozess, sowohl innerhalb von Unternehmen als auch hinsichtlich der Positionierung in gesellschaftlichen und wirtschaftlichen Strukturen.

15.4.2 Werte im Konflikt – unvereinbare Widersprüche?

Während AGU als Möglichkeitsräume erlauben, Transformation nicht nur zu imaginieren, sondern auch zu leben, sind sie durch ihre Einbettung in bestehende kapitalistische Markt- und Wirtschaftsstrukturen auch mit Fragen der Machbarkeit, der (zeitlichen) Effizienz und der (finanziellen) Sicherheit konfrontiert. Dies kann zu Wertekonflikten führen und Kompromisse notwendig machen. Wertekonflikte ergeben sich in dieser Fallstudie zwischen wirtschaftlicher Sicherheit und demokratischer Beteiligung sowie zwischen Gewinnerzielung und sozialökologischer Gerechtigkeit (zum Beispiel faire Löhne, Einhaltung von Öko-Standards). Diese Konflikte reflektieren nicht nur Spannungen innerhalb des AGU, sondern auch zwischen den Domänen von Arbeit, Familie und anderen Formen des Engagements.

Im Hinblick auf Kooperationen mit anderen AGU beschreibt der Mitwirkende eines Lebensmittel-AGU wie folgt:

> „[…] ich sehe das und les das mit und denke, ich habe die Energie einfach nicht da mitzumachen. Ich denke, immer laden sie zu neuen Treffen ein. Ich denke, ich sollte eigentlich, aber ich kriege das nicht hin. Ich mache jetzt 24-Stunden Ladenschicht. Ich mache 20 Stunden in einem anderen Projekt in dem Spielestudio, und ich habe zwei kleine Kinder. […] Da ist das mit der ganzen Alltagsbewältigung einfach nicht drin." (Mitwirkender Lebensmittel AGU Hamburg)

Ein Mitwirkender des Kaffee-AGU2 in Hamburg sieht auch die Verbindung von Lohn- und Politarbeit als Herausforderung, denn wenn viel Zeit für unentgeltliche Politarbeit aufgewendet wird, sinkt der Stundenlohn. Wenn das AGU sehr profitorientiert agiert, bleibt weniger Zeit für politisches Engagement.

Auch innerhalb der AGU kann es zu Zielkonflikten kommen. Während die Befragten es einerseits erstrebenswert finden, Arbeit und Wirtschaft kooperativer und solidarischer zu gestalten, empfinden es viele als Gradwanderung, gleichzeitig effizient zu arbeiten und zukunftsfähig zu sein. Denn

> „[…] wenn jetzt eine Anfrage kommt, kann ich nicht einfach eine E-Mail schreiben: ‚Yo, machen wir‘ sondern dann muss man das erstmal auf dem Plenum diskutieren und fragen, ob das für alle okay ist.“ (Mitwirkender Kaffee-AGU2 Hamburg)

Da eine Veränderung von Arbeitsstrukturen viel Energie und Zeit in Anspruch nimmt, die AGU jedoch nicht für ihre innovativen Eigentums- und Entscheidungsmodelle, sondern für ihre Produkte und Dienstleistungen entlohnt werden, ist es herausfordernd, „[…] das operative Geschäft zu ermöglichen und trotzdem maximale Mitsprache zu gewähren.“ (Mitwirkende Kommunikations-AGU2 Berlin)

Auch die Rechtsform der Genossenschaft bringt bürokratischen Aufwand mit sich, der zusätzlich zum Alltagsgeschäft Zeit und Energie erfordert:

> „Der Genossenschafts-Ansatz ist ein unglaublich formaler Ansatz. Wir sind aber überhaupt keine Formalität gewöhnt. Das heißt, es [ist] wirklich […] auch ein Kraftakt, Sachen in die Hauptversammlungen auszugliedern, die eine klassische Tagesordnung haben und nicht einfach mal sich ein Stimmungsbild einzuholen und zu machen. Das geht auf der Genossenschaftsseite nicht. Und auch das lernen wir erst, ist nicht schlecht, aber es ist ungewohnt für uns.“ (Mitwirkender IT-AGU2 Hamburg)

Eine weitere Herausforderung zeigt sich in der Beibehaltung solidarischer und kooperativer Arbeits- und Produktionsformen bei gleichzeitiger Notwendigkeit der Überlebensfähigkeit am Markt:

> „Klar spürt man das irgendwie. Wir wissen, dass wir Umsatz machen müssen. Wir wissen, dass wir Gewinne machen müssen, um unseren Lohn zu zahlen. […] Wir müssen Markt-Preise zahlen. Da kommen wir nicht drum herum.“ (Mitwirkende Getränke-AGU1 Berlin)

Dies betrifft auch die Aushandlung zwischen Transformationsbestrebung und (persönlicher) finanzieller Sicherheit. Die Mitwirkende eines Lebensmittel-AGU in Berlin beschreibt diesen Konflikt wie folgt:

> „So the [product] price question, it's one of the biggest ones. Knowing that we are paying us badly, we are not sustainable for the moment, we are making a super low margin, and still the price is a problem. […] If you want to have a model which is different than the one that you don't like, but still want the price of the old one, then there is a problem. […] We all don't understand because the system is so broken and for so many years that we are all unable to live what we think is fair.“ (Mitwirkende Lebensmittel-AGU1 Berlin)

Oder wie es der Mitwirkende eines Beratungs-AGU zusammenfasst:

> „Letztendlich ist das Ziel gesellschaftlichen Wandel herbeizuführen und gleichzeitig ein Auskommen für uns zu generieren.“ (Mitwirkender Beratungs-AGU2 Berlin)

Hierbei zeigt sich auch ein Wertekonflikt zwischen dem Wunsch nach Veränderung und damit verbundener Risikofreude und der Sorge um den Verlust von Anschlussfähigkeit an auf Leistung und Gewinn gerichtete Denkweisen und Gewohnheiten:

> „Ich glaube, dass das größte Problem ist die Angst, Menschen so einen Bruch mit gesellschaftlichen Normen zu gehen, weil gesellschaftlichen Norm einzuhalten ganz viel Sicherheit gib. Wenn du dich daranhältst, weißt du, dass du [...] in der Gesellschaft [...] einigermaßen zurechtkommst." (Mitwirkender Medien-AGU, Hamburg)

Die skizzierten Wertekonflikte illustrieren, dass selbst Unternehmen, die sich von kapitalistischen Prinzipien distanzieren und (wirtschaftliche, politische und/oder sozial-ökologische) Transformationen anstreben, nicht völlig losgelöst von Effizienz, Flexibilität oder Bedürfnisbefriedigung agieren können. Insbesondere die Notwendigkeit, den eigenen Lebensunterhalt zu sichern, verdeutlicht die Spannungen zwischen den Domänen von Familie, politischem und gesellschaftlichen Engagement und Arbeit. Die Auseinandersetzung mit Werten ist in AGU jedoch aktiver und kritischer; Werte werden situativ verhandelt und nicht als universell gültig angenommen.

15.4.3 Transformative Arbeitsstrukturen durch Wertewandel?

Unsere Ausführungen demonstrieren sowohl Einschränkungen als auch transformative Potentiale von AGU auf der individuellen und betrieblichen Ebene. Obwohl in der AGU-Praxis die Grenzen zwischen kapitalistischen und davon abweichenden Praktiken immer wieder neu reflektiert und ausgehandelt werden, verweisen Mitwirkende auf ihr permanentes Streben nach einer transformativen Veränderung nicht nur innerhalb, sondern auch jenseits ihrer Betriebe:

> „Wir wollen die Wirtschaft hacken und beweisen, dass es auch möglich ist in Einklang mit Umwelt, Menschen und Natur zu arbeiten (und nicht dagegen)." (Mitwirkende Getränke-AGU1 Hamburg)

Transformation kann dabei im Sinne von Williams (1981) als ein „ground project" verstanden werden, als ein kraftvolles, moralisch inspiriertes und auf die Zukunft gerichtetes Ziel, das menschliches Dasein bedeutungsvoll macht, selbst, wenn diese Projekte in bestimmten Situationen in Konflikt mit anderen Verpflichtungen geraten können (Mattingly 2013). Das Navigieren verschiedener Werte und Bedürfnisse erfordert Kreativität, Geschick und Mut. Wie AGU-Mitwirkende ihr Handeln und Wirtschaften trotz entgegenläufiger Marktanreize nach Werten der Gemeinschaft, Solidarität und Demokratie ausrichten, beschreibt eine Beteiligte so:

> „In French we say ‚*contre-courant*' There is a very strong river which goes in this way, and we are trying to go the other way. [...] The more we are progressing, the more I realise what [...] a challenge it is to tell it and to make a story around it [...]." (Mitwirkende Lebensmittel-AGU1)

Mit Blick auf die skizzierten Wertekonflikte zwischen der Vereinbarkeit von Effizienz mit Demokratie und Teilhabe scheint vor allem eine gute Organisation in Kombination mit Vertrauen wichtig:

> „Unser Weg: ganz viel Verantwortung übertragen. Da haben wir gelernt, dass das Vertrauen schafft: Wenn ich […] die Verantwortung für eine Aufgabe auf jemand anderen übertrage, dann übertrage ich dieser anderen Personen ja was, was mir eigentlich wichtig ist so, und das ist auch direkt ein Vertrauensvorschuss." (Mitwirkender Medien-AGU Hamburg)

Um zuvor skizzierte (Zeit-)Konflikte zwischen Lohn-, Familien- und Gesellschaftsarbeit zu adressieren, folgen einige AGU einem Arbeitsbegriff, der Sorgearbeit und gesellschaftliches Engagement als Arbeitszeit anerkennt:

> „Wir lohnarbeiten, um damit unseren Lebensunterhalt sicherstellen zu können. Gleichzeitig wollen wir gleichberechtigt in Beziehungen und in einer Gesellschaft leben. Also berücksichtigen wir auch Familienarbeit […], politische Themen in unserer Arbeitszeit […]. Reproduktions- und *Carework* im Betrieb versuchen wir gleichmäßig auf alle Schultern zu verteilen." (Mitwirkende Kommunikations-AGU, Berlin)

Hinsichtlich des Konflikts zwischen Einkommenssicherung und gemeinschaftlicher Solidarität zeigen die Interviews, dass Entscheidungen ab einem gewissen Sicherheitsminimum häufig in einem altruistischen Solidaritäts- und Gemeinschaftsverständnis getroffen werden:

> „Wir wollen nicht um des Wachstums Willen wachsen, sondern für uns ist wichtig, dass wir uns finanzieren können, dass wir ein Dach über dem Kopf haben und Essen auf dem Tisch. […] Wir wollen das [zusätzliche] Geld […] wieder investieren, zum Beispiel in soziale Projekte oder in andere Strukturen, die das Geld […] mehr brauchen können." (Mitwirkende Sexshop-AGU Hamburg)

Jedoch sind sich die AGU-Mitwirkenden ihrer Möglichkeiten und Grenzen bewusst. So verstehen sie sich nicht als „Allheilmittel" für alle Probleme mit derzeitigen wirtschaftlichen, politischen und sozialökologischen Strukturen. Vielmehr wollen sie Türen zu Möglichkeitsräumen öffnen, die in vorherrschenden Wirtschaftsstrukturen oft unsichtbar und daher verschlossen bleiben:

> „Wir glauben auch nicht, dass wir das Patentrezept haben für die bessere Welt. Wir versuchen halt in den Maßstäben, in den Grenzen, die […] das System uns aufmacht, möglichst viel Raum einzunehmen, mit unseren alternativen Gedanken." (Mitwirkender Lebensmittel-AGU2, Berlin)

Welches transformative Potential besitzen AGU und deren Werte vor diesem Hintergrund? Die Fallstudie suggeriert, dass AGU wertebasierte Möglichkeitsräume sind, in denen Mitwirkende ihre kollektiv geteilten und auf Wandel gerichteten Werte (wie Demokratie, Verantwortung, Solidarität) besser verwirklichen können, als dies in ihren vorherigen Arbeitskontexten möglich gewesen wäre. Dadurch wird zumindest auf betrieblicher und individueller Ebene eine Transformation erreicht. Allerdings werden diese Bestrebungen von übergeordneten, kapitalistischen und legalen Strukturen, in denen sich AGU zwangsläufig bewegen, und den damit verbundenen Anforderungen an Preise und Flexibilität herausgefordert. Vor diesem Spannungsverhältnis müssen auch Werte stetig (neu) verhandelt werden, wobei die kapitalistische Logik keineswegs gebrochen, sondern nur in einem eingeschränkten Rahmen herausgefordert wird. Das transformative Potential von AGU ist dabei je nach räumlich-legalem Kontext und Branchen sehr unterschiedlich (siehe Grenzdörffer, 2023).

15.5 Fazit

Wir haben Zusammenhänge zwischen moralischen Werten und transformativen Handeln in der Domäne Arbeit thematisiert und durch eine Verknüpfung von Moralökonomie, Tugendethik und sozialanthropologischen Ansätzen eine Möglichkeit zur Konzeption der Rolle von Moral im Rahmen einer *Moral Labour Geography* aufgezeigt. Ausgehend von der Feststellung, dass Menschen in ihrer Rolle als Arbeitende Transformationen bewirken können, haben wir untersucht, wie transformative *Labour Agency* durch bestimmte moralische Werte inspiriert ist und welche Einschränkungen es hierbei gibt. Als verbindendes Glied zwischen *Labour Agency* und Transformationsbestrebungen eröffnet ein nuancierter Blick auf Werte ein genaueres Verständnis der Prozesse der Aushandlung und (Neu-)Gestaltung bestehender Strukturen. So ist die Art und Weise, wie AGU-Mitwirkende Arbeit gestalten, eng damit verbunden, wie sie eine andere Gesellschaft imaginieren und gestalten möchten.

Gleichzeitig verdeutlicht unsere Untersuchung die Limitationen von transformativer *Labour Agency*. So zeigt die Fallstudie, dass transformative Veränderungen immer einem Element der Anschlussfähigkeit an die gegebenen (hier kapitalistischen) Wirtschaftsstrukturen bedürfen, solange staatliche und andere Institutionen nicht eine grundlegende Transformation legaler und politischer Rahmenbedingungen vorantreiben.

Zum anderen bewegen sich transformative Praktiken in einem wertepluralen Feld. Wirtschaft ist kein eigenständiger, losgelöster Raum, sondern mit anderen Domänen verflochten, wie zum Beispiel die Aushandlung von Zeitzwängen zwischen Lohnarbeit, Familie und politischem Engagement zeigt. Dieser Wertekonflikt kann jedoch teilweise durch die Einführung eines Arbeitsbegriffs, der Sorge- und Gemeinschaftsarbeit umfasst, als transformative Praktik aufgelöst werden. Insofern hebt eine Perspektive, die Wirtschaft als wertepurales Feld betrachtet, nicht nur die Komplexität von Arbeits- und Wirtschaftsentscheidungen hervor, sondern ermöglicht auch ein besseres Verständnis verschiedener Aushandlungs- und Ausgestaltungsformen von Arbeit.

Vor dem Hintergrund des Fallbeispiels sehen wir, dass „wert-volle" Arbeit nicht nur bedeutet, dass *Labour Agency* von bestimmten moralischen Werten motiviert ist (also eine *Moral Labour Agency* ist). Arbeit kann also „wert-stiftend" im moralischen Sinne sein, indem sie einen Beitrag zu mehr Gerechtigkeit und Solidarität leistet. Wir denken, dass gerade diese Bemühung um die Werthaftigkeit von Arbeit eine wichtige Nische schafft, um trotz bestehender Strukturen die *Möglichkeiten* zu einer grundlegenden Transformation offenzuhalten. Mit den Worten von Brand und Wissen (2017, S. 61) bedeutet das: Die zentrale Herausforderung für „emanzipatorische Kräfte" liegt darin, basierend auf Werten „attraktive Leitbilder eines ebenso guten wie ökologischen und sozial gerechten Lebens zu formen". Der Lebensbereich „Arbeit" kann sich somit zum transformativen Möglichkeitsraum entfalten.

Danksagung Unser Dank gilt Anne Engelhardt und Michaela Doutch sowie einer anonymen Person für ihre hilfreichen und konstruktiven Kommentare zu früheren Versionen dieses Kapitels. Ein großes Dankeschön geht auch an alle Praktiker:innen aus den AGUs, welche diese Forschung mit ihrer geteilten Expertise und Erfahrungen überhaupt erst möglich gemacht haben. Für mögliche Fehler sind die Autorinnen verantwortlich. Die Forschung wurde durch die Heinrich-Böll-Stiftung gefördert.

Literatur

Azzellini, Dario. 2016. Labour as a commons: the example of worker-recuperated companies. *Critical Sociology* 44(4–5):763–776.

Berliner, David, Michael Lambek, Richard Shweder, Richard Irvine, und Albert Piette. 2016. Anthropology and the study of contradictions. *HAU: Journal of Ethnographic Theory* 6(1):1–27.

Brand, Ulrich, und Markus Wissen. 2017. *Imperiale Lebensweise: Zur Ausbeutung von Mensch und Natur im globalen Kapitalismus*. München: Oekom.

Brand, Ulrich, Christoph Görg, und Markus Wissen. 2020. Overcoming neoliberal globalization: social-ecological transformation from a Polanyian perspective and beyond. *Globalizations* 17(1):161–176.

Cumbers, Andy, Corinne Nativel, und Paul Routledge. 2008. Labour agency and union positionalities in global production networks. *Journal of Economic Geography* 8(3):369–387.

Daskalaki, Maria, Marianna Fotaki, und Irene Sotiropoulou. 2019. Performing values practices and grassroots organizing: the case of solidarity economy initiatives in Greece. *Organization Studies* 40(11):1741–1765.

Feola, Giuseppe. 2015. Societal transformation in response to global environmental change: a review of emerging concepts. *Ambio* 44(5):376–390.

Fischer, Johannes, Stefan Gruden, Esther Imhof, und Jean-Daniel Strub. 2008. *Grundkurs Ethik: Grundbegriffe philosophischer und theologischer Ethik*. Stuttgart: Kohlhammer.

Gibson-Graham, J.K., und Kelly Dombroski. 2020. Introduction to the handbook of diverse economies: inventory as ethical intervention. In *The handbook of diverse economies*, Hrsg. J.K. Gibson-Graham, Kelly Dombroski, 1–24. Cheltenham: Edward Elgar Publishing.

Göpel, Maja. 2016. *The great mindshift: how a new economic paradigm and sustainability transformations go hand in hand*. Berlin: Springer Nature.

Götz, Norbert. 2015. Moral economy': Its conceptual history and analytical prospects. *Journal of Global Ethics* 11(2):147–162.

Grenzdörffer, Sinje Marlene. 2023. Mapping and exploring worker-led companies as transformative labour geographies in Germany. Dissertation. https://macau.uni-kiel.de/rsc/viewer/macau_derivate_00005277/Grenzd%C3%B6rffer_Sinje_mapping%20worker-led%20companies%20as%20transformative%20labour%20geographies.pdf?page=164.

Grenzdörffer, Sinje Marlene. 2021. Transformative perspectives on labour geographies – The role of labour agency in processes of socioecological transformations. *Geography Compass* 15(6):1–16.

Grenzdörffer, Sinje Marlene. 2022. We're messing up capitalism through collaboration': transformative labour agency in German worker-led companies. *Work in the Global Economy* 2(2):199–225.

Harcourt, Wendy. 2014. The future of capitalism: a consideration of alternatives. *Cambridge Journal of Economics* 38(6):1307–1328.

Hastings, Thomas. 2016. Moral matters: de-romanticising worker agency and charting future directions for Labour Geography. *Geography Compass* 10(7):293–304.

Helfrich, Silke, und Johannes Euler. 2021. Die Neufassung der Commons: Commoning als gemeinwohlorientiertes Gemeinwirtschaften. *Z'GuG – Journal of Social Economy and Common Welfare* 44(1):39–56.

Herod, Andrew. 2017. Workers as geographical actors. *Revista Pegada* 18(2):4–30.
Hitlin, Steven, und Stephen Vaisey. 2013. The new sociology of morality. *Annual Review of Sociology* 39:51–68.
Hölscher, Katharina, Julia M. Wittmayer, Martin Hirschnitz-Garbers, Alfred Olfert, Jörg Walther, Georg Schiller, und Benjamin Brunnow. 2021. Transforming science and society? Methodological lessons from and for transformation research. *Research Evaluation* 30(1):73–89.
Klandermans, Bert. 2001. Why social movements come into being and why people join them. In *The Blackwell companion to sociology*, Hrsg. Judith R. Blau, 268–281. Chichester: Wiley.
Kokkinidis, George. 2015. Post-capitalist imaginaries. *Journal of Management Inquiry* 24(4):429–432. https://doi.org/10.1177/1056492615579788.
Laidlaw, James. 2014. *The subject of virtue. An anthropology of ethics and freedom*. Cambridge: Cambridge University Press.
Lange, Bastian, Martina Hülz, Benedikt Schmid, und Christian Schulz. 2022. *Post-growth geographies spatial relations of diverse and alternative economies*. Bielefeld: transcript.
Larrabure, Manuel. 2017. Post-capitalist struggles in Argentina: the case of the worker recuperated enterprises. *Canadian Journal of Development Studies/Revue Canadienne d'Études du Developpement* 38(4):507–522.
López, Tatiana. 2021. A practice ontology approach to labor control regimes in GPNs: connecting ‚sites of labor control' in the Bangalore export garment cluster. *Environment and Planning A: Economy and Space* 53(5):1012–1030.
Mattingly, Cheryl. 2012. Two virtue ethics and the anthropology of morality. *Anthropological Theory* 12(2):161–184.
Mattingly, Cheryl. 2013. Moral selves and moral scences: narrative experiments in everyday life. *Ethnos* 78(3):301–327.
Ostrom, Elinor. 1990. *Governing the commons: the evolution of institutions for collective action*. Cambridge: Cambridge University Press.
Palomera, Jaime, und Theodora Vetta. 2016. Moral economy: rethinking a radical concept. *Anthropological Theory* 16(4):413–432.
Pandian, Anand. 2009. *Crooked stalks. Cultivating virtue in South India*. Duke University Press.
Peck, Jamie. 2018. Pluralizing labour geography. In *The new Oxford handbook of economic geography*, Hrsg. Gordon L. Clark, Maryann P. Feldman, Meric S. Gertler, und Dariusz Wójcik, 465–484. Oxford: Oxford University Press.
Penfield, Amy. 2023. Scattered things: virtue ethics and objectness in indigenous Amazonia. *Ethnos. Journal of Anthropology* 88(1):149–166.
Robbins, Joel. 2013. Monism, pluralism, and the structure of value relations: a dumontian contribution to the contemporary study of value. *HAU: Journal of Ethnographic Theory* 3(1):99–115.
Schmid, Benedikt. 2019. Degrowth and postcapitalism: transformative geographies beyond accumulation and growth. *Geography Compass* 13(11):e12470. https://doi.org/10.1111/gec3.12470.
Schmid, Benedikt, und Thomas S.J. Smith. 2021. Social transformation and postcapitalist possibility: emerging dialogues between practice theory and diverse economies. *Progress in Human Geography* 45(2):253–275.
Schwartz, Shalom H., und Wolfgang Bilsky. 1987. Toward a universal psychological structure of human values. *Journal of Personality and Social Psychology* 53(3):550–562.
Scott, James C. 1976. *The moral economy of the peasant: subsistence and rebellion in Southeast Asia*. New Haven: Yale University Press.
Thompson, Edward Palmer. 1971. The moral economy of the English crowd in the Eighteenth Century. *Past and Present* 50(1):76–136.
Wenner, Miriam. 2018. Breaking Bad' or being good? Moral conflict and political conduct in Darjeeling/India. *Contemporary South Asia* 26(1):2–17.
Williams, Bernard A.O. 1981. *Moral luck. Philosophical papers 1973–1980*. Cambridge: Cambridge University Press.
Wright, Erik Olin. 2013. Transforming capitalism through real utopias. *Irish Journal of Sociology* 21(2):6–40.

16 Konfliktfelder und Wertigkeiten von Arbeit in einer Landkommune

Feline Tecklenburg und Roman Kiefer

Inhaltsverzeichnis

Zusammenfassung

In diesem Beitrag wird die Arbeitsgestaltung einer politischen Landkommune, die sich als Projekt der sozial-ökologischen Transformation versteht, untersucht. Unter der Prämisse, dass Transformation ein räumlicher ebenso wie hürdenreicher Prozess ist, betrachten wir mit Bezug auf die Theorie Erik Olin Wrights die Transformationsstrategien dieser Kommune. Wir fragen, welches transformative Potenzial Arbeitspraktiken in einem solchen Projekt entfalten und welche Grenzen es dabei gibt. Um die aktive Rolle der Arbeitenden in der Gestaltung

R. Kiefer (✉)
Institut für Soziologie, Pädagogische Hochschule Freiburg, Freiburg im Breisgau, Deutschland
E-Mail: roman.kiefer@ph-freiburg.de

F. Tecklenburg
Institut für Ernährung, Konsum und Gesundheit, Universität Paderborn, Paderborn, Deutschland
E-Mail: feline.tecklenburg@uni-paderborn.de

M. Doutch et al. (Hrsg.), *Arbeitswelten*, https://doi.org/10.1007/978-3-662-70955-9_16

der Kommune sowie die sich daraus ergebenden spezifischen, räumlich-symbolischen Ordnungen darzustellen, nutzen wir die Konzepte der *Transformative Labour Agency* (Grenzdörffer 2022), des *Place-Making* (Cresswell 2009) sowie das Bourdieu'sche Konzept der symbolischen Ordnung (1974). Wir kommen zu dem Schluss, dass es wichtig ist, Arbeit nicht nur in diskursive und materielle Strukturen eingebettet zu betrachten, sondern auch die vergeschlechtlichte symbolische Ordnung zu beachten, anhand der sie ausgeübt und bewertet wird. Im Falle der untersuchten Landkommune führt dies dazu, dass die Erfolge einer sozial-ökologischen Transformation klar zugunsten von männlich sozialisierten Arbeiter:innen und ökologischen Werten zu finden sind, mit starken Einschränkungen für weiblich sozialisierte Arbeiter:innen und soziale Elemente der Arbeit.

Schlüsselwörter: Sozial-ökologische Transformation, Landkommune, vergeschlechtlichte Arbeitsteilung, Raum, agrarische Arbeit

Abstract

This article describes the work organization of a political rural commune that sees itself as a project of socio-ecological transformation. Recognizing that transformation is a process that is both spatial and full of obstacles, this chapter uses Erik Olin Wright's work to reveal the transformative strategies of the commune. Guiding questions were posed on the transformative potential and possible limitations of working practices in such a project. The analysis is extended by the concepts of transformative labour agency (Grenzdörffer 2022), place-making (Cresswell 2009) and Bourdieu's concept of symbolic order (1974). The finding is that it is important not only to consider work embedded in discursive, material and practical structures, but also to consider the gendered symbolic order through which it is performed and evaluated. In the case of the rural commune under study, this means that the successes of socio-ecological transformation are clearly to be found on a male-socialized level, with strong limitations for social-female elements of work.

Keywords: socio-ecological transformation, rural community, gendered divisions of labour, space, agrarian labour

16.1 Einleitung

Unsere Zeit ist eine der multiplen Krisen. Klaus Dörre spricht in diesem Zusammenhang von einer ökonomisch-ökologischen Zangenkrise (vgl. Dörre 2022, S. 59 ff.). Durch ein langanhaltendes Wirtschaftswachstum, dem damit einhergehenden intensiven Energie- und Ressourcenverbrauch sowie der Ausbeutung menschlicher Arbeit als Grundlage des kapitalistischen Wirtschaftssystems befinden wir uns, so argumentiert er, in einer Situation, in der die ökonomischen oder ökologischen Krisenbewältigungsversuche die jeweils andere Krise weiter befeuern. Vor dem Hintergrund der systematischen Verknüpfung beider Krisen wird klar, dass die notwendigen Transformationen nicht einseitig an einer der beiden Krisen ansetzen können.

In diesem Beitrag schauen wir auf ein Praxisprojekt der sozial-ökologischen Transformation – eine Kommune mit landwirtschaftlichem Betrieb in Deutschland – das den Anspruch erhebt, durch neue Arbeitspraktiken beiden Krisen gleichzeitig zu begegnen.

Um transformative Strategien dieses Projekts offenzulegen, orientieren wir uns an der Transformationstheorie Erik Olin Wrights (2017). Für die Analyse von Hindernissen transformativer Strategien versammelt er unter dem Stichwort gesellschaftlicher Reproduktion alle Institutionen, die zur Reproduktion von Werten, Normen und dem Status Quo einer Gesellschaft beitragen – und zwar in der Tätigkeit jeder und jedes Einzelnen – ergo auch in der Form der Arbeit (vgl. ebd., S. 375 ff.). Entsprechend betrachten wir Arbeit als essentiellen Baustein für eine gesellschaftliche Transformation. Wir verstehen dabei die Transformation der Gesellschaft sowohl als Transformation *von* Arbeit (beispielsweise in Form von Arbeitsverhältnissen) als auch als Transformation *durch* Arbeit. In diesem Kapitel geht es um die Möglichkeiten und Grenzen gesellschaftlicher Transformation *von* und *durch* Arbeit. Die Frage ist, wer, wie und in welcher Eigentums-, Anstellungs- und Geschlechterposition Arbeit ausführt und welche Chancen oder Risiken die konkrete Gestaltung von Arbeit für eine gesellschaftliche Transformation bietet. Wie Schmid mit Blick auf Wright deutlich macht, ist

> „Transformation – die grundlegende Veränderung der Form und Gestalt sozialökologischer Verhältnisse – […] ein fundamental räumlicher Prozess“ (Schmid 2020, S. 60).

Dies schlägt eine Brücke zur *Labour Geography*, welche im Sinne des Konzepts der *Labour Agency* die raumgestaltende Macht von Arbeiter:innen betont (Herod 2017). Während der Klassenaspekt von Arbeit in Beiträgen der *Labour Geography* grundlegend ist, fokussieren wir in unserem Beitrag auf Arbeit als Tätigkeit in einem Raum, der sich jenseits klassischer Lohnarbeitsverhältnisse definiert beziehungsweise dieses transformiert. Einen solchen Raum, der im Sinne einer sozial-ökologischen Transformation (Brand 2016) kapitalistische Arbeitsstrukturen aufbrechen soll, bietet die Kommunebewegung, die sich für ein alternatives Wirtschaften einsetzt, in der Transformationsforschung bisher jedoch kaum beachtet wird (vgl. Kollmorgen et al. 2015). Auch in der *Labour Geography* wurden bislang vor allem Kooperativen im Bereich der bezahlten Arbeit betrachtet (vgl. bspw. Gritzas und Kavoulakos 2016; Klagge und Meister 2018; Grenzdörffer 2021).

Für unsere Untersuchung erarbeiten wir zunächst den theoretischen Rahmen durch Bezug zu Wrights Transformationskonzept und zur *Labour Geography*, wobei wir insbesondere an das Konzept von transformativer *Labour Agency* von Grenzdörffer (2022) anschließen. Um die enge Verknüpfung von Arbeitspraktiken mit der Gestaltung und symbolischen Konstruktion der Kommune als spezifischer Ort aufzuzeigen, ergänzen wir dies mit heuristischen Bezügen auf *Place* (vgl. Cresswell 2009) und auf das Konzept der symbolischen Ordnung von Bourdieu (1974). Anschließend widmen wir uns der von uns durchgeführten Einzelfallstudie und der Frage, wie sich die Transformation von Arbeit auf der Mikroebene des konkreten Projektes gestaltet und wie dies zu einer gesellschaftlichen Transformation durch Arbeit beitragen kann oder nicht. Hierbei legen wir besonderes Augenmerk auf räumliche Aspekte.

Die Leitfrage lautet: Welches transformative Potenzial beinhalten Arbeitspraktiken in einem Projekt der sozial-ökologischen Transformation und wo liegen mögliche Grenzen oder Widersprüche? Am Beispiel der Arbeitspraktiken in einer politischen Landkommune untersuchen wir dabei insbesondere die Bedeutung egalitärer Werte, kollektiver Besitzformen und ökologischer Landwirtschaft für die Bewertung und Verteilung von Arbeitspraktiken. Unsere Studie zeigt, dass sich insbesondere aus der unterschiedlichen Bewertung von Tätigkeiten und deren geschlechtsspezifischer Verteilung Konflikte und Widersprüche ergeben, welche die transformativen Potentiale innerhalb der Kommune herausfordern. Dies analysieren wir anhand der vorangestellten theoretischen Überlegungen und schließen mit einem Fazit zu den Chancen und Risiken einer Veränderung von Arbeitspraktiken vor dem Hintergrund der sozial-ökologischen Transformation.

16.2 Transformation und Arbeit

Zur Bearbeitung der Fragestellung erläutern wir zunächst die Begriffe der Transformation und Transformationsstrategien und skizzieren, in welchem Verhältnis Arbeit und Transformation stehen. Anschließend stellen wir die Konzepte der transformativen *Labour Agency* sowie von *Place* und symbolischer Ordnung vor.

16.2.1 Verhältnis von Transformation und Arbeit

In einer kritischen Transformationsperspektive sind Macht und Herrschaft zentrale Analysekategorien. Im Anschluss an Brand (2016) grenzen wir uns klar von einer kritischen Orthodoxie des Transformationsdiskurses ab und fokussieren unsere Analyse herrschaftskritisch auf zweierlei:

> „Einerseits eine systematische Analyse herrschender Entwicklungen, der ihnen eigenen Transformationsdynamiken sowie Hindernisse für Alternativen. […] Andererseits nimmt diese Perspektive die sich aus Krisen, Widersprüchen und Kämpfen entwickelnden Ansätze für andere, solidarische und nicht zerstörerische Formen der Vergesellschaftung in den Blick." (Brand und Brad 2019, S. 282)

Zentral für unseren Ansatz sind die Ausführungen zu Transformationsstrategien von Wright. Er differenziert zwischen staatlicher, wirtschaftlicher und gesellschaftlicher Macht. „Mächtig sein bedeutet in der Lage sein, mit Bezug auf ein irgendwie geartetes Ziel oder einen Zweck umfangreiche Wirkungen zu erreichen." (Wright 2017, S. 174) In modernen, kapitalistischen und demokratischen Gesellschaften fänden sich alle drei Formen der Macht, allerdings sei hier wirtschaftliche Macht besonders relevant. Wright geht es um die Stärkung gesellschaftlicher Macht, für die er drei Formen von Transformationsstrategien konzipiert: Erstens die symbiotische Strategie; zweitens die interstitielle Strategie und drittens die konfrontativ-aufbrechende Strategie (vgl. Wright 2017, S. 414 ff.). Symbiotische Strategien setzen auf „Synergien zwischen sozialökologischen Belangen und den Zielsetzungen dominanter

Interessensgruppen" (Schmid 2020, S. 64). Interstitielle Strategien setzen auf die Zwischenräume einer bestehenden Ordnung, um hier alternative Praktiken zu verfolgen (Wright 2017, S. 435 ff.). Konfrontativ-aufbrechende Strategien verfolgen revolutionäre Methoden der Transformation (ebd., S. 419 ff.). Für die notwendige Umsetzung plädiert Wright für eine Kombination der Strategien (ebd., S. 492 f.).

Von besonderem Interesse ist für uns die interstitielle Freiraumstrategie, weil sie auf die „Zwischenräume und Risse innerhalb einer herrschenden Machtstruktur" (ebd., S. 437) zielt. Wright weist darauf hin, dass bereits kleine Schritte Freiräume schaffen, auch wenn sie nicht unmittelbar die Systemlogik zersetzen. Es bedeutet lediglich, dass diese Praktiken nicht direkt von den herrschenden Machtverhältnissen und Prinzipien gesellschaftlicher Organisation bestimmt oder kontrolliert würden (ebd., S. 437). Freiräume übernehmen nach Wright folgende Funktionen für eine Transformation:

- sie bereiten durch emanzipatorische Fortschritte den revolutionären Umbruch vor,
- sie stabilisieren die emanzipatorische Entwicklung nach dem revolutionären Umbruch und
- durch sie werden Handlungsspielräume im Bestehenden erschlossen (ebd., S. 444 ff.).

Wright zitiert hierzu die *Industrial Workers of the World*, die proklamieren, „das Gerüst der neuen Gesellschaft im Gehäuse der alten" (zitiert nach ebd., S. 440) zu bilden. Kooperativen, in denen die Arbeitenden die Eigentümer:innen der Produktionsmittel sind, seien ein zentraler Bestandteil einer Freiraumstrategie. Laut Wright geht es bei solchen Reallaboren und Nischenprojekten um „schrittweise Veränderungen der grundlegenden Strukturen" (ebd.).

Der Ansatz der transformativen *Labour Agency* (Grenzdörffer 2022) liefert eine an Wright anschlussfähige geographische Perspektive auf die Freiräume. Die *Labour Geography* rückt das räumlich relevante Handeln von arbeitenden Menschen ins Zentrum der Analyse geographischer Entwicklungsprozesse (vgl. Castree 2007) und versteht die *Labour Agency* gleichzeitig als stets in Strukturen eingebettet, die die Handlungsmacht der Arbeitenden ermöglichen und beschränken (vgl. Grenzdörffer 2022). Vor diesem Hintergrund wählt Grenzdörffer den Begriff der transformativen *Labour Agency* (2022, S. 200), um das transformative Potential von Arbeit zu untersuchen (siehe Beitrag von Grenzdörffer und Wenner in diesem Sammelband). Hierauf aufbauend untersucht sie Unternehmen in Deutschland, die durch die Mitarbeiter:innen geführt werden, und kommt zu dem Ergebnis:

> „Although partly limited [...] they can be considered as transformative labour geographies that ‚loosen up' the concentration of predominant economic practices and open new pathways to different forms of work structures" (ebd., S. 220).

Vor diesem Hintergrund fragt der Beitrag nach dem Potential sozial-ökologischer Transformationsprozesse durch Arbeitspraktiken[1], die in die spezifische Struktur

[1] Zur Herkunft des Arbeitsbegriffs und seiner umfangreichen Reflektion in der Theoriegeschichte vgl. Honneth (2023).

einer Landkommune eingebettet sind. Dafür nutzen wir einen weiten Arbeitsbegriff, der neben der klassischen Erwerbsarbeit ebenso die Sorgearbeit umfasst, wie die feministische Ökonomie es deutlich macht (vgl. Folbre 2001; Tronto 2013). Diesen umfassenden Arbeitsbegriff in die Praxis umzusetzen, ist Ziel der Kommunebewegung (vgl. Schibel 2008, S. 258). Politische Kommunen sind selbstverwaltete Kooperativen, deren Mitglieder gleichzeitig Besitzer:innen und Arbeiter:innen ihrer Betriebe und Wohnorte sind. Soziale Gerechtigkeit soll durch eine gemeinschaftliche Veränderung der materiellen Lebensverhältnisse erreicht werden (vgl. Kollektiv Kommunebuch 1996).[2] Dies schließt an Wright an, der zwar Kommunen nicht explizit berücksichtigt. Er versteht das Feld der Kooperativen-Ansätze jedoch als Spektrum, an dessen einem Ende Betriebe stehen, die über Aktien eine Beteiligung ihrer Mitarbeiter:innen ermöglichen, und am anderen Ende Betriebe, die vollständig im Besitz der Mitarbeiter:innen sind und demokratisch geleitet werden (vgl. Wright 2017, S. 331 ff.).

Im Anschluss an Grenzdörffer und Wright begründen wir im Folgenden, warum die Konzepte von *Place* und symbolischer Ordnung helfen, die konflikthafte und praktische Ausgestaltung einer transformativen *Labour Agency* in einem konkreten Projekt der sozial-ökologischen Transformation zu analysieren.

16.2.2 *Place* und Symbolische Ordnung

Die bisherigen Ausführungen verdeutlichen die Bedeutung der Kommune als besonderem Ort, der eng mit dem Gedanken der Transformation von Arbeit und Besitz verbunden ist. Konzeptionelle Überlegungen zu *Place*/Ort helfen, diese Besonderheiten besser zu fassen. So zeichnen sich Orte durch bestimmte Kombinationen von Materialität, Bedeutung, und Praktiken aus (Cresswell 2009, S. 169). Strategien des *Place-Makings* verfolgen das Ziel, einem physisch-materiellen Ort eine an die Alltagserfahrung anschlussfähige Bedeutung zuzuschreiben, um ihn als Argument oder zur politischen Mobilisierung zu nutzen (vgl. Belina 2012, S. 114). Unserer Ansicht nach werden Kommunen zu Orten der Transformation gemacht, weil der in ihnen stattfindenden Alltagserfahrung politisch mobilisierende Bedeutung zugeschrieben wird. Diese Bedeutung lässt sich als Produkt von Materialität und Praxis analysieren. *Place-Making* bezieht sich dabei sowohl auf die Repräsentation nach außen als auch auf die Gestaltung von Raum und sozialen Beziehungen innerhalb der Kommune. *Place-Making* ist allerdings meist kein harmonischer Prozess. Vielmehr sind Bedeutungen und Materialität der Orte das Resultat gesellschaftlicher Aushandlungsprozesse und Machtkämpfe (Cresswell 2009), so auch in unserem Fallbeispiel. Der kritische Ansatz, den wir verfolgen, fokussiert Prozesse, die durch *Place-Making* Herrschaft mitproduzieren (vgl. ebd., S. 177), und lässt sich durch eine Bourdieu'sche Perspektive der symbolischen Ordnung produktiv ergänzen, da Bedeutung über die der Materialität und Praxis zugeordneten Symbolik hergestellt wird.

[2] Aktuelle Forschungsvorhaben zur Kommunebewegung konzentrieren sich auf soziale Aspekte der Lebensführung (vgl. Schack 2018; Schwab 2020; Görgen 2021), nicht auf das explizite Phänomen der Arbeitsgestaltung.

Bourdieus Soziologie liefert seit mehreren Jahrzehnten eine sozialtheoretische Quelle für die Geographie (vgl. Everts und Schäfer 2019). Der Grundgedanke dabei lautet: „Der soziale Raum weist die Tendenz auf, sich mehr oder weniger strikt im physischen Raum in Form einer bestimmten distributionellen Anordnung von Akteuren und Eigenschaften niederzuschlagen." (Bourdieu 1991, S. 21) Bourdieus Mikro-Geographie des traditionellen Hauses in den algerischen Kabylen deckt auf, wie der Raum desselbigen unterteilt ist in symbolisch ehrenhafte und ehrenlose und somit innerhalb der männlichen Herrschaft in männliche und weibliche Räume (vgl. Bourdieu 2005, S. 24). Er arbeitet diese Strukturen von Differenzen heraus und diagnostiziert eine vergeschlechtlichte symbolische Ordnung des Raums. So sind die weiblichen Plätze des Arbeitens symbolisch abgewertet, während die männlichen Räume entsprechend aufgewertet sind. Symptomatisch lässt sich hier die Olivenernte anführen, bei der die Männer mit schweren Stangen auf die Bäume schlagen, während Frauen und Kinder die Oliven gebückt unter den Bäumen aufsammeln (vgl. ebd., S. 58). Das Arrangement der unterschiedlichen Körper – krumm in kleinteiliger Arbeit oder aufrecht in effektvoller Arbeit – muss dabei vor dem Hintergrund ihrer Symbolik analysiert werden, die *gerade* vor *krumm* und *oben* vor *unten* anordnet. Wir argumentieren, dass diese symbolische Dimension von Arbeit eine hilfreiche, erkenntnisleitende Heuristik für die *Labour Geography* liefert.

Kommunen zeichnen sich durch spezifische *Place-Making*-Strategien aus, die diese symbolisch zu Orten der Transformation machen. Diese Symbolik und die damit verbundene Wertsetzung der Transformation wirkt sich dabei sowohl auf die Prozesse innerhalb der Kommune als auch auf deren Außendarstellung aus. Wir zeigen, dass die *Labour Geography* davon profitiert, auch die symbolische Ordnung von Arbeit stärker in ihrer Analyse zu berücksichtigen, um die Zusammenhänge zwischen Wertzuschreibungen, Macht und Raum besser zu beleuchten. Fragen einer entsprechenden *Labour Geography* müssen also lauten: Welche symbolische Bedeutung haben unterschiedliche Arbeiten? Wie stehen diese in Relation zueinander und wie werden sie symbolisch an das Ziel der Transformation geknüpft? Und schließlich: Welche Arbeit wird mittels räumlicher Strategien auf- und welche abgewertet?

16.3 Methodik

Die Kommune in Deutschland wurde ausgesucht, da sie nach eigener Aussage im Rahmen der sozial-ökologischen Transformation handelt. Damit korrespondiert sie mit der anfangs genannten Krisendiagnose. Das heißt, sie agiert nicht nur ökologisch oder sozial, sondern beansprucht, beides gleichberechtigt zu tun.

Die Daten der Einzelfallstudie wurden von Dezember 2020 bis Juni 2021 durch eigene Mitarbeit und teilnehmende Beobachtung in der Kommune und qualitative Interviews mit acht Kommunard:innen im Mai und Juni 2021 erhoben. Von den Kommunard:innen haben fünf studiert und drei eine Ausbildung gemacht. Die meisten sind in einem liberal-bürgerlichen Milieu aufgewachsen. Erbschaftsansprüche an landwirtschaftlichen Boden hat nur einer von acht. Die erkenntnisleitende Fragestellung lautete: Wie wird Arbeit in der Kommune organisiert und bewertet? Und unter welchen Umständen kann diese möglicherweise kapitalistische Arbeitsformen transzendieren?

Methodisch orientierte sich die Erhebung an der *Grounded Theory Methodology* (GTM, vgl. Strauss und Corbin 1996), ohne den Anspruch, eine vollständige Theorie zu entwickeln, sondern vielmehr die Ergebnisse zu theoretisieren. Dieses ergebnisoffene Herangehen an die Forschungsfrage, das ähnlich wie die *Enactive Ethnography* (vgl. Wacquant 2015) arbeitet, deckte viele Aspekte des Themenfeldes während des Forschungsprozesses auf und setzte sie in Zusammenhänge. Es galt zunächst zu beobachten, wie die Kommunard:innen ihre Tätigkeiten organisieren, wie sie darüber sprechen und ihre Arbeit mündlich als auch handelnd bewerten. Die Auswertung erfolgte neben dem GTM-Kodierungsprozess anhand des Analyserasters der *Social World Perspective* (vgl. Strauss 1982). Die im folgenden Kapitel beschriebenen Informationen basieren auf den ausgewerteten Interviews, Selbstdarstellungen der Kommune in sozialen Medien, Forschungstagebüchern und Feldnotizen der teilnehmenden Beobachtung. Die vergeschlechtlichte Arbeitsteilung ist entscheidend in unserer Analyse. Deshalb nennen wir in der Darstellung der Arbeitsteilung explizit geschlechtlich identifizierbare Namen und Geschlechterformen.

16.4 Arbeiten in einer politischen Landkommune

An dieser Stelle erfolgt eine kurze Vorstellung des Einzelfalls mit seiner spezifischen Form der Arbeitsteilung. Im anschließenden Kapitel gehen wir auf zwei zentrale Konfliktpunkte ein, die veranschaulichen, wie eine symbolische Ordnung im Zuge einer *Place*-Strategie vor dem Hintergrund der sozial-ökologischen Transformation die Arbeitspraktiken der Kommune beeinflusst.

16.4.1 Die Kommune

Die Kommune befindet sich in einer ländlichen Region auf einem Bauernhof, der seit 400 Jahren in Familienbesitz ist. Zum Projekt gehören zur Zeit der Erhebung im Jahr 2021 acht Erwachsene im Alter von 30 bis 40 Jahren und fünf Kinder im Alter von eins bis sieben Jahren (FN)[3].

16.4.1.1 Selbstverständnis und Entprivatisierung

Die Kommune definiert sich laut eigener Aussage über das Selbstverständnis des Netzwerks politischer Kommunen, *kommuja*, anhand von drei Bedingungen. Die erste Bedingung ist ein solidarisches Wirtschaften nach dem Konzept der *Gemeinsamen Ökonomie*. Alle Einkommen fließen in eine gemeinsame Kasse, aus der nach Absprache Geld entnommen wird. Die zweite Bedingung ist die gemeinsame Entscheidungsfindung, basierend auf dem *Konsensverfahren*. Die dritte Bedingung ist eine gemeinsame Alltags- und Arbeitsgestaltung und eine *Aufhebung der Trennung*

[3] Abkürzungsverzeichnis am Ende des Beitrags.

von Lohn- und Sorgearbeit (vgl. Kommuja 2009). Die Kommune hat zusätzlich den Anspruch, selbstbestimmt und solidarisch zu arbeiten und die vergeschlechtlichte Arbeitsteilung zu überwinden (SM, I1–I8). Dies zeigt sich neben entsprechenden Interviewpassagen stark in der öffentlichen Darstellung der Kommune sowie der Gestaltung von Hof und Wohnhaus mit entsprechenden Plakaten und Dekorationen, aber auch in alltäglichen Gesprächen (SM, FTB, FN).

Landwirtschaft betreiben zu können, ohne auf privates Vermögen und Landbesitz angewiesen zu sein, ist ein weiteres Anliegen (I1, I2, I4, I7, SM). Dies geschieht durch eine *Entprivatisierung*, also die Auflösung bäuerlicher Erbschaftsprivilegien durch Vererbung von Hof und Land an eine:n Blutsverwandte:n. Hofstelle und Böden wurden zur Zeit der Erhebung durch die Überführung in eine Genossenschaft entprivatisiert und so in kollektive Betriebs- und Besitzverhältnisse überführt, da die Kommune das Land von der Genossenschaft pachtet (I6, I8, FN, SM).

16.4.1.2 Arbeitsteilung

Die Kommune pflegt eine komplexe Form der Arbeitsteilung. Den größten Anteil vor Ort geleisteter Lohnarbeit nimmt der landwirtschaftliche Betrieb ein, bestehend aus Rinderzucht und Pferdepension.[4] Er wird von den Kommunard:innen Lena, Tina, Nils, Jakob, Monja und Clara[5] in der sogenannten Landwirtschaftsgruppe betrieben. Sie arbeiten regenerativ und produzieren ökologische Lebensmittel (I1, I7, I8, SM). Lena, Clara und Monja arbeiten sowohl in der Landwirtschaftsgruppe als auch in einem externen Angestelltenverhältnis. Fabienne und Paul, die nicht Teil der Landwirtschaftsgruppe sind, befinden sich zur Zeit der Erhebung in Ausbildung und Elternzeit (I4, I5). Die unentgeltlich geleistete Arbeit in der Kommune betrifft Aufgaben der alltäglichen Lebensführung und Sorgearbeit, also kochen, putzen, einkaufen, aufräumen, reparieren, organisieren, sich umeinander kümmern. Das Wohnhaus ist das Zentrum der Sorgearbeit. Hier finden sich die Küche, sanitäre Anlagen und das Büro. Die Sorgearbeit wird zum Teil über gemeinsame Pläne organisiert: Die Putzpläne sind personell festgelegt, wohingegen der Kochplan jede Woche neu befüllt wird (FN, NRD). Abseits der Reinigungsarbeit, des Kochplans und der Verantwortung für Einkäufe gibt es keine geregelten Aufgaben (I1, I7). Die Betreuung der Kinder ist nicht gemeinschaftlich organisiert. Die Erziehungsberechtigten sind für sie verantwortlich (I3, I4, I5, I6, FN).

16.4.1.3 Raum-zeitliche Einteilung

Die externen Berufe werden an ihren jeweiligen Arbeitsorten außerhalb des Hofes wahrgenommen. Die Arbeit mit Rindern, Pferden und dazugehörigen Maschinen findet in den landwirtschaftlichen Räumen statt; die dazugehörige Büro-Arbeit im Haus (I2, I3, I4, I6, FTB, FN). Für die Landwirtschaftsgruppe steht unter der Woche die betriebliche Arbeit im Fokus (I1, I3, I4). Für die extern tätigen Personen gelten die klassischen Erwerbsarbeitszeiten von Montag bis Samstag (I2, I3, I6, FN). Die unentgeltliche Kommunearbeit wird unter der Woche am Abend, zwischendurch oder am Wochenende erledigt.

[4] Dies bedeutet, dass externe Pferdebesitzer:innen ihre Tiere auf dem Hof einstellen und hierfür Miete zahlen.

[5] Namen wurden verändert.

16.4.2 Symbolische Ordnung von Arbeit

Basierend auf der vorgestellten Arbeitsteilung legen wir nun dar, wie die interne Strukturierung unterschiedlicher Arbeiten und Räume in der Kommune entlang einer vergeschlechtlichten symbolischen Ordnung im Sinne Bourdieus funktioniert, also ob es bestimmte männlich oder weiblich konnotierte Räume und Tätigkeiten gibt. Die Auseinandersetzung um die symbolische Ordnung findet anhand dreier Kernwerte statt, die sich aus der qualitativen Datenanalyse als zentrale Kategorien herauskristallisiert haben: *Autonomie*, *ökologische* und *finanzielle Nachhaltigkeit*. Die Analyse ergab, dass die Bewertungslogiken der Kommunard:innen diese drei Kategorien wiederspiegeln, wenn sie über die Beurteilung der eigenen Arbeitsbereiche im Rahmen ihrer spezifischen *Place-Making*-Strategie für eine sozial-ökologische Transformation sprechen. Beispielhaft zeigen wir dies anhand der Aufteilungen von Sorge- und Büroarbeit sowie an einem zentralen Konflikt im Bereich der Landwirtschaft.

16.4.2.1 Aufteilung: Ungleiche Sorge- und unsichtbare Büroarbeit

Sorgearbeit soll laut eigener Aussage und im Sinne der eigenen *Place-Making*-Strategie von allen Kommunard:innen gemeinsam bestritten werden, unabhängig vom Geschlecht. Im Gegenzug zur Lohnarbeit findet sie jedoch zu Randzeiten statt, wird zuletzt wahrgenommen oder gar nicht erledigt (I1, 5, I6, I8, FTB, FN). Dieses Verhältnis führt dazu, das unsichtbar wird, wer letztendlich Aufgaben beendet (I3, I7, I8, FTB, FN). Dies trägt zu Gefühlen von Ungerechtigkeit bei einigen Kommunardinnen bei (I3, I5, I6). Clara beschreibt diese geschlechtliche Dissonanz in der Ausübung der Sorgearbeit, die im Gegensatz zu den eigenen Ansprüchen steht:

> „dass halt so Carearbeit, auch dieses sich gegenseitig mal zuhören oder mal füreinander da sein oder eben jetzt so Sachen wie, wer kümmert sich um [die Kinder], das da dann halt irgendwie die Frauen ähm sich eintragen."

Jakob erzählt, dass dies oft so sei, weil die Arbeit in der Landwirtschaft für ihn doch Vorrang habe:

> „ich habe auch manche Wochen, […] dann haben wir geschlachtet und dann stehe ich bis, was weiß ich wann noch im Schlachtraum, dann […] geht das erstens gar nicht oder es würde ähm mich halt fertig machen. Und dann koch ich halt nicht."

Weiterhin berichtet Clara von einer Ungleichheit in der Wertschätzung zwischen der für die Landwirtschaft benötigten Büroarbeit und der Arbeit im Stall und auf den Feldern. Jakob und Nils arbeiten mit den Tieren und Maschinen. Clara übernimmt hauptsächlich die Büroarbeit, hilft bei der Fleischverarbeitung und bei den Fütterungen. Sie sieht in der räumlichen Aufteilung ihres Arbeitsbereiches eine Komponente der Unsichtbarkeit, ähnlich der Sorgearbeit:

> „Ja, also im landwirtschaftlichen Kontext ist die Büroarbeit halt oft hinter der Bürotür und passiert irgendwie so nebenbei […] oft wird in der Landwirtschaft sich ja auch so ein bisschen profiliert […] und das ist in der Regel aber die Draußenarbeit, ne, und die Büroarbeit ist eigentlich verpönt und unbeliebt […] fast so ein bisschen unsichtbar […] so wie viele Hausarbeit halt auch."

16.4.2.2 Konflikt: Wertvolle Rinderzucht und fragwürdige Pferdewirtschaft

Die ‚Draußenarbeit' von Jakob und Nils besteht aus Rinderzucht, Weidemanagement, Schlachtung und Fleischverarbeitung (I1, I2, I7, FN, SM). Der Rinderbetrieb wurde vom Altbauern übernommen und auf ein regeneratives Grünlandmanagement umgestellt, das sogenannte *Mob Grazing*. Die Weiden werden dafür in Abschnitte unterteilt. Die Herde wird jeweils auf eine Parzelle gelassen, während sich der Boden in den anderen Parzellen erholen kann. Die Fleischprodukte werden im Direktvertrieb vor allem an eine wohlhabende, ökologisch bewusste Mittelschicht verkauft (I7, I8, FN). Trotz landwirtschaftlicher Subventionen wird durch diesen Betriebszweig kaum Einkommen für die *Gemeinsame Ökonomie* generiert (I1, I7). Betrieblich überwiegt die Motivation, diesen Arbeitsbereich ökologisch zu transformieren, wenngleich allen bewusst ist, dass diese Entscheidung wirtschaftliche Grenzen hat. Das zeigt eine Aussage von Jakob:

> „Und dann denke ich mir manchmal, boah, ja schon toll, gut, was ich hier mache. Wie gesagt, ich weiß, warum und ob das jetzt irgendwie toll für die Natur, toll für die Biodiversität, toll für Erhaltung der Kulturlandschaft, was weiß ich, alles toll, aber [...] Geld bringt es halt uns nichts, und wir brauchen aber Geld, weil das ist nicht nachhaltig [...] also unsere aktuelle Finanzlage würde ich als nicht nachhaltig bezeichnen."

Im Gegensatz zu den ökologischen Idealen des Rinderbetriebs steht die finanzielle Stabilität der Pferdepension, für die Tina und Lena verantwortlich sind. Tina möchte hieraus gerne aussteigen, weil sie ihr keinen Spaß mache und ökologisch problematisch sei. Dieser Wunsch ist zum Zeitpunkt der Erhebung schwierig, da es keinen Ersatz für Tina gibt und der Betriebszweig finanzielle Stabilität ermöglicht. Ein Kompromiss, um weiter dort tätig zu sein, ist für Tina in dem Fall ein guter Lohn:

> „die Pensionspferdehaltung ist jetzt nicht eine Herzensangelegenheit von mir. Da bin ich halt klar, dass ich eigentlich auf keinen Fall unter einem sich für mich akzeptabel anfühlenden Lohn arbeiten will, weil es halt eben nicht eine Arbeit ist, wie ganz viele andere Arbeiten, die ich mache, die mir total Spaß macht, das ist für mich wirklich, ähm, so ein Betriebszweig, der halt Geld einbringen muss. Sonst hab ich da keine Motivation, das zu machen, auch aus so einer ökologischen Landwirtschaftsperspektive, was jetzt Flächennutzung und die Bewirtschaftung in einer guten ökologischen Art angeht, ist es halt einfach nicht so, ähm, Ideale erfüllend oder so."

Wie Tina steht ein Großteil der Landwirtschaftsgruppe kritisch zu diesem Betriebszweig, da er im Gegensatz zur Rinderhaltung keine ökologische Ausrichtung ermöglicht. Außerdem begleitet die Pferdepension eine häufige Auseinandersetzung mit den Bedürfnissen der Pferdebesitzer:innen, die von den Kommunard:innen als anstrengend wahrgenommen werden. Einzig Lena, die zusätzlich zur Landwirtschaft extern in Teilzeit angestellt ist, arbeitet gerne in diesem Bereich. Die Pferdepension generiert ein stabiles Einkommen für die *Gemeinsame Ökonomie*, auf das der Betrieb nicht verzichten kann und das gemeinsam mit den externen Einkommen von Clara, Lena und Monja den Rinderbetrieb quersubventioniert. Das beschreibt Nils wie folgt:

> „Wir sind da im Konflikt sozusagen. […] niemandes Herzblut schlägt übelst für diese Pensionspferde. […] Der Betrieb hängt natürlich an dem Geld […] Man kriegt mit Pferden relativ viel Einkommen von wenig Fläche, hat aber halt auch den übelsten Huzzle und […] wir haben noch kein Konzept gefunden, wie wir mit Einstellerpferden Flächen nachhaltig oder sogar regenerativ bewirtschaften können […] Lena findet Pferde schon super und brennt da irgendwie auch für, aber die schafft mit ihrer Stelle, die sie ja auch noch außerhalb hat, auch nicht den gesamten Bestand an Pferden und der ganzen Kommunikation mit den Besitzern und so weiter alleine abzudecken. Und die anderen sind so, hm, ja, macht man halt, weil es Geld bringt. […] es gibt einfach bei den Rindern gerade mehr so, dass Jakob, Clara und ich da sagen, ja, Rinder sind geil, und damit können wir eine Beweidung machen, die regenerativ ist und Kohlenstoff bindet und so weiter."

Bei Lena führt dieser Konflikt zu Gefühlen der Abwertung ihres Betriebszweiges:

> „die Landwirtinnen haben halt für die Rinder was Cooles ausgearbeitet. Und dann war irgendwie so klar, die Pferde können dann eh auch nicht mithalten wegen der Haltungsform […] Oder dann gibt es dann auch so Bewertungen, ahja, die Pferde, das ist eh nichts, also mit Beweidung und so, die machen eh die Flächen so kaputt […]."

Jakob sieht diesen Konflikt ebenfalls. Er beschreibt, dass er sich fälschlicherweise als Gewinner fühle, wenn er mehr Flächen für die Rinder bekomme und dort Bodenaufbau betreiben könne, im Gegensatz zu den Pferdeweiden, die „scheiße" aussähen (I1).

16.4.3 Werte und Konflikte der symbolischen Ordnung

Wie die Beschreibung der Unzufriedenheit über die raum-zeitliche Aufteilung von Sorge- und Büroarbeit und landwirtschaftliche Lohnarbeit sowie den ökologisch-finanziellen Konflikt zwischen Rinder- und Pferdebetrieb zeigt, kommt es in der Kommune durch die Vermischung von Arbeits- und Wohnstätte in Kombination mit einer selbstverwalteten Struktur zu verschiedenen Formen der Arbeit, die anhand einer symbolischen Ordnung hierarchisiert sind. Durch die Aufteilung und Bewertung ihrer Arbeit verorten die Kommunard:innen unbewusst die Rinderzucht in einer männlich dominierten *Autonomiesphäre*, sowie die Sorgearbeit, die Büroarbeit und die Pferdepension in einer weiblich geprägten *Heteronomiesphäre*.

Autonomie erleben die Kommunard:innen in der Arbeit, die sie gerne machen, weil sie darin ihrer Leidenschaft für eine regenerative Landwirtschaft selbstbestimmt auf ihrem kollektiven Hofbetrieb nachgehen können, dank der Quersubventionierung ohne finanziellen Zwang. Diejenigen, die ausschließlich auf dem Hof tätig sind, sind Nils und Jakob, zwei männlich sozialisierte Personen. Die für den Rinderbetrieb notwendige Büroarbeit wird nicht als autonom anerkannt, sondern ‚verpönt' und auf eine Stufe mit der unsichtbaren Hausarbeit gestellt. Außerdem wird sie von Clara, einer weiblich sozialisierten Person, ausgeübt. Dasselbe geschieht mit der Sorgearbeit, die nicht unter das Ideal der ökologischen Nachhaltigkeit fällt, vergeschlechtlichte Ungleichheiten aufweist und gegenüber dem langen Arbeitstag im Schlachtraum das Nachsehen hat (‚dann koch ich halt nicht').

Ökologische Nachhaltigkeit erleben die Kommunard:innen als Wert, wenn sie regenerative Landwirtschaft betreiben können. Damit greifen sie unmittelbar die Analyse auf, dass die aktuelle agrarische Wirtschaftsform (Pferde: ‚machen die Weide kaputt', ‚sieht scheiße aus') zur Zerstörung ihrer eigenen Grundlage führt und die eigene agrarische Arbeit für die ökologische Transformation (Rinder: ‚was Cooles', ‚woah, geil, da mache ich Bodenaufbau', ‚bindet Kohlenstoff') wichtig ist, weil sie die ökologische Grundlage erhält.

Finanzielle Nachhaltigkeit bleibt eine betriebswirtschaftliche Bedingung. Die Autonomie und die ökologische Transformation in den Hintergrund zu stellen, fällt Tina leichter, wenn sie dafür guten Lohn erhält. Allen Kommunard:innen ist bewusst, dass die Arbeit für ihr ökologisches Ideal unter betriebswirtschaftlichen Gesichtspunkten ‚nicht nachhaltig' sei und dass die aktuelle agrarische Wirtschaftsform (Pferde) und externe Berufe benötigt werden, um die transformative Arbeit zu finanzieren. Diejenigen, die zur finanziellen Nachhaltigkeit beitragen und dafür Autonomie einbüßen, also heteronom tätig sind, sind Lena, Monja und Clara.

Diese Werte unterliegen einer impliziten Hierarchie, deren Bewertungsvorgang konfliktiv abläuft und in der Raumnutzung im Betrieb und in der Kommune deutlich wird: Wer nutzt für welche Tätigkeiten welche Räume und wie werden diese unterschiedlich bewertet?

Der Bereich der Rinder wird für die ökologische Transformation als „echte" Landwirtschaft dargestellt, im Gegensatz zu den Pferden und der Büroarbeit. Aus der Orientierung am Ideal ökologischer Nachhaltigkeit entsteht in Kombination mit der Arbeitsteilung ein Konkurrenzdenken zwischen nachhaltiger und konventioneller Beweidung, der zu einer Hierarchisierung dieser beiden Arbeitsbereiche und einer Abwertung der finanziell wichtigen Pferdewirtschaft und der organisatorisch wichtigen Büroarbeit führt. Sorgearbeit wird hinter der Wichtigkeit der nachhaltigen Lohnarbeit zurückgestellt.

Diese Konflikte sind bedeutsam dafür, wie sich der Hof nach außen darstellt. Im Sinne einer *Place*-Strategie (Cresswell 2009), die den Hof als Ort der sozial-ökologischen Transformation, gerade mit Blick auf eine lokale und regionale Szene, bedeutsam macht, birgt die regenerative Rinderwirtschaft den zentralen Prestigegewinn, während die ökologisch fragwürdige Pferdewirtschaft – und ihre Nähe zum bürgerlichen Milieu der Pferdebesitzer:innen – diese sozial-ökologische *Place*-Strategie in Frage stellt. Mag das die höhere Bewertung der Rinderwirtschaft erklären, zeigt es gleichzeitig eine Tendenz, den ökologisch-autonomen Teil der Transformation höher zu bewerten als den sozial-heteronomen Teil in Gestalt der Sorge- und Büroarbeit. Ganz im Gegensatz zur *Place*-Strategie des Projektes, das auf Geschlechtergleichberechtigung wert legt, sind die Ungleichheiten in der Büro- und Sorgearbeit sehr präsent.

16.4.4 Strategien und Ungleichheiten

Die im vorherigen Kapitel präsentierten Ergebnisse möchten wir nun auf Wrights eingangs genannte Transformationsstrategien und das Konzept der transformativen *Labour Agency* zurückbeziehen. Wir stellen fest, dass wir in dem konkreten Projekt alle von Wright benannten drei Strategien in unterschiedlich starker Ausprägung finden. Das Gesamtprojekt lässt sich als Teil der *interstitiellen Strategie* verorten:

Eine Landkommune, die sich durch die Unterstützung einer genossenschaftlichen Entprivatisierung die räumliche Grundlage der eigenen Arbeitsstätte schafft, bedroht keine relevanten Institutionen und bildet eine alternative Nische im Bereich der gesellschaftlichen Arbeitsformen, die nach Grenzdörffer (2022) jedoch dominante ökonomische Praktiken lockern kann (‚*loosen up*').

Auf praktischer Ebene findet sich die *symbiotische Strategie* in mehrfacher Hinsicht. Wir stellen fest, dass im Bereich der agrarischen Arbeit die Pferde, symbolisch für die traditionelle Landwirtschaft, und eine tendenziell traditionelle Aufteilung der Sorgearbeit (‚das Bestehende'), dabei helfen, die ökologische Rinderhaltung, symbolisch für eine transformative Landwirtschaft (‚das Neue') zu ermöglichen. Dies haben wir exemplarisch durch den Bewertungskonflikt um das Weidemanagement und die Aufteilung der Sorge- und Büroarbeit veranschaulicht. Die auf dem Hof praktizierte Fleischproduktion zielt auf die Interessen einer dominanten Interessengruppe (wohlhabende, obere Mittelschicht) ab (vgl. Schmid 2020, S. 64). Der Hof, als über 400 Jahre alte Familieninstitution, kooperiert in Form des Altbauern mit der Kommune bei der Überführung der alten Besitzform in eine neue. Auch die finanzielle Unterstützung der ökologischen Landwirtschaft (Rinder) durch die traditionelle Landwirtschaft (Pferde) und die externen Berufe lassen sich hier einordnen.

Auf symbolischer Ebene findet sich die *konfrontativ-aufbrechende Strategie* in Form einer ästhetischen Ausgestaltung des Hofes als einen Ort, der eine vergeschlechtlichte und hierarchisierte Arbeitsteilung ablehnt und auflösen möchte. Dies wird deutlich anhand spezifischer Veranstaltungen und Öffentlichkeitsauftritte. Hierbei handelt es sich um zentrale Praktiken einer *Place-Making*-Strategie. Dass wir die Auflösung vergeschlechtlichter und hierarchischer Arbeitsteilung auf der symbolischen Ebene verorten, liegt daran, dass es bei Sichtung des Materials augenscheinlich ist, wie entgegen der eigenen Ideale die Hierarchisierung von Arbeit bestehen bleibt. Die symbolische Ordnung wird in diesem Gegenstand in unterschiedlichen Formen (re)produziert, entgegen den beschriebenen *Place-Making*-Strategien. Geschlecht ist eine dominante Kategorie. Wir stellen fest:

1. Diejenigen, die autonom und im Bereich der ökologischen Landwirtschaft arbeiten, sind ausschließlich männlich sozialisierte Personen.
2. Diejenigen, die auch außerhalb arbeiten und sich somit zum Teil heteronomer Arbeit unterwerfen, sind ausschließlich weiblich sozialisierte Personen.
3. Die Büroarbeit für die Rinder, die Pferdepension und dazugehörige Beziehungsarbeit mit den Pferdebesitzer:innen wird von weiblich sozialisierten Personen verantwortet.
4. Sorgearbeit findet in der raum-zeitlichen Ordnung eine Randposition und wird zu einem Großteil von weiblich sozialisierten Personen ausgeführt.

Damit arbeiten nur männlich sozialisierte Personen ausschließlich in Bereichen, die aufgrund der Werte *Autonomie* und *ökologische Nachhaltigkeit* positiv bewertet werden. Diejenigen, die die als *finanziell* positiv bewertete Arbeit im Außenbereich leisten und dadurch die materielle Basis des Projektes schaffen, müssen bei den anderen Wertkategorien Einbußen hinnehmen. Es sind ausschließlich weiblich sozialisierte Personen. Bei der Sorge-, Büro- und Kinderbetreuungsarbeit zeigen sich die traditionellen Strukturen vergeschlechtlichter Arbeitsteilung. Die dazugehörenden Räume im Wohnhaus, zu denen auch das Büro zählt, sind ebenfalls sowohl in der symbolischen als auch der geographischen Ordnung zweitrangig.

Wir kommen zu dem Schluss, dass wir es im untersuchten Einzelfall mit einer Mehrzahl an bedingt erfolgreichen Strategien zu tun haben, die Arbeit im Sinne der sozial-ökologischen Transformation verändern sollen. Diese Strategien sind von egalitären Werten, kollektiven Besitzformen und dem Ideal ökologischer Landwirtschaft geprägt und werden durch die symbolische Ordnung gewissermaßen konterkariert. Die *Transformative Labour Agency* (Grenzdörffer 2022) der Kommune im Bereich der ökologischen Nachhaltigkeit zementiert die Ordnung der geschlechtlichen Arbeitsteilung und erweist sich in diesem Punkt als *Conservative Labour Agency.*

16.5 Fazit

In einer Zeit der ökonomisch-ökologischen Zangenkrise (Dörre 2022) haben wir uns mit dem Phänomen der Arbeitsgestaltung in einer politischen Landkommune in Deutschland beschäftigt, die sich als Projekt der sozial-ökologischen Transformation definiert. Wir fragten, welches transformative Potenzial die Arbeitspraktiken in einem solchen Projekt beinhalten und welche Grenzen hierbei auftauchen.

Anerkennend, dass Transformation ein räumlicher Prozess ist (vgl. Schmid 2020), dem Hindernisse in Form von gesellschaftlicher Reproduktion von Arbeit entgegenstehen (vgl. Wright 2017), haben wir die transformative Freiraumstrategie (ebd.) des Projekts untersucht. Unsere Analyse haben wir erweitert durch das Konzept der transformativen *Labour Agency* (vgl. Grenzdörffer 2022) in Verbindung mit dem des *Place-Making* (vgl. Cresswell 2009) sowie dem Bourdieu'schen (1974) Konzept der symbolischen Ordnung. Da wir aus einer kritischen Transformationsperspektive auf das Projekt schauen, legten wir in der Analyse einen Fokus auf Prozesse, die durch *Place-Making* Herrschaft mitproduzieren (Cresswell 2009, S. 177). Diese lassen sich durch die Bourdieu'sche Perspektive der symbolischen Ordnung (2005) produktiv ergänzen, da Bedeutung über die symbolische Ebene von Materialität und Praxis hergestellt wird.

Vorweg war klar, dass auch in der hier untersuchten kooperativen Kommune keine transformative Überwindung *des* Kapitalismus stattfindet. In Verbindung mit dem Konzept der symbolischen Ordnung ermöglicht die Perspektive der *Labour Geography* es jedoch, durch die Unterscheidung verschiedener Arbeiten transformative Strategien im Bestehenden zu untersuchen.

Die Kommunard:innen betreiben vor dem Hintergrund der sozial-ökologischen Transformation eine *Place-Making*-Strategie, die zur politischen Mobilisierung egalitärer Werte, kollektiver Besitzformen und ökologischer Landwirtschaft beitragen soll. Sie wird also im Sinne einer Realen Utopie (Wright 2017) als Raum für Transformationsstrategien genutzt. Sind die interstitielle Freiraumstrategie Wrights und die Ausübung einer *Transformative Labour Agency* nach Grenzdörffer konstituierend für das Projekt, so lassen sich auch die beiden weiteren Transformationsstrategien Wrights in den Tätigkeiten der Kommune finden.

Das Konzept der symbolischen Ordnung half uns zu zeigen, wie Arbeit in der Kommune entsprechend verteilt und bewertet wird, auch im Sinne einer internen *Place-Making*-Strategie. Diese Ordnung basiert auf den drei durch unsere Analyse herausgearbeiteten Kernwerten *Autonomie, ökologische Nachhaltigkeit* und *finanzielle Nachhaltigkeit*. Entlang dieser drei Werte werden die Arbeiten der Beteiligten als mehr oder weniger wertvoll eingeordnet und die Kommunard:innen (re)produzieren mit ihnen verräumlichte Arbeitsprozesse. In Anlehnung an Wright fassen wir Arbeit als eine Praktik auf, die in kleinen Schritten Freiräume schafft, deren Handlungen nicht direkt von den herrschenden Machtverhältnissen und Prinzipien bestimmt werden (Wright 2017, S. 438–443). Dies mag in der untersuchten Kommune für den Bereich des teilweisen Autonomiegewinns für die männlich sozialisierten Kommunarden und des Gewinns für die Ökologie stimmen. Dennoch möchten wir im Sinne einer kritischen Transformationsforschung darauf aufmerksam machen, dass die Freiräume in der Praxis deutliche Strukturierungen männlicher Herrschaft (Bourdieu 2005) aufweisen: Die Autonomie- und Prestigegewinne sind ungleich verteilt. Die Transformationsstrategien sind nur bedingt erfolgreich, da sie innerhalb bestehender patriarchaler Strukturen stattfinden, die sich in der symbolischen Ordnung der Arbeitspraktiken spiegeln und diese in ihrer vergeschlechtlichten Hierarchie reproduzieren.

Daraus schlussfolgern wir, dass es wichtig ist, auch bei einer Freiraumstrategie der kleinen Schritte auf die Wirkmacht der bestehenden patriarchalen Ordnung in Bezug auf die Gestaltung von Arbeit zu achten. Arbeit ist in diskursive und materielle Strukturen eingebettet: ihre Auf- und Abwertung durch eine vergeschlechtlichte symbolische Ordnung zu analysieren und entsprechend gegenzusteuern, ist essentiell, wenn die *sozial-ökologische* Transformation nicht nur *ökologisch*, sondern auch *sozial* sein soll – im Sinne von Lösungen, die beide Krisen grundsätzlich und in ihrer komplexen Verzahnung angehen.

Abkürzungsverzeichnis der Quellen

I1–8 = Interview mit Kommunard:in 1–8
SM = Selbstbeschreibungen der Kommune in digitalen Medien
FTB = Forschungstagebuch
FN = Notizen auf Grundlage der teilnehmenden Beobachtung
NRD = Non-reactive Data, z. B. Arbeitspläne, Hinweisschilder

Literatur

Belina, Bernd. 2012. *Raum. Zu den Grundlagen eines historisch-geographischen Materialismus.* Münster: Westfälisches Dampfboot.

Bourdieu, Pierre. 1974. *Zur Soziologie der symbolischen Formen.* Frankfurt/Main: Suhrkamp.

Bourdieu, Pierre. 1991. Physischer, sozialer und angeeigneter Raum. In *Stadt-Räume*, Hrsg. Martin Wentz, 25–34. Frankfurt: Campus.

Bourdieu, Pierre. 2005. *Die männliche Herrschaft.* Frankfurt/Main: Suhrkamp.

Brand, Ulrich. 2016. Transformation als „neue kritische Orthodoxie“ und Perspektiven eines kritisch-emanzipatorischen Verständnisses. In *Transformation. Suchprozesse in Zeiten des Umbruchs*, Hrsg. Michael Brie, Rolf Reißig, und Michael Thomas, 209–224. Berlin: LIT.

Brand, Ulrich, und Alina Brad. 2019. Sozial-ökologische Transformation. In *Wörterbuch Land- und Rohstoffkonflikte*, Hrsg. Jan Brunner, 279–285. Bielefeld: transcript.

Castree, Noel. 2007. Labour geography: a work in progress. *International Journal of Urban and Regional Research* 31(4):853–862.

Cresswell, Tim. 2009. Place. In *International encyclopedia of human geography*, Hrsg. Nigel Thrift, Rob Kitchen, 169–177. Oxford: Elsevier.

Dörre, Klaus. 2022. *Die Utopie des Sozialismus. Kompass für eine Nachhaltigkeitsrevolution*, 2. Aufl., Berlin: Matthes & Seitz.

Everts, Jonathan, und Susann Schäfer. 2019. Praktiken und Raum. In *Handbuch Praktiken und Raum. Humangeographie nach dem Practice Turn*, Hrsg. Susann Schäfer, Jonathan Everts, 7–19. transcript.

Folbre, Nancy. 2001. *The invisible heart: economics and family values*. New York: New Press.

Görgen, Benjamin. 2021. *Nachhaltige Lebensführung. Praktiken und Transformationspotenziale gemeinschaftlicher Wohnprojekte*. Bielefeld: transcript.

Grenzdörffer, Sinje Marlene. 2021. Transformative perspectives on labour geographies – the role of labour agency in processes of socioecological transformations. *Geography Compass*https://doi.org/10.1111/gec3.12565.

Grenzdörffer, Sinje Marlene. 2022. We're messing up capitalism through collaboration': transformative labour agency in German worker-led companies. *Work in the Global Economy* 2(2):199–225.

Gritzas, Giorgos, und Karolos Iosif Kavoulakos. 2016. Diverse economies and alternative spaces: an overview of approaches and practices. *European Urban and Regional Studies* 23(4):917–934.

Herod, Andrew. 2017. Workers as geographical actors. *Revista Pegada Eletrônica*https://doi.org/10.33026/peg.v18i2.5335.

Honneth, Axel. 2023. *Der arbeitende Souverän. Eine normative Theorie der Arbeit*. Frankfurt: Suhrkamp.

Klagge, Britta, und Thomas Meister. 2018. Energy cooperatives in Germany – an example of successful alternative economies? *Local Environment* 23(7):697–716.

Kollektiv Kommunebuch. 1996. *Das Kommunebuch. Alltag zwischen Widerstand, Anpassung und gelebter Utopie*. Göttingen: Die Werkstatt.

Kollmorgen, Raj, Wolfgang Merkel, und Hans-Jürgen Wagener. 2015. *Handbuch Transformationsforschung*. Wiesbaden: Springer.

Kommuja – Netzwerk politischer Kommunen. 2009. Politisches Selbstverständnis. https://www.kommuja.de/politisches-selbstverstandnis-der-kommuja-kommunen/. Zugegriffen: 15. Mai 2024.

Schack, Pirjo Susanne. 2018. Gelebte Nachhaltigkeit im Ökodorf Sieben Linden – nachahmenswerte Muster der Alltagsversorgung? In *Care und die Wissenschaft vom Haushalt. Aktuelle Perspektiven der Haushaltswissenschaft*, Hrsg. Angela Häußler, Christine Küster, Sandra Ohrem, und Inga Wagenknecht, 89–108. Wiesbaden: Springer.

Schibel, Karl-Ludwig. 2008. Kommunebewegung. In *Die sozialen Bewegungen in Deutschland seit 1945. Ein Handbuch*, Hrsg. Roland Roth, Dieter Rucht, 527–540. Frankfurt/Main: Campus.

Schmid, Benedikt. 2020. Räumliche Strategien für eine Postwachstumstransformation. In *Postwachstumsgeographien. Raumbezüge diverser und alternativer Ökonomien*, Hrsg. Bastian Lange, Martina Hülz, Benedikt Schmid, und Christian Schulz, 59–83. Bielefeld: transcript.

Schwab, Ann-Kathrin. 2020. *Transformation im ländlichen Raum. Ein Ökodorf und seine Wirkung in der Region*. Wiesbaden: Springer.

Strauss, Anselm. 1982. Social worlds and legitimation processes. *Studies in Symbolic Interaction* 4/1982:171–190.

Strauss, Anselm, und Juliet Corbin. 1996. *Grounded Theory: Grundlagen Qualitativer Sozialforschung*. Weinheim: Beltz.

Tronto, Joan C. 2013. *Caring democracy: markets, equality, and justice*. New York: New York University Press.

Wacquant, Loïc. 2015. For a sociology of flesh and blood. *Qualitative Sociology* 38:1–11.

Wright, Erik Olin. 2017. *Reale Utopien. Wege aus dem Kapitalismus*. Berlin: Suhrkamp.

Green Skills als *Labour Agency* für Nachhaltigkeitstransformationen

17

Martina Fuchs

Inhaltsverzeichnis

Zusammenfassung

Green Skills bedeuten die Befähigung zum Handeln zugunsten des Erhalts und der Entwicklung natürlicher Ökosysteme. Gemäß den 17 Nachhaltigkeitszielen der UN bilden *Green Skills* einen wichtigen Bestandteil von regionalen, nationalen und internationalen Nachhaltigkeitspolitiken. Das übergreifende Ziel besteht darin, Beschäftigte durch Berufsausbildung, praxisnahe Studiengänge sowie Fort- und Weiterbildungsmaßnahmen entsprechend zu qualifizieren. Gerade gesellschaftlich engagierte Forschung sowie gewerkschaftliche Interessenvertretungen setzen sich dafür ein, *Green Skills* nicht allein als instrumentelle Fertigkeiten, sondern auch als Gestaltungskompetenzen zu verstehen. Daher erscheint eine von der *Labour Geography* inspirierte Sicht als hilfreich, um die emanzipatorischen Potenziale und Grenzen von *Green Skills* im Sinne transformativer *Labour Agency* kritisch auszuloten. Das Kapitel zeigt zentrale Probleme auf, die bei der Implementierung von *Green Skills* – besonders im

M. Fuchs (✉)
Wirtschafts- und Sozialgeographisches Institut, Universität zu Köln, Köln, Deutschland
E-Mail: fuchs@wiso.uni-koeln.de

M. Doutch et al. (Hrsg.), *Arbeitswelten*, https://doi.org/10.1007/978-3-662-70955-9_17

umfassenden Sinne transformativer *Labour Agency* – auftreten, und weist auf existierende Forschungslücken hin.

Schlüsselwörter: *Labour Geography*, *Labour Agency*, Nachhaltigkeit, *Green Skills*, Gestaltungskompetenz, Handlungskompetenz, sozial-ökologische Transformation, Gewerkschaft

Abstract

Green Skills refer to the ability to act in favour of the protection and development of natural ecosystems. According to the UN's 17 sustainability goals, Green Skills are an important part of regional, national and international sustainability policies. The overarching goal is to qualify employees accordingly through vocational education and training, practical courses at universities of applied sciences, and further training measures. Socially engaged research, and trade unions in particular, are committed to understanding Green Skills not only as instrumental skills, but also as potentially emancipatory. Using critical labour geography to explore the potential of Green Skills, this chapter highlights key problems that arise when implementing Green Skills, especially in the broad sense of transformative labour agency.

Keywords: labour geography, labour agency, sustainability, Green Skills, socio-ecological transformation, trade unions

17.1 Einleitung

Green Skills sollen zum Handeln zugunsten des Erhalts und der Entwicklung natürlicher Ökosysteme befähigen (Auktor 2020). Gemäß den 17 Nachhaltigkeitszielen der UN bilden *Green Skills* eine zentrale Voraussetzung dafür, Beschäftigte aus allen Wirtschaftssektoren durch Berufsausbildung, praxisnahe Studiengänge sowie Fort- und Weiterbildungsmaßnahmen entsprechend zu motivieren und auszubilden (UNESCO und UNEVOC 2017; Auktor 2020; European Commission 2022). *Green Skills* sind also Nachhaltigkeitskompetenzen, und zwar jene, die in der Praxis von Erwerbsarbeit und Beruf relevant sind. Ihre Vermittlung ist Aufgabe von ausbildenden Unternehmen ebenso wie von Berufsbildungseinrichtungen, wie Berufsschulen, Fachhochschulen, Technikerschulen, Berufsakademien und überbetrieblichen Bildungsstätten (Wolf 2017).

Allerdings erweist sich das Verständnis von *Green Skills* bis heute als heterogen (Affolderbach 2020). Oft werden *Green Skills* rein instrumentell verstanden und auf konkrete technisch-organisatorische Fertigkeiten bezogen, welche für die *Green Economy* erforderlich sind. In dem Sinne sind *Green Skills* ein Mittel „in the race to the green economy" (Politico 2022, o.S.).

Andere Beiträge kritisieren diese eindimensionale Wachstumsorientierung und die instrumentelle Lesart von *Green Skills*; sie folgen mit Blick auf Bildung und Ausbildung einem umfassenden Verständnis von sozial-ökologischer Nachhaltigkeit (Affolderbach und Schulz 2024). Diesem Verständnis folgt dieser Beitrag und greift dabei das Konzept der Gestaltungskompetenz auf. Bereits früh hat de Haan (2002, S. 14) vorgeschlagen, dass das in der Pädagogik verbreitete Konzept der Handlungskompetenz im nachhaltigkeitsorientierten Sinne als „Gestaltungskompetenz" verstanden werden sollte. Demzufolge werden Individuen nicht nur generell befähigt, ihr Wissen in Handlungen umzusetzen, sondern mit Blick auf Nachhaltigkeit auch dazu, die sie umgebende Situation und rahmende Strukturen partizipativ und solidarisch zu verändern. Auch beschäftigtenorientierte Forschung und gewerkschaftliche Interessenvertretungen folgen diesem Verständnis von *Green Skills* als Gestaltungskompetenz (ILO 2015; ILO 2019; Böckmann und Erb 2022).

Verstanden in diesem Sinne können *Green Skills* auch dazu befähigen, dass Auszubildende, Studierende und Beschäftigte beim Erkennen nicht nachhaltiger Prozesse existierende Regelungen und Praktiken kritisieren und infrage stellen (Fuchs 2022). Anknüpfend an die Definition von Macht durch Max Weber (1922/1980) kann man diese Kompetenz verstehen als die Befähigung, individuell und kollektiv Nachhaltigkeitsprozesse *auch gegen Widerstand* zu initiieren und umzusetzen. Dieser Beitrag lotet aus, inwieweit *Green Skills* auch Gestaltungskompetenz mit emanzipatorischen Potenzialen und insofern transformative *Labour Agency* bedeuten (Grenzdörffer 2021).

Transformative *Labour Agency* ist ein zentrales Konzept in der *Labour Geography* (Grenzdörffer 2021; López 2021, 2023). Aus dieser Sicht bezieht sich Gestaltungskompetenz auf die Handlungsfähigkeit von Arbeitenden in Richtung Nachhaltigkeit und damit auf die individuelle Kompetenz (Ritter 2017; Melzig et al. 2021; Minnameier und Ziegler 2022), aber auch auf die Kontexte, die nachhaltigkeitsorientiertes Lernen und Arbeiten ermöglichen, limitieren oder verhindern. Hierzu gehören gesellschaftliche Verhältnisse, wie zum Beispiel das Berufsbildungssystem, Arbeitsgesetzgebung und Mitbestimmung, aber auch betriebliche Kontexte, wie Spezifika der Produktion, Leistungserstellung und Arbeitsbeziehungen, welche die konkrete Arbeitsumgebung ausmachen (Grenzdörffer 2021; López 2021, 2023). Demzufolge basiert transformative *Labour Agency* auf der Gestaltungskompetenz der Arbeitenden, die es ihnen ermöglicht, die sozial-ökologische Transformation so voranzutreiben, dass sie auch zu einer verstärkt selbstbestimmten und sinnstiftenden Arbeit führt, dass sie Mitbestimmung in Betrieb, Region und Gesellschaft fördert und dass sie solidarisch und sozial gerecht erfolgt (Affolderbach und Médard de Chardon 2021).

Bislang gibt es zur Frage, wie *Green Skills* implementiert werden und wozu sie mit Blick auf transformative *Labour Agency* befähigen, kaum systematische wissenschaftliche Beiträge (vgl. Vogelsang und Pilz 2022). Dieses Kapitel fragt daher danach, welche Probleme bei der Implementierung von *Green Skills* auftreten, wenn sie als Gestaltungskompetenz und mit Blick auf *Labour Agency* für Nachhaltigkeitstransformationen verstanden werden. Der Beitrag schlägt damit zugleich vor, dass eine von der *Labour Geography* inspirierte Sicht hilfreich ist, um die Potenziale und Grenzen von Lehr-Lern-Prozessen und Kompetenzen auszuloten.

Mangels unzureichend systematischer und empirisch abgesicherter Studien zu diesem Thema basiert die folgende Argumentation auf einer Literatur- und Materialrecherche. Diese erfolgte mit Hilfe von Suchmaschinen und Datenbanken für wissenschaftliche Literatur. In diesem Korpus wurden vorhandene Beiträge nach

Relevanz für das Thema gesichtet. Die Beiträge lassen sich – mit Überschneidungen – in drei Schwerpunktbereiche unterscheiden. So gibt es erstens interdisziplinäre Grundsatzbeiträge, wie grundlegende Fallstudien und Sichtungen von Forschungslücken. Zweitens kommen Arbeiten aus der stärker anwendungsorientierten Forschung hinzu, etwa über Modellversuche aus der Berufsbildungsforschung. Drittens gibt es Beiträge aus Politikberatung und Praxis. Eine Eingrenzung auf Erscheinungsdaten erfolgte für die hier betriebene Recherche nicht, da die Publikationen speziell zu *Green Skills* noch jung sind (vgl. Cabral und Dhar 2021); es wurden aber auch zentrale Texte aus der schon etwas älteren deutschsprachigen Diskussion zu Nachhaltigkeitskompetenzen einbezogen. Die ausgewählten Beiträge wurden mit Blick auf ihre Inhalte, Intentionen und Interessen interpretiert.

Der folgende Abschn. 17.2 klärt das Verständnis von *Green Skills* als Voraussetzung für Nachhaltigkeitstransformationen. Abschn. 17.3 zeigt zentrale Befunde der untersuchten Beiträge auf und stellt die Defizite bei der Vermittlung von *Green Skills* dar. Abschn. 17.4 zieht ein Fazit und diskutiert die Implikationen für die *Labour Geography*.

17.2 *Green Skills* als Voraussetzung für Nachhaltigkeitstransformationen

Wenn von Nachhaltigkeit und von *Green Skills* gesprochen wird, bleibt oft unklar, was „grün" bedeutet und – normativ – aus Sicht verschiedener Akteure bedeuten sollte (Schulz und Bailey 2014; Flemming 2022). Bei allen Differenzen ist jedoch folgendes Kernverständnis verbreitet (Ritter 2017; Melzig et al. 2021; Minnameier und Ziegler 2022):

> „*Green Skills* bedeuten die Befähigung zum Handeln zugunsten des Erhalts und der Entwicklung natürlicher Ökosysteme. *Green Skills* umfassen (aufgabenbezogene und generische) anwendungspraktische, inter- und intrapersonelle Kompetenzen. Diese Kompetenzen befähigen zur nachhaltigkeitsorientierten Gestaltung von Natur und Umwelt im Kontext von Arbeitsprozessen. Sie tragen dazu bei, Ressourcenverbrauch und Emissionen zu reduzieren, Dynamiken des Klimawandels zu bremsen, Ökosysteme zu bewahren und wiederherzustellen, Biodiversität zu fördern sowie Tier- und Artenschutz zu berücksichtigen. Diese Lehr-Lern-Prozesse sind Teil der sozial-ökologischen Transformation. Sie umfassen daher die Vermittlung von Gestaltungskompetenz und fördern emanzipatorische Potenziale der Arbeitenden."

Diese Sicht auf emanzipatorische Potenziale verweist auf existierende wirtschaftliche und gesellschaftliche Strukturen und die Frage, inwiefern diese zur Disposition stehen. Das dem Kapitalismus immanente Wachstum unterwirft die Arbeitenden ebenso wie die ökologische Umwelt den Prämissen ökonomischer Effizienz (Tufts und Savage 2009; Strauss 2020a; Werner 2022). Dieser Prozess wurde im Kontext von Globalisierungsdynamiken als Ausbruch des Kapitals aus gesellschaftlicher Regulierung beschrieben (Streeck 2015). Allerdings gibt es seit langem Widerstand, sowohl gegen die Ausbeutung der Arbeitenden wie auch gegen die Zerstörung von

Natur und Umwelt (Frohn 2020). Die sozialen Bewegungen für bessere Arbeit und ökologische Nachhaltigkeit konvergieren heute teilweise. Im Gegensatz zu Autor:innen in der Debatte um Nachhaltigkeits-„Transitionen", die einen Fokus auf technische Innovationen legen (Hansen und Coenen 2015; Thunqvist et al. 2023), beziehen sich Nachhaltigkeits-„Transformationen" auf Gesellschaft und Teilhabe (vgl. Gibson-Graham et al. 2009). Insofern rücken alternative lokale Wirtschaftsformen (Zademach und Hillebrand 2014; Krueger et al. 2018) ins Blickfeld, etwa die *Sharing Economy* (Affolderbach und Médard de Chardon 2021) und Genossenschaften (Klagge und Meister 2018; Schmid 2019). Vielfach werden ökologische Nachhaltigkeitstransformationen im Spannungsfeld zu sozialer Ungleichheit kritisch thematisiert (Strauss 2020b), auch im Schnittfeld zur post-kolonialen Forschung und mit Blick auf Regionen im Globalen Süden (Kwauk und Casey 2022).

Aus dieser Sicht auf sozial-ökologische Transformationen können *Green Skills* und die damit verbundene Aus-, Fort- und Weiterbildung somit nicht nur instrumentell verstanden und beispielsweise auf technologischen Wandel bezogen werden, sondern müssen auch als Gestaltungskompetenz mit emanzipatorischen Potenzialen verstanden werden. Obwohl das damit angesprochene Thema der transformativen *Labour Agency* in der *Labour Geography* zentral ist (Grenzdörffer 2021; López 2021, 2023), ist die entsprechende Sicht auf Kompetenzen und ihre Vermittlung in diesem Bereich allerdings weitgehend neu.

Gerade dieses Verständnis von Arbeitenden als Lernenden erscheint jedoch als fruchtbar, da Lernen in Betrieb, Berufs- und Hochschule prinzipiell dazu beitragen kann, die Arbeitenden zu veränderten, neuen, erweiterten Arbeitspraktiken zu befähigen. Dies bezieht auch ein, die Arbeitssituation gestalten zu können und somit individuell und kollektiv Nachhaltigkeitsprozesse in Arbeitsbeziehungen *auch gegen Widerstand* (Weber 1922/1980) durchzusetzen. Die Gestaltung der Arbeitssituation darf dabei nicht allein als interpersonale Beziehung, etwa zwischen Vorgesetztem und Arbeitendem, verstanden werden, sondern muss die gesellschaftlichen und betrieblichen Verhältnisse einbeziehen (Berndt und Fuchs 2002; López 2023; Wiemann 2022). Diese Kontexte sind ihrerseits multiskalar geprägt (Strambach 2017; Braun et al. 2018; Strambach und Pflitsch 2018; Schulz und Braun 2021), also durch internationale, nationale und lokale politisch-institutionelle und wirtschaftliche Gegebenheiten. Die folgenden Ausführungen berücksichtigen diese multiskalaren Differenzierungen und belegen anhand existierender Studien, inwiefern *Green Skills* mit Blick auf die Frage von Gestaltungskompetenz implementiert werden.

17.3 *Transformative Agency* durch *Green Skills?*

17.3.1 Gestaltungskompetenz für Nachhaltigkeitstransformationen

Auch wenn das Thema der Gestaltungskompetenz in der *Labour Geography* bislang wenig thematisiert wurde, ist Gestaltungskompetenz im Sinne von Handlungskompetenz für sozial-ökologische Nachhaltigkeit in der Berufsbildungsforschung und -praxis seit langem von Bedeutung (de Haan 2002). Diese Handlungskompetenz umfasst übertragbare (also generische) fachliche, berufliche und überfachliche Kompetenzen, die über die funktionsbezogene Einweisung und aufgabenbezogenes *On-the-Job-Training* hinausgehen. Dazu gehören *technische und organisatorische* Fähigkeiten und Fertigkeiten. Hinzu kommen *interpersonale* Fähigkeiten. Dies sind soziale Kompetenzen, die beispielsweise Führungs- und Teamkompetenzen, Empathie- und Kooperationsfähigkeit, aber auch Fähigkeiten für beteiligungsorientiertes und solidarisches Handeln umfassen. Weiterhin sind *intrapersonale* Kompetenzen von Bedeutung, also Selbstkompetenzen, wie Eigenverantwortung oder auch die Fähigkeit, die sozialen und ökologischen Konsequenzen des eigenen Arbeitshandels zu antizipieren (Fastenrath und Braun 2018; Pavlova 2018; Auktor 2020). Diese technisch-organisatorischen, inter- und intrapersonalen Kompetenzen können zu transformativer *Labour Agency* befähigen, weil das Individuum durch ihren Erwerb über veränderte, neue und erweiterte Handlungsdispositionen verfügt und diese prinzipiell, also sobald erforderlich, umsetzen kann. Diese Sicht ist bei Mitbestimmungsakteuren verbreitet. Beispielsweise beschreibt die stellvertretende Vorsitzende des Deutschen Gewerkschaftsbundes, Elke Hannack (2023, S. 45), die diesbezügliche Leitvorstellung zu umfassenden technisch-organisatorischen, inter- und intrapersonalen Kompetenzen folgendermaßen:

> „Für die anstehende Transformation brauchen wir Fachkräfte, die kompetent, kollegial, kooperativ und kreativ mit neuen und auch komplexen Herausforderungen umgehen können. Berufliche Handlungskompetenz muss gerade im Wandel gestärkt werden. Sie umfasst nicht einfach nur fachliche Skills, sondern eine nachhaltige Persönlichkeitsentwicklung und muss die Gestaltung guter Arbeits- und Lebensbedingungen fördern sowie zur Mitbestimmung ermuntern.“

Auch international sollen *Green Skills* zum *Empowerment* der Arbeitenden beitragen, etwa mit Blick auf junge Frauen im Globalen Süden und sozial gerechte Transformationen (Kwauk und Casey 2022; UNDP 2023).

In dem Sinne bedeuten Gestaltungskompetenzen, nachhaltigkeitsorientiert etwas verändern zu können, an Prozessen mitzuwirken und sie kompetent mitzubestimmen. Es geht nicht darum, etablierten Routinen zu folgen oder Anweisungen unreflektiert umzusetzen, sondern um die Antizipation zukünftiger Handlungsfolgen. So formulierte bereits de Haan (2002, S. 15) zu Nachhaltigkeitskompetenzen, dass diese

> „die Veränderungen im Bereich ökonomischen, ökologischen und sozialen Handelns möglich machen, ohne dass diese Veränderungen immer nur eine Reaktion auf vorher schon erzeugte Problemlagen sind. Mit der Gestaltungskompetenz kommt die offene Zukunft, die Variation des Möglichen und aktives Modellieren in den Blick.“

Trotz des hohen Stellenwerts, der diesem umfassenden Kompetenzbegriff beigemessen wird, zeigen sich allerdings zahlreiche Probleme bei der Implementierung. Wie im Weiteren gezeigt wird, liegt das auch daran, dass es nicht nur Defizite bei der Vermittlung von *Green Skills* im Sinne von Gestaltungskompetenz gibt, sondern generell noch zahlreiche Defizite bei der Implementierung von *Green Skills* anzutreffen sind.

17.3.2 Defizite bei der Vermittlung von *Green Skills*

Diese Probleme zeigen sich auch in einem Berufsbildungssystem, in dem bereits früh nachhaltigkeitsorientierte Gestaltungskompetenzen implementiert wurden, wie in Deutschland (de Haan 2002). Mittlerweile sind Nachhaltigkeitskompetenzen durch die Rahmensetzungen der Kultusministerkonferenz in den curricularen Vorgaben der Berufsbildung verankert und seit 2021 in allen Ausbildungsberufen zu vermitteln (Michaelis und Berding 2022). Studien und Evaluationsberichte verweisen aber auf zahlreiche Probleme, wenn *Green Skills* in Unternehmen und Berufsschulen vermittelt werden. Eine zentrale Voraussetzung sind Ressourcen. So fragt eine Studie, die verschiedene Nicht-Regierungsorganisationen zur Finanzierung von Bildung für nachhaltige Entwicklung in Schulen herausgegeben haben: „Warum redet niemand über Geld?" (Teichert et al. 2018, Titelseite). Bislang fehlt es auch an entsprechend geschultem Ausbildungspersonal als Multiplikatoren und didaktisch aufbereiteten Lehrmaterialien (Teichert et al. 2018).

Auch zeigen sich Defizite, die aus der noch unvollständigen Institutionalisierung herrühren. So ist in der dualen Ausbildung in Deutschland zum Beispiel das Thema der Nachhaltigkeit zwar in den Ausbildungsordnungen in Form der Standardberufsbildpositionen verankert, doch sind diese Standardberufsbildpositionen wenig konkret und nicht berufsspezifisch formuliert (Bundesanzeiger 2020). Auch sind *Green Skills* in Deutschland vielfach (noch) kein Bestandteil von Abschlussprüfungen für Ausbildungsgänge, so dass aus Sicht der Lehrenden für deren Vermittlung im Unterricht keine Notwendigkeit besteht und andere Herausforderungen im Unterricht die Prioritätensetzung beeinflussen (Albertz und Pilz 2024). Albertz und Pilz (2024, o.S.) konkretisieren diese Probleme mit folgenden Zitaten von Lehrpersonen aus ihrer Studie über die Vermittlung von Nachhaltigkeitskompetenzen in der Ausbildung zum Kaufmann/zur Kauffrau im Einzelhandel:

> „Also das sind so Momentaufnahmen, wo dann schon mal die Nachhaltigkeit zur Sprache kommt. Aber das sind wirklich kleine Momente in meinem Unterricht […] und es ist einfach nur ein Randthema."

> „Der Unterricht und ich sind ja zeitlich begrenzt. Oft lohnt sich ein kleiner Ausschnitt von Nachhaltigkeit in 45 min auch gar nicht, da viel zu viele andere Dinge Priorität haben."

Neben finanziellen und zeitlichen Ressourcen sowie mangelnder regulativer Spezifizierung spielt auch die Ausgestaltung des Berufsbildungssystems eine Rolle. Zum Beispiel sind bei der Implementierung von *Green Skills* in Deutschland die Sozialpartner (Gewerkschaften und Arbeitgeberverbände), die Kammern und die mit Berufsbildung befassten Regierungsorganisationen für die Einhaltung der Rahmensetzungen, für Inhalte und Prüfungen zuständig (Wolf 2017). Koordinatoren und Sachverständige der Gewerkschaften sind an Neuordnungsverfahren von Ausbildungsberufen beteiligt. Gewerkschaftliche Vertretungen sind in Prüfungsaufgaben-Erstellungsausschüsse eingebunden. Arbeitnehmerrepräsentanten sind zudem in Berufsbildungs- und Prüfungsausschüssen der Kammern auf regionaler Ebene aktiv. Mitbestimmungsakteure sind also im Berufsbildungssystem institutionell und multiskalar eingebunden (Wolf 2017). Diese Beteiligung ermöglicht zwischen den Beteiligten abgestimmte und zugleich praxisnahe Lösungen. Sie erweist sich mit Blick auf *Green Skills* als ein noch laufender Prozess.

Als treibender Faktor für *Green Skills* erscheinen allerdings die Menschen an ihrem Arbeitsplatz und besonders auch diejenigen, die einen Arbeits- oder Ausbildungsplatz suchen. So zeigt eine repräsentative, branchenübergreifende Befragung von über 2000 Beschäftigten durch Schulz und Trappmann (2023), dass das Bewusstsein für die Probleme des Klimawandels bei der Mehrheit der von ihnen befragten Beschäftigten in deutschen Betrieben vorhanden ist und dass die Beschäftigten auf *Green Skills* bezogene Weiterbildungen wünschen. Zugleich zeigt die Studie, dass gewerkschaftlich organisierte Beschäftigte hier besonders aktiv sind. So zeigt die Studie von Schulz und Trappmann (2023, S. 40), dass

> „44 % an Maßnahmen am Arbeitsplatz zur Verringerung der CO_2-Emissionen bzw. zum Schutz der Umwelt beteiligt [sind], wohingegen es bei der Gruppe der Nicht-Gewerkschaftsmitglieder 24 % sind. Auch beteiligen sich doppelt so viele Gewerkschaftsmitglieder (11 zu 20 %) wie Nicht-Mitgliedern in der [örtlichen] Gemeinde."

Demgegenüber zeigt die Studie aber Defizite mit Blick auf das Qualifizierungsangebot, das die Betriebe bieten (Schulz und Trappmann 2023, S. 11):

> „Weiterbildung und Schulung zu Klimaschutzmaßnahmen findet kaum statt […]. Fast drei Viertel der Befragten haben weder eine Weiterbildung noch eine Schulung erhalten, die ihr Wissen in Sachen Klimawandel vertieft und erweitert hätte."

Eine Studie von Brixy et al. (2023) verweist darauf, dass Betriebe, die Auszubildende suchen, *Green Skills* berücksichtigen müssen, gerade in Zeiten von Engpässen auf dem Arbeitsmarkt. Auszubildende suchen sich bevorzugt diejenigen Unternehmen als Arbeitgeber aus, die *Green Skills* vermitteln. Zugleich zeigt ein Pilotprojekt aus der Berufsbildungsforschung, dass eine umfassende Vermittlung von *Green Skills* im Sinne von Gestaltungskompetenz möglich und mit den Ausbildungszielen von Unternehmensleitungen vereinbar und dafür förderlich ist. Ritter und Sauer (2017, S. 77) zitieren hier die Ausbildungsleitung eines produzierenden Unternehmens mit über 50.000 Beschäftigten:

> „Das geht eigentlich damit los, dass wir einen Ressourcentag mit unseren Azubis machen. […] Und das Zweite wäre ja, wir machen einen Tag lang nur das ganze Thema Ressourcen, so ein bisschen Stationenspiel. Eine Station Energie, eine Wasser, eine Abfall, wo wir die jungen Leute da schon reinpacken. Dann haben wir diese Energie-erleben-Stände aufgebaut mit den Azubis. […] Also solche Aktionen, oder wenn man am Tag der offenen Tür, so Stände, irgendwas draußen hat oder mit Leuten was macht, da was spielerisch macht, dann kommt man schon relativ gut weiter."

Zu ähnlichen Ergebnissen gelangen vergleichbare Pilotstudien; sie verweisen zugleich auf die Erfordernisse in vielen Unternehmen selbst, ihre Prozesse und Produkte ‚grüner' zu gestalten (Ritter 2017; Melzig et al. 2021; Minnameier und Ziegler 2022; Weber und Pfeiffer 2023) sowie auf Unternehmen mit *Green Jobs* (Consoli et al. 2016; Shutters et al. 2016). Allerdings gibt es neben den Pilotstudien, die auch zur Erarbeitung von

Best Practices dienen, auch Beiträge, die zu kurze Trainings für *Green Skills* kritisieren, wie „Boot-Camps" für Fachkräfte (Hannack 2023, S. 45), oder kurze Trainings mit nur wenig geschultem Trainingspersonal als *Greenwashing* entlarven (Schumacher 2022).

Insofern zeigen sich am Beispiel von Deutschland Bestrebungen, Nachhaltigkeitskompetenzen im Sinne von Gestaltungskompetenz mit emanzipatorischen Potenzialen zu implementieren. Dabei wird auch das Ziel verfolgt, *Labour Agency* im Zuge der sozial-ökologischen Transformation zu stärken. Zugleich erweist sich die Realisierung bisher noch als fragmentarisch. Diese Einsichten, die in einem Berufsbildungssystem gewonnen wurden, werfen die Frage auf, wie sich die Implementierung in anderen Ländern gestaltet.

17.3.3 Implementierung von *Green Skills* – internationale Perspektiven

Tatsächlich zeigen vorliegende Studien, dass bislang eine erhebliche Lücke zwischen ambitionierten Zielsetzungen von internationaler Politik (UNEP et al. 2008; ILO 2015; European Commission 2022; UNESCO 2022) und der Implementierung von *Green Skills* durch die in der Berufsbildung eingebundenen gesellschaftlichen Akteure in verschiedenen Ländern und Regionen – bis hin zu Lehr-Lern-Prozessen auf individueller Ebene – klafft (Fuchs 2025; Vogelsang und Pilz 2022). Zwar wird die Implementierung von *Green Skills* in Unternehmen auch von internationalen Regularien vorangetrieben, wie von der *Corporate Sustainability Reporting Directive* des Europäischen Parlaments (CSRD), den *European Sustainability Reporting Standards* (ESRS) und Zertifizierungsanforderungen (ISO 2022). Auch haben Abstimmungs-, Implementierungs- und Institutionalisierungsprozesse vor allem in Europa und in den USA begonnen (Consoli et al. 2016; CEDEFOP 2019; Auktor 2020; European Commission 2022), wie in Skandinavien, Deutschland, Österreich und der Schweiz (Østergaard et al. 2019; Melzig et al. 2021; Minnameier und Ziegler 2022). Allerdings hemmen unterschiedliche politische Prioritäten, verschiedene Interessenlagen und institutionell-administrative Friktionen die Implementierung von *Green Skills* (CEDEFOP 2019; Li und Pilz 2021; Fuchs et al. 2022a, b; Vogelsang et al. 2022).

Die *International Labour Organization* (ILO 2019, S. 189) resümiert angesichts bislang existierender Defizite: „Policies have developed since 2011 but remain fragmented" und stellt nach dem Vergleich von 32 Ländern fest (ILO 2019, S. 35):

> „The country studies indicate that processes to facilitate systematic policy coordination across ministries are rare."

In dieser Studie verweist die ILO zudem auf Pfadabhängigkeiten, gerade mit Blick auf fehlende Initiativen und ausbleibende Entwicklungen (ILO 2019, S. 35):

> „There is not a single country where coordination between environmental and skills policies was weak in 2011 that has systematically dealt with the issue since. Interestingly, this situation contrasts with the structures and processes put in place in many countries to work towards the SDGs [Sustainable Development Goals] or deal with issues such as disaster management."

Dabei weist die ILO (2019) darauf hin, dass in vielen Ländern gerade Gewerkschaften oft nur unzureichend beteiligt werden, und hebt hervor (ILO 2019, S. 38): „Particularly worrying is the low level of trade union involvement in many countries“. Im Globalen Süden sind zudem in vielen Fällen Nicht-Regierungsorganisationen bei der Implementierung von Ausbildungsaktivitäten bedeutend, mit Blick auf *Green Skills* aber noch unzureichend eingebunden (vgl. López 2021; Fuchs et al. 2021; Wiemann 2022; López 2023). Entsprechend mangelt es an Studien, die über die Implementierung von *Green Skills* im Sinne von Gestaltungskompetenz mit emanzipatorischem Potenzial Auskunft geben könnten.

Kritikpunkte existierender Studien über die Implementierung von *Green Skills* richten sich auf mögliche Effekte bezüglich sozialer Ungleichheit. *Green Skills* sind eher bei hochqualifizierten und intermediär qualifizierten Personen anzutreffen – so zeigen es zumindest Studien über Regionen in den USA und in Europa (Consoli et al. 2016; Shutters et al. 2016; Santoalha et al. 2021; Bachtrögler-Unger et al. 2023; vgl. auch Greenovet 2023). Lobsiger und Rutzer (2021, S. 3) konstatieren für die Schweiz:

> „Employed persons in jobs with high green potential are, on average, younger, more often men, have a higher level of educational attainment and a higher probability of having immigrated than employed persons in other occupations.“

Die ILO (2019) äußert im gleichen Sinne, dass es gender-bezogene Ungleichheiten gäbe und dass *Green Skills* absehbar im geringeren Maße Frauen erreichen würden, da diese vielfach auf Arbeitsplätzen mit geringen Qualifikationsanforderungen tätig seien. Die ILO (2019, S. 24) hebt aber auch hervor, dass „the ‚creative destruction‘ of jobs will have greatest effect on male workers in mid-skill occupations.“ Allerdings versucht gerade das Ruhrgebiet mit seiner Stahlindustrie, einer auch als ‚braun‘ bezeichneten Branche, den CO_2-Fußabdruck durch die Nutzung von Wasserstoff als Energieträger zu senken. Zugleich gibt es hier dezidiert Förderungen von *Green Skills* im Sinne von Gestaltungskompetenz und transformativer *Labour Agency*, die benachteiligten Beschäftigungsgruppen im Kontext einer sozial gerechten Transformation eine bessere Position auf dem Arbeitsmarkt verschaffen sollen (Böckmann und Erb 2022).

Es greift somit zu kurz, *Green Skills* nur hinsichtlich der weltwirtschaftlichen Zentren, prosperierenden Industrien und *High-Road*-Wertschöpfungskettenabschnitte zu konzeptualisieren (Thunqvist et al. 2023). Implementierung und Vermittlung von *Green Skills* müssen vielmehr ein breites Spektrum von regionalen Wirtschaftsstrukturen und Betrieben im Globalen Süden und im Globalen Norden berücksichtigen. Dazu gehört eine überaus hohe Vielfalt von großen und kleinen, multinationalen und lokalen, technologie- und arbeitsintensiven, formellen und informellen Betrieben (Rosenberg et al. 2020; Pavlova und Singh 2022; Owusu-Agyeman und Aryeh-Adjei 2023). Dies erklärt die Schwierigkeit des Vorhabens, die Implementierung von *Green Skills* in weiteren Kontexten wissenschaftlich zu untersuchen – beziehungsweise in politischer Hinsicht, sie möglichst flächendeckend einzuführen.

Entsprechend der Heterogenität lokaler Verhältnisse fordern viele praxisbezogene Beiträge, ein breites Spektrum von ganz unterschiedlichen Qualifikationsniveaus und

Kursen unterschiedlicher Intensität und Dauer bei der internationalen Verbreitung von *Green Skills* zu berücksichtigen (Rosenberg et al. 2020; Pavlova und Singh 2022). Pilotprojekte aus Südafrika (Rosenberg et al. 2020), Ghana (Owusu-Agyeman und Aryeh-Adjei 2023), Bangladesch (Auktor 2020), Indien, Malaysia and Kasachstan (Pavlova und Singh 2022) zeigen, dass es in kurzen Trainings eher nur um instrumentelle Kompetenzen als um Gestaltungskompetenzen im Sinne von Dispositionen zu transformativer *Labour Agency* geht. Aus praxisorientierter Sicht, mit Blick auf ökologische Erfordernisse, sind allerdings auch diese Trainings relevant. CEDEFOP (2024) liefert eine Übersicht über die Implementierung von unterschiedlich verstandenen und umgesetzten *Green Skills* in verschiedenen europäischen Ländern. Auktor (2020, S. 10) fasst die international notwendigerweise offene Sicht folgendermaßen zusammen:

> „[...] greening requires *upgrading skills and adjusting qualification* requirements across occupations and industries; new economic activities related to the transformation to a low-carbon economy create *new occupations and related qualifications and skills profiles*; structural change creates a *need to reintegrate workers in the declining sectors* into the labour market through re-training programs." (Hervorhebungen durch Auktor; zitiert ohne Spiegelstriche)

Ein zukünftiges Forschungsfeld liegt somit darin, *Green Skills* und ihre Potenziale für *Labour Agency* im Kontext lokaler und betrieblicher Voraussetzungen zu analysieren (Flemming 2022).

17.4 Fazit

Die Studie hat gezeigt, dass unterschiedliche Voraussetzungen erfüllt sein müssen, damit *Green Skills* implementiert werden. Dazu gehören die finanziellen und zeitlichen Ressourcen in ausbildenden Unternehmen und berufsbildenden Einrichtungen. Auch eine gewisse regulative Verbindlichkeit im Berufsbildungssystem, etwa im Prüfungswesen, ist erforderlich. Förderlich wirken auch internationale Standards für Unternehmen. Eine wichtige Dynamik entspringt zudem aus betrieblichen Erfordernissen in der Produktion und Leistungserstellung (Consoli et al. 2016; Shutters et al. 2016; Santoalha et al. 2021), zudem aus der Nachfrage der Auszubildenden, Arbeitenden und Arbeitssuchenden nach *Green Skills*.

Wenn es um das Verständnis der implementierten *Green Skills* als Gestaltungskompetenz mit emanzipatorischen Potenzialen und damit um transformative *Labour Agency* geht, deutet die existierende Literatur starke Differenzen zwischen Ländern an. Während sich in einigen Ländern insbesondere Gewerkschaften für ein umfassendes Kompetenzverständnis stark machen und dies auch weitgehend mit dem Verständnis von Gestaltungskompetenz in der Berufsbildung korrespondiert, ist das in vielen anderen Ländern nicht der Fall. Dies hängt auch mit dem international unterschiedlichen Selbstverständnis und der politischen Unabhängigkeit der Gewerkschaften zusammen, aber auch mit dem jeweiligen Berufsbildungssystem.

Diese Einsichten verweisen auf drei Forschungsdesiderate im Bereich der *Labour Geography*.

1. Auch wenn gesellschaftliche Akteure darin übereinstimmen, Gestaltungskompetenz als zentral anzusehen, erweist sich ihre Vermittlung oft als lückenhaft. Aus wirtschaftspädagogischer Sicht heißt dies, *Green Skills* mit Blick auf bestimmte Berufe und Tätigkeitsbereiche zu konkretisieren, verbindlich zu machen, Leitfäden und didaktische Materialien zur Verfügung zu stellen und Fortbildungen für das Lehrpersonal anzubieten (Albertz und Pilz 2024, 2025). Aus Sicht der *Labour Geography* bedeutet es, den Blick auf regionalwirtschaftliche und politisch-institutionelle Voraussetzungen und lokale Machtverhältnisse zu richten.
2. Im Weiteren ist die räumliche Vielfalt zu berücksichtigen, wie Unterschiede zwischen Metropolen, kleineren Städten und ländlich-peripheren Gebieten, die aufgrund ihrer Wirtschaftsstrukturen verschiedene Voraussetzungen und Bedarfe aufweisen. Auch wenn bislang der Fokus von Forschungen zu *Green Skills* auf Städte gerichtet ist, ist es offensichtlich, dass insbesondere auch Regionen außerhalb der großen Städte Bedarfe an *Green Skills* haben, um ökologische Nachhaltigkeitsübergänge zu realisieren, besonders in der Tourismusbranche (Gill und Williams 2014) sowie in der Agrarwirtschaft und Nahrungsmittelproduktion (Rosol 2020). Vor allem sind auch die besonderen Voraussetzungen in den Regionen des Globalen Südens zu berücksichtigen, sowohl in den formellen Sektoren als auch in der informellen Überlebensökonomie (Kwauk und Casey 2022).
3. Bislang wurde wenig untersucht, inwieweit Maßnahmen für *Green Skills* zur tatsächlichen Veränderung der sozial-ökologischen Umwelt beitragen (vgl. Consoli et al. 2016; Østergaard et al. 2019; Thunqvist et al. 2023). Eine Vermittlung von *Green Skills* als Gestaltungskompetenz ohne die Chance auf eine wahrnehmbare Realisierung der nachhaltigkeitsorientierten Absichten und emanzipatorischen Potenziale würde aber demotivierend auf Lernprozesse wirken, weil *Green Skills* ohne transformative Effekte zu *Greenwashing* degenerieren würden. In dem Falle würde auch die übergeordnete Absicht, dass *Green Skills* zu ökologischen Nachhaltigkeitstransformationen beitragen sollen, nicht erfüllt. Insofern ist die Wirksamkeit von *Green Skills* auf sozial-ökologische Transformationen zu untersuchen, gerade mit Blick auf Gestaltungskompetenz und damit verbundene emanzipatorische Potenziale.

Danksagung Ich danke der RheinEnergieStiftung für die Förderung (W-23-2-001). Ich danke auch dem gesamten Forschungsteam: Hanna Link, Farina Koller, Matthias Pilz und Claudia Ziller.

Literatur

Affolderbach, Julia. 2020. Translating green economy concepts into practice: Ideas pitches as learning tools for sustainability education. *Journal of Geography in Higher Education* 46(1):43–60.

Affolderbach, Julia, und Médard Cyrille de Chardon. 2021. Just transitions through digitally enabled sharing economies? *Die Erde* 152(4):244–259.

Affolderbach, Julia, und Christian Schulz. 2024. *Wirtschaftsgeographien der Nachhaltigkeit*. Bielefeld: transcript.

Albertz, Annabell, und Matthias Pilz. 2024. *Bildung für nachhaltige Entwicklung*. Unveröffentlichtes Manuskript.

Albertz, Annabell, und Matthias Pilz. 2025. Green alignment, green vocational education and training, green skills and related subjects: a literature review on actors, contents and regional contexts *International Journal of Training and Development* 29(2):243–254.

Auktor Vidican, Georgeta. 2020. *Green industrial skills for a sustainable future*. Wien: UNIDO.

Bachtrögler-Unger, Julia, Pierre-Alexandre Balland, Ron Boschma, und Thomas Schwab. 2023. *Technological capabilities and the twin transition in Europe*. Berlin: Bertelsmann.

Berndt, Christian, und Martina Fuchs. 2002. „Geographie der Arbeit“: Plädoyer für ein disziplinübergreifendes Forschungsprogramm. *Geographische Zeitschrift* 91(3/4):157–166.

Böckmann, Christoph, und Dirk Erb. 2022. Wir machen die Energiewende! *IGM Metall Magazin* 7/8:10–15.

Braun, Boris, Jürgen Oßenbrügge, und Christina Schulz. 2018. Environmental economic geography and environmental inequality: challenges and new research prospects. *Zeitschrift für Wirtschaftsgeographie* 62(2):120–134.

Brixy, Udo, Markus Janser, und Andreas Mense. 2023. *Auszubildende entscheiden sich zunehmend für Berufe mit umweltfreundlichen Tätigkeiten*. IAB-Kurzbericht Nr. 19.

Bundesanzeiger. 2020. Empfehlung des Hauptausschusses des Bundesinstituts für Berufsbildung vom 17. November 2020 zur „Anwendung der Standardberufsbildpositionen in der Ausbildungspraxis.“. https://www.bibb.de/dokumente/pdf/HA172.pdf. Zugegriffen: 30. Mai 2024.

Cabral, Clement, und Rajib Lochan Dhar. 2021. Green competencies: Insights and recommendations from a systematic literature review. *Benchmarking An International Journal* 28(1):66–105.

CEDEFOP. 2019. *Skills for green jobs: European synthesis report. 2018 update*. Luxembourg: Publications Office of the European Union.

CEDEFOP. 2024. Country-specific reports. https://www.cedefop.europa.eu/en/country-reports. Zugegriffen: 4. Juni 2024.

Consoli, Davide, Giovanni Marin, Alberto Marzucchi, und Francesco Vona. 2016. Do green jobs differ from non-green jobs in terms of skills and human capital? *Research Policy* 45(5):1046–1060.

De Haan, Gerhard. 2002. Die Kernthemen der Bildung für eine nachhaltige Entwicklung. *ZEP: Zeitschrift für internationale Bildungsforschung und Entwicklungspädagogik* 25(1):13–20.

European Commission. 2022. Green Skills and knowledge concepts. Labelling the ESCO classification. https://esco.ec.europa.eu/en/publication/green-skills-and-knowledge-concepts-labelling-esco-classification. Zugegriffen: 6. Apr. 2022.

Fastenrath, Sebastian, und Boris Braun. 2018. Sustainability transition pathways in the building sector: energy-efficient building in Freiburg (Germany). *Applied Geography* 90:339–349.

Flemming, Jana. 2022. *Industrielle Naturverhältnisse: Politisch-kulturelle Orientierungen gewerkschaftlicher Akteure in sozial-ökologischen Transformationsprozessen*. München: Oekom.

Frohn, Hans-Werner. 2020. Ehrenamtlicher Naturschutz im Wandel der Zeiten: Wo kommen wir her und wo stehen wir heute? *Mitteilungen Pollichia* 100:17–25.

Fuchs, Martina. 2022. Knowledge transfer, power and empowerment: MNCs' transfer of vocational education and training to their international subsidiaries. *Die Erde* 153(1):15–27.

Fuchs, Martina. 2025. Editorial: skills for local Sustainability transformations and development. *International Journal of Training and Development*. Online First: https://doi.org/10.1111/ijtd.70001

Fuchs, Martina, Natascha Röhrer, und Beke Vogelsang. 2021. Companies as local skill-providers? The ‚skills ecosystem' in Mexico. *Erdkunde* 75(4):295–306.

Fuchs, Martina, Johannes Westermeyer, Lena Finken, und Matthias Pilz. 2022a. Foreign direct investment and local knowledge base: Embedding foreign subsidiaries in German dual vocational education and training. *Spatial Research and Planning* 81(2):91–106.

Fuchs, Martina, Johannes Westermeyer, und Lena Finken. 2022b. Evolutionäre Dynamiken: Multinationale Unternehmen und duale Ausbildung. *BGL Berichte Geographie und Landeskunde* 96(3):238–258.

Gibson-Graham, Julie Katherine, und Gerda Roelvink. 2009. An economic ethics for the anthropocene. *Antipode* 41(S1):320–346.

Gill, Alison, und Peter Williams. 2014. Mindful deviation in creating a governance path towards sustainability in resort destinations. *Tourism Geographies* 16(4):546–562.

Greenovet. 2023. Grüne Innovation für eine nachhaltige Zukunft. https://www.greenovet.eu/de/index.html. Zugegriffen: 14. Febr. 2023.

Grenzdörffer, Sinje Marlene. 2021. Transformative perspectives on labour geographies – the role of labour agency in processes of socioecological transformations. *Geography Compass* 15(6):1–16.

Hannack, Elke. 2023. Stellenwert der Berufsbildung in der Transformation. *Nachhaltigkeit für und durch berufliche Bildung* 1:44–46.

Hansen, Teis, und Lars Coenen. 2015. The geography of sustainability transitions: review, synthesis and reflections on an emergent research field. *Environmental Innovation and Societal Transitions* 17:92–109.

ILO. 2015. *Anticipating skill needs for green jobs. A practical guide*. Genf: ILO.

ILO. 2019. *Skills for a greener future: A global view. Based on 32 country studies*. Genf: ILO.

ISO. 2022. Must-have skills for the green economy. https://www.iso.org/contents/news/2022/12/skills-for-the-green-economy.html. Zugegriffen: 4. Juni 2024.

Klagge, Britta, und Thomas Meister. 2018. Energy cooperatives in Germany – an example of successful alternative economies? *Local Environment* 23(7):697–716.

Krueger, Robert, Christian Schulz, und David Gibbs. 2018. Institutionalizing alternative economic spaces? An interpretivist perspective on diverse economies. *Progress in Human Geography* 42(4):569–589.

Kwauk, Christina T., und Olivia M. Casey. 2022. A green skills framework for climate action, gender empowerment, and climate justice. *Development Policy Review* 40(2):e12624.

Li, Junmin, und Matthias Pilz. 2021. International transfer of vocational education and training: a literature review. *Journal of Vocational Education & Training* 75(2):185–218.

Lobsiger, Michael, und Christian Rutzer. 2021. *Jobs with green potential in Switzerland: demand and possible skills shortages*. Working papers 2021/01. Faculty of Business and Economics – University of Basel.

López, Tatiana. 2021. A practice ontology approach to labor control regimes in GPNs: connecting ‚sites of labor control' in the Bangalore export garment cluster. *Environment and Planning A* 53(3):1012–1030.

López, Tatiana. 2023. *Labour control and union agency in global production networks. A case study of the Bangalore export-garment cluster*. Cham: Springer.

Melzig, Christian, Werner Kuhlmeier, und Susanne Kretschmer. 2021. *Berufsbildung für nachhaltige Entwicklung: Die Modellversuche 2015–2019 auf dem Weg vom Projekt zur Struktur*. Bonn: Bibb.

Michaelis, Christian, und Florian Berding. 2022. *Berufsbildung für nachhaltige Entwicklung*. Bielefeld: wbv.

Minnameier, Gerhard, und Birgit Ziegler. 2022. Editorial. In *Berufsbildung für nachhaltige Entwicklung*, Hrsg. Christian Michaelis, Florian Berding, 11–16. Bielefeld: wbv.

Østergaard Richter, Christian, Jacob Holm Rubæk, Eric Iversen, Torben Schubert, Asgeir Skålholt, Markku Sotarauta, Toni Saarivirta, und Nina Suvinen. 2019. *The geographic distribution of skills and environmentally innovative firms in Denmark, Norway, Sweden and Finland*. Aalborg: The IKE Research Group IMPact Analyses of investments in Knowledge and Technology.

Owusu-Agyeman, Yaw, und Abigail Ayorkor Aryeh-Adjei. 2023. The development of green skills for the informal sector of Ghana: towards sustainable futures. *Journal of Vocational Education* 76(2):406–429.

Pavlova, Margarita. 2018. Fostering inclusive, sustainable economic growth and „green" skills development in learning cities through partnerships. *International Review of Education* 64(3):339–354.

Pavlova, Margarita, und Madhu Singh. 2022. *Recognizing Green Skills through non-formal learning. A comparative study in Asia*. Singapore: Springer.

Politico. 2022. Skills are critical, but lagging, in the race to green the economy. https://www.politico.eu/sponsored-content/skills-are-critical-but-lagging-in-the-race-to-green-the-economy/. Zugegriffen: 14. Febr. 2023.

Ritter, Tobias. 2017. *Beschäftigte und Nachhaltigkeitskompetenz*. ProNaK Abschlussbericht.

Ritter, Tobias, und Stefan Sauer. 2017. Nachhaltigkeitskompetenz als ökologische wie soziale Handlungskompetenz. *AIS-Studien* 10(2):71–86.

Rosenberg, Eureta, Presha Ramsarup, und Heila Lotz-Sisitka. 2020. *Green skills research in South Africa: models, cases and methods*. Oxon: Routledge.

Rosol, Marit. 2020. On the significance of alternative economic practices: reconceptualizing alterity in alternative food networks. *Economic Geography* 96(1):52–76.

Santoalha, Artur, Davide Consoli, und Fulvio Castellacci. 2021. Digital skills, relatedness and green diversification: a study of European regions. *Research Policy* 50(9):1–50.

Schmid, Benedikt. 2019. Degrowth and postcapitalism: transformative geographies beyond accumulation and growth. *Geography Compass* 13(1):e12470.

Schulz, Christian, und Ian Bailey. 2014. The green economy and post-growth regimes: opportunities and challenges for economic geography. *Geografiska Annaler: Series B, Human Geography* 96(3):277–291.

Schulz, Christian, und Boris Braun. 2021. Post-growth perspectives in economic geography. *Die Erde* 152(4):213–217.

Schulz, Felix, und Vera Trappmann. 2023. *Erwartung von Beschäftigten an die sozial-ökologische Transformation: Ergebnisse einer repräsentativen Umfrage zu Klimawandel und Arbeitswelt*. HBS Working Paper 308. Düsseldorf: hbs.

Schumacher, Kim. 2022. *Environmental, social, and governance (ESG) factors and green productivity: the impacts of greenwashing and competence greenwashing on sustainable finance and ESG investing*. Tokyo: Asian Productivity Organization.

Shutters, Shade, Rachata Muneepeerakul, und José Lobo. 2016. How hard is it for urban economies to become ‚green'? *Environment and Planning B: Planning and Design* 43(1):198–209.

Strambach, Simone. 2017. Combining knowledge bases in transnational sustainability innovation: microdynamics and institutional change. *Economic Geography* 93(5):500–526.

Strambach, Simone, und Gesa Pflitsch. 2018. Micro-dynamics in regional transition paths to sustainability – insights from the Augsburg region. *Applied Geography* 90:296–307.

Strauss, Kendra. 2020a. Labour geography II: being, knowledge and agency. *Progress in Human Geography* 44(1):150–159.

Strauss, Kendra. 2020b. Labour geography III: precarity, racial capitalisms and infrastructure. *Progress in Human Geography* 44(6):1212–1224.

Streeck, Wolfgang. 2015. *Gekaufte Zeit. Die vertagte Krise des demokratischen Kapitalismus*. Berlin: Suhrkamp.

Teichert, Volker, Benjamin Held, Oliver Foltin, und Hans Diefenbacher. 2018. *Warum redet niemand über Geld? Vorschläge zur Finanzierung von Bildung für Nachhaltige Entwicklung in Schulen*. Heidelberg: Forschungsstätte der Evangelischen Studiengemeinschaft.

Thunqvist Persson, Daniel, Maria Gustavsson, und Agneta Halvarsson Lundkvist. 2023. The role of VET in a green transition of industry: a literature review. *International Journal for Research in Vocational Education and Training (IJRVET)* 10(3):361–382.

Tufts, Steven, und Lydia Savage. 2009. Labouring geography: negotiating scales, strategies and future directions. *Geoforum* 40(6):945–948.

UNDP. 2023. Empowering young women to create a sustainable future. https://www.undp.org/india/stories/gung-ho-over-green-skills-empowering-young-women-create-sustainable-future. Zugegriffen: 2. Juni 2024.

UNEP, ILO, IOE, und ITUC. 2008. *Green jobs: towards decent work in a sustainable, low-carbon world.* Geneva: UNEP, ILO, IOE, ITUC.

UNESCO. 2022. Greening TVET. https://unevoc.unesco.org/bilt/BILT+-+Greening+TVET. Zugegriffen: 25. Febr. 2022.

UNESCO, und UNEVOC. 2017. *Greening technical and vocational education and training. A practical guide for institutions*. Paris: Messner.

Vogelsang, Beke, und Matthias Pilz. 2022. Berufsbildung, betriebliche Bildung und Globales Lernen. In *Globales Lernen für nachhaltige Entwicklung*, Hrsg. Gregor Lang-Wojtasik, 285–299. Stuttgart: utb.

Vogelsang, Beke, Natascha Röhrer, Matthias Pilz, und Martina Fuchs. 2022. Actors and factors in the international transfer of dual training approaches: The coordination of vocational education and training in Mexico from a German perspective. *International Journal of Training and Development* 26(646):663.

Weber, Max. 1980. *Wirtschaft und Gesellschaft*. Tübingen: Mohr. 1922.

Weber, Heiko, und Iris Pfeiffer. 2023. Zum Konzept der Nachhaltigkeit in Arbeit, Beruf und Bildung. In *Zum Konzept der Nachhaltigkeit in Arbeit, Beruf und Bildung*, Hrsg. Iris Pfeiffer, Heiko Weber, 11–18. Bonn: Bibb.

Werner, Marion. 2022. Geographies of production III: global production in/through nature. *Progress in Human Geography* 46(1):234–244.

Wiemann, Judith. 2022. *Geographies of practice transfer: a practice theoretical approach to the transfer of training practices within German multinational enterprises to China, India, and Mexico*. Cham: Springer.

Wolf, Stefan. 2017. Die Rolle der Gewerkschaften bei der Gestaltung und Weiterentwicklung von Berufsbildung. *Zeitschrift für Berufs- und Wirtschaftspädagogik* 113(4):614–636.

Zademach, Hans-Martin, und Sebastian Hillebrand. 2014. *Alternative economies and spaces: new perspectives for a sustainable economy*. Bielefeld: transcript.

18 Zur Kritik der planetarischen Dienstleistungsökonomie: Natur, Reproduktion und Arbeit in mehr-als-menschlichen Geographien

Vicky Kluzik

Inhaltsverzeichnis

Zusammenfassung

Vor dem Hintergrund sich zuspitzender sozial-ökologischer Krisen rücken Bestrebungen der Inwertsetzung von Natur zunehmend in den Vordergrund. Dabei sind Konzepte wie „Naturkapital“ oder „Ökosystem(dienst)leistungen“ (ÖSD) zu zentralen Pfeilern der globalen Umwelt- und Naturschutzpolitik avanciert. Das Credo der „planetarischen Dienstleistungsökonomie“ lautet: die Natur produziert nicht umsonst, Wertschätzung wird durch Inwertsetzung generiert. Ziel des vorliegenden Beitrags ist eine kritische Systematisierung dieser Debatte um die ökonomische Inwertsetzung von Natur und der Vorschlag eines post-anthropozentrischen Arbeitsbegriffs, um die Verzahnungen von Arbeit und Natur im Spätkapitalismus darzustellen. Zunächst kartiert der Beitrag die Debatte um die Inwertsetzung, Kommodifizierung und Finanzialisierung von Natur am Beispiel der Konzepte des Naturkapitals beziehungsweise der Ökosystemdienstleistungen. Im Rückgriff auf zentrale Kritikpfeiler der „planetarischen Dienst-

V. Kluzik (✉)
Institut für Soziologie, Goethe Universität Frankfurt, Frankfurt am Main, Deutschland
E-Mail: kluzik@soz.uni-frankfurt.de

M. Doutch et al. (Hrsg.), *Arbeitswelten*, https://doi.org/10.1007/978-3-662-70955-9_18

leistungsökonomie" weist der Beitrag dann auf die verkannte Zentralität von Arbeit hin. Ausgehend von aktuellen Debatten der „mehr-als-menschlichen Geographien" und feministischen Ansätzen werden die Vorzüge eines post-anthropozentrischen Arbeitsbegriffs konturiert, der zur Re/Politisierung der Debatte um Inwertsetzung beitragen kann – in der *Labour Geography* und darüber hinaus. Ein solches Verständnis von Arbeit berücksichtigt unterschiedliche Formen postfordistischer Re/Produktionsverhältnisse, weist auf die historisch-geographische Situierung hin und skizziert ein post-anthropozentrisches Subjekt im Zeitalter der Finanzialisierung nicht-menschlichen Lebens der Gegenwart.

Schlüsselwörter: Natur, Inwertsetzung, Ökonomie, Arbeit, Reproduktion

Abstract

Against the backdrop of escalating socio-ecological crises, efforts to valorise nature are increasingly coming to the fore. Concepts such as 'natural capital' or 'ecosystem services' have become central pillars of global environmental and nature conservation policy. The credo of the 'planetary service economy' is: nature does not produce for free, value is generated through valorisation. The aim of this article is to critically systematise the debate on the economic valorisation of nature, and to propose a post-anthropocentric concept of labour in order to illustrate the interlocking of labour and nature in late capitalism. The article begins by mapping the debate on the valorisation, commodification and financialization of nature using the concepts of natural capital and ecosystem services as examples. Drawing on central pillars of criticism of the 'planetary service economy', the article then points to the underestimated centrality of labour. Based on current debates on 'more-than-human geographies' and feminist approaches, the advantages of a post-anthropocentric concept of work are outlined, which can contribute to the (re-)politicisation of the debate on valorisation for analyses in labour geography and beyond. Such an understanding of labour takes into account different forms of post-Fordist (re)productive relations, points to historical-geographical situatedness, and outlines a post-anthropocentric subject in the present age of the financialization of non-human life.

Keywords: nature, valorisation, economy, labour, reproduction

18.1 Einleitung

Können Bienen oder Gewässer mit einem Preisschild versehen werden? Und wenn ja, wer hat die Rechnung zu begleichen? Die erste Frage beschäftigt den Mainstream der Umweltökonomie seit den 1970er Jahren. Für eine kritisch-theoretische Perspektive ist es allerdings keine Frage, ob Bienen oder Gewässer mit einem Preisschild versehen werden können, sondern vielmehr, was durch diese techno-ökonomischen Rationalitäten unsichtbar gemacht wird.

Vor dem Hintergrund sich zuspitzender sozial-ökologischer Krisen, des Verlusts der biologischen Vielfalt und massiven Störungen von Ökosystemen sind Bestrebungen der Inwertsetzung von Natur zunehmend in den Vordergrund gerückt. So sind Lebensprozesse schon lange integrale Bestandteile von Produktionsverhältnissen, Investitionsstrategien und Marktdynamiken, die in interdisziplinären soziologischen, politökonomischen und humangeographischen Debatten verhandelt werden (Dempsey 2016; Barla et al. 2022; Neckel et al. 2022). Kritische Gegenwartsdiagnosen verweisen in diesem Zusammenhang auf die zunehmende Kommodifizierung der Umwelt, die unter Schlagwörtern wie „accumulation by conservation" (Büscher und Fletcher 2015) oder einer „new political economy of extinction" diskutiert werden (Walker 2016, S. 9), welche in Form von Kohlenstoffpreisen, Katastrophenanleihen, Wetterderivaten und Biodiversitätskompensationen zu Tage treten. Dabei sind Konzepte wie „Naturkapital" oder „Ökosystem(dienst)leistungen" (ÖSD) zu zentralen Pfeilern der globalen Umwelt- und Naturschutzpolitik avanciert. Im Zentrum dieser steht die Logik der Aufwertung ökologischer Funktionen durch die Festsetzung eines ökonomischen Wertes, die Berechnung beziehungsweise Kommodifizierung der Natur mit der Durchsetzung von Rechts- und Eigentumsverhältnissen, um die ökologischen Grundlagen langfristig zu bewahren. Das Credo lautet: die Natur produziert nicht umsonst, Externalitäten müssen internalisiert werden und auf diese Weise wird Wertschätzung durch ökonomische Inwertsetzung generiert. Folglich entstand die Vision der Biosphäre als planetarische Dienstleistungsökonomie („planetary service economy", Nelson 2015, S. 462).

In kritischer Reaktion darauf konstatierten sozialwissenschaftliche und humangeographische Analysen eine allumfassende „Neoliberalisierung der Natur" seit den 1970ern (Castree 2008) und – nach der Finanzkrise von 2008 – eine „Finanzialisierung von Natur" (Ouma et al. 2018). Jüngste Debatten an der Schnittstelle von Politischer Ökonomie, Wirtschaftsgeographie und den *Science And Technology Studies* versuchen die spekulativen Verflechtungen von Natur und Kapitalismus unter dem Schlagwort der Assetisierung („*assetization*"; Adkins et al. 2020; Birch und Muniesa 2020) zu fassen. Damit verweisen sie auf den verheißungsvollen und spekulativen Charakter von Vermögenswerten („*assets*"). Gemäß dieser Logik werden Krisenmomente zu lukrativen Anlageoptionen gemäß dem Credo „ask not what your portfolio can do for the climate crisis, but what the climate crisis will do to your portfolio" (Buller 2022, S. 51). Wie ich später aufzeige, führen diese ökonomischen Inwertsetzungsmechanismen zu einer Depolitisierung des Mensch-Natur-Verhältnisses.

Aspekte der Neoliberalisierung, Finanzialisierung und Assetisierung von Natur werden im Kontext von drei Aspekten diskutiert: erstens der Wissens- und Diskursgeschichte ökonomischen und ökologischen Denkens (wie begünstigen Metaphern bestimmte ökonomische Diskurse?, siehe exemplarisch Akerman 2003), zweitens marxistisch-politökonomischen Debatten um Wertform (in welchem Verhältnis steht die Warenförmigkeit von Natur zur Entwicklung des Kapitalismus?, siehe exemplarisch Moore 2019) sowie drittens der Untersuchung konkreter Praktiken zur Bewertung ökologischer Funktionen (siehe exemplarisch Gómez-Baggethun und Ruiz-Pérez 2011; Fourcade 2011). In Ergänzung dazu folgt dieses Kapitel Beiträgen der *Labour Geography* (Herod 2001; Pye 2017), die herausstellen, wie eine Betrachtung der globalen Naturverhältnisse durch die Linse der Arbeit zu einer Repolitisierung der Debatte um Mensch-Naturverhältnisse führen kann.

Daran anschließend ist es das Ziel des vorliegenden Beitrags, die Debatten um die ökonomische Inwertsetzung, Kommodifizierung und Finanzialisierung von Natur zu systematisieren und als depolitisierend zu kritisieren, da diese zentralen Entscheidungen über das, was in einer Gesellschaft als wertvoll und was als wertlos verstanden wird, an Märkte ausgelagert wird. Im Anschluss an eine umfassende Kritik der planetarischen Dienstleistungsökonomie schlage ich Konturen eines post-anthropozentrischen Arbeitsbegriff vor, der über die Kommodifizierung und Finanzialisierung von Natur hinausgeht. Dazu frage ich im Rückgriff auf feministische Ansätze und mehr-als-menschliche Geographien, inwiefern der Arbeitsbegriff produktiv erweitert werden kann, um die vielschichtigen Verzahnungen von Arbeit und Natur im Spätkapitalismus in den Blick zu bekommen.

18.2 Ein kurzer geschichtlicher Abriss der Inwertsetzung von Natur

Debatten um *Valuing Nature* beziehungsweise *Valuing The Earth* reichen bis in die 1970er und 1980er Jahre zurück und entsprangen zunächst normativen Beweggründen. Angestoßen durch Umweltbewegungen Ende der 1960er Jahre war nicht nur ein gesteigertes Umweltbewusstsein durch eine Vergegenwärtigung zunehmender Umweltzerstörung, Verschmutzung und Bevölkerungswachstum zu beobachten, auch wurden diese Entwicklungen im Zusammenhang mit einer generellen Krise des Fordismus verstanden. Zu dieser Zeit war eine Weiterentwicklung zentraler Debatten ökologischen und ökonomischen Denkens zu beobachten, deren Trennung zunehmend erodierte (Charbonnier 2021, S. 312 ff.).

In den 1970er Jahren lässt sich der Beginn eines Paradigmenwechsel der neoklassischen Ökonomie ausmachen, die Geburtsstunde der *Ecological Economics* (der Ökologischen Ökonomik, für einen Überblick zur Geschichte siehe Franco und Missemer 2022). Vor dem Hintergrund des neuen Umweltbewusstseins stellten Vertreter:innen der Ökologischen Ökonomik die Annahme der vorherrschenden neoklassischen Theorie in Frage, nach der es möglich sei, natürliche Ressourcen zu ersetzen beziehungsweise das Wirtschaftswachstum von ihnen zu entkoppeln („decoupling"). Zu dieser Zeit führte der Ökonom Ernst Friedrich Schumacher in einer Aufsatzsammlung mit dem Titel *Small is Beautiful. Die Rückkehr zum menschlichen Maß* (1976) als erster den Begriff des „Naturkapitals" ein, den er synonym zu „natürlichen Ressourcen" verwendete. Er kritisierte, dass das menschliche Kapital um ein Vielfaches geringer sei als das „natürliche Kapital" und verwies ferner auf die Unvereinbarkeit des technisch-wirtschaftlichen Fortschritts und der Erschöpfung der natürlichen Ressourcen (Schumacher 1976, S. 2–3). Schumacher reihte sich damit in eine Gruppe von Wirtschafts- und Umweltwissenschaftler:innen ein, die auf die biophysischen Grenzen der Erde hinwiesen – eine Bewegung, die im sogenannten Meadows-Bericht „Die Grenzen des Wachstums" (Meadows et al. 1983 [1972]) ihren zwischenzeitlichen Höhepunkt fand und somit als frühe Referenzpunkte der Wachstumskritik gelten, die heute unter den Schlagwörtern *Degrowth* oder Postwachstumsökonomie verhandelt werden (siehe exemplarisch Georgescu-Roegen 1975; Daly und Townsend

1993). Diese Arbeiten machten deutlich, dass die einzige Antwort für die vielschichtige Krise der Biosphäre in einem Übergang zu einer Art Gleichgewichtszustand („*steady state*") besteht.[1] Damit legten sie den Grundstein für die elementare Logik der Umweltökonomie, die sich in den folgenden Jahrzehnten vor allem einem Ziel verschrieb: Umweltkosten (verstanden als „Externalitäten") in der Preisfindung zu internalisieren. Durch diese Logik des Umweltschutzes qua Marktintegration sollten die Produktionsbedingungen so beeinflusst werden, dass sich ressourcen- und somit umweltfreundlichere Produktionsbedingungen durchsetzen.

In den 1970er Jahren gerieten die Schnittstellen und Wechselwirkungen zwischen dem „Haushalt der Natur" (Ökosysteme) und dem „Haushalt der Menschheit" (Wirtschaft) stärker in den Blick, die den doppelten Begriffsursprung von Ökologie und Ökonomie im *oikos* (griechisch: Haushalt) reflektieren sollten. Auch im ökologischen Denken stellen die 1970er Jahre einen Wendepunkt dar, insofern „Ökologie" nicht nur als Objekt der Wissensproduktion verstanden werden, sondern im Zentrum politischer Auseinandersetzung stehen sollte (Worster 1994).

Während „Naturkapital" in der Debatte um Inwertsetzung von Natur schon früh als zentrale Metapher fungierte, haben Umweltökonom:innen in den 1990er Jahren den Begriff der „Ökosystemdienstleistungen" geprägt. Das Verhältnis zwischen Ökonomischem und Ökologischem wurde von Ökonom:innen nun häufiger in Form von handelbaren Dienstleistungen konzeptualisiert, die mess- und monetarisierbar sind (Daily 1997). Die 1990er Jahre sollten dabei einen vorläufigen Höhepunkt darstellen, als Robert Costanza, eine Schlüsselfigur der Ökologischen Ökonomik, mit seinem Team öffentlichkeitswirksam den ökonomischen Wert aller Ökosysteme auf eine einzige Zahl reduzierte: die gesamte Biosphäre wurde mit einem Wert von 33 Billionen Dollar beziffert (Costanza et al. 1997). Dabei zeigen sozialwissenschaftliche Untersuchungen, dass diese Bezifferung keineswegs frei von Widersprüchen und Konflikten ist. So wird beispielsweise diskutiert, ob ÖSD als heuristisch nützliche Metaphern oder gewöhnliche Waren zu definieren sind (Dempsey 2016).

In den 2000ern fand mit dem von der UN beauftragten Millenium Ecosystem Service Assesment (MEA 2005) eine weitere Institutionalisierung von Ökosystemdienstleistungen statt. Gemäß MEA umfassen Ökosystemdienstleistungen

> „[...] alle Vorteile, die Menschen aus Ökosystemen ziehen. Dazu gehören Versorgungsleistungen wie Nahrung, Wasser, Holz und Fasern, Regulierungsleistungen, die sich auf das Klima, auf Hochwasser, Krankheiten, Abfälle und die Wasserqualität auswirken, kulturelle Funktionen, die der Erholung, der Ästhetik und der Spiritualität dienlich sind, und unterstützende Dienstleistungen wie die Bodenbildung, die Photosynthese und der Nährstoffkreislauf." (MEA 2005: v; Übersetzung nach Dempsey und Robertson 2022, S. 491)

Noch einen Schritt weiter gehen die Studie „The Economics of Ecosystems and Biodiversity" (Europäische Kommission 2008) und das im Jahr 2010 von der Welt-

---

[1] Während die frühe Ökologische Ökonomik die Erhaltung eines Gleichgewichtszustands und die Anerkennung „natürlicher" planetarer Grenzen betonte, weisen aktuellere Ansätze auf die Krisenfestigkeit und Anpassungsfähigkeit von sozial-ökologischen Systemen hin. Paradigmatisch für diesen Übergang von einer Annahme der exakten Vorhersagbarkeit hin zu einer Unbestimmtheit ökonomischer und ökologischer Systeme ist das Konzept der Resilienz (Holling 1973).

bank initiierte und weiterhin laufende Programm „Wealth Accounting and Valuation of Ecosystem Services" (WAVES), das sich nichts Geringeres als die Entwicklung neuer Rechnungssysteme – eine ökologische Modernisierung des Bruttoinlandsproduktes – vornahm. Diese Initiativen reihen sich in transnationale „grüne" Investitionsstrategien und Finanzprodukte ein. In handelbare Formen wie Katastrophenanleihen und Biodiversitätsderivate gegossen, sind sie wenig greifbare, jedoch wichtige Mechanismen, die einen Paradigmenwechsel vom „selling nature to save it" (McAfee 1999) zum „selling nature to trade it" markieren (Sullivan 2022). Die nicht-menschliche Welt wird durch neuartige techno-ökonomische Rationalitäten und Infrastrukturen nicht nur kalkulier- und regierbar, sondern vielmehr zunehmend investierbar gemacht.

18.3 Krisenbewältigung durch Inwertsetzung? Kritik und Leerstellen

Die in Abschn. 18.2 skizzierte Entwicklung der Ökonomisierung und Finanzialisierung von Natur wurde treffend als kontinuierliche „Krisenbewältigung durch Inwertsetzung von Natur" (Bauriedl 2015, S. 632) beschrieben. Inwertsetzung, Kommodifizierung und Finanzialisierung dienen als Schlüsselbegriffe, mit welchen die Konflikte um die Auf-/Ab-/Entwertung von Natur aus politökonomischer Perspektive nachgezeichnet werden können. Ganz grundsätzlich beschreiben Inwertsetzung und Kommodifizierung „den Prozess, wie (Teile von) […] Natur eingehegt, als Ressource definiert und zur Ware werden, um sie schließlich (meist) auf dem Weltmarkt zu veräußern. Finanzialisierung fasst eine bestimmte Unterform dieser Zurichtung auf den Weltmarkt: eine, die auf Finanzmärkte ausgerichtet ist. An diesen werden aber nicht nur Waren an sich, sondern vor allem als Waren kodifizierte Anrechte auf (zukünftige) Produkte und Gewinne gehandelt, mitunter wird also mit Objekten spekuliert, die es noch nicht gibt" (Tittor 2022, S. 399; siehe ferner Wissen 2016).

Diese Bestrebungen um die Inwertsetzung von Natur haben viel Kritik auf den Plan gerufen. Zunächst wird bemängelt, dass Rationalitäten des „taking nature into account/ing" (Asdal 2008) eine Ausweitung von unternehmerischen, komplexitätsreduzierenden Bilanzierungslogiken („*accounting*") auf die nicht-menschliche Umwelt darstellen und gleichzeitig deren Komplexität negieren. Dabei werden Umwelten aber nicht einfach nur zu neuen Objekten der Inwertsetzung und Ausbeutung, sondern markieren eine Beschleunigung der Einspeisung immer weiterer Elemente – Menschen, Umwelten, Artefakte, Technologien – in kapitalistische Bewertungszyklen.

Ein zweiter Kritikpunkt an Ansätzen des *Valuing Nature* betrifft deren Konfiguration des Mensch-Natur-Verhältnisses in Form einer planetarischen Dienstleistungsökonomie. Die Inwertsetzung von Natur erscheint als notwendige und als alternativlos dargestellte Krisenbewältigungsstrategie in Form einer „new political economy of extinction" (Walker 2016). Die Vorstellung von Natur als planetarischer Dienstleistungsökonomie offenbart sich in Vorschlägen, die techno-ökonomische und homogenisierende Lösungen für den vorherrschenden Diskurs um das Anthropozän bereitstellen (Barca 2020), indem beispielsweise indigene Wissensbestände ignoriert oder (gewaltvoll) angeeignet werden. Die Aneignung und Einhegung „natürlicher" Ressourcen durch ökonomische Rationalitäten wird als rechtmäßige und gar notwendige Ausweitung der Herrschaft des Menschen über die Natur angesehen. Ökosysteme, die durch eine Vielzahl von natürlichen und soziokulturellen Interaktionen und Interdependenzen gekennzeichnet sind, werden nun als ökonomisier- und skalierbare Dienstleistungen verstanden. Ökonomische Inwertsetzungsbestrebungen stellen gleichzeitig umfassende reduktionistische Eingriffe in kulturell verankerte Lebensweisen dar und extrahieren dabei zentrale indigene Wissensbestände, was die Umweltwissenschaftlerin Sian Sullivan als „cultural poverty of ecosystem services" (Sullivan 2009) moniert hat.[2]

Ein dritter Punkt der Kritik zielt auf die durch Inwertsetzungsbestrebungen hervorgerufene Zementierung räumlicher Ungleichheiten und Vulnerabilitäten im planetaren Maßstab ab. Interventionen der Politischen Ökologie haben darauf aufmerksam gemacht, dass Umweltveränderungen nicht nur auf „natürliche" Ursachen zurückgeführt werden können. Vielmehr werden sie als Teil oder Folge von ökonomischen und gesellschaftlichen Verhältnissen angesehen. Diese Sichtweise ermöglicht die Freilegung von Macht- und Herrschaftsverhältnissen. So haben raumsensible Untersuchungen die Aufmerksamkeit auf Fragen von Eigentum, Enteignung, *Land-* oder *Green Grabbing* gelegt und damit gezeigt, wie Natur- und Umweltschutzprojekte letztlich koloniale Praktiken reproduzieren (Fairhead et al. 2012; Schuhmacher 2022). Denn um sich selbst zu erhalten, erfordert der „grüne Kapitalismus" die Aneignung von Natur an anderer Stelle. So schließen beispielsweise Biodiversitätsausgleichssysteme lokale Bevölkerungen von gemeinsamen Ressourcen (wie Wäldern und Wasser) aus, indem sie Land und Ökosysteme für Umwelt- und Naturschutzprojekte parzellieren und in Form von Finanzprodukten handeln, um den Wohlstand des Globalen Nordens zu fördern (Buller 2022, S. 264).

In der Summe offenbaren diese Kritikpunkte wie die beschriebenen Inwertsetzungsbemühungen Machtverhältnisse, inhärente Gewalt durch Aneignung und Ausbeutung unsichtbar machen und damit entpolitisieren (Swyngedouw 2011). Denn Entscheidungen über die Natur, was geschützt werden muss und was zerstört werden kann, werden an den Markt delegiert und so aus der Sphäre des Politischen, aus dem Raum der umkämpften öffentlichen Entscheidungsfindung über eine gemeinsame Zukunft, herausgelöst (Battistoni 2017). Die ökonomistische Inwertsetzung von Natur und deren Instrumente tragen also schlussendlich zu einer Verschärfung der sozial-ökologischen Krise bei. An diesem Desiderat, die Kämpfe um Natur zu repolitisieren setzen „mehr-als-menschliche Geographien" und feministische Interventionen an. Sie stellen die Verwobenheit des Menschlichen und Nicht-Menschlichen,

---

[2] In den letzten zehn Jahren spielen jedoch kulturelle Faktoren unter dem Diktum eines methodologischen Pluralismus in der Bewertung von ÖSD eine zunehmend größere Rolle. In der Folge wird nun in *Policy*-Diskursen und insbesondere von der Intergovernmental Science-Policy Platform on Biodiversity and Ecosystem Services (IPBES) vorangetrieben zunehmend von „Nature's Contributions to People" (NCP) statt Ökosystemdienstleistungen (ÖSD) gesprochen, das ein pluraleres Verständnis von Wissens- und Ökosystembeständen abbilden soll (Díaz et al. 2018).

und der Ko-Konstitution des Ökonomischen und Ökologischen, von Produktion und Reproduktion, in den Mittelpunkt.

18.4 Skizzen eines post-anthropozentrischen Arbeitsbegriffs

Wie kann eine Inwertsetzung von Natur verstanden werden, ohne den Problemen von komplexitätsreduzierendem „*Accounting*", unkritischen beziehungsweise unsichtbarmachenden Herrschaftsvorstellungen sowie kolonialistischen Tendenzen anheim zu fallen? Um der Kritik an der Art und Weise der Inwertsetzung der Natur eine Alternative entgegen zu setzen, werde ich im Folgenden im Rückgriff auf interdisziplinäre Perspektiven Soziologie, kritischer politischen Ökonomie und Humangeographie Parallelen zwischen der Inwertsetzung von Natur und der Inwertsetzung von Arbeit ziehen, und hierbei insbesondere auf Ähnlichkeiten zwischen der Arbeit der Natur und Debatten zu reproduktiver Arbeit eingehen. Ziel ist es, einen post-anthropozentrischen Arbeitsbegriff zu rahmen, das bedeutet, eine machtsensible Anerkennung von Formen nicht-menschlicher Arbeit.

18.4.1 Mehr-als-menschliche Geographien

Ein erster Zugangspunkt zur Entwicklung eines post-anthropozentrischen Arbeitsbegriffs sind „mehr-als-menschliche Geographien" (Whatmore 2008; Steiner et al. 2022). Diese sozialwissenschaftlichen und humangeographischen relationalen Gegenwartsanalysen betrachten menschliches und nichtmenschliches Leben nicht als Gegenpole, sondern vielmehr als eng miteinander verwoben. Nicht nur Menschen, sondern auch Tiere und andere nichtmenschliche Entitäten wie etwa natürliche Umgebungen und Technologien sind demnach an der „Ko-Fabrikation soziomateriellen Wandels" beteiligt (Whatmore 2008, S. 602). Der Dreh- und Angelpunkt dieser Perspektiven ist das Operieren ökonomischer und technologischer Systeme, die sich erst über das Zusammenwirken mit gesellschaftlichen Normen oder politischen Institutionen entfalten. Jedoch wird in einer Vielzahl sozial- und humangeographischer und politökonomischer Debatten die aktive Rolle von Tieren sowie ganzer Ökosysteme in Prozessen kapitalistischer Akkumulation und soziotechnischer Innovation nicht selten vernachlässigt.

Diese Erweiterung des klassischen Arbeitsbegriffs auf Tiere und ganze Ökosysteme zeigt sich in Konzepten wie „more-than-human biopolitics" (Asdal et al. 2016) sowie „tierische Arbeit" (Barua 2022). Entgegen marxistischer Vorstellungen, dass Tiere weder Mehrwert generieren noch Arbeit verrichten können, argumentiert der Geograph Maan Barua, dass mehr-als-menschliches Leben permanent in Kapital überführt wird. Seine Intervention ist aus zwei Gesichtspunkten interessant. Erstens fordert sie die neoklassische Auffassung der Internalisierung von Naturen, die sich in einem ökonomischen Außen befinden, heraus. Gleichzeitig zeigt seine Perspektive auf, wie sich das Ökonomische und das Ökologische durch materiell-semiotische Verwertungsprozesse – also die Verwobenheit materieller und diskursiver Elemente –

gegenseitig konstituieren. Barua schlägt eine „relationale Analyse des Nexus von Natur und Kapital" (Barua 2022, S. 383) vor und betont, dass Tiere nicht nur die Basis ökonomischer Praktiken darstellen, sondern sie diese aktiv gestalten. So nennt er beispielsweise ökologische Arbeit von bestäubenden Insekten wie Bienen und Mücken, deren Rückgang bereits heute unermessliche ökonomische Schäden verursache. Er zeigt, dass fortwährende kapitalistische Akkumulation die Vitalität und Kräfte ganzer Tiere auf vielfältige Weise ausbeutet. Eine Milchkuh kann gleichzeitig eine Quelle von zukünftigen Waren (Milch) als auch ein arbeitender Körper sein, dessen biologische Prozesse und reproduktive Qualitäten für die Milchproduktion unerlässlich sind. In der Folge können Tiere die marxistischen Kategorien verkomplizieren, indem sie sowohl als lebendige Waren als auch als Arbeitskräfte im Produktionsprozess fungieren können (Barua 2022, S. 359). Dabei ist aber festzuhalten, dass Tiere oder biologische Funktionen nicht per se als arbeitende Körper und Entitäten verstanden werden können. Tierische Arbeit vollzieht sich immer in Gefügen, ist relational. Die menschliche Nutzbarmachung tierischer Arbeit kann, wie Simon Schaupp (2024, S. 37 ff.) aufgezeigt hat, nur durch Momente der Kontrolle und Rationalität entstehen, wenn wir an die Domestizierung von Tieren oder der Kanalisierung von Flüssen denken.

Noch einen Schritt weiter gehen kritische Analysen der Ökonomisierung ganzer Ökosysteme, wie sie sich in konzeptuellen Rahmungen der Natur als „planetarische Dienstleistungsökonomie" wiederfinden. Im Rahmen dieser Kritik wird die Konzeption von Ökosystemen als grundlegende Infrastrukturen offengelegt. So skizzieren die Geograph:innen Patrick Bigger und Sarah Nelson wie Natur analog zu konventioneller Infrastruktur wie Straßen oder Häfen durch ökonomisch-technologische Rationalitäten investierbar gemacht werden kann:

> „Infrastructural nature is […] a naturalization of infrastructure as a social relation that tethers socioecological reproduction to the dynamics of capital circulation and investment. It transforms complex ecologies into systems for the delivery of anthropocentric services while simultaneously obscuring the *work*, and therefore the *politics*, involved in this transformation." (Nelson und Bigger 2022, S. 5, Kursivierung V.K.)

Ihre Diagnose beruht auf einer Analyse von einer Vielzahl von *Policy*-Ansätzen, wissenschaftlichen Praktiken, Diskursen und Investmentstrategien, die hierbei selektiv Formen menschlichen und nicht-menschlichen Lebens fördern. Bigger und Nelson weisen auf die Relevanz dreier Blickwinkel – Territorium, Arbeit und das Finanzwesen – hin, um auf die territorialen, biopolitischen und futurologischen Aspekte des Ökosystemmanagements hinzuweisen. Wichtig dabei ist, dass ökologische Kapazitäten und die Managementpraktiken, die sie ermöglichen und aufrechterhalten, als Arbeit gefasst werden. Diese Arbeit produziert Werte und kann für die Rendite von Investoren angeeignet werden.

In meinem Verständnis hat Natur als „infrastrukturelle Natur" auffällige Gemeinsamkeiten mit reproduktiver Arbeit, die ebenfalls die Grundlage gesamtgesellschaftlicher Reproduktion darstellt, die „selektiv de- und revaluiert wird" (ebd., S. 4), wie ich im Folgenden zeigen werde. Diese Verschiebung der Analyseperspektive hin zu den vermeintlich „unproduktiven" Formen der Arbeit (Reproduktion, Care, Tiere, Ökosysteme) bricht mit dem Anthropozentrismus des Arbeitsbegriffs und unterstreicht vielmehr die „mutual fragility of nature and work" (Besky und Blanchette 2019, S. 6).

18.4.2 Natur und reproduktive Arbeit: Feministische Ansätze

Feministische Theoretiker:innen haben seit langem die „Krise der sozialen Reproduktion" diagnostiziert. Mit Marx lässt sich soziale Reproduktion ganz grundsätzlich als Reproduktion von Arbeitskraft bzw. dem Ensemble an Infrastrukturen, die zur Reproduktion von Arbeitskraft notwendig sind, verstehen. Die Krisenhaftigkeit der sozialen Reproduktion offenbart sich dadurch, dass die Vernutzung menschlicher Arbeitskraft als Grundlage der beständigen Akkumulation von Kapital gilt, das expansive Streben nach Wachstum und Profit die vielschichtigen Prozesse sozialer Reproduktion aber unterminieren (Aulenbacher 2013). Mit „Krise der sozialen Reproduktion" ist folglich die „Gefährdung reproduktiver Ressourcen der Subjekte" sowie ein „gesamtgesellschaftlicher Mangel der Versorgung" (Altenried et al. 2021, S. 10) gemeint. Feministische Ansätze haben in diesem Kontext beständig auf die Zentralität von reproduktiver Arbeit als analytische Linse für die Analyse der Krisenhaftigkeit von Gesellschaft und Ökonomie hingewiesen und für eine Erweiterung des Arbeitsbegriffs plädiert – ein Vorhaben, das auch für die ökologische Krise bedeutsam ist. Aus materialistisch-feministischer Sicht sind drei Punkte für die angestrebte Entwicklung eines erweiterten Arbeitsbegriffs bedeutsam.

Erstens haben marxistische Feminist:innen wie Silvia Federici (2012) oder Vertreter:innen der feministischen *Science And Technology Studies* wie Melinda Cooper und Catherine Waldby (2014) die Trennung von produktiver und reproduktiver Arbeit als zentrales Charakteristikum kapitalistischer Gesellschaften kritisiert. Anhand der Kritik des Dualismus Produktion/Reproduktion haben sie die historisch verankerte und systematische Abwertung, Naturalisierung und Invisibilisierung reproduktiver Arbeit herausgestellt. Neuartige Informations- und Biotechnologien spielen eine zentrale Rolle in der Konfiguration eines globalen biopolitischen Systems, das individuelle Körper und ganze Bevölkerungen lesbar macht, parzelliert, und homogenisiert und somit bestehende Macht- und Herrschaftsverhältnisse zementiert. Dabei beschreibt Biokapital eine Akkumulationsstrategie, die zentral von den reproduktiven Kapazitäten zur Generierung von Mehrwert abhängt, sodass der „biologische Körper als Schauplatz technologischer Extraktionsprozesse fungiert" (Barla et al. 2022, S. 31). So werden Grenzen zwischen den Sphären der Produktion und der Reproduktion, des Menschlichen und Natürlichen und der Arbeit und des Lebens zunehmend porös.

Ein zweiter wichtiger Aspekt betrifft die strukturellen Ähnlichkeiten der Abwertung reproduktiver menschlicher und nicht-menschlicher Arbeit. Während die feministisch-materialistische Ökonomiekritik seit langem hinterfragt, wer Wert produziert und wer als Arbeiter:in zählt, haben Ökofeminist:innen die ökonomische und politische Entwertung der Reproduktion mit der Umweltzerstörung in Verbindung gebracht. Grundsätzlich gehen ökofeministische Ansätze von einer strukturellen Ähnlichkeit des Naturbeherrschungsgeists und der kapitalistischen Ausbeutung der weiblichen Produktivität aus. So schreibt die feministische Politökonomin Christine Bauhardt:

> „[...] [S]owohl Frauen und ihre Fähigkeit ‚Leben' zu ‚produzieren', als auch die ‚Produkte' der Natur werden im Kapitalismus außerhalb des Lohnverhältnisses angeeignet und ausgebeutet: ‚Natur' ist billig, gar gratis. Sie braucht keinen Lohn für ihre Arbeit und keinen Preis für ihre Produkte. Sie hat keine Bedürfnisse und braucht nicht erneuert zu werden." (Bauhardt 2012, S. 9)

Werkzeuge wie Naturkapital oder Ökosystemdienstleistungen könnten in dieser Logik auf den ersten Blick als etwas Positives bewertet werden, da sowohl die regenerativen Fähigkeiten von Frauen* sowie ökologischer Systeme nunmehr beziffert werden. In einem Interview haben Melinda Cooper und Catherine Waldby (Kitchen Politics 2015) jedoch darauf hingewiesen, dass eine bloße formelle Aufwertung und Framing als Kapital oder Dienstleistung nicht per se Anerkennung und mehr Gerechtigkeit bringt, was die Soziolog:innen am Beispiel von Reproduktions- und Sorgearbeit ablesen. Eine herrschaftskritische Analyse macht also deutlich, dass die Durchsetzung neoliberal organisierter Naturnutzung grundsätzlich mit hierarchischen Geschlechter- und Klassenverhältnissen verbunden ist und im Kontext von Klima- und Umweltkrisen geschlechtsspezifische Verwundbarkeiten hervorhebt (Bauriedl und Hackfort 2016).

Ein weiterer, dritter Punkt kommt aus feministisch-dekolonialen Perspektiven, die die Ausblendung kolonialer Strukturen und Kontinuitäten und der Zentralität von Reproduktivkräften hervorheben. So fragt die Umwelthistorikerin und Politische Ökologin Stefania Barca beispielsweise in ihrer kritischen Auseinandersetzung mit dem Anthropozän: „Why are the forces of reproduction not accounted for in the hegemonic Anthropocene narrative? Do they count for nothing in the historical balance sheet of human/earth relationships?" (Barca 2020, S. 2) Sie analysiert die politisch-ökonomische Logik des Anthropozäns als „eco-capitalist realism" (ebd.), in dem sie die offizielle Erzählung des Anthropozäns als eine westliche Rationalität darstellt, die auf der Ausblendung des Kolonialismus und der indigenen und schwarzen Geschichte beruht. Barca rollt den vorherrschenden Diskurs um das Anthropozän neu auf und schreibt den „Reproduktivkräften" die zentrale Rolle im Gegenwartskapitalismus zu. Entlang von vier Achsen – Kolonial-, Geschlechter-, Klassen- und Speziesverhältnisse – kann reproduktive, in diesem Sinne lebensfördernde Arbeit als grundlegend für „Inter- and intraspecies becoming" (ebd., S. 7) sein.

Diese Ansätze können produktiv mit den im vorherigen Abschnitt beschriebenen relationalen Ansätzen der „mehr-als-menschlichen Geographien" in Dialog gebracht werden, da sie die konstitutive Kraft der Dinge im sozialen und politischen Leben betonen und dem Nichtmenschlichen eine politische Rolle zuordnen.

18.4.3 Arbeit, post-anthropozentrisch?

Einsichten der „mehr-als-menschlichen Geographien" sowie feministischer Perspektiven bieten produktive Anknüpfungspunkte, die strukturellen Ähnlichkeiten der Abwertung reproduktiver menschlicher und nicht-menschlicher Arbeit aufzudecken. Aus mehr-als-menschlichen Geographien leiten sich zwei Desiderata ab: einerseits die Ausweitung des klassischen Arbeitsbegriffs auf Tiere und Ökosysteme, sowie der alternierende Subjekt/Objekt-Status von Natur. Die „mehr-als-menschlichen Geographien" bleiben jedoch stark in einem dualistischen Denken verhaftet, indem versucht wird, einen nicht-anthropozentrischen Arbeitsbegriff zu konturieren. Hier können Einsichten von feministischen Theoretiker:innen produktiv sein, die die konstitutive Funktion dualistischen Denkens (Produktion vs. Reproduktion, Natur vs. Kultur, öffentlich vs privat; siehe Plumwood 1993) für die Organisation von Gesellschaft und Wissensproduktion herausgearbeitet haben.

Ausgehend von diesen Überlegungen wäre es naheliegend, einen nicht-anthropozentrischen Arbeitsbegriff zentral zu setzen. Indem ein solches Vorhaben die Differenzen von menschlicher und nicht-menschlicher Arbeit betont, würden dadurch allerdings die Parallelen beider Arten der Arbeit ausgeblendet. Mit der Analyselinse eines post-anthropozentrischen Arbeitsbegriff hingegen kann herrschaftskritisch und machtsensibel der Wert der Natur anerkannt werden, ohne die systematische Abwertung und Ausbeutung von reproduktiver menschlicher wie nicht-menschlicher Arbeit zusammenzuwerfen. Das Suffix -post suggeriert, dass beide Arten reproduktiver Arbeit nach verwandten und miteinander verbundenen, aber je eigenen Logiken operieren. Dabei sind vor allem zwei Aspekte von Bedeutung: erstens, die historisch-geografische Situiertheit von Natur und deren differenzielle Nutzbarmachung, sowie zweitens die Bestimmung der Konturen eines post-anthropozentrischen Subjekts. Dies sind zwei Aspekte, die man beispielsweise in den jüngsten Arbeiten von Simon Schaupp (2024) und Alyssa Battistoni (2017; 2025) findet.

Schaupp (2024) schlägt seinem Buch „Stoffwechselpolitik" den Begriff der „historisch-geographischen Soziologie der Arbeit" vor und zeigt damit wie Arbeit und Natur in einem Verhältnis unauflöslicher Wechselwirkungen zueinanderstehen. Arbeit wird somit zu einem zentralen Ort für die Entstehung der ökologischen Krise (und möglicherweise auch für ihre Überwindung). Arbeit, nach dem Marx'schen Verständnis, kann als der gesellschaftliche Stoffwechsel mit der Natur verstanden werden. Die Nutzbarmachung der Natur, so Schaupp, ermöglicht die intensivierte Nutzbarmachung der menschlichen Arbeit, die wiederum eine intensivere Nutzbarmachung der Natur ermöglicht – letztlich eine „differentielle Nutzbarmachung von Arbeit und Natur" (Schaupp 2024, S. 79). Dieses Verhältnis ist jedoch ein asymmetrisches, da die Nutzbarmachung der Natur durch den Menschen und Momenten der Kontrolle geprägt ist.

Eine andere Deutung bietet Battistoni mit ihrem Konzept der „hybriden Arbeit". Sie regt damit an in Anschluss an marxistisch-feministische Analysen die reproduktiven und widerspenstigen Kräfte des Nicht-Menschlichen hervorzuheben. Damit unterstreicht sie die Notwendigkeit eines post-anthropozentrischen Subjekts, ein „expanded we", in dem sie die reproduktiven und regenerativen Kräfte der Natur betont:

> „a political movement that names nature as co-laborer is a conscious and deliberate choice to position human laborers with nonhuman nature against destructive forms of economic practice and ontological distinction." (Battistoni 2017, S. 22)

Ein solches Verständnis von Natur als *Co-Laborer* nimmt Reproduktivität und regenerative Potentiale von Körpern und Natur in den Blick, statt diese als bloße Materie oder Rohstofflager anzusehen. Während neuere *Policy*-Vorschläge von „nature's contributions to the people" (NCPs) sprechen, wird die Arbeit der Natur nunmehr nicht mehr als Dienstleistung, sondern als Beitrag („contribution") gefasst. Mit Battistoni können Deutungskämpfe um menschliche und nicht-menschliche Arbeit und Wert von ihrer anthropozentrischen Verengung gelöst und vielmehr als Netze der Kooperation verstanden. Eine solche Perspektive formuliert nicht den Anspruch, distinkte Ökonomisierungsprozesse zu subsumieren, sondern unterstreicht deren historisch-geographische Situierung. Daraus folgt, dass eine demokratischere Gestaltung globaler gesellschaftlicher Naturverhältnisse das Ziel sein muss.

18.5 Schluss

Der Beitrag hat einen Überblick über die verschiedenen Stränge der Debatten zur Inwertsetzung von Natur gegeben und eine vielschichtige Kritik der planetarischen Dienstleistungsökonomie formuliert. Sozialwissenschaftliche und humangeographische Debattenbeiträge haben wichtige Analysen geliefert, wie die nicht-menschliche Welt durch techno-ökonomische Rationalitäten kalkulierbar und damit auch regierbar gemacht wurde. Inwertsetzung von Natur muss als eine historisch und geographisch spezifische Form des Managements von (zukünftigen) Unsicherheiten betrachtet werden, die mit einer globalisierten Produktionsweise verbunden ist, in der menschliches und nicht-menschliches Leben auf unterschiedliche Weise gefördert werden. Aktuelle Beiträge feministischer Ansätze sowie mehr-als-menschliche Geographien können dabei helfen, neue Perspektiven auf die historisch gewachsene Beziehung von Natur und menschlicher Inwertsetzung von Natur zu bieten. Mit diesen Ansätzen lassen sich nicht nur die Rationalitäten der Inwertsetzungsbestrebungen beschreiben, sondern vielmehr die damit verbundene „differenzielle Nutzbarmachung von Arbeit und Natur" fassen.

Von dieser Perspektive aus können Beiträge der *Labour Geography* und deren kritischer Impetus immens profitieren, da es neue Forschungsperspektiven eröffnet, die sich nicht auf Dualismen wie Produktion/Reproduktion fokussieren, sondern vielmehr deren Zusammenspiel widmet. Wenn Natur auf Basis ihrer Reproduktions- und Regenerationsfähigkeit – und nicht als bloßes Rohstofflager oder tote Materie begriffen wird, so birgt dies Potenziale, das Verhältnis des Ökonomischen und Ökologischen neu zu denken. Ein post-anthropozentrischer Arbeitsbegriff, mit welchem herrschaftskritisch und machtsensibel der Wert der Natur anerkannt werden, ohne die systematische Abwertung und Ausbeutung von reproduktiver menschlicher wie nicht-menschlicher Arbeit zusammenzuwerfen, kann einen anderen Blickwinkel jenseits allumfassender Diagnose der Ökonomisierung der Gesellschaft anregen. Ein solches Verständnis von Arbeit berücksichtigt unterschiedliche Formen postfordistischer Re/Produktionsverhältnisse, weist auf die historisch-geographische Situierung hin und skizziert ein post-anthropozentrisches Subjekt im Zeitalter der „planetarischen Dienstleistungsökonomie". Relationale Analysen, die das Ökonomische und das Ökologische als konstitutiv, so wie die Sphären des Produktiven und des Reproduktiven als porös und vielmehr als generativ betrachten, können technokratischen Bearbeitungsweisen einer „new political economy of extinction“ entschieden entgegentreten und auf alternative Zukünfte hinweisen.

Danksagung Ich danke dem Arbeitsbereich „Biotechnologie, Natur und Gesellschaft“ an der Goethe Universität, insbesondere Josef Barla und Franziska von Verschuer, für kritische Diskussionen und wertvolle Anmerkungen dieses Beitrags und Julian Koptisch für das Lektorat. Ebenso danke ich allen Herausgeber*innen dieses Bandes für ihre unermüdliche Arbeit.

Literatur

Adkins, Lisa, Melinda Cooper, und Martijn Konings. 2020. *The asset economy*, 1. Aufl., Medford: Polity.

Akerman, Maria. 2003. What does ‚natural capital‘ do? The role of metaphor in economic understanding of the environment. *Environmental Values* 12(4):431–448.

Altenried, Moritz, Julia Dück, und Mira Wallis. 2021. Zum Zusammenhang digitaler Plattformen und der Krise der sozialen Reproduktion: Einleitung. In *Plattformkapitalismus und die Krise der sozialen Reproduktion*, Hrsg. Moritz Altenried, Julia Dück, und Mira Wallis, 7–26. Münster: Westfälisches Dampfboot.

Asdal, Kristin. 2008. Enacting things through numbers: taking nature into account/ing. *Geoforum* 39(1):123–132.

Asdal, Kristin, Tone Druglitrø, und Steve Hinchliffe. 2016. *Humans, animals and biopolitics: the more-than-human condition*. London New York: Routledge.

Aulenbacher, Brigitte. 2013. Ökonomie und Sorgearbeit Herrschaftslogiken, Arbeitsteilungen und Grenzziehungen im Gegenwartskapitalismus. In *Gesellschaft. Feministische Krisendiagnosen*, Hrsg. Erna M. Appelt, Brigitte Aulenbacher, und Angelika Wetterer, 105–126. Münster: Westfälisches Dampfboot.

Barca, Stefania. 2020. *Forces of reproduction: notes for a counter-hegemonic anthropocene*. Cambridge: Cambridge University Press.

Barla, Josef, Vicky Kluzik, und Thomas Lemke. 2022. *Biokapital. Beiträge zur Kritik der politischen Ökonomie des Lebens*. Frankfurt am Main: Campus.

Barua, Maan. 2022. Die Belebung des Kapitals: Arbeit, Waren, Zirkulation. In *Biokapital. Beiträge zur Kritik der politischen Ökonomie des Lebens*, Hrsg. Josef Barla, Vicky Kluzik, und Thomas Lemke, 351–386. Frankfurt am Main: Campus.

Battistoni, Alyssa. 2017. Bringing in the work of nature: from natural capital to hybrid labor. *Political Theory* 45(1):5–31.

Battistoni, Alyssa. 2025. *Free gifts: capitalism and the politics of nature*. Princeton: University Press.

Bauhardt, Christine. 2012. Feministische Ökonomie, Ökofeminismus und Queer Ecologies – feministisch-materialistische Perspektiven auf gesellschaftliche Naturverhältnisse. In *Gender Politik Online*.

Bauriedl, Sybille. 2015. Klimapolitik verstärkt globale und soziale Ungleichheiten. *PROKLA. Zeitschrift für kritische Sozialwissenschaft* 45(181):629–636.

Bauriedl, Sybille, und Sarah Hackfort. 2016. Geschlechtsspezifische Verwundbarkeit. In *Wörterbuch Klimadebatte*, Hrsg. Sybille Bauriedl, 95–101. Bielefeld: transcript.

Besky, Sarah, und Alex Blanchette. 2019. *How nature works. Rethinking labor on a troubled planet*. Albuquerque: University of New Mexico Press.

Birch, Kean, und Fabian Muniesa. 2020. *Assetization: Turning things into assets in technoscientific capitalism*. Cambridge: MIT Press.

Buller, Adrienne. 2022. *The value of a whale: on the illusions of green capitalism*. Manchester: Manchester University Press.

Büscher, Bram, und Robert Fletcher. 2015. Accumulation by conservation. *New Political Economy* 20(2):273–298.

Castree, Noel. 2008. Neoliberalising nature: the logics of deregulation and reregulation. *Environment and Planning A: Economy and Space* 40(1):131–152.

Charbonnier, Pierre. 2021. *Überfluss und Freiheit. Eine ökologische Geschichte der politischen Ideen*. München: Hanser. Übersetzt von Andrea Hemminger.

Cooper, Melinda, und Catherine Waldby. 2014. *Clinical labor: tissue donors and research subjects in the global bioeconomy*. Durham: Duke University Press.

Costanza, Robert, Ralph d'Arge, Rudolf de Groot, Stephen Farber, Monica Grasso, Bruce Hannon, Karin Limburg, Shahid Naeem, Robert V. O'Neill, Jose Paruelo, Robert G. Raskin, Paul Sutton, und Marjan van den Belt. 1997. The value of the world's ecosystem services and natural capital. *Nature* 387(6630):253–260.

Daily, Gretchen C. 1997. *Nature's services: societal dependence on natural ecosystems*. Washington. DC: Island Press.

Daly, Herman E., und Kenneth N. Townsend. 1993. *Valuing the earth. Economics, ecology, ethics*. London: MIT Press.

Dempsey, Jessica. 2016. *Enterprising nature: economics, markets, and finance in global biodiversity politics*. New York: Wiley-Blackwell.

Dempsey, Jessica, und Morgan M. Robertson. 2022. Ökosystemdienstleistungen – Spannungen, Unreinheiten und Ansatzpunkte innerhalb des Neoliberalismus. In *Biokapital. Beiträge zur Kritik der politischen Ökonomie des Lebens*, Hrsg. Josef Barla, Vicky Kluzik, und Thomas Lemke, 477–514. Frankfurt am Main: Campus.

Díaz, Sandra, Unai Pascual, Marie Stenseke, Berta Martín-López, Robert T. Watson, Zsolt Molnár, Rosemary Hill, Kai M.A. Chan, Ivar A. Baste, Kate A. Brauman, Stephen Polasky, Andrew Church, Mark Lonsdale, Anne Larigauderie, Paul W. Leadley, Alexander P.E. Van Oudenhoven, Felice Van Der Plaat, Matthias Schröter, Sandra Lavorel, Yildiz Aumeeruddy-Thomas, Elena Bukvareva, Kirsten Davies, Sebsebe Demissew, Gunay Erpul, Pierre Failler, Carlos A. Guerra, Chad L. Hewitt, Hans Keune, Sarah Lindley, und Yoshihisa Shirayama. 2018. Assessing nature's contributions to people. *Science* 359(6373):270–272.

Europäische Kommission. 2008. *The economics of ecosystems and Biodiversity: an interim report*. EU Publications Office.

Fairhead, James, Melissa Leach, und Ian Scoones. 2012. Green grabbing: a new appropriation of nature? *Journal of Peasant Studies* 39(2):237–261.

Federici, Silvia. 2012. *Revolution at point zero: housework, reproduction, and feminist struggle*. Oakland: PM Press.

Fourcade, Marion. 2011. Cents and sensibility: economic valuation and the nature of „nature". *American Journal of Sociology* 116(6):1721–1777.

Franco, Marco P.V., und Antoine Missemer. 2022. *A history of ecological economic thought*. London: Routledge.

Georgescu-Roegen, Nicholas. 1975. Energy and economic myths. *Southern Economic Journal*https://doi.org/10.2307/1056148.

Gómez-Baggethun, Erik, und Manuel Ruiz-Pérez. 2011. Economic valuation and the commodification of ecosystem services. *Progress in physical geography* 35(5):613–628.

Herod, Andrew. 2001. *Labor geographies: workers and the landscapes of capitalism*. New York: Guilford.

Holling, Crawford S. 1973. Resilience and stability of ecological systems. *Annual review of ecology and systematics* 4(1):1–23.

Kitchen Politics. 2015. Interview: Arbeitsbegriffe und Politik der Arbeit. Nachfragen von Kitchen Politics an Melinda Cooper und Catherine Waldby. In *Sie nennen es Leben, wir nennen es Arbeit: Biotechnologie, Reproduktion und Familie im 21. Jahrhundert*, 78–105. Münster: edition assemblage.

McAfee, Kathleen. 1999. Selling nature to save it? Biodiversity and green developmentalism. *Environment and planning D: Society and Space* 17(2):133–154.

Meadows, Donella H., Dennis Meadows, Jørgen Randers, und William W. Behrens III. 1983. *Die Grenzen des Wachstums. Bericht des Club of Rome zur Lage der Menschheit*. München: Deutsche Verlags-Anstalt. 1972.

Moore, Jason W. 2019. *Kapitalismus im Lebensnetz. Ökologie und die Akkumulation des Kapitals*. Berlin: Matthes & Seitz.

Neckel, Sighard, Philipp Degens, und Sarah Lenz. 2022. *Kapitalismus und Nachhaltigkeit*. Frankfurt am Main: Campus.

Nelson Holiday, Sara. 2015. Beyond the limits to growth: Ecology and the neoliberal counterrevolution. *Antipode* 47(2):461–480.

Nelson Holiday, Sara, und Patrick Bigger. 2022. Infrastructural nature. *Progress in Human Geography* 46(1):86–107.

Ouma, Stefan, Leigh Johnson, und Patrick Bigger. 2018. Rethinking the financialization of ‚nature'. *Environment and Planning A: Economy and Space* 50(3):500–511.

Plumwood, Val. 1993. *Feminism and the mastery of nature*. London: Routledge.

Pye, Oliver. 2017. Für einen labour turn in der Umweltbewegung: Umkämpfte Naturverhältnisse und Strategien sozial-ökologischer Transformation. *PROKLA. Zeitschrift für kritische Sozialwissenschaft* 47(189):517–534.

Schaupp, Simon. 2024. *Stoffwechselpolitik. Arbeit, Natur und die Zukunft des Planeten*. Berlin: Suhrkamp.

Schuhmacher, Juliane. 2022. *Die Regierung des Waldes. Klimawandel, Kohlenstoffmärkte und neoliberale Naturen in Marokko*. Bielefeld: transcript.

Schumacher, Ernst Friedrich. 1976. *Small is Beautiful. Die Rückkehr zum menschlichen Maß*. Reinbek: Rowohlt.

Steiner, Christian, Gerhard Rainer, Verena Schröder, und Frank Zirkl. 2022. *Mehr-als-menschliche Geographien: Schlüsselkonzepte, Beziehungen und Methodiken*. Stuttgart: Franz Steiner.

Sullivan, Sian. 2009. Green capitalism, and the cultural poverty of constructing nature as service-provider. *Radical Anthropology* 3:18–27.

Sullivan, Sian. 2022. Banking Nature? Die spektakuläre Finanzialisierung des Umweltschutzes. In *Biokapital. Beiträge zur Kritik der politischen Ökonomie des Lebens*, Hrsg. Josef Barla, Vicky Kluzik, und Thomas Lemke, 515–544. Frankfurt am Main: Campus.

Swyngedouw, Erik. 2011. Depoliticized environments: the end of nature, climate change and the post-political condition. *Royal Institute of Philosophy Supplements* 69:253–274. https://doi.org/10.1017/s1358246111000300.

Tittor, Anne. 2022. Inwertsetzung, Kommodifizierung und Finanzialisierung. In *Handbuch Politische Ökologie: Theorien, Konflikte, Begriffe, Methoden*, Hrsg. Daniela Gottschlich, Sarah Hackfort, Tobias Schmitt, und Uta von Winterfeld, 399–406. Bielefeld: transcript.

Walker, Jeremy. 2016. Bringing liquidity to life: Markets for ecosystem services and the new political economy of extinction. In *Business interests and the environmental crisis*, Hrsg. Kanchi Kohli, Manju Menon, 5–37. Delhi: SAGE India.

Whatmore, Sarah. 2008. Hybrid geographies: rethinking the ‚human' in human geography. In *Environment. Critical essays in human geography*, 411–428. Routledge.

Wissen, Markus. 2016. Inwertsetzung von Natur. In *Wörterbuch Klimadebatte*, Hrsg. Sybille Bauriedl, 109–116. Bielefeld: transcript.

Worster, Donald. 1994. *Nature's economy: a history of ecological ideas*, 2. Aufl., Cambridge: Cambridge University Press.

Part VII

Doing Labour Geography

Starting and Staying with Labour: Herausforderungen und Potenziale einer moderierten feministisch-partizipativen Aktionsforschung im Bekleidungssektor Kambodschas

19

Michaela Doutch

Inhaltsverzeichnis

Zusammenfassung

In diesem Beitrag argumentiere ich, dass ein Forschungsprozess mit Arbeiter:innen notwendig ist, um ihre Lebensrealitäten und Alltagskämpfe zu fassen und in ihrem Sinne – aufbauend auf die Alltagskämpfe der Arbeiter:innen und ihre

M. Doutch (✉)
Abteilung für Südostasienwissenschaft, Rheinische Friedrich-Wilhelms-Universität Bonn, Bonn, Deutschland
E-Mail: michaela.doutch@uni-bonn.de

M. Doutch et al. (Hrsg.), *Arbeitswelten*, https://doi.org/10.1007/978-3-662-70955-9_19

Handlungsmöglichkeiten vor Ort – angehen zu können. Doch wie kann ein Forschungsprojekt methodisch-empirisch konkret aussehen, das auf Partizipation und Kollaboration mit Arbeiter:innen aufbaut? Dies illustriere ich am Beispiel eines moderierten feministisch-partizipativen Aktionsforschungsprojekts mit kambodschanischen Arbeiter:innen aus der Bekleidungsindustrie. Arbeiter:innen werden hier in ihrer Diversität als Subjekte der Re/Produktion aufgefasst und als Schlüsselakteur:innen mit Handlungsmacht (pro-)aktiv berücksichtigt. Ausgehend von ihren Erfahrungen und ihrem Wissen werden Lebensrealitäten und Alltagskämpfe von Arbeiter:innen gemeinsam untersucht und zusammen diskutiert, wie diese angegangen werden (könnten). In diesem Zusammenhang dient der *Next-Node*-Ansatz – ein Zusammenkommen von Arbeiter:innen entlang der Wertschöpfungskette am nächstliegenden Knotenpunkt – als methodisches Tool, um Realitäten und Kämpfe von Arbeiter:innen in komplexen Globalen Re/Produktionsnetzwerken wie der Bekleidungsindustrie systematisch aus einer *Labour* (*Geography*)-Perspektive zu untersuchen. Das Projekt zeigt, inwieweit eine (selbst-)reflektierte und kritische Zusammenarbeit mit Arbeiter:innen möglich und notwendig ist, welche Herausforderungen und Grenzen deutlich werden, aber auch welche ansonsten unentdeckten Potenziale ans Licht kommen.

Schlüsselwörter: feministische *Labour Geography*, Forschungsmethode, moderierter feministisch-partizipativer Aktionsforschungsansatz, Globale Re/Produktionsnetzwerke, Bekleidungsarbeiter:innen, Kambodscha

Abstract

In this article, I argue that a research process with workers is necessary to truly capture the reality of their lives and everyday struggles, and to address them on their own terms – building on workers' everyday struggles and their capacity to act on the ground. What can a research project based on participation and cooperation with workers look like in concrete methodological and empirical terms? I illustrate this using the example of a facilitated feminist participatory action research project with Cambodian garment workers. Here, workers are understood in their diversity as subjects of re/production and (pro-)actively considered as central actors with agency. Based on their experiences and knowledge, the realities of the workers' lives and everyday struggles are analysed and discussed, with them. In this context, the next node approach – a get-together of workers along the value chain at the next node – serves as a methodological tool to systematically examine the realities and struggles of workers in complex global re/production networks such as the garment industry from a labour (geography) perspective. The project shows the extent to which (self-)reflexive and critical collaboration with workers is possible and necessary, which challenges and limitations become visible, but also which otherwise undiscovered potentials come to light.

Keywords: feminist labour geography, participatory research methods, facilitated feminist participatory action research, global re/production networks, garment workers, Cambodia

19.1 Einleitung

Labour Geography ist ein wissenschaftliches und politisches Projekt. Es umfasst zum einen eine spezifische Forschungsperspektive, die Arbeiter:innen als Subjekte mit Handlungsmacht in den Mittelpunkt der Analyse kapitalistischer Landschaften stellt (Herod 1997, S. 2–3). Zum anderen ist *Labour Geography* als „kapitalismuskritische Intervention" in Abgrenzung zu dominierenden Diskursen und Debatten in der Wirtschaftsgeographie und verwandten Disziplinen um Arbeit und Raum zu verstehen (siehe Kap. 2, Hürtgen). Grundlagen einer *Labour Geography* sind klassentheoretische Diskurse und Debatten, die Macht- und Herrschaftsverhältnisse, Ungleichheiten, Ausbeutung und Unterdrückung in den Fokus rücken. Das umkämpfte Verhältnis zwischen Kapital und Arbeit ist theoretisch-konzeptioneller Ausgangspunkt (ebd.). Ausgehend von dieser kritischen Perspektive werden Lebenswirklichkeiten von Arbeiter:innen und ihr (raumbezogenes) Handeln in kapitalistischen Landschaften analysiert. Inhärent ist damit ein (gesellschafts-)politischer Anspruch um Kapitalismuskritik, Intervention und Transformationsnotwendigkeit. Werte wie Gleichheit, Menschlichkeit und Gerechtigkeit inspirieren diesen Anspruch und haben auch mich als Wissenschaftlerin geleitet. Vor diesem Hintergrund rückt die *Labour Geography leiblich erlebte Erfahrungen* von Ungleichheiten, Ausbeutung und Unterdrückung ins Zentrum der Auseinandersetzung. Es geht um *konkrete (Alltags-)Kämpfe* von Arbeiter:innen um ein besseres Leben für sich und ihre Familien. Dem (gesellschafts-)politischen Anspruch einer *Labour Geography* folgend, gilt es demnach alltägliche Wirklichkeiten und Kämpfe von Arbeiter:innen „nicht einfach nur so" zu analysieren, sondern auch darum, Möglichkeiten für zukunftsorientierte Verbesserungen für Arbeiter:innen zu schaffen. Diese müssen dabei als Schlüsselakteur:innen mit Handlungsmacht berücksichtigt werden.

Doch was genau bedeutet es, einen Forschungsprozess zu verfolgen, der Arbeiter:innen explizit als Schlüsselakteur:innen mit Handlungsmacht in der Praxis berücksichtigt und bestärkt? Wie kann ein *Labour Geography*-Projekt methodisch-empirisch konkret aussehen, das die Lebenswirklichkeiten und -kämpfe von Arbeiter:innen untersuchen möchte, um diese auch in ihrem Sinne – aufbauend auf ihre Alltagskämpfe und Handlungsmöglichkeiten vor Ort – (gemeinsam) angehen zu können? Welche Herausforderungen und Grenzen kommen in der Konzeption, Planung und Umsetzung eines solchen Projektes auf, das auf Partizipation und Kollaboration mit Arbeiter:innen baut? Welche Potenziale kommen ans Licht? Dieser Beitrag möchte diesen Fragen kritisch nachgehen.

Ein moderiertes feministisch-partizipatives Aktionsforschungsprojekt mit kambodschanischen Arbeiter:innen aus der Bekleidungsindustrie zeigt, wie eine Forschung nicht nur über, sondern mit Arbeiter:innen in der Praxis aussehen kann (vgl. Wills und Hurley 2005). Das Vorhaben baut auf den drei grundlegenden Prinzipien der Aktionsforschung auf, die neben der Verbindung von Theorie und Praxis mittels eines zyklischen Forschungsprozesses eine problemfokussierte und lösungsorientierte Zielsetzung verfolgt (Dickens und Watkins 1999, S. 128). Ziel des vorliegenden Vorhabens war es, gemeinsam mit kambodschanischen Arbeiter:innen aus der Bekleidungsindustrie ihre Lebenswirklichkeiten zu ergründen, ihre Probleme und Herausforderungen zusammen zu untersuchen und zum Schluss miteinander zu diskutieren, welche Möglichkeiten es geben könnte, diese Probleme und Herausforderungen anzugehen. Im Zentrum standen bestehende und zukünftig mögliche Strategien der (Selbst-)Vernetzung und Organisation von Arbeiter:innen, um von unten herauf – *Bottom-Up* – auszuloten, wie Alltagskämpfe von den Beschäftigten aussehen und von diesen in der Praxis ausgehandelt werden (könnten). Es entstand ein Forschungsprozess, der explizit partizipativ (teilhabend) und kollaborativ (auf Zusammenarbeit beruhend) ausgelegt war und Arbeiter:innen systematisch in die Forschung mit einbeziehen sollte.

In diesem Zusammenhang diente der *Next-Node*-Ansatz als methodisches Tool, um die Wirklichkeiten von Arbeiter:innen in komplexen Globalen Re/Produktionsnetzwerken (GRPN) systematisch aus einer *Labour* (*Geography*)-Perspektive zu erfassen sowie (Selbst-)Vernetzungs- und Organisationspotenziale von Arbeiter:innen auf lokaler und über-lokaler Ebene auszuloten (mehr zu GRPN siehe Doutch 2022, S. 16 ff). Der Ansatz sieht ein Zusammenbringen von Arbeiter:innen entlang der Wertschöpfungskette am nächstliegenden Knotenpunkt (am *Next-Node*) vor (etwa von Fabrikarbeiter:innen zu LKW-Fahrer:innen zu Hafenarbeiter:innen), um Arbeitswirklichkeiten und -kämpfe gemeinsam mit den Beschäftigten zu untersuchen. Wie ich später zeige, können darauf aufbauend Strategien der (Selbst-)Vernetzung und Organisation in globalen Wertschöpfungsketten wie der Bekleidungsindustrie mit unterschiedlichen Arbeiter:innen-Gruppen reflektiert werden, um auch über mögliche solidarische Praktiken auf lokaler und über-lokaler Ebene nachzudenken.

Im ersten Schritt dieses Beitrages reflektiere ich die methodisch-empirischen Ausgangsfragen eines solchen Forschungsvorhabens vor dem Hintergrund umkämpfter Fragen um partizipative und kollaborative Forschungsansätze und damit verbundene theoretisch-konzeptionelle Auseinandersetzungen um (Selbst-)Reflexivität und Positionalität. Im zweiten Schritt skizziere ich die konkrete methodisch-empirische Konzeptualisierung des Forschungsprozesses, um im letzten Schritt die Herausforderungen, Grenzen und Potenziale eines solchen gemeinsamen Forschens anhand eines Forschungsprojektes mit kambodschanischen Arbeiter:innen aus der Bekleidungsindustrie zu diskutieren.

19.2 Umkämpfte Fragen und kritische Vorüberlegungen zu einem gemeinsamen Forschungsprozess

Ein gemeinsamer Forschungsprozess mit Arbeiter:innen bringt viele methodisch-empirische Fragen mit sich. In diesem Abschnitt diskutiere ich zwei Fragekomplexe, indem ich jeweils zwei zugespitzt formulierte Fragen einleitend einander gegenüberstelle. Neben der Offenlegung der epistemologischen Grundlage soll die theoretisch-konzeptionelle Auseinandersetzung um (Selbst-)Reflexivität und Positionalität in einem gemeinsamen Forschungsprozess mit Arbeiter:innen aufzeigen, dass dominierende ethische Diskurse und Debatten um Methoden berücksichtigt werden müssen. Die methodisch-empirischen Ausgangsfragen eines *Labour Geography*-Projektes, wie dem hier vorliegenden, wurden jedoch speziell vor dem wissenschaftlichen und (gesellschafts-)politischen Anspruch einer *Labour Geography* formuliert.

19.2.1 Können, dürfen, sollten Wissenschaftler:innen mit Arbeiter:innen zusammenarbeiten oder inwiefern ist eine solche Zusammenarbeit möglich und notwendig?

Dem kapitalismuskritischen Interventionsanspruch einer *Labour Geography* in Theorie und Praxis folgend (vgl. Hürtgen in diesem Sammelband), ging es von Beginn des Forschungsvorhabens an nicht um die Frage, *ob* eine Zusammenarbeit im Sinne eines gemeinsamen Forschens *mit* Arbeiter:innen vertretbar oder – zugespitzt formuliert – erlaubt ist. Vielmehr stand die Frage im Raum, inwiefern eine (selbst-)reflektierte und kritische Zusammenarbeit möglich und notwendig ist. Aufbauend auf Überlegungen der feministischen Standpunkttheorie zur Wissensproduktion[1] (vgl. Harding 2004; Rolin 2009) können nur mithilfe einer *Gender*- und *Race*-sensiblen feministischen *Labour* (*Geography*)-Perspektive „von unten" die Lebenswirklichkeiten von Arbeiter:innen hinreichend erforscht und damit auch Veränderung und Verbesserung ihrer Situation angestoßen werden. Wer sonst kann sagen, wie die Lebenswirklichkeiten und -kämpfe von Arbeiter:innen aussehen und inwiefern Ansätze zur Veränderung und Verbesserung tatsächlich Früchte tragen, wenn nicht die Arbeiter:innen selbst? Die Konsequenz daraus war, methodisch-empirisch bei den Arbeiter:innen zu beginnen und bei den Arbeiter:innen zu bleiben.

Wichtig hierbei war es, die Diversität von Beschäftigten und die komplexen Räumlichkeiten, in die sie eingebettet sind, mitzudenken. Arbeiter:innen können nicht nur auf formelle Prozesse wie etwa in Form von Gewerkschaften reduziert werden (Atzeni 2021, S. 1351). Genauso wenig können Räumlichkeiten wie die Produktionsstätte und der Arbeitsplatz isoliert betrachtet werden. Ein breites Verständnis von Arbeiter:innen mit „multiplen Identitäten" und Subjektivitäten auf der einen Seite (Coe und Jordhus-Lier 2011, S. 218, S. 224) sowie auch von Räumlichkeiten, die multiple skalare verwobene Prozesse der Re/Produktion auf der anderen Seite umfassen (vgl. Katz 2001), ist Ausgangspunkt einer feministischen *Labour Geography* (vgl. Strauss 2018; Dutta 2020a; Doutch 2022). Damit müssen die Beschäftigten auch empirisch-methodisch in ihrer Diversität als Subjekte der Re/Produktion mit Handlungsmacht gefasst werden. In dem hier vorliegenden Forschungsvorhaben standen in/formell und gewerkschaftlich un/organisierte Arbeiterinnen – Frauen[2], Mütter, Töchter, Schwestern – in Kambodscha im Besonderen im Zentrum, die in multiskalare Räumlichkeiten der Re/Produktion spezifisch eingebettet sind. Ihr Wissen, ihre Expertise, ihre Handlungsmacht und -möglichkeiten waren methodisch-empirischer Ausgangspunkt. Somit standen Fragen um den Zugang und das Zusam-

[1] Feministische Standpunkttheorie (oder feministische Standpunkttheorien als plurales Feld) setzt sich fokussierend auf multiple Machtverhältnisse (um *Gender, Race, Class*) kritisch mit Prozessen der Generation von Wissen und der Gewinnung von Erkenntnissen auseinander. Wissen wird als sozial situiert aufgefasst. Marginalisierte Standpunkte gilt es hierbei nicht nur als spezifische Perspektive zu betrachten, sondern auch als Quelle für Ermächtigung (mehr dazu Harding 2004, S. 7 f.).

[2] Zentral hier: Geschlecht wird als sozialer Prozess gefasst. *Gender* ist in diesem Beitrag als Analyse- und Strukturkategorie zu verstehen.

menkommen mit diesen Arbeiter:innen mit Blick auf die (Gesprächs-)Umgebung, die Atmosphäre und Kommunikation von Beginn an im Zentrum.

Dass diese Arbeiter:innen und Wissenschaftler:innen ganz unterschiedliche Hintergründe und Positionalitäten haben, die durch Ungleichheiten und Machtverhältnisse bestimmt sind, blieb dabei außer Frage. Aufbauend auf die hier skizzierte epistemologische Grundlage und die methodisch-empirische Konsequenz daraus soll im folgenden Abschnitt demnach weniger die Frage im Raum stehen, welche Unterschiedlichkeiten und Ungleichheiten es gibt, die Arbeiter:innen und Wissenschaftler:innen zweifelsfrei voneinander abgrenzen. Vielmehr soll es um die Frage gehen, inwiefern Beziehungen und Gemeinsamkeiten zwischen beteiligten Akteur:innen im Forschungsprozess bestehen und wie auf diesen weiter aufgebaut werden kann.

19.2.2 Welche Rolle spielen Ungleichheiten und Machtverhältnisse zwischen den beteiligten Akteur:innen oder auf welche Beziehungen und Gemeinsamkeiten kann im Forschungsprozess aufgebaut werden?

In feministischen postkolonialen Kritiken um partizipative und kollaborative Forschungsansätze geht es darum, sich den Ungleichheiten und Machtverhältnissen zwischen Wissenschaftler:innen und beteiligten Akteur:innen im Forschungsprozess bewusst zu sein (vgl. Mohanty 1988; Spivak 1988). Nicht selten laufen sie Gefahr, in solchen Forschungsvorhaben reproduziert zu werden (vgl. Cooke und Kothari 2002). Die Grenzen zwischen den im Globalen Norden sozialisierten und ausgebildeten Wissenschaftler:innen auf der einen Seite und den im Globalen Süden lebenden Akteur:innen auf der anderen Seite werden hier hochgehalten – und in der Tat: Dieses Bewusstsein und eine (pro)aktive Wahrnehmung der Ungleichheiten und Machtverhältnisse im Forschungsprozess, der Wissensproduktion und der Konstruktion von Bildern ist zentral (Mohanty 1988, S. 54). Akteur:innen sind unterschiedlich positioniert und besitzen ungleiche Möglichkeiten, gehört und gesehen zu werden (Spivak 1988, S. 285).

Wissenschaftler:innen stehen also nicht nur vor der Herausforderung, empirische Daten hervorbringen zu müssen (England 1994, S. 86 f.), sondern auch vor der Tatsache, sich gegebenen Ungleichheiten und Machtverhältnissen nicht entziehen zu können, selbst, wenn sie in ihrer Forschung darauf abzielen, diese Verhältnisse aufzubrechen. Die mir gestellten Fragen aus der Academia bauten auf diese Kritiken auf: Können, dürfen, sollten überhaupt Wissenschaftler:innen wie Du aus dem Globalen Norden mit Arbeiter:innen aus dem Globalen Süden zusammenarbeiten? Die hier aufkommenden Widersprüche (ebd.) dürfen in einem gemeinsamen Forschungsvorhaben mit so unterschiedlichen Positionierungen keineswegs übersehen werden. Es gilt aber auch, sie produktiv zu machen.

Eine Grenzziehung zwischen Wissenschaftler:innen im Globalen Norden und Akteur:innen im Globalen Süden läuft zum Beispiel nicht nur Gefahr, ein dualistisches und von dichotomen Konzepten geprägtes Weltbild zu reflektieren, wie West/Rest, Globaler Norden/Globaler Süden, Erste Welt/Dritte Welt (Ozkazanc-Pan 2012,

S. 573–574). Eine solche Grenzziehung spiegelt auch die Realität der Beteiligten keineswegs in ihrer Gänze wider. So sind zum einen die Positionalitäten und Subjektivitäten von Wissenschaftler:innen und Arbeiter:innen weitaus komplexer und können nicht auf eine Rolle reduziert werden. Kim England (1994, S. 84) beschrieb dazu: „we [as researchers also] have different personal histories and lived experiences", die auch (ohne Vergleiche anzustreben) von Ungleichheiten und Machtverhältnissen geprägt sind (Doutch 2022, S. 91). Zum anderen – und das ist der zentrale Punkt – sind diese verschiedenen Positionalitäten und Subjektivitäten und die damit verbundenen erfahrenen multiplen Ungleichheiten und komplexen Machtverhältnisse Teil einer Wirklichkeit, in denen Wissenschaftler:innen und beteiligte Akteur:innen *zusammen* existieren. Wie Charlotte Aull Davis (1999, S. 3) bemerkte: „[a]ll researcher are to some degree connected to, a part of, the object [or better subject] of the research." Ungleichheiten und Machtverhältnisse von beteiligten Akteur:innen im Forschungsprozess sollten demnach nicht nur in Abgrenzung, sondern auch in Relation zueinander vor dem Hintergrund struktureller Verwobenheit und räumlicher Verknüpfung betrachtet werden.

In dem von mir angestoßenen Forschungsvorhaben sind genau diese Relationen und Verknüpfungen – die Beziehungen und Gemeinsamkeiten – Ausgangspunkt. Mit Blick auf Arbeit (im ganzheitlichen Sinn, vgl. Haubner und Pongratz 2021) bedeutete das, dass unterschiedlich erlebte vergeschlechtlichte und rassifizierte Arbeit vor dem Hintergrund einer globalisierten Welt und innerhalb kapitalistischer Ökonomien betrachtet werden sollte. Es war also wichtig, herauszuarbeiten, inwiefern Arbeiter:innen Herausforderungen und Probleme unterschiedlich erfahren und verschieden in kapitalistischen Landschaften positioniert sind. Darauf aufbauend stand aber die Frage im Raum, inwiefern diese Unterschiede systematisch miteinander verwoben sind und welche wissenschaftlichen (methodischen) und (gesellschafts-)politischen Konsequenzen dies hat.

Die Zentralität dieser Verbundenheit von Unterschiedlichkeiten erläutert Chandra Talpade Mohanty auf Grundlage ihres oft zitierten Artikels *Under Western Eyes* aus dem Jahr 1984:

> „[…] differences are never just ‚differences'. In knowing differences and particularities, we can better see the connections and commonalities because no border or boundary is ever complete or rigidly determining. The challenge is to see how differences allow us to explain the connections and border crossings better and more accurately, how specifying difference allows us to theorize universal concerns more fully. It is this intellectual move that allows for my concern for women of different communities and identities to build coalitions and solidarities across borders" (Mohanty 2003, S. 151).

Differenzen sollten damit nicht als exklusive und ausschließende, sondern vielmehr als spezifische Perspektive aufgefasst werden, als Erkenntnismittel von Verbindungen und Gemeinsamkeiten. Diese können zur Entwicklung und Formulierung universaler Anliegen – wie etwa auch hier von Arbeiter:innen als Klasse – beitragen. Mohantys Auseinandersetzung unter dem Titel „feministische Solidarität durch antikapitalistische Kämpfe" (Mohanty 2003) findet explizit in einem politischen Bezugsrahmen statt, der wissenschaftsethisch reflektiert werden muss, jedoch methodisch-empirisch genauso bedeutsam ist.

Einer feministischen *Labour Geography*-Perspektive folgend, baut auch dieses Forschungsvorhaben auf einen solchen politischen Bezugsrahmen auf. Während Arbeiter:innen und ich zusammen die Lebenswirklichkeiten und -kämpfe von Beschäftigten entlang der Wertschöpfungskette von Bekleidung reflektierten, diskutierten wir auch gemeinsam, wie jene Kämpfe angegangen wurden, werden und werden könnten. So teilte auch ich mein Wissen zur Wertschöpfungskette von Bekleidung, über Diskurse und Debatten im Globalen Norden und dort diskutierte Ansätze zur Veränderung und Verbesserung der Situation von Arbeiter:innen. Das Forschungsvorhaben und die Räumlichkeiten, in denen Forschung stattfindet, sind demnach nicht nur von unterschiedlichen Positionierungen und Kontexten bestimmt, sondern auch von (gesellschafts-)politischen Fragen, Ansprüchen und Zielsetzungen, die es mit allen Beteiligten kritisch zu reflektieren und diskutieren gilt (vgl. Birke et al. 2015).

Meine Auseinandersetzung mit einem möglichen gemeinsamen Forschungsvorhaben fand demnach unter kritischer (pro)aktiver Berücksichtigung ethischer Diskurse und Debatten um (Selbst-)Reflexivität und Positionalität statt. Die methodisch-empirischen Ausgangsfragen formulierte ich jedoch im Sinne der Möglichkeit und Notwendigkeit eines gemeinsamen Forschungsprozesses mit Arbeiter:innen, aufbauend auf ihre Beziehungen und Gemeinsamkeiten und demnach vor dem Hintergrund wissenschaftlicher und (gesellschafts-)politischer Fragen und Ansprüche. Im nächsten Abschnitt skizziere ich, wie ich das von mir angestoßene Forschungsvorhaben konkret methodisch-empirisch konzeptualisierte und im Anschluss mit Beschäftigten diskutierte und durchführte.

19.3 Ein moderierter feministisch-partizipativer Aktionsforschungsansatz

Inspiriert von partizipativen und kollaborativen Forschungsprojekten, die Arbeiter:innen als zentrale Akteur:innen ins Zentrum ihrer Auseinandersetzungen stellen (vgl. Pye 2017; Fütterer und López 2018), war ich an methodischen Ansätzen interessiert, die Theorie und Praxis miteinander verbinden. Besonders interessierte ich mich für die (partizipative) Aktionsforschung (Lewin 1946; Freire 1970), die problemfokussierte und lösungsorientierte Richtungen einschlägt und in einen transdisziplinären Kontext eingeordnet werden kann (Hirsch Hardon et al. 2008). Hier galt es den feministischen Ansatz des Projektes systematisch mitzudenken, um einer *Gender*- und *Race*-Blindheit im Forschungsprozess vorzubeugen (Maguire 1987, S. 51). In Anlehnung an Schurr und Segebart (2012) versuchte ich eine stetig kritisch-reflektierte vermittelnde Rolle einzunehmen. Sie sollte darin bestehen, mehr als „Facilitator" und keinesfalls als „Leader" zu agieren (ebd., S. 149). Ich entwickelte einen moderierten feministisch-partizipativen Aktionsforschungsansatz, der neben der Verbindung von Theorie und Praxis und einer problemfokussierten und lösungsorientierten Zielsetzung einen zyklischen Verlauf des Forschungsprozesses umfasste (Dickens und Watkins 1999, S. 131 ff.). Dieser wurde auch mit den kambodschanischen Arbeiter:innen diskutiert und umfasste vier Forschungsschritte (exklusive Schreib- und Schlussphase).

Abb. 19.1 Beispiel eines Mappings einer Arbeiterin. (Quelle: Autorin, inspiriert durch Mapping-Vorgehen von Oliver Pye (2017))

Im ersten Schritt erfolgte das gegenseitige Kennenlernen und der Beginn der gemeinsamen Generierung von Wissen über die Lebenswirklichkeiten der Arbeiter:innen. Diese lernte ich über Netzwerke von Gewerkschaften, *Labour*-Organisationen und Aktivist:innen – auch mithilfe des Schneeballeffektes – kennen, zu denen ich bereits seit Jahren (durch ein vorangegangenes Forschungsprojekt) Kontakt hatte. Zur initialen Wissensgenerierung wurden 30 biographische Interviews mit in/formell und gewerkschaftlich un/organisierten Arbeiterinnen aus unterschiedlichen Fabriken im Jahr 2017 geführt. Die biographische Form der Interviews ermöglichte es den Arbeiterinnen, frei aus ihrem Leben zu erzählen und dadurch Themenschwerpunkte zu setzen.

Ein Jahr später reflektierte ich gemeinsam mit den gleichen Arbeiterinnen in einem zweiten Schritt ihre Themen, Probleme und Herausforderungen. Dazu nutzte ich Vertiefungsinterviews (im Rahmen von Gruppen- und Einzelgesprächen) mithilfe von *Mappings*, also Karten, die die Themen, Probleme und Herausforderungen der Arbeiterinnen visualisierten und als induktive Codes betrachtet werden können (siehe Abb. 19.1). Dies sollte den Frauen ermöglichen, die von ihnen im ersten Schritt benannten Themen nach ihrer Relevanz eigenständig zu sortieren und zu organisieren.[3]

Im dritten Schritt diskutierten die Arbeiter:innen Möglichkeiten zum individuellen oder gemeinsamen Umgang mit diesen konkreten Problemen und Herausforderungen. Dabei war ich diejenige, die eine gemeinsame Auseinandersetzung über den Umgang der Alltagskämpfe anstieß. Darauf aufbauend wurde in neun Gruppendiskussionen der Frage nachgegangen, welche Strategien der (Selbst-)Vernetzung und Organisation von Arbeiter:innen auf lokaler und über-lokaler Ebene bestehen oder bestehen könnten, um diese Alltagskämpfe anzugehen. Zum Schluss wurde

[3] Ein solches Vorgehen verfolgte bereits Oliver Pye (2017) in seiner Forschung mit Palmölarbeiter:innen in Indonesien und Malaysia.

darauf aufbauend die Strategie der (Selbst-)Vernetzung von Arbeiter:innen entlang der Kette mit dem jeweils nächsten Knotenpunkt (dem *Next-Node*) gemeinsam reflektiert. Der *Next-Node*-Ansatz (Doutch 2022, S. 298 ff.) wurde als Möglichkeit zur gemeinsamen Untersuchung und Reflektion von Strategien der (Selbst-)Vernetzung und Organisation von mir in die Diskussion eingebracht. Aufbauend auf dem persönlichen Interesse und der Zustimmung der Arbeiter:innen wurde dieser mit einer Gruppe zusammen vorbereitet und umgesetzt. Dies führte zu einer kleinen Aktion: ein persönliches Zusammenkommen und Vernetzen von Arbeiter:innen aus den Bekleidungsfabriken und der Logistik (dem LKW-Transport). Dies wird insofern als „kleine Aktion" angeführt, als dass es den Arbeiter:innen aus den jeweiligen Sektoren gelungen ist, sich aus den Alltagsstrukturen heraus(brechend) am nächsten Knotenpunkt zu vernetzen und gemeinsam Lebenswirklichkeiten zu reflektieren und Arbeitskämpfe strategisch-perspektivisch zu diskutieren.

Nach jedem Schritt wurde Raum für Reflektionen, kritische Fragen und Anmerkungen über meine Analyse, die Ergebnisse und mögliche nächste Schritte geschaffen. Alle Schritte wurden damit einzeln betrachtet und nach der qualitativen Inhaltsanalyse nach Mayring (2010) ausgewertet. Vorab wurden alle Gespräche und Diskussionen Wort für Wort in *Khmer* transkribiert und ins Englische übersetzt. Dies erfolgte mithilfe von aktivistischen Forschungskolleginnen, die die Arbeiter:innen zum Teil schon seit Jahren kannten und mit denen ich heute noch zusammenarbeite.

Einem Aktionsforschungsansatz folgend, endete dieses Vorhaben zwar nicht in einer systematischen (Selbst-)Vernetzung und Organisation von Arbeiter:innen und ihren Vertretungen entlang der Wertschöpfungskette, die konkrete Veränderungen und Verbesserungen der Situation von Beschäftigen mit sich brachte. Nichtsdestotrotz begannen die Arbeiter:innen in diesem Vorhaben, gemeinsam über einen (strategischen) Ansatz der (Selbst-)Vernetzung und Organisation (auf über-lokaler, transnationaler Ebene) und einer damit verbundenen möglichen solidarischen Praxis nachzudenken. Dabei bauten sie auf ihre spezifischen Räumlichkeiten und persönlichen horizontalen Netzwerke auf, wodurch (Selbst-)Vernetzungs- und Organisationsprozesse unterstützend angestoßen werden konnten. Dies mündete im Zusammenkommen, was zwar damit nicht auf höherer Ebene transformativ war, aber auf individueller Ebene Potenziale birgt. Welche Potenziale genau zum Vorschein kamen, aber auch welche Herausforderungen und Grenzen in diesem Forschungsvorhaben ersichtlich wurden, wird im nächsten und letzten Teil des Beitrages diskutiert.

19.4 Herausforderungen und Potenziale eines gemeinsamen Forschungsprozesses in der Praxis

19.4.1 Der Einstieg und das Kennenlernen

Zeit und Raum für ein Zusammenkommen zu finden, in denen sich alle Beteiligten sicher und wohl fühlen, stellte vor dem Hintergrund eines zunehmend autoritär gewordenen Arbeitskontrollregimes (vgl. Anner 2015) in Kambodscha (vgl. Doutch 2021) eine große Herausforderung dar. Fragen um den Zugang, die (Gesprächs-)Umgebung und Atmosphäre waren zu Beginn die drängendsten. Während die vorwiegend männliche Führung der Gewerkschaftsbewegung (Nuon und Serrano 2010, S. 142) bis heute massiven Restriktionen ausgesetzt ist, müssen insbesondere in/formell und gewerkschaftlich un/organisierte Frauen jenseits formalisierter Prozesse (Atzeni 2021, S. 1351) Räumlichkeiten finden, die einen Austausch ermöglichen. Dies ist auch zeitlich herausfordernd, da Frauen darauf angewiesen sind, ihre Arbeitskraft so flexibel wie möglich zu verkaufen, neben ihrer Verantwortung, sich um die Kinder, Eltern und den Haushalt zu kümmern (Salmivaara 2020, S. 166 f.). Der epistemologischen Grundlage des Forschungsvorhabens folgend, standen aber genau diese Frauen in ihrer Diversität als Schlüsselakteurinnen im Zentrum des Forschungsvorhabens. So waren es insbesondere die alltäglichen Räumlichkeiten der Re/Produktion, wie etwa die Wohn- und Mietsräume der Arbeiterinnen in der Nähe der Fabriken oder das Café um die Ecke, in denen ein Zusammenkommen möglich war.

Die erste inhaltliche Herausforderung war es hier, eine vertrauensvolle Atmosphäre zu schaffen. Entsprechend der Prinzipien der Offenheit und Transparenz (vgl. Lamnek 1995) war es mir nicht nur wichtig, mich persönlich, meine Gedanken und Beweggründe hin zu einem gemeinsamen Forschungsvorhaben sowie das Vorhaben selbst vorzustellen und uns Zeit und Raum zu geben. Es ging mir auch darum, einander kennenzulernen und das Vorhaben zu reflektieren und die damit verbundenen wissenschaftlichen und (gesellschafts-)politischen Fragen und Ansprüche offenzulegen und zu diskutieren. Dieses Vorgehen der ausführlichen inhaltlichen Einführung war in meinem Fall hilfreich. Auch wenn das Interesse am Forschungsprozess und der Teilhabe daran zweifelsfrei individuell und keinesfalls per se gegeben ist (siehe hierzu Duttas Erfahrungen (2020b, S. 150 f.) mit partizipativer Forschung in Tamil Nadu), arbeitete ich mit Arbeiter:innen zusammen, die Interesse an dem Forschungsvorhaben hatten und partizipieren wollten. Es gab auch Beschäftigte, die sich anfangs für dieses Forschungsvorhaben interessierten, aber zum Schluss aus unterschiedlichen Gründen nicht teilnahmen. Die ausführlichere Kontextualisierung des Projektvorhabens und meiner Person war vorab aber dennoch hilfreich. So ermöglichte mir die persönliche Offenheit und Transparenz, das erste Eis zu brechen, wie beispielsweise im Gespräch mit Nary. Nary war Anfang 30, als ich sie zum ersten Mal traf. Die junge Fabrikarbeiterin und Mutter eines Kindes ist, wie viele andere Frauen, mithilfe von ihren persönlichen Netzwerken vom Land in die Stadt migriert, um hier in einer Fabrik zu arbeiten und die Familie aus der Ferne zu unterstützen. Wie viele Familien im ländlichen Kambodscha konnte diese nicht mehr von der semi-subsistenten Landwirtschaft leben. Während Nary mir zum Schluss ihre Lebensgeschichte erzählte, war sie zu Beginn unseres Treffens zurückhaltend. Sie schien nicht recht zu wissen, was sie erzählen sollte oder was auf sie zukommen würde. Die Vorstellung meiner Person, das Vorlegen von Fotos meiner Familie und mir und die Beschreibung meiner Gedanken, Beweggründe und des Vorhabens halfen beim Einstieg in ein Gespräch (Transkript 1.7).

Inhaltlich war der Versuch einer gemeinsamen Ausgangsposition auch zentral, um unterschiedliche Verständnisse, Erwartungen und Interessen zu erkennen und zu diskutieren. Diese inhaltlichen Verhandlungsprozesse zu Beginn waren nicht einfach, aber sehr wichtig, da zum Teil Erwartungen an mich gestellt wurden, die ich nicht erfüllen konnte. So erwünschten sich einige Arbeiterinnen konkrete Hilfe von mir, beispielsweise bei der Vermittlung eines dringend benötigten Jobs. Da ich diese Erwartungen nicht erfüllen konnte, mussten sie regelmäßig reflektiert und diskutiert werden, um falschen Hoffnungen und großen Enttäuschungen möglichst vorzubeugen. Relationen – Beziehungen und Verknüpfungen vor dem Hintergrund des Forschungsvorhabens galt es demnach erst einmal herauszuarbeiten, um darauf weiter aufbauen zu können.

Während diese strukturellen und inhaltlichen Herausforderungen das Zusammenbringen und das gemeinsame Forschen in der Eingangsphase erschwerten, konnte ich auch Potenziale ausmachen. Räumlichkeiten der Re/Produktion, in denen die kurzzeitige Freiheit von direkter kapitalistischer Kontrolle einen zum Teil sehr offenen Austausch jenseits direkter patriarchalischer Machtverhältnisse ermöglichte, stellten ein Potenzial des Zusammenkommens und des gemeinsamen Er/Arbeitens dar. Hier saßen Arbeiterinnen mit (meist weiblichen) Familienmitgliedern, Verwandten, Kindern und Kolleginnen zusammen und erzählten. Es wurde gekocht, gegessen, getrunken. Diese Räumlichkeiten der Re/Produktion sollen keineswegs romantisiert werden. Zweifelsfrei gibt es auch hier hierarchische Strukturen und Konflikte sowie Gefühle der Einsamkeit und Traurigkeit (vgl. McKay und McKenzie 2020). Nichtsdestotrotz konnten Möglichkeiten des Austausches und des von- und miteinander Lernens geschaffen werden. Erwartungshaltungen wurden positiv formuliert direkt mitgedacht und reflektiert. Des Weiteren wurden gemeinsame inhaltliche Anknüpfungspunkte ersichtlich, auf die bei Interesse weiter aufgebaut werden konnte. Es bestand – und das war von Anfang an wichtig – kein Zwang oder keine Verpflichtung, einen gemeinsamen Weg zu gehen. Manche Arbeiterinnen hatten von Beginn an starkes Interesse an dem Forschungsvorhaben, so etwa die Arbeiterin Karuna (Transkript 2.1):

> „It is very important to meet each other and share our problems and issues and build solidarity among each other […] and figure out how we can solve our problems […] to be transparent.“

Andere Arbeiterinnen hatte weniger Interesse oder erzählten erst einmal von sich und ihren Lebenswegen, ohne direkt irgendwelche Zustimmungen zu äußern oder gar Prioritäten auf ein gemeinsames Forschungsvorhaben zu setzen. Das inhaltliche Interesse der Arbeiter:innen sowie die Bereitschaft, Zeit zu investieren, ohne dass dies zu konkreten Veränderungen, geschweige denn expliziten Verbesserungen führen würde, war Voraussetzung für den Einstieg in ein gemeinsames Weitergehen.

19.4.2 Die vertiefenden Diskussionen und Mappings zu Alltagskämpfen

Die Ergebnisse der ersten Forschungsphase sollten gemeinsam mit den beteiligten Arbeiterinnen diskutiert werden. Eine große Herausforderung war es, die gleichen Arbeiterinnen nach fast einem Jahr wieder zu treffen. Des Weiteren bestand auch auf inhaltlicher Ebene die Frage, inwiefern die geplanten Mappings im Alltag aufgrund des Aufwandes der Methode möglich waren und ob Arbeiterinnen überhaupt Bereitschaft und Verständnis für eine solch systematische Herangehensweise der Sortierung und Organisation von diversen Codes hatten.

Umso überraschter war ich, welche Potenziale ans Licht kamen, als ich ein Jahr später nach Kambodscha zurückkehrte. Über 20 Arbeiterinnen durfte ich 2018 wiedersehen. Es war zum Teil ein sehr besonderes Zurückkommen, das mit einer gewissen Vertrautheit verbunden war. Es stellte sich heraus, dass die meisten Arbeiterinnen untereinander und auch in ihren Organisationen nach wie vor vernetzt waren. Trotz ihrer grundsätzlich sehr dynamischen Netzwerke der Re/Produktion konnten wir in einzelnen Gruppen mit den gleichen Arbeiterinnen zusammenkommen. Obwohl manche Arbeiterinnen die Fabrik gewechselt oder den Sektor verlassen hatten, hielten sie zum Teil über Distanzen hinweg Kontakt zueinander. Diese Netzwerke der Re/Produktion, die auf familiären, verwandtschaftlichen und freundschaftlichen Beziehungen basieren, sind demnach räumlich nicht begrenzt, sondern höchst dynamisch und translokal. Sie konstituierten den Forschungsraum maßgeblich mit.

So tat sich ein großes Potenzial des offenen Austausches und der kritischen Reflektion über die Probleme der Arbeiterinnen mithilfe der Mappings auf. Wenngleich es in manchen Gesprächen schwierig war, Mappings vorzunehmen und die Codes zu sortieren, da parallel oft zum Abend gekocht und gegessen wurde, passte ich diesen Arbeitsschritt an die Gegebenheiten und Möglichkeiten der Arbeiterinnen an. Manche Arbeiterinnen sprachen relativ frei über ihre Probleme. Die meisten Arbeiterinnen widmeten sich aber intensiv den Mappings und tauschten sich über diese ganz konkret aus, wie zum Beispiel Sonisay, als es um das Thema Schulden (*Debt* als Code) ging.

> „You hit the right point! We don't know when we can pay off the debt. [Channary borrows money to buy food and it's] the same with me. Now, I sold all my farmland to pay off the debt, because I can't pay off if I don't sell the land. I'd rather be landless than living my life in debt because it's like having a mountain on your shoulders" (Transkript 2.1).

Aufbauend auf die Karte „Schulden", die als ein zentrales Problem ganz oben in ihrem Mapping stand, stieß Sonisay damit eine Diskussion an, die die Materialität der Kämpfe um die Reproduktion von Arbeiter:innen ins Zentrum rückte. Das war auch der Fall bei Kosal (Transkript 2.10):

> „[workers] are facing debts, and some have responsibility for three or four members in their family, including parents who are old and sick."

Damit sprach Kosal die Privatisierung der Finanzierung von Reproduktionsprozessen an (vgl. Federici 2004, S. 94–95) wie eben Altersfürsorge und Gesundheit. Dass die Probleme und Herausforderungen der Arbeiterinnen insbesondere Kämpfe der Reproduktion waren und sind, zeigt auch das Mapping von Chamroeun. Chamroeun diskutierte ihren alltäglichen Kampf um die Gesundheitsfürsorge ihres auf dem Lande wohnenden Sohnes (Transkript 2.9). Mit den Mappings konnten damit nicht nur Unterschiedlichkeiten, sondern explizit auch Gemeinsamkeiten herausgearbeitet werden.

19.4.3 Die Gruppendiskussionen zu über-lokalen Handlungsstrategien

Aufbauend auf Diskussionen der alltäglichen Kämpfe um Re/Produktion der Beschäftigten sollten im dritten Schritt bisherige, aber auch potentielle alternative Strategien zusammen reflektiert werden, die jene Alltagskämpfe auf lokaler Ebene und darüber hinaus angehen. Dabei dominierten insbesondere inhaltliche Herausforderungen. So nahmen Arbeiter:innen primär Bezug auf die ihnen bekannten Strategien im über-lokalen Kontext. Konkret bedeutet das, dass auf Gewerkschaften, internationalen Akteur:innen, Kampagnen und Lobbyarbeit aufgebaut wurde. Es konnten, zumindest in diesem Rahmen, keine Strategien frei von den bekannten Formen und Dimensionen über-lokaler Vernetzungs- und Organisationsstrategien und damit von nationaler und internationaler Gewerkschaftsarbeit oder Aktivitäten von NGOs, CSOs oder anderen auf internationaler Ebene agierenden Akteur:innen entwickelt werden.

An diesem Punkt brachte ich die Idee ins Gespräch, Arbeiter:innen entlang der Wertschöpfungskette am nächstliegenden Knotenpunkt zusammenzubringen und zu vernetzen. So nahm ich eine konkret moderierende Rolle ein und bestimmte den Forschungsprozess hier maßgeblich mit. Diese Idee wurde von den meisten Arbeiter:innen jedoch mit großem Interesse diskutiert, wie etwa von Sonisay:

> „For me, I think it is a good idea, and it would be great if they [workers at the next node like truck drivers or port workers] want to spend time with us like how you mention" (Transkript 2.1).

Gleichzeitig hinterfragten Arbeiter:innen diesen Ansatz auch kritisch, wie Samphy:

> „I'm afraid it might have some conflicts when we want to do it. […] some don't want to join […] because we all want different things […], hence we might not get along well" (Transkript 2.8).

Trotz nachvollziehbarer Skepsis brachte die Diskussion um den so bezeichneten *Next-Node*-Ansatz Potenziale hervor. Es zeigte sich, dass meine Inputs, wie die Reflektion des Ansatzes mithilfe von Mappings, nicht nur möglich, sondern auch notwendig waren, um die über-lokale und explizit transnationale Einbettung von Arbeiter:innen in GRPNs – die strukturelle Verwobenheit und räumliche Verknüpfung und damit wieder die Relationen – kritisch reflektieren und diskutieren zu können. Es ergab sich der Eindruck, dass die Arbeiter:innen über dieses Thema bis dahin noch nie nachgedacht hatten. Mithilfe von Mappings des GRPN von Bekleidung (der Skizzierung der Wertschöpfungskette) war es aber möglich, sich mit diesem Thema systematisch auseinanderzusetzen.

19.4.4 Der *Next-Node*-Ansatz in der Praxis

Eine der größten strukturellen Herausforderung des gesamten Vorhabens war es zum Schluss, den *Next-Node*-Ansatz praktisch anzugehen und Gruppen von Arbeiter:innen aus den Fabriken mit Gruppen von Arbeiter:innen aus der Logistik zusammenzubringen. Es reichte keineswegs aus, dass Beschäftigte im Kontext des Produktionsprozesses systematisch verknüpft und auch räumlich miteinander vor Ort an einem Knotenpunkt verbunden waren. Just dieser Knotenpunkt, der unterschiedliche Arbeiter:innen-Gruppen aus anderen Produktionsschritten oder -prozessen räumlich zusammenbringt, wurde massiv vom Management kontrolliert, wie zum Beispiel Maly schildert:

> „[We don't have any contact with truck drivers] because they only come in after hours and we are not allowed to communicate with them. Even within the factory we are not allowed to talk to workers who work in different departments like us and there are security guards and security cameras who monitor every activity in the factory. If they find out that we talk to other people, they will warn us the first time, then if we continue doing that, they will fire us because we are not allowed to do so" (Transkript 2.6).

Obwohl es lange so schien, als ob es keine vertrauensvolle Möglichkeit zum Zusammenkommen gäbe, konnte diese strukturelle Herausforderung mithilfe horizontaler Netzwerke von Arbeiter:innen selbst überwunden werden. Schließlich war ein Treffen zwischen fünf Fabrikarbeiter:innen mit dem Ehemann einer Arbeiterin möglich. Dieser arbeitete als LKW-Fahrer eines Logistikunternehmens und transportierte Produkte zwischen einzelnen Niederlassungen.

Durch dieses Treffen lernten Arbeiter:innen Lebenswirklichkeiten kennen, die sie selbst zuvor gänzlich anders eingeordnet oder eingeschätzt hatten. Die Fabrikarbeiter:innen waren zum Beispiel höchst schockiert über die niedrigen Gehälter und prekären Arbeitsbedingungen der LKW-Fahrer (erwähnt wurden primär Männer). Weite Strecken mussten in sehr kurzer Zeit gefahren werden, während die LKW-Fahrer unter einer ständigen Kontrolle des Managements standen, welches die Fahrer via GPS trackte (Transkript 2.10). Das Zusammenkommen am nächsten Knotenpunkt brachte die Arbeiter:innen damit inhaltlich näher. Sie fingen an, ihre Lebenswirklichkeiten systematisch in Verbindung zueinander zu setzen. Gleichzeitig wurden aber auch erneut Vorannahmen und Vorurteile (zum Beispiel bestimmte Bilder um Geschlechterrollen und -stereotype) deutlich, die im nächsten Schritt gemeinsam mit den Beschäftigten weiter kritisch reflektiert werden müssten.

19.4.5 Die Schlussphase

Die letzte Phase der Auswertung und des Schreibens war nicht weniger mit strukturellen Herausforderungen verbunden als die Forschungsphasen zuvor. Die räumliche Distanz zwischen den Arbeiter:innen und mir erlaubten keinen gemeinsamen Forschungsprozess mehr. Eine persönliche Reflektion und Diskussion der letzten Schritte war bisher, auch aufgrund der Covid-19-Pandemie, kaum möglich. Vereinzelter Kontakt zu Netzwerken in Kambodscha via Messenger konnte nur schlecht Abhilfe schaffen. Die Exklusion der Arbeiter:innen in jener letzten Auswertungs- und Schreibphase muss demnach kritisch reflektiert werden (Enslin 1994, S. 551 f.), auch wenn ich versucht hatte, diese Exklusion *vorab* mit den Arbeiter:innen – und damit verbunden auch die Veröffentlichungen und Gespräche zu diesem Vorhaben – zu besprechen. Sicher ist, dass ein Schreiben ohne das Einverständnis und die Zustimmung der Arbeiter:innen sowie ohne ihr Interesse an einer Zusammenarbeit und ihre Teilhabe und Kollaboration im Rahmen von gemeinsamen Forschungs*phasen* nicht möglich gewesen wäre.

19.5 Fazit

Labour Geography umfasst als spezifische (kapitalismus-)kritische Forschungsperspektive wissenschaftliche und (gesellschafts-)politische Ansprüche. Diese müssen Teil einer sensiblen Auseinandersetzung mit Forschungsmethoden und explizit einer Forschungspraxis sein. Mit Arbeiter:innen zu beginnen und bei Arbeiter:innen zu bleiben, ist methodisch-empirische Konsequenz einer solch kritischen Perspektive, die nicht nur ein Forschen über, sondern ein Forschen mit den Beschäftigten mit sich bringt (vgl. Wills und Hurley 2005). Am Beispiel eines moderierten feministisch-partizipativen Aktionsforschungsprojekts mit kambodschanischen Arbeiter:innen aus der Bekleidungsindustrie – in dem die Beschäftigten in ihrer Diversität als Subjekte der Re/Produktion verstanden und als Schlüsselakteur:innen mit Handlungsmacht (pro-)aktiv berücksichtigt sowie ihre Erfahrungen und ihr Wissen als Ausgangspunkt genommen werden – habe ich gezeigt, wie eine (selbst)reflektierende und kritische Zusammenarbeit mit Arbeiter:innen konkret methodisch-empirisch aussehen *kann*. Lebenswirklichkeiten und Arbeitskämpfe von Beschäftigten wurden mit in/formell und gewerkschaftlich un/organisierten Arbeiterinnen aus dem Bekleidungssektor Kambodschas zusammen vor dem Hintergrund ihrer komplexen Wirklichkeiten und Einbettungen in Re/Produktionsprozesse kritisch reflektiert. Darauf aufbauend konnte gemeinsam diskutiert werden, inwiefern konkrete Herausforderungen und Probleme von Arbeiter:innen als Kämpfe der Re/Produktion bereits angegangen werden und strategisch-perspektivisch angegangen werden könnten.

Während es zu Beginn herausfordernd war, einen guten Zugang zu und damit ein sicheres Zusammenkommen mit Arbeiter:innen aus dem Bekleidungssektor in Kambodscha zu erreichen, brauchte es auch sehr viel Zeit, einen offenen und transparenten Raum immer wieder (neu) zu schaffen, um sich (näher) kennenzulernen und das Vorhaben und damit verbundene Fragen, Ansprüche und Zielsetzungen aller Beteiligten (weiter) kritisch zu reflektieren. Gleichzeitig wurden aber auch Potenziale ersichtlich. So begannen Arbeiter:innen, unterschiedliche Lebenswirklichkeiten und -kämpfe in Relation zueinander – in struktureller Verwobenheit und räumlicher Verknüpfung – mithilfe von Mappings systematisch zu reflektieren und zu diskutieren. Der *Next-Node*-Ansatz, der ein Zusammenbringen von Arbeiter:innen entlang der Wertschöpfungskette am nächstliegenden Knotenpunkt vorsieht, diente abschließend als ein methodisches Tool für eine Untersuchung von einem komplexen GRPN aus einer *Labour* (*Geography*)-Perspektive mit strategisch-perspektivischer Implikation. Gemeinsam mit Arbeiter:innen wurde dieser Ansatz erprobt und zeigte, dass eine horizontale Vernetzung entlang der Wertschöpfungskette von Bekleidung von unterschiedlichen Arbeiter:innen-Gruppen möglich sein kann. Damit kann dieser Ansatz nicht nur ein hilfreiches Tool für eine systematische Untersuchung von Lebenswirklichkeiten und Arbeitskämpfen in komplexen Industrien sein. Er bringt auch das Potenzial mit sich, Strategien der (Selbst-)Vernetzung und Organisation mit Arbeiter:innen und ihren Vertretungen gemeinsam entlang der Wertschöpfungskette unter Berücksichtigung der spezifischen horizontalen Einbettung der Beschäftigten und ihren Tätigkeiten zu diskutieren. Hier zeigte sich, dass mit Arbeiter:innen zusammen, auf ihren Wirklichkeiten und Kämpfen aufbauend, ein gemeinsames Reflektieren und Diskutieren – auch strategisch-perspektivisch – möglich sein kann. Damit werden neue, alternative Ansätze zur Veränderung und Verbesserung von Lebenswirklichkeiten von Arbeiter:innen mit (pro)aktiver Beteiligung von diesen als Schlüsselakteur:innen mit Handlungsmacht theoretisch denkbar und praktisch verfolgbar.

Danksagung Mein aufrichtiger Dank gilt den Arbeiter:innen in Kambodscha, die an dem Forschungsprozess teilgenommen und auf unterschiedliche Art und Weise mitgewirkt haben. Des Weiteren bedanke ich mich herzlich bei den Kolleg:innen an Universitäten, Arbeiter:innen-Vertretungen und -Organisationen für die großartige Unterstützung sowie wertvolle Diskussionen und kritische Auseinandersetzungen im Rahmen des Forschungsvorhabens. Mein Dank gilt zudem der Rosa-Luxemburg-Stiftung, die das Forschungsvorhaben (von 2016–2020) gefördert hat. Zudem bedanke ich mich herzlich bei den Mitherausgeberinnen sowie einer weiteren begutachtenden Person für die konstruktiven Kritiken zu früheren Versionen dieses Beitrages.

Literatur

Anner, Mark. 2015. Labor control regimes and worker resistance in global supply chains. *Labor History* 56(3):292–307.

Atzeni, Maurizio. 2021. Workers' organizations and the fetishism of the trade union form: toward new pathways for research on the labour movement? *Globalizations* 18(8):1349–1362.

Aull Davies, Charlotte. 1999. *Reflexive ethnography: A guide to researching selves and others*. London: Routledge. 1. Ausgabe.

Birke, Peter, Florian Hohenstatt, und Moritz Rinn. 2015. Gentrification, social action and „role-playing": Experiences garnered on the outskirts of Hamburg. *International Journal of Action Research* 11(1–2):195–227.

Coe, Neil M., und David C. Jordhus-Lier. 2011. Constrained agency? Re-evaluating the geographies of labour. *Progress in Human Geography* 35(2):211–233.

Cooke, Bill, und Uma Kothari. 2002. *Participation: the new tyranny?* London: Zed Books.

Dickens, Linda, und Karen Watkins. 1999. Action research: rethinking Lewin. *Management Learning* 30(2):127–140.

Doutch, Michaela. 2021. A gendered labour geography perspective on the Cambodian garment workers' general strike of 2013/2014. *Globalizations* 18(8):1406–1419.

Doutch, Michaela. 2022. *Women workers in the garment factories of Cambodia. A feminist labour geography perspective of global re/production networks*. Berlin: regiospectra.

Dutta, Madhumita. 2020a. Workplace, emotional bonds and agency: everyday gendered experiences of work in an export processing zone in Tamil Nadu, India. *Environment and Planning A: Economy and Space* 52(7):1357–1374.

Dutta, Madhumita. 2020b. Turning productive failures into creative possibilities: women workers shaping fieldwork methods in Tamil Nadu, India. *Geographical Review* 110(1–2):145–159.

England, Kim V.L. 1994. Getting personal: reflexivity, positionality, and feminist research. *The Professional Geographer* 46(1):80–89.

Enslin, Elizabeth. 1994. Beyond writing: feminist practice and the limitations of ethnography. *Cultural Anthropology* 9(4):537–568.
Federici, Silvia. 2004. *Caliban and the witch: women, the body and primitive accumulation*. New York: Autonomedia.
Freire, Paulo. 1970. *Pedagogy of the oppressed*. New York: Herder & Herder.
Fütterer, Michael, und Tatiana López. 2018. *Challenges for organizing along the garment value chain: Experiences from the union network TIE ExChains*. Berlin: Rosa Luxemburg Stiftung.
Hale, Angela, und Jane Wills. 2005. *Threads of labour: garment industry supply chains from the workers' perspective*. Oxford: Blackwell.
Harding, Sandra G. 2004. *The feminist standpoint theory reader: intellectual and political controversies*. New York: Routledge.
Haubner, Tine, und Hans J. Pongratz. 2021. Die ganze Arbeit! Für eine transversale Arbeitssoziologie. *Arbeits- und Industriesoziologische Studien 2021*. https://doi.org/10.21241/SSOAR.75423.
Herod, Andrew. 1997. From a geography of labor to a labor geography: labor's spatial fix and the geography of capitalism. *Antipode* 29(1):1–31. https://doi.org/10.1111/1467-8330.00033.
Hirsch Hadorn, Gertrude, Holger Hoffmann-Riem, Susette Biber-Klemm, Walter Grossenbacher-Mansuy, Dominique Joye, Christian Pohl, Urs Wiesmann, und Elisabeth Zemp. 2008. *Handbook of transdisciplinary research*. Dordrecht: Springer.
Katz, Cindi. 2001. Vagabond capitalism and the necessity of social reproduction. *Antipode* 33(4):709–728.
Lamnek, Siegfried. 1995. *Methodologie*, 3. Aufl., Qualitative Sozialforschung, Bd. 1. Weinheim: Beltz.
Lewin, Kurt. 1946. Action research and minority problems. *Journal of Social Issues* 2(4):34–46.
Maguire, Patricia. 1987. *Doing participatory research: a feminist approach*. Massachusetts: UMass Center for International Education/School of Education.
Mayring, Philipp. 2010. *Qualitative Inhaltsanalyse*, 12. Aufl., Weinheim Basel: Beltz.
McKay, Fiona Helen, und Hayley Jane McKenzie. 2020. Life outside the garment factories: the lived experiences of Cambodian women garment factory workers. *International Journal of Migration, Health and Social Care* 16(4):415–427.
Mohanty Talpade, Chandra. 1988. Under western eyes: feminist scholarship and colonial discourses. *Feminist Review* 30(1):61–88.
Mohanty Talpade, Chandra. 2003. „Under Western Eyes" revisited: feminist solidarity through anticapitalist struggles. *Journal of Women in Culture and Society* 28(2):499–535.
Nuon, Veasna, und Melisa Serrano. 2010. *Building unions in Cambodia: history, challenges, strategies*. Singapore: Friedrich-Ebert-Stiftung.
Ozkazanc-Pan, Banu. 2012. Postcolonial feminist research: challenges and complexities. *Equality, Diversity and Inclusion: An International Journal* 31(5–6):573–591.
Pye, Oliver. 2017. A plantation precariat: fragmentation and organizing potential in the palm oil global production network. *Development and Change* 48(5):942–964.
Rolin, Kristina. 2009. Standpoint theory as a methodology for the study of power relations. *Hypatia* 24(4):218–226.
Salmivaara, Anna. 2020. „What if they don't renew my contract?": Cambodian garment workers, social reproduction and the gendered dull compulsion of economic relations. In *The political economy of work in the global South*, Hrsg. Anita Hammer, Adam Fishwick, 152–172. London: Red Globe Press.
Schurr, Carolin, und Dörte Segebart. 2012. Engaging with feminist postcolonial concerns through participatory action research and intersectionality. *Geographica Helvetica* 67(3):147–154.
Spivak Chakravorty, Gayatri. 1988. Can the subaltern speak? In *Marxism and the interpretation of culture*, Hrsg. Cary Nelson, Lawrence Grossberg, 271–313. Urbana: University of Illinois Press.
Strauss, Kendra. 2018. Labour geography II: being, knowledge and agency. *Progress in Human Geography* 44(1):150–159.
Wills, Jane, und Jennifer Hurley. 2005. Action research. Tracing the threads of labour in the global garment industry. In *Threads of labour. Garment industry supply chains from the workers' perspective*, Hrsg. Angela Hale, und Jane Wills, 69–49. Malden.

Zeitfracht Medien GmbH
Ferdinand-Jühlke-Straße 7
99095 Erfurt, Deutschland
produktsicherheit@kolibri360.de